Hochschultext

X. Hafer · G. Sachs

Senkrechtstart-technik

Flugmechanik, Aerodynamik, Antriebssysteme

Mit 261 Abbildungen

Springer-Verlag
Berlin Heidelberg New York 1982

Professor Dr.-Ing. XAVER HAFER
Fachbereich Maschinenbau der Technischen Hochschule Darmstadt,
Fachgebiet Flugtechnik

Professor Dr.-Ing. GOTTFRIED SACHS
Fachbereich Luft- und Raumfahrttechnik der Hochschule der Bundeswehr München,
Flugmechanik und Flugführung

CIP-Kurztitelaufnahme der Deutschen Bibliothek
Hafer, Xaver:
Senkrechtstarttechnik. Flugmechanik, Aerodynamik, Antriebssysteme / X. Hafer; G. Sachs.
Berlin, Heidelberg, New York: Springer, 1982.

ISBN-13:978-3-540-11075-0   e-ISBN-13:978-3-642-81724-3
DOI: 10.1007/978-3-642-81724-3

NE: Sachs, Gottfried

2362/3020-543210

Vorwort

Senkrechtstart und Senkrechtlandung, die im englischen Sprachgebrauch
mit VTOL (Vertical Take-Off and Landing) bezeichnet werden, erfordern
Hubkräfte mindestens von der Größe des Fluggewichts, um senkrecht oder
sehr steil vom Boden abheben zu können und um bei der Landung das Flugzeug mit ausreichend kleiner Sinkgeschwindigkeit in steiler Bahn sicher an den Boden heranzuführen. Eine überzeugende Lösung dieser Aufgabe stellt der Hubschrauber dar, dessen Rotor infolge seiner sehr großen
Kreisfläche und entsprechend geringer Kreisflächenbelastung den erforderlichen Hubschub mit relativ kleiner Triebwerksleistung erzeugen kann.
Bedingt durch Rotorprobleme bei hohen Geschwindigkeiten und ungünstigen
aerodynamischen Widerstand im Vorwärtsflug, für den der Vortriebsschub
durch Neigen der mit dem Flugzeug fest verbundenen Rotorachse als Komponente des Hubschubs erzeugt wird, ist der Hubschrauber nicht in der
Lage, hohe Reisefluggeschwindigkeiten und große Reichweiten zu erzielen, und damit in der Wirtschaftlichkeit des Reiseflugs den konventionell startenden Flugzeugen stark unterlegen.

Um die Fähigkeit zum Senkrechtstarten und -landen mit den Reiseflugleistungen konventioneller Flugzeuge verbinden zu können, benötigt man
Senkrechtstarter besonderer Art, die durch ihre Wandlungsfähigkeit beiden Forderungen gerecht werden. Das vorliegende Buch befaßt sich mit
den Entwurfsproblemen ausschließlich dieser Art von Senkrechtstartern,
für die im Englischen auch die Bezeichnung "Powered Lift Aircraft" verwendet wird.

Das Ziel des Buches ist es, gleichermaßen einen Überblick über die Entwicklung der Senkrechtstarttechnik seit ihren Anfängen in den fünfziger
Jahren zu geben, die verschiedenartigen technischen Lösungsmöglichkei-
ten zu beschreiben und die für den Entwurf von Senkrechtstartsystemen
erforderlichen aerodynamischen und flugmechanischen Zusammenhänge in
ihren Grundlagen und ihren technischen Auswirkungen zu behandeln. Dabei
konnte auf Erfahrungen aus der industriellen Mitarbeit bei der Entwick-

lung vorhandener Senkrechtstartprojekte und einschlägige Vorlesungen an der Technischen Universität München und der Technischen Hochschule Darmstadt zurückgegriffen werden. Gegenüber diesen relativ knapp gefaßten Manuskripten wurde der Gesamtstoff überarbeitet, wesentlich erweitert und auf den neuesten Stand der Technik gebracht.

Die Probleme der Senkrechtstarttechnik wurden in den vergangenen zwei Jahrzehnten in vielen einschlägigen Symposien und Fachtagungen behandelt, und im Fachschrifttum ist eine große Zahl interessanter Arbeiten zu einzelnen Themengruppen dieser Technik erschienen. Eine ausführliche und nachvollziehbare Behandlung des Gesamtstoffs liegt jedoch nicht vor. Die Verfasser haben sich die Aufgabe gestellt, mit dem vorliegenden Buch einen Beitrag zur Schließung dieser offensichtlich vorhandenen Lücke zu liefern. Nachdem in den siebziger Jahren in Deutschland weitgehend alle größeren Aktivitäten auf dem Gebiet der Senkrechtstarttechnik eingestellt wurden, könnte dieses Buch auch dazu beitragen, den in der Vergangenheit erarbeiteten Erfahrungsschatz auf diesem interessanten Gebiet der Flugtechnik zu erhalten. Dazu kann auch die Erfassung einer Auswahl des sehr umfangreichen Fachschrifttums und die Diskussion der erhaltenen Ergebnisse beitragen.

Die Veröffentlichung dieses Buches in der einfachen Ausstattung der Reihe "Hochschultexte" des Springer-Verlages wurde als Ergänzung der schon erschienenen flugtechnischen Bücher gewählt, um den Preis mäßig zu halten und damit den interessierten Studenten den Kauf zu ermöglichen. Allerdings geht der Inhalt des Buches weit über den üblichen Vorlesungsstoff hinaus und richtet sich insbesondere auch an die jungen Ingenieure in der Praxis.

Ebenfalls aus Kostengründen wurden die Bildvorlagen und der buchfertige Textsatz in den Instituten beider Verfasser hergestellt. Unser besonderer Dank gilt dabei Fräulein A. Winkler, Darmstadt, und Frau M. Gabler, München, die die umfangreichen Zeichen- und Schreibarbeiten mit großer Sorgfalt ausführten.

Darmstadt und München, im Juni 1981   X. Hafer   G. Sachs

Inhaltsverzeichnis

Zusammenstellung der Formelgrößen 1

1 Allgemeine Betrachtungen und Übersicht über die bisherige Entwicklung 9
  1.1 Einführung 9
    1.1.1 Besondere Probleme der Senkrechtstarttechnik 9
    1.1.2 Möglichkeiten und Realität 10
    1.1.3 Betrachtete Senkrechtstartkonzepte 12
  1.2 Senkrechtstarter mit Strahlantrieb 15
    1.2.1 Heckstarter 15
    1.2.2 Normalstarter 17
  1.3 Senkrechtstarter mit Luftschraubenantrieb 25
    1.3.1 Heckstarter 25
    1.3.2 Kipprotorsysteme 26
    1.3.3 Kippflügelsysteme 28
  1.4 Projekte für ein Senkrechtstart-Nahverkehrssystem 31
  1.5 Kritische Wertung und Ausblick 35
  Literatur 37

2 VTOL-Antriebssysteme 40
  2.1 Betrachtungen zur Triebwerksauswahl 40
    2.1.1 Allgemeines 40
    2.1.2 Ausnutzung des installierten Gesamtschubs in der Transition 42
    2.1.3 Schwebeflugleistung und Strahlgeschwindigkeit 44
  2.2 Strahl- und Bläsertriebwerke 48
    2.2.1 Hubtriebwerke 48
    2.2.2 Marsch-Hub-Triebwerke 50
    2.2.3 Bläsertriebwerke 58
  2.3 Rotor- und Luftschraubenantriebe 62
    2.3.1 Einführung 62
    2.3.2 Axial angeströmte Propeller 63

2.3.3   Schräg angeströmte Propeller 70

2.3.4   Mantelschrauben 75

2.3.5   Propellerantriebssysteme 78

Literatur 82

3 Erzeugung von Steuerkräften und -momenten 86

3.1 Grundsätzliche Betrachtung 86

3.1.1   Aufgaben der Schwebeflugsteuerung 86

3.1.2   Möglichkeiten zur Erzeugung von Steuerkräften und
        -momenten 88

3.1.3   Einfluß von Zeitverzögerungen im Stellglied auf die
        erforderlichen Steuermomente 88

3.1.4   Einfluß der Eigendämpfung im Schwebeflug 91

3.2 Strahl- und Bläsertriebwerke 96

3.2.1   Hubstrahltriebwerke 96

3.2.2   Steuerdüsen 107

3.2.3   Steuergebläse 112

3.3 Luftschraubenantriebe 115

Literatur 117

4 Schwebeflugdynamik 119

4.1 Allgemeines 119

4.2 Grundlagen der Schwebeflugdynamik 120

4.2.1   Grundbeziehungen 120

4.2.2   Linearisierung der Bewegungsgleichungen 124

4.2.3   Übertragungsfunktionen 127

4.3 Längsbewegung 131

4.3.1   Vorbemerkung 131

4.3.2   Vertikalbewegung (Hubbewegung) 132

4.3.3   Nick- und Vorwärtsbewegung 143

4.3.4   Beschleunigungssteuerung 144

4.3.5   Geschwindigkeitssteuerung 146

4.3.6   Lagesteuerung 153

4.3.7   Statische Stabilität und Steuerbarkeit (Lage- und
        Geschwindigkeitsstabilität) 160

4.3.8   Ausgeführte Steuersysteme 165

4.3.9   Einfluß von Dämpfung und Stabilisierung auf die
        verfügbare Steuerwirksamkeit 172

4.3.10 Kopplung zwischen Momenten- und Hubsteuerung (Minus-
       steuerung) 174

4.3.11 Steuerung der Translationsbewegung 184

4.4 Seitenbewegung 188

    4.4.1 Vorbemerkung 188

    4.4.2 Entkopplung der Gierbewegung von der Roll- und der
          Lateralbewegung 188

    4.4.3 Roll- und Lateralbewegung 190

4.5 Sonderprobleme im Schwebeflug 197

    4.5.1 Allgemeines 197

    4.5.2 Einfluß der Triebwerkskreiselmomente 198

    4.5.3 Triebwerksausfall im Schwebeflug bei exzentrisch
          angeordneten Triebwerken 199

Literatur 202

5 Bodeneinflüsse 204

5.1 Grundsätzliche Betrachtungen 204

5.2 Bodeneffekte bei Hubtriebwerken 205

    5.2.1 Induzierter Bodeneffekt 205

    5.2.2 Thermische Bodeneffekte 223

    5.2.3 Bodenerosion 235

5.3 Bodeneffekte bei Senkrechtstartern mit Propellern 239

    5.3.1 Allgemeines 239

    5.3.2 Hubpropeller in Bodennähe 240

    5.3.3 Mehrpropelleranordnungen in Bodennähe 241

5.4 Flugmechanische Auswirkungen der Bodeneffekte 243

    5.4.1 Einfluß des Bodeneffekts auf die Vertikallandung ...243

    5.4.2 Rollbewegungen in Bodennähe 245

    5.4.3 Einfluß der Rezirkulation auf das Flugverhalten ...247

Literatur 249

6 Transition (Übergangsflug) 252

6.1 Allgemeines 252

6.2 Transition von Senkrechtstartern mit Strahlantrieb 254

    6.2.1 Strahlinterferenz 254

    6.2.2 Verhalten der Triebwerkseinläufe 270

    6.2.3 Impulswiderstand und Beschleunigungsfähigkeit 278

    6.2.4 Bewegung und Steuerung des Flugzeugs in der Tran-
          sition 282

6.3 Transition von Senkrechtstartern mit Propeller- oder Rotor-
    antrieb 293
    6.3.1 Allgemeines 293
    6.3.2 Strahl-Flügel-Interferenz (Näherungsbetrachtung) ... 294
    6.3.3 Bewegung und Steuerung des Flugzeugs in der Tran-
          sition 296
6.4 Stabilitätsbetrachtung 302
    6.4.1 Allgemeines 302
    6.4.2 Längsbewegung 303
    6.4.3 Statische Stabilität 315
    6.4.4 Seitenbewegung 318
6.5 Änderung des Steuersystemverhaltens in der Transition 326
    6.5.1 Allgemeines 326
    6.5.2 Anpassung der Lagesteuerung an die Transitionsver-
          hältnisse bei einem ausgeführten Flugzeug 327
Literatur 330

7 Flugeigenschaftsrichtlinien und -forderungen 334
7.1 Allgemeine Betrachtung 334
    7.1.1 Erläuterung des Begriffs Flugeigenschaften und Zweck
          von Richtlinien und Forderungen 334
    7.1.2 Geschichtlicher Überblick 335
7.2 Bestehende Flugeigenschaftsrichtlinien und -forderungen ... 339
    7.2.1 Allgemeines 339
    7.2.2 AGARD-Richtlinien 340
    7.2.3 Forderungen nach MIL-F-83300 348
Literatur 359

8 Besondere Auslegungsprobleme und Einsatzbedingungen 360
8.1 Einführung 360
8.2 Hubschubbilanz 360
    8.2.1 Allgemeines 360
    8.2.2 Hubschubverluste 361
    8.2.3 Aufstellung der Hubschubbilanz 364
8.3 Auswirkung der Senkrechtstartfähigkeit auf Flugleistungen
    und Wirtschaftlichkeit im Reiseflug 367
    8.3.1 Änderung der Flugstrecke mit den Startbedingungen .. 367
    8.3.2 Operationelle Bedingungen 372
8.4 Flugsicherheit 374
    8.4.1 Allgemeines 374

8.4.2 Ausfallwahrscheinlichkeit 374

8.4.3 Erforderliche Schubreserve bei voneinander unabhän-
       gigen Einzeltriebwerken 376

8.4.4 Erforderliche Schubreserve bei gekoppeltem Luft-
       schraubenantrieb 377

8.5 Lärmprobleme 380

8.5.1 Einführung 380

8.5.2 Lärmschutzbereiche 381

8.5.3 Ermittlung der Lärmschutzbereiche für Beispielflug-
       zeuge 383

8.5.4 Kritische Wertung der Lärmuntersuchungen 392

Literatur 394

Namenverzeichnis 396

Sachverzeichnis 400

Zusammenstellung der Formelgrößen

Die Bezeichnungen des Normblattes LN 9300 (Blatt 1 "Flugmechanik") gelten auch hier. Darüber hinaus war es notwendig, eine Reihe neuer Größen einzuführen. Dabei ist die gelegentliche Benutzung ein und desselben Symbols für verschiedene Größen nicht immer zu vermeiden. Die korrekte Bedeutung ist jedoch stets aus dem Zusammenhang zu erkennen.

<u>Großbuchstaben</u>

Symbol	Bedeutung	Einheit
A	Auftrieb	N
A	Koeffizient der charakteristischen Gleichung	
B	Koeffizient der charakteristischen Gleichung	s^{-1}
$\vec{B}$	Drallvektor	$kg\ m^2\ s^{-1}$
C	Koeffizient der charakteristischen Gleichung	s^{-2}
C_A	Auftriebsbeiwert, $C_A = A/(qS)$	
$C_{A\alpha}$	Auftriebsanstieg, $C_{A\alpha} = \partial C_A/\partial\alpha$	
C_F	Schubbeiwert	
C_{Fres}	Schubbeiwert, bezogen auf q_{res}	
C_m	Nickmomentenbeiwert, $C_m = M/(qSl_\mu)$	
C_{mq}	Nickdämpfung, $C_{mq} = \partial C_m/\partial(ql_\mu/V)$	
$C_{m\alpha}$	Anstellwinkelstabilität, $C_{m\alpha} = \partial C_m/\partial\alpha$	
$C_{n\beta}$	Windfahnenstabilität, $C_{n\beta} = \partial C_n/\partial\beta$	
C_P	Leistungsbeiwert	
C_W	Widerstandsbeiwert, $C_W = W/(qS)$	
D	Durchmesser, Düsendurchmesser	m
D	Koeffizient der charakteristischen Gleichung	s^{-3}
D_{max}, D_{min}	Ungleichförmigkeitsgrad	
E	Koeffizient der charakteristischen Gleichung	s^{-4}
F	Schub	N

Symbol	Bedeutung	Einheit
F_B	Bruttoschub	N
F_I	negative Schubkraft infolge Einlaufimpuls	N
$F(s)$	Übertragungsfunktion	
H	Höhe	m
H_V	vertikale Aufstiegshöhe	m
$\dot{I}_A$	zeitliche Änderung des Austrittsimpulses	N
I_{Fl}	Trägheitstensor des Flugzeugs	$kg\ m^2$
I_T	polares Trägheitsmoment der Triebwerksläufer	$kg\ m^2$
I_x, I_y, I_z	Trägheitsmomente um die flugzeugfesten Achsen	$kg\ m^2$
I_{xz}	Deviationsmoment	$kg\ m^2$
K	Steuerbeschleunigung pro Einheit Steueraus-schlag	s^{-2}
$\vec{K}$	Kraftvektor	N
K_Θ	Verstärkungsfaktor der Nicklage-Rückführung	
$K_{\dot{\Theta}}$	Verstärkungsfaktor der Nickgeschwindigkeits-Rückführung	s
L	Lärmpegel	PNdB
L	Rollmoment	N m
L_p	Derivativ des Rollmoments bezüglich p, $L_p = (1/I_x)\partial L/\partial p$	s^{-1}
L_r	Derivativ des Rollmoments bezüglich r, $L_r = (1/I_x)\partial L/\partial r$	s^{-1}
L_v	Derivativ des Rollmoments bezüglich v, $L_v = (1/I_x)\partial L/\partial v$	$rad\ m^{-1}\ s^{-1}$
$L_{\delta\Phi}$	Derivativ des Rollmoments bezüglich δ_Φ, $L_{\delta\Phi} = (1/I_x)\partial L/\partial\delta_\Phi$	s^{-2}
$L_{\delta\Psi}$	Derivativ des Rollmoments bezüglich δ_Ψ, $L_{\delta\Psi} = (1/I_x)\partial L/\partial\delta_\Psi$	s^{-2}
L_Φ	Derivativ des Rollmoments bezüglich Φ, $L_\Phi = (1/I_x)\partial L/\partial\Phi$	s^{-2}
M	Machzahl	
M	Nickmoment	N m
$\vec{M}$	Momentenvektor	N m
M_q	Derivativ des Nickmoments bezüglich q, $M_q = (1/I_y)\partial M/\partial q$	s^{-1}
M_u	Derivativ des Nickmoments bezüglich u, $M_u = (1/I_y)\partial M/\partial u$	$rad\ m^{-1}\ s^{-1}$
M_w	Derivativ des Nickmoments bezüglich w, $M_w = (1/I_y)\partial M/\partial w$	$rad\ m^{-1}\ s^{-1}$
$M_{\dot{w}}$	Derivativ des Nickmoments bezüglich $\dot{w}$, $M_{\dot{w}} = (1/I_y)\partial M/\partial\dot{w}$	$rad\ m^{-1}$

Symbol	Bedeutung	Einheit
$M_{\delta F}$	Derivativ des Nickmoments bezüglich δ_F, $M_{\delta F} = (1/I_y)\,\partial M/\partial \delta_F$	s^{-2}
$M_{\delta\Theta}$	Derivativ des Nickmoments bezüglich δ_Θ, $M_{\delta\Theta} = (1/I_y)\,\partial M/\partial \delta_\Theta$	s^{-2}
$M_{\delta\sigma}$	Derivativ des Nickmoments bezüglich δ_σ, $M_{\delta\sigma} = (1/I_y)\,\partial M/\partial \delta_\sigma$	s^{-2}
M_Θ	Derivativ des Nickmoments bezüglich Θ, $M_\Theta = (1/I_y)\,\partial M/\partial \Theta$	s^{-2}
N	Giermoment	$N\ m$
N_p	Derivativ des Giermoments bezüglich p, $N_p = (1/I_z)\,\partial N/\partial p$	s^{-1}
N_r	Derivativ des Giermoments bezüglich r, $N_r = (1/I_z)\,\partial N/\partial r$	s^{-1}
N_v	Derivativ des Giermoments bezüglich v, $N_v = (1/I_z)\,\partial N/\partial v$	$rad\ m^{-1}\ s^{-1}$
$N_{\delta\Phi}$	Derivativ des Giermoments bezüglich δ_Φ, $N_{\delta\Phi} = (1/I_z)\,\partial N/\partial \delta_\Phi$	s^{-2}
$N_{\delta\Psi}$	Derivativ des Giermoments bezüglich δ_Ψ, $N_{\delta\Psi} = (1/I_z)\,\partial N/\partial \delta_\Psi$	s^{-2}
O	Oberfläche	m^2
P	Leistung	$N\ m\ s^{-1}$
P_{id}	ideale (verlustlose) Leistung	$N\ m\ s^{-1}$
P_{Nutz}	Nutzleistung	$N\ m\ s^{-1}$
$P_{i\delta}(s)$	Zähler einer Übertragungsfunktion, $i = r,u,v,w,\Theta,\Phi$	
$P_N(s)$	Nenner einer Übertragungsfunktion	
R	Radius	m
R	Gaskonstante	$m^2\ s^{-2}\ K^{-1}$
Re	Reynoldszahl	
S	Fläche (ohne Index: Flügelfläche), Bezugsfläche	m^2
S_2	Strahlfläche sehr weit hinter dem Propeller	m^2
S_{Str}	Fläche des vollexpandierten Strahls	m^2
T	absolute Temperatur	K
T	Zeitgröße	s
V	Fluggeschwindigkeit (Anströmgeschwindigkeit)	$m\ s^{-1}$
V'	effektive Anströmgeschwindigkeit	$m\ s^{-1}$
V_1	Geschwindigkeit in der Propellerebene	$m\ s^{-1}$
V_2	Geschwindigkeit sehr weit hinter dem Propeller	$m\ s^{-1}$
V_{con}	Konversionsgeschwindigkeit	$m\ s^{-1}$
Vol	Volumen	m^3

Symbol	Bedeutung	Einheit
V_{res}	resultierende Anströmgeschwindigkeit eines Flügels mit Propellerstrahl	$m\ s^{-1}$
V_{Str}	Geschwindigkeit des vollexpandierten Strahls	$m\ s^{-1}$
W	Widerstand	N
W_I	Impulswiderstand $(= F_I)$	N
X	Längskraft	N
X_q	Derivativ der Längskraft bezüglich q, $X_q = (1/m)\,\partial X/\partial q$	$m\ s^{-1}\ rad^{-1}$
X_u	Derivativ der Längskraft bezüglich u, $X_u = (1/m)\,\partial X/\partial u$	s^{-1}
X_w	Derivativ der Längskraft bezüglich w, $X_w = (1/m)\,\partial X/\partial w$	s^{-1}
$X_{\delta F}$	Derivativ der Längskraft bezüglich δ_F, $X_{\delta F} = (1/m)\,\partial X/\partial \delta_F$	$m\ s^{-2}\ rad^{-1}$
$X_{\delta\Theta}$	Derivativ der Längskraft bezüglich δ_Θ, $X_{\delta\Theta} = (1/m)\,\partial X/\partial \delta_\Theta$	$m\ s^{-2}\ rad^{-1}$
$X_{\delta\sigma}$	Derivativ der Längskraft bezüglich δ_σ, $X_{\delta\sigma} = (1/m)\,\partial X/\partial \delta_\sigma$	$m\ s^{-2}\ rad^{-1}$
X_Θ	Derivativ der Längskraft bezüglich Θ, $X_\Theta = (1/m)\,\partial X/\partial \Theta$	$m\ s^{-2}\ rad^{-1}$
Y	Seitenkraft	N
Y_p	Derivativ der Seitenkraft bezüglich p, $Y_p = (1/m)\,\partial Y/\partial p$	$m\ s^{-1}\ rad^{-1}$
Y_r	Derivativ der Seitenkraft bezüglich r, $Y_r = (1/m)\,\partial Y/\partial r$	$m\ s^{-1}\ rad^{-1}$
Y_v	Derivativ der Seitenkraft bezüglich v, $Y_v = (1/m)\,\partial Y/\partial v$	s^{-1}
$Y_{\delta\Phi}$	Derivativ der Seitenkraft bezüglich δ_Φ, $Y_{\delta\Phi} = (1/m)\,\partial Y/\partial \delta_\Phi$	$m\ s^{-2}\ rad^{-1}$
$Y_{\delta\Psi}$	Derivativ der Seitenkraft bezüglich δ_Ψ, $Y_{\delta\Psi} = (1/m)\,\partial Y/\partial \delta_\Psi$	$m\ s^{-2}\ rad^{-1}$
Y_Φ	Derivativ der Seitenkraft bezüglich Φ, $Y_\Phi = (1/m)\,\partial Y/\partial \Phi$	$m\ s^{-2}\ rad^{-1}$
Z	Vertikalkraft	N
Z_q	Derivativ der Vertikalkraft bezüglich q, $Z_q = (1/m)\,\partial Z/\partial q$	$m\ s^{-1}\ rad^{-1}$
Z_u	Derivativ der Vertikalkraft bezüglich u, $Z_u = (1/m)\,\partial Z/\partial u$	s^{-1}
Z_w	Derivativ der Vertikalkraft bezüglich w, $Z_w = (1/m)\,\partial Z/\partial w$	s^{-1}
$Z_{\delta F}$	Derivativ der Vertikalkraft bezüglich δ_F, $Z_{\delta F} = (1/m)\,\partial Z/\partial \delta_F$	$m\ s^{-2}\ rad^{-1}$
$Z_{\delta\Theta}$	Derivativ der Vertikalkraft bezüglich δ_Θ, $Z_{\delta\Theta} = (1/m)\,\partial Z/\partial \delta_\Theta$	$m\ s^{-2}\ rad^{-1}$

Zusammenstellung der Formelzeichen

Symbol	Bedeutung	Einheit
$Z_{\delta\sigma}$	Derivativ der Vertikalkraft bezüglich δ_σ, $Z_{\delta\sigma} = (1/m)\,\partial Z/\partial\delta_\sigma$	$\mathrm{m\ s^{-2}\ rad^{-1}}$
Z_Θ	Derivativ der Vertikalkraft bezüglich Θ, $Z_\Theta = (1/m)\,\partial Z/\partial\Theta$	$\mathrm{m\ s^{-2}\ rad^{-1}}$

Kleinbuchstaben

Symbol	Bedeutung	Einheit
b	Flügelspannweite	m
g	Erdbeschleunigung	$\mathrm{m\ s^{-2}}$
i_x, i_y, i_z	Trägheitsradien bezüglich der flugzeugfesten Achsen	m
k	Überlastungsfaktor eines Triebwerks unter Notbedingungen	
l_μ	Bezugsflügeltiefe	m
m	Masse (ohne Index: Flugzeugmasse)	kg
m_A	Abflugmasse	kg
m_B	Kraftstoffmasse	kg
m_{BL}	Lande- und Warteflugkraftstoffmasse	kg
m_{BR}	Reiseflugkraftstoffmasse	kg
m_{BSt}	Steigflugkraftstoffmasse	kg
m_G	Gasmasse (Luftmasse und verbrauchte Kraftstoffmasse	kg
m_L	Luftmasse	kg
n	Triebwerksanzahl	
p	Rollwinkelgeschwindigkeit	$\mathrm{rad\ s^{-1},\ ^\circ\ s^{-1}}$
p	statischer Druck (ohne Index: ungestörte Strömung)	$\mathrm{N\ m^{-2}}$
p_0	Ruhedruck	$\mathrm{N\ m^{-2}}$
q	Nickwinkelgeschwindigkeit	$\mathrm{rad\ s^{-1},\ ^\circ\ s^{-1}}$
q	Staudruck, $q = (\rho/2)V^2$	$\mathrm{N\ m^{-2}}$
q_{res}	Staudruck, gebildet mit V_{res}	$\mathrm{N\ m^{-2}}$
r	Gierwinkelgeschwindigkeit	$\mathrm{rad\ s^{-1},\ ^\circ\ s^{-1}}$
s	Flugstrecke	km
s	Halbspannweite, $s = b/2$	m
s	Laplace-Variable	$\mathrm{s^{-1}}$
s_G	Eigenwert der Gierbewegung	$\mathrm{s^{-1}}$
s_{ISA}	Flugstrecke unter ISA-Bedingungen	km

Symbol	Bedeutung	Einheit
s_i	Wurzel (Eigenwert), $i = 1,2,3,\ldots$	s^{-1}
s_i^*	Wurzel (Eigenwert) für $M_u = 0$, $M_w = 0$ bzw. $N_v = 0$, $i = 1,2,3,\ldots$	s^{-1}
s_{ki}	Eigenwert der kurzperiodischen Eigenbewegung, $i = 1,2$	s^{-1}
s_{li}	Eigenwert der langperiodischen Eigenbewegung, $i = 1,2$	s^{-1}
s_V	Eigenwert der Vertikalbewegung	s^{-1}
s_{Zi}	Nullstelle des Zählers einer Übertragungsfunktion, $i = 1,2$	s^{-1}
t	Temperatur	$^{\circ}C$
t	Zeit	s
t_1	Taktzeit	s
u	Längsgeschwindigkeitskomponente	$m\,s^{-1}$
v	Seitengeschwindigkeitskomponente	$m\,s^{-1}$
w	Wahrscheinlichkeit	
w	Geschwindigkeitskomponente in Richtung der Hochachse	$m\,s^{-1}$
w	Zusatzgeschwindigkeit in der Propellerebene	$m\,s^{-1}$
x	Koordinate, Abstand, Hebelarm	m
y	Koordinate, Abstand, Hebelarm	m
z	Koordinate, Abstand, Hebelarm	m

Griechische Buchstaben

Symbol	Bedeutung	Einheit
α	Anstellwinkel	rad, $^{\circ}$
α_{ges}	geometrischer Anstellwinkel	rad, $^{\circ}$
α_{res}	resultierender Anstellwinkel eines Flügels mit Propellerstrahl	rad, $^{\circ}$
β	Wärmeausdehnungszahl	grd^{-1}
δ	Steuergröße	
δ_F	Schubhebelverstellung	rad, $^{\circ}$
δ_Θ	Nickwinkelverstellung	rad, $^{\circ}$
δ_σ	Schubvektorschwenkung	rad, $^{\circ}$
δ_Φ	Rollwinkelverstellung	rad, $^{\circ}$
δ_Ψ	Gierwinkelverstellung	rad, $^{\circ}$
ε	Hubschubüberschuß gegenüber dem Flugzeuggewicht	

Symbol	Bedeutung	Einheit
ζ	Dämpfungsmaß	
ζ	Druckrückgewinn	
η	dimensionslose Koordinate in y-Richtung	
η	Wirkungsgrad	
η	Zähigkeit	$N\ s\ m^{-2}$
Θ	Nickwinkel	$rad,\ ^\circ$
$\varkappa$	Isentropen-Exponent	
λ	Gesamtdruckverlust im Einlauf	
γ	Bahnneigungswinkel	$rad,\ ^\circ$
ρ	Dichte	$kg\ m^{-3}$
ρ_{Str}	Dichte des vollexpandierten Strahls	$kg\ m^{-3}$
σ	Realteil	s^{-1}
σ	Schubschwenkwinkel	$rad,\ ^\circ$
Φ	Rollwinkel, Hängewinkel	$rad,\ ^\circ$
Ψ	Gierwinkel	$rad,\ ^\circ$
ω	Imaginärteil, Frequenz	s^{-1}
$\vec{\omega}$	Drehgeschwindigkeitsvektor	s^{-1}
ω_n	Betrag einer komplexen Zahl, Frequenz (ungedämpft)	s^{-1}
ω_T	Winkelgeschwindigkeit des Triebwerksläufers	s^{-1}

Indizes und andere Zusatzzeichen

Symbol	Bedeutung
ae	aerodynamisch
B	Brennstoff, Brutto
cos	Kosinuseffekt
D	Düsenzustand
E	Triebwerkseinlauf
eff	effektiv
F	Schub, Flügel
G	Gas (Verbrennungsgas), Gierbewegung
geo	geometrisch
ges	gesamt
h	hinten
I	Impuls

Symbol	Bedeutung
ISA	Internationale Standard-Atmosphäre (entspricht weitgehend der Norm-Atmosphäre nach DIN 5450)
k	kurzperiodische Bewegungsform
L	Luft
l	langperiodische Bewegungsform
max	Maximalwert
min	Minimalwert
Pl	Platte
Pr	Propeller
res	resultierend
St	Steuerung
Str	Strahl
T	Triebwerk, Transition
v	vorn
0	Bezugswert, stationärer Zustand, Schwebeflug, Anfangswert
$\cdot$	zeitliche Ableitung einer Größe, z.B. $\dot{V}$
Δ	Änderung einer Größe, z.B. ΔV
$-$	Mittelwert, z.B. $\bar{p}$

1 Allgemeine Betrachtungen und Übersicht über die bisherige Entwicklung

1.1 Einführung

1.1.1 Besondere Probleme der Senkrechtstarttechnik

Senkrecht startende und landende Flugzeuge mit der Fähigkeit, im Reiseflug etwa gleichwertige Flugleistungen wie konventionell startende Flugzeuge zu erreichen, benötigen eine Reihe zusätzlicher Einrichtungen, um den aerodynamischen Flugbereich bis auf den Schwebeflug bei Geschwindigkeit Null erweitern zu können. Hierzu gehören Antriebssysteme, die in der Lage sein müssen, auch unter ungünstigen Arbeitsbedingungen einen Hubschub mindestens in der Größe des Fluggewichts zu liefern und die Leistung zur Erzeugung der Steuermomente bereitzustellen, sowie Einrichtungen zum Stabilisieren und Steuern des Flugzeugs im Übergangsbereich zwischen Schwebeflug und aerodynamischer Mindestgeschwindigkeit. Auch die Instrumentierung des Pilotenraums muß zur Überwachung dieses Flugbereichs in geeigneter Form ausgestaltet sein.

Beim Entwurf eines Senkrechtstarters sind die von der konventionellen Flugtechnik her bekannten Verfahren zu erweitern und an die Problemstellungen bei Senkrechtstart und -landung anzupassen. Dies gilt für die aerodynamische und flugmechanische Auslegung in gleichem Maße wie für Fragen der Flugeigenschaften im strahlgetragenen Flugbereich, wo dem Sicherheitsaspekt eine besondere Bedeutung zukommt. Effekte, die durch Strahlinterferenz und Heißgasrezirkulation im bodennahen Flug auftreten, können von projektentscheidendem Einfluß sein. Um ihre Auswirkungen rechtzeitig zu erkennen, ist das Experimentalprogramm im Windkanal durch geeignete Versuche mit Strahlsimulation zu erweitern. Dies gilt gleichermaßen auch für das Erprobungsprogramm im Flugversuch, bei dem gesonderte Versuchseinrichtungen zum Nachweis der Funktionsfähigkeit der Stabilisierungseinrichtungen unter dem Einfluß von Strahlinterferenz und Heißgasrezirkulation bereitzustellen sind.

Aus der Aufzählung dieser Probleme der Senkrechtstarttechnik ist zu erkennen, daß hier ein neues Sondergebiet entstanden ist, das an den

Entwicklungs- und Erprobungsingenieur hohe Anforderungen stellt. Noch
stärker als in der konventionellen Flugtechnik sind die verschiedenen
Fachdisziplinen miteinander verzahnt bzw. voneinander abhängig. Dies
sei an einigen Beispielen erläutert: So erfordert die Aufteilung der
Hubkrafterzeugung wie auch der Momentensteuerung in den verschiedenen
Phasen des Übergangsflugs eine Abstimmung zwischen den Anteilen der
Triebwerke und der aerodynamischen Trag- und Steuerflächen. Die Triebwerksstrahlen verändern durch Interferenzwirkung die Strömung am Flugzeug und beeinflussen damit auch das flugmechanische Verhalten im unteren Geschwindigkeitsbereich. Bei Strahlen mit hohen Kerntemperaturen
treten hohe örtliche Temperaturen und dynamische Beanspruchungen an
der Struktur auf, deren zuverlässige Vorhersage ohne einschlägige Versuche kaum möglich ist.

1.1.2 Möglichkeiten und Realität

Zu Beginn der Entwicklungsarbeiten an Senkrechtstartern in den fünfziger und den sechziger Jahren befaßte sich eine große Zahl namhafter
Industriefirmen in vielen Ländern eingehend mit den vielfältigen technischen Aspekten der Senkrechtstarttechnik. Mehr als dreißig strahl-
oder propellergetriebene Senkrechtstarter sind gebaut und erprobt worden. Eine gute chronologische Übersicht gibt z.B. [12]. In [1, 19, 26]
werden darüber hinaus die vielfältigen technischen Probleme erläutert
und diskutiert.

In allen Fällen begannen die Arbeiten mit Entwicklungen von Experimentalgeräten, in der Erkenntnis, daß eine Entscheidung über die Funktionsfähigkeit neuartiger Systeme und das Vordringen in weitgehend unbekann-
te Bereiche der Technik nur im Großversuch überzeugend gewonnen werden
kann. In den Fällen, in denen zu Beginn der Entwicklung militärische
Forderungen vorlagen, blieben letztlich auch nur Experimentalprogramme
übrig, die allerdings auch teilweise bis zur Erprobung der operationellen Verwendbarkeit ausgeweitet wurden. Bei vielen Senkrechtstartprojek-
ten stand zunächst die militärische Anwendung im Vordergrund. Die Möglichkeit, auch im Falle einer weitgehenden Zerstörung der Start- und
Landebahnen über eine voll einsetzbare Luftverteidigung zu verfügen,
erschien den Aufwand einer so kostspieligen Entwicklung wert.

Auch für die Anwendung im Luftverkehr verspricht die Senkrechtstarttechnik wertvolle Beiträge. Der Zuwachs des Luftverkehrsaufkommens bedingt einen steigenden Bedarf an immer größeren Flugplätzen und neuen,

längeren Start- und Landebahnen. Unter Beachtung der Tatsache, daß die
großen Flughäfen mit über 50% durch den Zubringerverkehr beansprucht
werden, liegt der Gedanke nahe, diesen Zubringerbedarf zukünftig mit
einem Luftverkehrssystem von senkrecht oder extrem kurz startenden und
landenden Flugzeugen durchzuführen. Die Einführung eines solchen Systems könnte die notwendige Entlastung bringen bei gleichzeitiger Reduzierung der Lärmschutzzonen wegen der bei Senkrechtstartern möglichen
relativ steilen An- und Abflugbahnen. Man kann darin eine Alternative
zu den seit Jahren vergeblichen Bemühungen um den Bau neuer Landebahnen
oder den Ausbau neuer Flughäfen sehen. Dieses wurde auch in einer Reihe
verschiedener Betrachtungen und Systemuntersuchungen festgestellt, in
denen der Senkrechtstarttechnik für die weitere Zukunft gute Chancen
eingeräumt werden [5, 13] und die sich ausführlich mit den operationellen Möglichkeiten eines Senkrechtstart-Luftverkehrs an Hand von Simula-
tionsstudien befassen, insbesondere im Hinblick auf die mögliche Einrichtung eines solchen Verkehrssystems für den "Nord-Ost-Korridor" der
USA in den achtziger Jahren [7, 16, 32]. Auch in der Bundesrepublik
Deutschland wurde Ende der sechziger Jahre die Möglichkeit eines Inter-
city-Flugverkehrs mit senkrechtstartenden und -landenden Flugzeugen
diskutiert [33], der von stadtnahen Abflugplattformen aus durchgeführt
werden sollte, z.B. auch von Bahnhofsdächern. In diesem Zusammenhang
darf allerdings nicht übersehen werden, daß die starke Erhöhung des
Kraftstoffpreises seit 1973 sich besonders nachteilig für senkrecht
startende Verkehrsflugzeuge auswirken würde.

Die europäische Luftfahrtindustrie hat mit Ausnahme Englands die Be-
schäftigung mit Senkrechtstartentwicklungen Anfang der siebziger Jahre
eingestellt. Zivile Entwicklungen sind dabei über die Projektphase
nicht hinausgekommen oder wurden kurz vor Erreichen der Prototypenphase
abgebrochen.

Pläne für die Weiterentwicklung kleinerer propellergetriebener Senkrechtstarter für Transportzwecke werden in den USA weiterverfolgt. Zwischen den USA und England besteht eine enge Zusammenarbeit für die gemeinsame Entwicklung senkrechtstartender Militärflugzeuge, weitgehend
für den Einsatz von Flugzeugträgern aus, unter Verwendung des in England in größerer Serie gebauten Harrier oder der daraus in den USA entwickelten verbesserten Version AV-8B. Nach [37] ist in den USA für den
Zeitraum über das Jahr 2000 hinaus eine verstärkte Anwendung der V/STOL-
Technologie zu erwarten.

1.1.3 Betrachtete Senkrechtstartkonzepte

Aus den Erprobungsergebnissen einer sehr großen Zahl verschiedener Bauarten und Antriebskonzepte von Senkrechtstartflugzeugen lassen sich wertvolle Erkenntnisse für die Vor- und Nachteile der verschiedenen Entwicklungsrichtungen gewinnen. Um bei der Behandlung der besonderen Probleme der Senkrechtstarttechnik in den nachfolgenden Kapiteln die Bezugnahme auf die einzelnen Experimentalflugzeuge oder Projekte zu ermöglichen, werden in diesem Kapitel alle technisch interessanten Konfigurationen von Senkrechtstartern in ihren wesentlichen Merkmalen beschrieben und an Hand von Umrißzeichnungen dargestellt. Der Einteilung der einzelnen Entwicklungsrichtungen liegt die Art und Anordnung der Antriebssysteme zur Erzeugung des Hubschubes beim Senkrechtstart zugrunde. Zur Ergänzung sind auch interessante, weit fortgeschrittene Projekte, die für den Einsatz im VTOL-Intercityverkehr vorgesehen waren, in die Betrachtung einbezogen. Schließlich wird mit einigen Beispielen auf neue, in Planung oder Entwicklung befindliche Senkrechtstartkonzepte hingewiesen.

Der besseren Übersichtlichkeit halber sind in den Tabellen 1.1.1 bis 1.1.4 die wichtigsten Daten der betrachteten V/STOL-Konzepte bzw. Projekte zusammengestellt.

Lfd. Nr.	Bild Nr.	Hersteller Muster Land	Triebwerkshersteller		Hub-schub [N]	Marsch-schub [N]	VTO-Abflug-gewicht [N]	Erst-flug
			Hubtriebwerk	Marschtriebwerk				
1	1.2.1	Ryan X-13 USA	Rolls Royce Avon		1 x 44 500		34 300	1955
2	1.2.2	SNECMA Flieg. ATAR Frankreich	SNECMA ATAR P2		1 x 30 000		25 500	1957
3	1.2.3	SNECMA C 450 Frankreich	SNECMA ATAR E5V		1 x 37 000		29 500	1959
4	1.2.4	Bell VTO USA	Fairchild J 44		2 x 4 400		6 850	1954
5	1.2.5	Bell X-14A USA	General Electric J 85-GE-5		2 x 12 750		18 500	1957
6	1.2.6	Short SC 1 Großbritannien	Rolls Royce RB 108	Rolls Royce RB 108	4x 9 800	1x 9 800	30 000	1957
7	1.2.7	Dassault Balzac Frankreich	Rolls Royce RB 108	Bristol Siddeley Orpheus 803	8x 9 800	1x22 100	60 000	1962
8	-	Dassault Mirage III V Frankreich	Rolls Royce RB 162-1	Pratt & Whitney TF-30	8x20 000	1x51 000 92 000 *)	130 000	1965
9	1.2.8	Hawker P 1127 Großbritannien	Bristol Siddeley BS 53 Pg 5		1 x 55 000		48 000	1961
10	1.2.9	Hawker Harrier Großbritannien	Rolls Royce, Bristol Div. Pegasus MK 101		1 x 84 000		75 000	1969
11	1.2.10	EWR-Süd VJ 101 C-X1 Deutschland	Rolls Royce RB 145	Rolls Royce RB 145	2x11 800 4x11 800	4x11 800	61 000	1963
12	-	EWR-Süd VJ 101 C-X2 Deutschland	Rolls Royce RB 145	Rolls Royce RB 145 Nachbrenner	2x11 800 4x15 700	4x15 700 *)	73 600	1965
13	1.2.11	Dornier Do 31 Deutschland	Rolls Royce RB 162-4D	Bristol Siddeley BS Pg 5-2	8x19 600 2x69 000	2x69 000	206 000	1967
14	1.2.12	VFW VAK 191 B Deutschland	Rolls Royce RB 162-81	MTU-Rolls Royce RB 193-12	2x26 500 1x45 000	1x45 000	88 000	1970
15	1.2.13	Ryan XV-5A USA	General Electric J 85-GE-5		62 500	2x11 800	55 000	1964
16	1.2.14	Lockheed XV-4A USA	Pratt & Whitney JT 12 A-3		33 500	2x14 700	32 200	1964
17	1.2.15	Lockheed XV-4B USA	General Electric YJ 85-19		6x13 500	2x13 500	56 400	1968

*) Mit Nachbrenner

Tabelle 1.1.1. Senkrechtstarter mit Strahl- bzw. Bläserantrieb

Lfd. Nr.	Bild Nr.	Hersteller Muster Land	Triebwerks- hersteller	Triebwerks- leistung [kW]	VTO-Abflug- gewicht [N]	Erst- flug
18	1.3.1	Convair XFY-1 USA	Allison YT-54-A-14	1 x 4 360	88 000	1954
19	1.3.2	Bell XV-3 USA	Pratt & Whitney R 985	1 x 450		1955
20	1.3.3	Curtiss Wright X-19A USA	Lycoming T 55-L5	2 x 1 640	61 000	1963
21	1.3.4	Bell X-22A USA	General Electric GE YT 58-80	4 x 930	66 200	1966
22	1.3.5	Bell XV-15 USA	Lycoming LTC 1 K-4	2 x 1 120	58 000	1977
23	1.3.6	Vertol VZ-2 USA	Lycoming LTC 1 B-1	1 x 670		1958
24	1.3.7	Ling Temco Vought XC-142 USA	General Electric GE-T 64-1	4 x 2 300	189 000	1964
25	1.3.8	Canadair CL-84-1 Kanada	Lycoming LTC 1 K-4	2 x 1 120	56 400	1965
26	1.3.9	VFW VC 400 Deutschland	General Electric GE-T 64-16	4 x 2 760	220 000	Projekt (1967)

Tabelle 1.1.2. Senkrechtstarter mit Propellerantrieb

Lfd. Nr.	Bild Nr.	Hersteller Muster Land	Triebwerkshersteller Hubtriebwerk Marschtriebw.	Hub- schub [N] (ISA)	Marsch- schub [N] (ISA)	VTO-Abflug- gewicht [N] H = 600m t = 29°C
27	1.4.1	Dornier Do 231 Deutschland	Rolls Royce RB 202-25 RB 220	12x58 200 2x39 000	2x118 000	580 000
28	1.4.2	VFW VC-180 Deutschland	Rolls Royce Gen.Electric RB 202-25 GE-C	10x91 200	3x 75 500	560 000
29	1.4.3	HFB 600 Deutschland	General Electric	4x87 000 4x82 500	4x 85 000	510 000
				Triebwerks- leistung [kW] (ISA)		
30	1.4.4	VFW VC 500 Deutschland	General Electric T 64/S 5 C-1	8 x 4 000		420 000
31	1.4.5	MBB Bo 140 Deutschland	General Electric GE 1/SIA	4 x 8 500		480 000

Tabelle 1.1.3. Senkrechtstarterprojekte für den Intercityverkehr (1969)

Lfd. Nr.	Bild Nr.	Hersteller Muster Land	Triebwerks- hersteller	Triebwerks- schub (Leistung)	VTO-Abflug- gewicht [N]
32	–	McDonnell Douglas AV-8B USA/Großbritannien	Rolls Royce Pegasus 11-35	102 000 N	84 000
33	1.5.1	Rockwell International XFV-12A USA	Pratt & Whitney F401-PW 400tf	125 000 N	93 000
34	1.5.2	Grumman 698-411 USA	General Electric TF 34-GE 100tf	2x43 000 N	76 000
35	1.5.3	Sikorsky XH-59A (ABC) USA	United Aircraft PT6T Pratt & Whitney J6	(1x 1 350 kW) 2x12 900 N	56 000
36	1.5.4	MBB Rotorjet Me 408 Deutschland	General Electric GE-T 58	(2x 1 360 kW)	49 000

Tabelle 1.1.4. Senkrechtstarter der neuen Generation

1.2 Senkrechtstarter mit Strahlantrieb

1.2.1 Heckstarter

Die ersten Senkrechtstart-Versuchsflugzeuge mit Strahlantrieb waren
auf die zur damaligen Zeit verfügbaren relativ großen Strahltriebwerke
mit ihrer zwangsläufig hohen Baulänge angewiesen. Als Folge hiervon ergaben sich Flugzeuge, die für Start und Landung vertikal gestellt werden mußten (daher die Bezeichnung "Heckstarter" bzw. "Tailsitter"). Als
Vertreter dieser Gruppe ist die X-13 der Firma Ryan in San Diego (Erstflug 1955) mit einem Rolls-Royce-Triebwerk Avon zu nennen, Bild 1.2.1.
Später folgte der Coleopter C 450 der Firma SNECMA mit einem Triebwerk
Atar-8, an dessen Entwicklung ein deutsches Ingenieurteam maßgeblichen
Anteil hatte [28]. Zunächst testete man dort die Möglichkeit einer Stabilisierung eines aus Triebwerk, Pilotensitz und Regel- bzw. Steuersystem bestehenden Schwebefluggeräts, des "fliegenden Atar", das bei
seiner erfolgreichen Flugvorführung auf der Luftfahrtschau in Le Bour-
get im Jahre 1957 Aufsehen erregte (Bild 1.2.2). Das daraus entstande-
ne, mit einem Ringflügel ausgestattete Flugzeug (Bild 1.2.3) ging im
Jahre 1959 nach einigen erfolgreichen Flügen während eines vertikalen
Landeanflugs verloren, nachdem der Pilot die zulässige Sinkgeschwindigkeit überschritten hatte, sich selbst aber durch den Schleudersitz
noch retten konnte. Die Entwicklung wurde danach eingestellt.

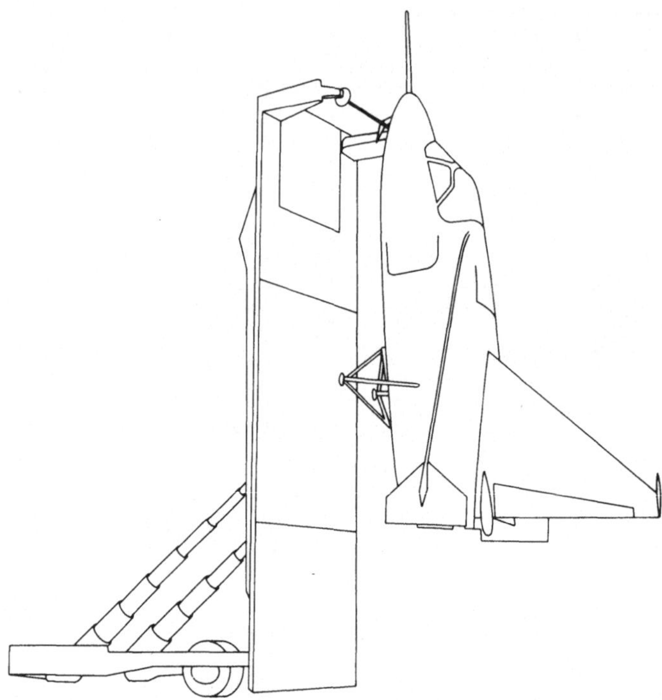

Bild 1.2.1. Heckstarter Ryan X-13 (1955)

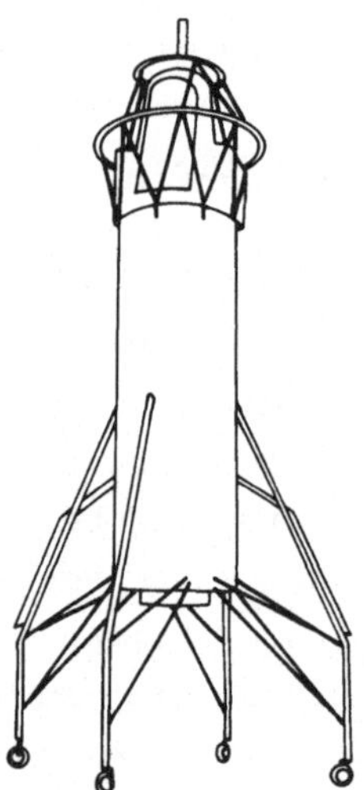

Bild 1.2.2. Schwebefluggerät
"Fliegender Atar" (1957)

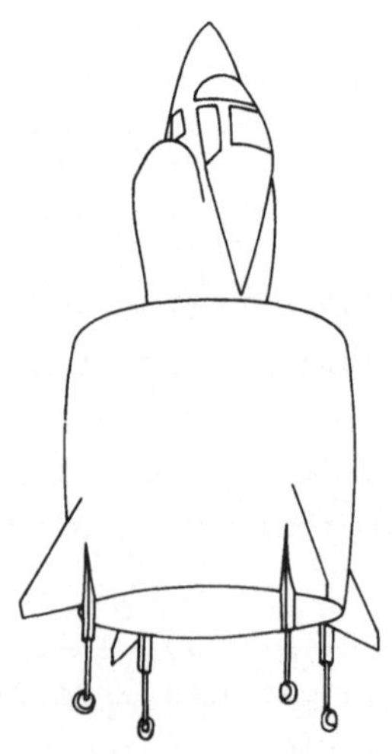

Bild 1.2.3. Snecma C 450
(Coleopter) (1959)

1.2.2 Normalstarter

Das erste Flugzeug, das durch erfolgreiche Flugversuche bewies, daß es
durchführbar und zugleich zweckmäßiger ist, den Schubvektor zu schwenken, statt das gesamte Flugzeug beim Übergang vom Senkrechtstart zum
Normalflug zu drehen, war das von der Firma Bell-Aerospace Corp. im
Jahre 1954 entwickelte Versuchsflugzeug VTO (Bild 1.2.4). Als Antrieb
dienten zwei relativ kleine Strahlturbinen Fairchild J 44, die seitlich am Rumpf drehbar angeordnet waren. Die Schwenkung des Schubvektors wurde hier also durch Drehen des gesamten Triebwerks erreicht,
ähnlich wie es später bei einem Projekt D-188 der Firma Bell-Aerospace
Corp. geplant und bei der VJ 101 des Entwicklungsringes-Süd (EWR) erfolgreich ausgeführt wurde.

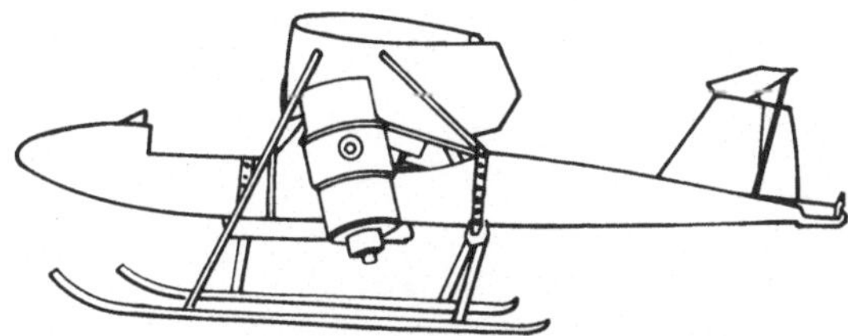

Bild 1.2.4. Bell VTO-Versuchsgerät (1954)

In drei Firmen der Triebwerksindustrie entstanden in der zweiten Hälfte
der fünfziger Jahre neuartige Triebwerke, die für die Weiterentwicklung
der Senkrechtstarttechnik von besonderer Bedeutung waren: 1) Das Klein-
triebwerk J 85 der Firma General Elektric, das sowohl als Hubtriebwerk
wie auch als Gaserzeuger für den Antrieb von Blattspitzenturbinen verwendet wurde. 2) Die von der Firma Rolls Royce entwickelten Hubtriebwerke RB 108, 145, 162 und 202. 3) Das Triebwerk BS 53 der Firma Bri-
stol-Siddeley mit vier schwenkbaren Schubdüsen, genannt "Pegasus", und
seine Nachfolgemuster (vgl. Abschn. 2.2.2) sowie das später daraus entwickelte kleinere Triebwerk RB 193. Erst aufgrund der Verfügbarkeit
dieser Triebwerke war die Entwicklung einer Reihe technisch interessanter Senkrechtstarter-Konzepte möglich.

Die X-14A der Firma Bell [1], die zwei Triebwerke J 85-GE-5 mit schwenkbaren Düsen verwendete und 1957 ihren Erstflug absolvierte, wurde in
mehreren Mustern gebaut und war lange bei der NASA in Kalifornien zur
Klärung von Flugeigenschaftsfragen im Einsatz (Bild 1.2.5). Die Short
SC 1 besaß vier Triebwerke RB 108 zur Erzeugung des Hubschubes und ein

weiteres Triebwerk RB 108, das als Marschtriebwerk den Vortriebsschub
lieferte (Bild 1.2.6). Sie flog erstmalig im April 1957. Die zwei Experimentalflugzeuge dieses Musters haben über 900 Testflüge erfolgreich
absolviert und viele grundsätzliche Erfahrungen über die Wirkungsweise
von Stabilisierungssystemen erbracht, vgl. [1].

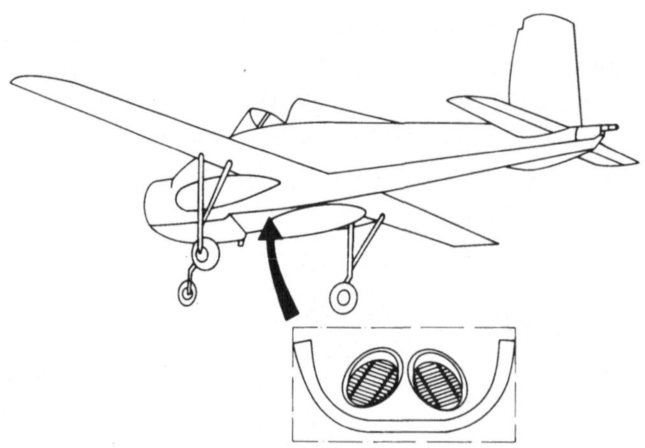

Bild 1.2.5. Bell X-14A (1957)

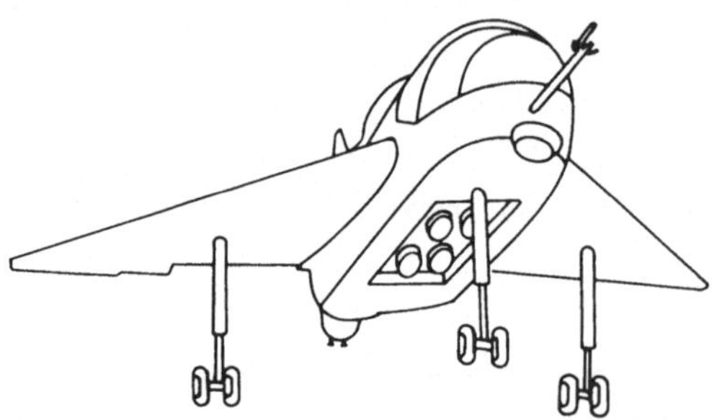

Bild 1.2.6. Short SC 1 (1957)

Das gleiche Antriebskonzept besaß das von der französischen Firma
Dassault weitgehend aus Teilen der Mirage entwickelte Versuchsflugzeug
"Balzac" [1], Bild 1.2.7. Zur Erzeugung des Hubschubes dienten acht
Triebwerke RB 108, als Marschtriebwerk fand das Triebwerk Bristol Or-
pheus 803 Verwendung. Der Erstflug erfolgte 1962. Zwei Versuchsflug-
zeuge der gleichen Konfiguration, jedoch mit wesentlich stärkeren Trieb-
werken (RB 162, TF 30 mit Nachverbrennung), begannen als Typ III V-1 und
III V-2 ihre Flugerprobung im Jahre 1965 bzw. 1966 [29], trotz des Un-

falls der Balzac zu Anfang des Jahres 1964. Mit der III V-2 wurde erstmals für ein VTOL-Flugzeug eine größere Machzahl als 2,0 erreicht. Nach einem tragischen Absturz Ende 1966 wurde die aussichtsreiche Entwicklung trotz einer bis dahin recht erfolgreichen Erprobung abgebrochen.

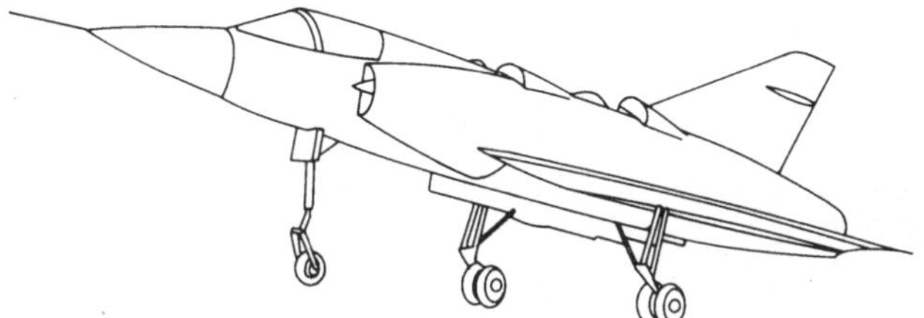

Bild 1.2.7. Dassault "Balzac" (1962)

Die Hawker P 1127 basiert auf einer neuartigen Konzeption, die eng mit der Entwicklung des Triebwerks Bristol Pegasus zusammenhängt [1, 17], Bild 1.2.8. Von den vier schwenkbaren Düsen des Triebwerks werden die beiden vorderen von dem zweiten Kreis des Triebwerks versorgt, während der heiße Strahl durch die hinteren Düsen ausgeblasen wird. Das Triebwerk ist zentral im Bereich um den Flugzeugschwerpunkt angeordnet. Die Entwicklung war sehr erfolgreich und führte über die Kestrel-Experimentalflugzeuge zu dem Serienflugzeug des gleichen Konzepts mit wesentlich verstärktem Triebwerk, dem "Harrier", der als operationelles Flugzeug in einer größeren Serie gebaut worden ist [1], Bild 1.2.9. Nicht unwesentlich war hierbei, daß die auftraggebende Behörde diese Entwicklung unbeirrt unterstützte, auch nach einigen Flugunfällen, die nicht zum Abbruch des Programms führten, sondern nach Klärung der Ursachen wichtige Beiträge zur Verbesserung der Systeme lieferten. Eine Weiterentwicklung erfolgte bei McDonnell Douglas unter der Typenbezeichnung AV-8B, bei der vor allem ein Einsatz von kleineren Flugzeugträgern beabsichtigt ist. Bei Übernahme der wesentlichen Konfigurationsmerkmale des Harrier wurden Nutzlast und Eindringtiefe erheblich vergrößert. Der Einsatz ist für die Zeit ab 1984 geplant. In den USA und in England gibt es neben dem erwarteten Serienbau der AV-8B und den Entwürfen für den Bau eines "Super-Harrier" Pläne für eine überschallfähige Weiterentwicklung dieses Konzepts, vgl. Abschn. 2.2.2.

Bild 1.2.8. Hawker P 1127 (1961)

Bild 1.2.9. Hawker Harrier (1969)

Die erste deutsche Senkrechtstarterentwicklung, die VJ 101 C [1], ist
mit zwei Hub- und vier schwenkbaren Marschtriebwerken ausgerüstet, deren Schub insgesamt für den Senkrechtstart zur Verfügung steht, Bild
1.2.10. Dieses Flugzeug unterscheidet sich gegenüber dem von Heinkel-
Entwurfsleiter Siegfried Günter in die 1959 von den Firmen Heinkel,
Messerschmitt und Bölkow gegründete Arbeitsgemeinschaft EWR-Süd einge-
brachten Projekt VJ 101 A dadurch, daß auf Vorschlag der Partner die
ursprünglich vorgesehenen vorderen Schwenktriebwerke durch fest im Rumpf
eingebaute Hubtriebwerke ersetzt worden sind. Die zunächst als Vorserie
mit stärkeren Triebwerken RB 153 in Auftrag gegebene Entwicklung wurde
bereits vor dem Erstflug auf den Bau der zwei Experimentalflugzeuge X1
und X2 beschränkt [31], die mit dem aus dem Hubtriebwerk RB 108 entwickelten Triebwerk RB 145 ausgerüstet waren.

Beim Senkrechtstart dieses Projekts wurden die in schwenkbaren Gondeln
untergebrachten Marschtriebwerke in die vertikale Lage gebracht und ergaben zusammen mit den fest eingebauten Hubtriebwerken den erforderlichen Hubschub. Im zweiten Prototyp der VJ 101 C-X2 wurden Marschtriebwerke mit Nachverbrennung auch für den Senkrechtstart verwendet, durch
die das Flugzeug Überschallfluggeschwindigkeiten erreichen konnte. Die

VJ 101 C enthielt eine Reihe sehr interessanter Details, die auch für
die weitere Entwicklung dieser Technik von Bedeutung waren. Dies sind
insbesondere die Steuerung durch Schubmodulation und die Verwendung
eines Lagesteuerungssystems. Während das erste Muster, die X1, nach
vielen erfolgreichen Flügen durch einen Schaltfehler im Anschluß des
Gierdämpfungskreisels bei einem konventionellen Start verlorenging,
wobei sich glücklicherweise der Pilot durch seinen Schleudersitz retten
konnte, wurde die X2 bis 1975 als Erprobungsträger verwendet, um für
neuere Senkrechtstartprojekte Erfahrungen zu sammeln. Sie befindet sich
jetzt im Deutschen Museum in München.

Bild 1.2.10. EWR-Süd VJ 101 C-X1 (1963)

Die zweite deutsche Entwicklung war als senkrechtstartendes Transportflugzeug konzipiert: die Do 31 der Firma Dornier [1, 10], Bild 1.2.11.
Bezüglich des Antriebssystems stellt dieses Flugzeug eine interessante
Kombination der vorher besprochenen Konzepte dar. Als Marschtriebwerke
werden zwei Triebwerke Bristol Pegasus Pg 5-2 verwendet, deren Schub
in der Senkrechtstartphase durch Düsenschwenkung ebenfalls als Hubschub
zur Verfügung steht. Der übrige Hubschub wird durch Hubtriebwerke vom
Typ Rolls Royce RB 162-40 erzeugt, von denen sich je vier in zwei Gondeln an den Flügelenden befinden. Von den beiden Prototypen wurde der
erste (E1) ausschließlich für die Erprobung des konventionellen Flugbereichs und der zweite (E3) für die Untersuchung des Verhaltens im
Schwebe- und Übergangsflugbereich ausgerüstet. Mit beiden Flugzeugen
wurde eine große Zahl erfolgreicher Flüge durchgeführt und eine Reihe
von Rekorden erzielt, die die ausgezeichnete Funktionsfähigkeit dieses
Konzepts bestätigen. Nach erfolgreich abgeschlossener Erprobung mußte
das Do-31-Programm Ende 1969 abgebrochen werden. Auch der Prototyp
Do 31 E3 steht heute im Deutschen Museum.

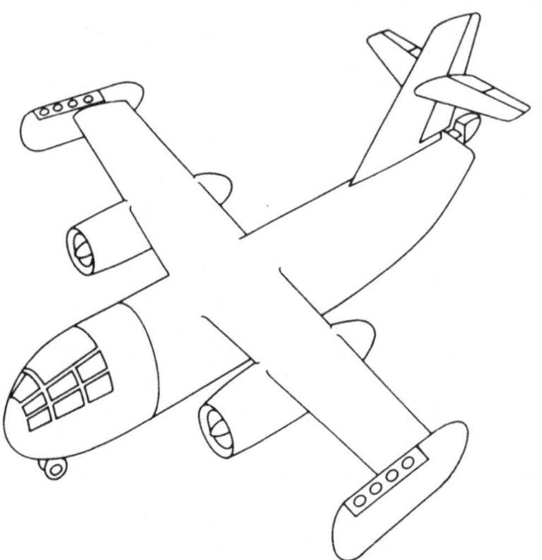

Bild 1.2.11. Dornier Do 31 (1967)

Das dritte realisierte deutsche Senkrechtstartprojekt, die VAK 191 B
(Bild 1.2.12), begann seine Erprobung mit der V1 im Oktober 1970, ge-
folgt von den Erstflügen der V2 und V3 im Jahre 1971 [1, 27]. Ähnlich
wie bei der VJ 101 und der Do 31 wurden auch hier zuvor wesentliche
Erfahrungen mit einem Schwebegestell gewonnen, das eine Vorerprobung
des Antriebs- und Steuersystems einschließlich aller Regelungseinrich-
tungen ermöglicht. Die VAK 191 B ist im Grundkonzept der Hawker P 1127
bzw. dem Harrier ähnlich. Sie besitzt ein dem Pegasus verwandtes Triebwerk (RB 193) mit ebenfalls vier schwenkbaren Düsen. Zusätzlich sind
im Rumpf zwei Hubtriebwerke RB 162-81 eingebaut. Diese Triebwerksanordnung wurde gewählt, um im Horizontalflug bei einem günstigeren Trieb-
werksdrosselgrad operieren zu können und so eine verbesserte Wirtschaftlichkeit zu erreichen. Das Flugzeug VAK 191 B ist insbesondere auch
durch sein fortschrittliches Steuerungssystem bemerkenswert, das im
Normalbetrieb mit einer elektrischen Verbindung vom Knüppel zum hydrau-
lischen Ruderantrieb arbeitet (sogenanntes Fly-by-wire-System). Im Notfall kann jedoch eine mechanische Verbindung hinzugeschaltet werden.

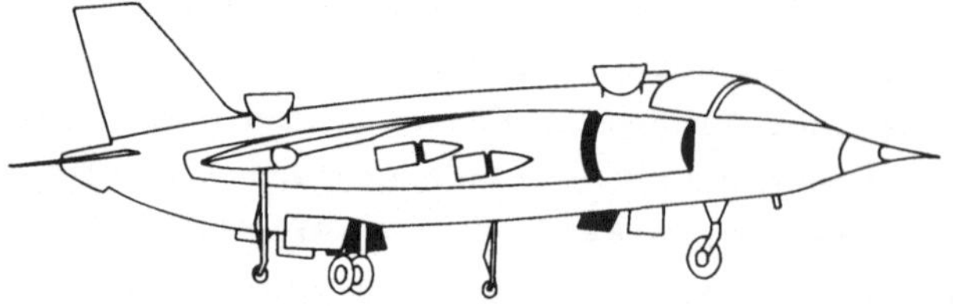

Bild 1.2.12. VFW VAK 191 B (1970)

Die Arbeiten an der VAK 191 B wurden im Jahre 1975 eingestellt, nachdem
Verhandlungen über eine Verwendung bei der U.S.-Marine nicht zum Erfolg
führten. Auch die nach [27] geplante Weiterentwicklung zu einer über-
schallfähigen Version war nicht möglich.

In den USA ist man, abgesehen von der schon erwähnten X-14A, vom Antriebssystem her wesentlich andere Wege bei der Entwicklung von Senkrechtstartflugzeugen gegangen.

Die XV-5A [1, 3], Bild 1.2.13, wurde von der Firma Ryan unter Verwendung des von der Firma General Electric entwickelten und erprobten Vor-
triebs- und Hubgebläsesystems, des "Lift fan", gebaut. Das Antriebssystem besteht aus zwei Hubgebläsen mit Blattspitzenturbinen, die im
Flügel untergebracht sind, sowie einem Steuergebläse im Rumpfbug. Alle
Gebläse erhalten ihre Treibgase über Rohrleitungen und das Umlenkventil
von den beiden Strahlturbinen General Electric J 85, die nach Betätigung des Ventils zugleich als Triebwerke für den Reiseflug verwendet
werden. Der entscheidende Effekt ist hierbei die Steigerung des Hubschubs für den Vertikalstart durch das Hubgebläse ("Lift fan") gegenüber dem Strahltriebwerk um mehr als den doppelten Wert, vgl. Abschn.
2.2.3. Das Programm, das mit dem Erstflug 1964 begann, wurde erfolgreich durchgeführt und hat die Leistungsfähigkeit dieses Konzepts bewiesen, die auch durch die zwei infolge sekundärer Effekte verursachten
Unfälle nicht beeinträchtigt wird.

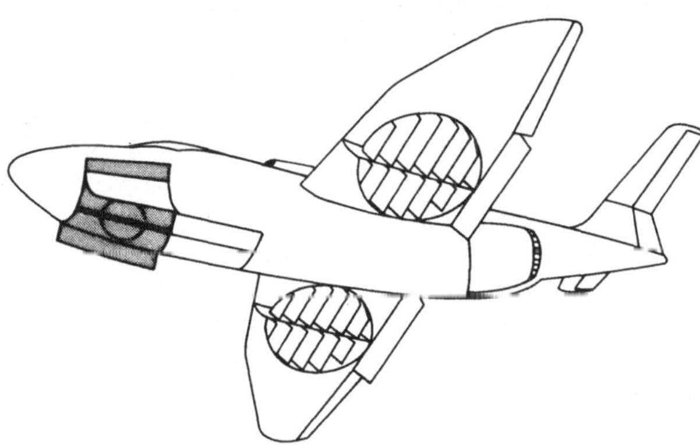

Bild 1.2.13. Ryan XV-5A (1964)

Ein anderes Prinzip der Schubsteigerung ist bei der XV-4A der Firma
Lockheed angewendet worden [1], Bild 1.2.14. Im Senkrechtflug werden
hier die heißen Strahlen der seitlich am Rumpf angeordneten Strahl-

triebwerke (Pratt & Whitney JT 12) über Umlenkventile und ein Rohr-
system in eine Mischkammer mit hoher Geschwindigkeit ausgestoßen. Nach
dem Ejektorprinzip erhöht sich dabei infolge der Mischung der heißen
Primärluft mit der angesaugten Kaltluft der Gesamtschub. Das System
wurde in der XV-4A erprobt, erwies sich aber weit weniger effektiv,
als auch aufgrund der Vorversuche erwartet wurde. Das Konzept wurde
aufgegeben, nachdem der erste der beiden Prototypen durch einen Unfall
verloren ging.

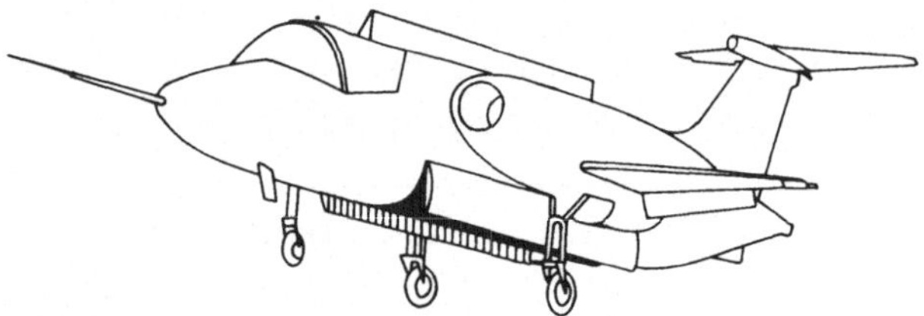

Bild 1.2.14. Lockheed XV-4A (1964)

Bei der von der gleichen Firma entwickelten XV-4B wurden die äußere
Konfiguration sowie eine Anzahl von Komponenten der XV-4A übernommen
[1], Bild 1.2.15. Sie besaß ein wesentlich höheres Abfluggewicht. Das
Antriebssystem entspricht etwa dem der Short-SC 1, indem statt des
Ejektors in der Rumpfmitte 4 Triebwerke YJ 85-19 vertikal als Hubtriebwerke eingebaut sind. Die Heißgase der beiden Marschtriebwerke lassen
sich über Umlenkdüsen entweder in einen horizontalen oder vertikalen
Strahl ablenken. Dies ist das erste amerikanische Senkrechtstartflugzeug, das Hubtriebwerke nach dem Vorbild der europäischen Entwicklungen verwendet hat.

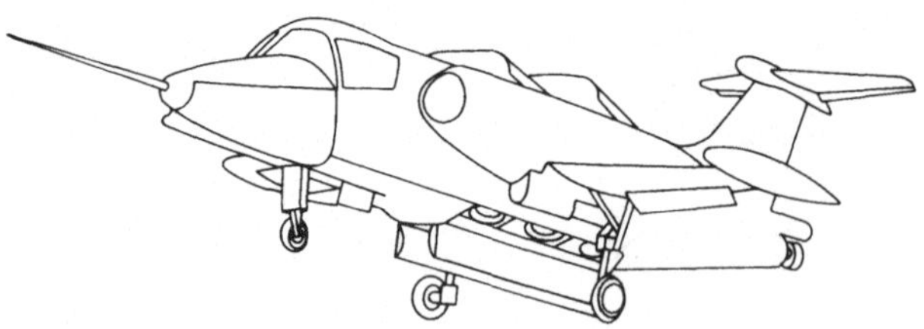

Bild 1.2.15. Lockheed XV-4B (1968)

1.3 Senkrechtstarter mit Luftschraubenantrieb

Nachdem der Strahlantrieb nicht nur bei den Militärflugzeugen, sondern
auch bei den Verkehrsflugzeugen seine Zuverlässigkeit und technische
Überlegenheit bewiesen hat, könnte es verwundern, wieso man bei einer
so modernen Technik überhaupt noch den Luftschraubenantrieb diskutiert
und eine Reihe von Projekten unter Verwendung dieser Antriebsart gebaut und in Erprobung genommen hat. Vier technische Gesichtspunkte sind
hierfür maßgebend:

1. Luftschraubenantriebe erzeugen ihren Vortrieb mit relativ kleinen
   Strahlgeschwindigkeiten bei großem Massendurchsatz je Zeiteinheit.
   Daher ist, wie in Kap. 2 noch im einzelnen gezeigt wird, der Strahl-
   wirkungsgrad bei dieser Antriebsart im Schwebeflug beträchtlich höher als bei Strahlantrieben. In allen Fällen, wo von der Flugaufgabe
   her die Senkrechtstartphase einen wesentlichen Teil darstellt, ist
   deshalb der Luftschraubenantrieb bezüglich des Kraftstoffbedarfs und
   damit des Energieverbrauchs bzw. der Wirtschaftlichkeit gegenüber
   heutigen Strahlantrieben wesentlich überlegen.

2. Die recht starke Geräuschentwicklung der Strahltriebwerke ist zum
   großen Teil durch die hohen Strahlgeschwindigkeiten bedingt. Luftschraubenantriebe sind also auch in dieser Hinsicht vorerst überlegen.

3. Die hohen Strahlgeschwindigkeiten der Strahlantriebe bei zugleich
   sehr hohen Temperaturen erfordern die Bereitstellung einer befestig-
   ten, im allgemeinen betonierten Startplattform. Senkrechtstarter mit
   Luftschraubenantrieb können praktisch von jedem Boden ausreichender
   Festigkeit ohne Bodenvorbereitung starten.

4. Eine Kopplung der Luftschrauben über ein Wellensystem erlaubt eine
   Leistungsübertragung bei einem Triebwerksausfall, so daß hierbei die
   Vertikalschubminderung wesentlich geringer ist als bei getrennten
   Antriebssystemen. Die Ausnutzung dieser Möglichkeit wird allerdings
   auch bei neueren Bläsertriebwerken erwogen.

1.3.1 Heckstarter

Es ist nicht allgemein bekannt, das das erste senkrechtstartende Flugzeug ein von Convair bereits im Jahre 1954 erprobter, durch zwei gegen-
läufige Propeller angetriebener Deltaflügel-Jäger XFY-1 war (Bild 1.3.1)

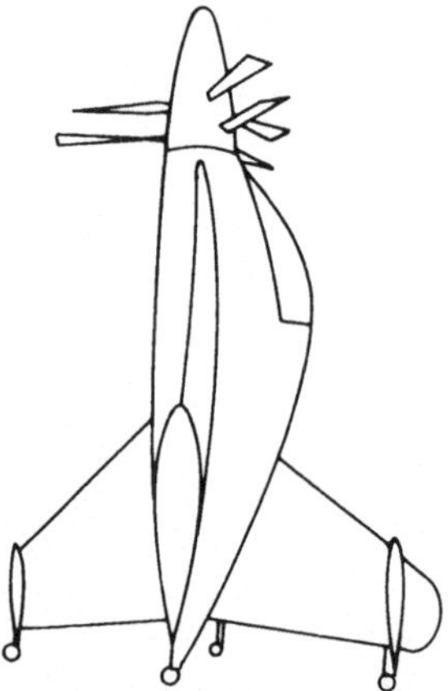

Bild 1.3.1. Convair XFY-1 (1954)

Als Antrieb wurde die Zwillings-Propellerturbine Allison YT-54-A-14 ver-
wendet. Ein zweites, sehr ähnliches Projekt wurde von der Firma Lockheed
als XFV-1 etwa gleichzeitig entwickelt. Wie die X-13 nahmen auch diese
Flugzeuge beim Senkrechtstart eine vertikale Stellung ein und besaßen ein
Vierbeinfahrwerk, das bei der XFY-1 an Flügel und Leitwerk und bei der
XFV-1 am Kreuzleitwerk befestigt war. Gründe für die Einstellung dieser
Entwicklungen waren Probleme mit Triebwerk und Propeller und auch mit
der Bedienbarkeit infolge der vertikalen Lage sowie Steuerungsschwie-
rigkeiten bei Senkrechtstart und -landung, da der Pilot hierbei praktisch auf dem Rücken lag und über die Schulter zum Boden schaute [6].

1.3.2 Kipprotorsysteme

Anfang 1955 wurde der Öffentlichkeit die Bell XV-3 vorgestellt [12], ein
einmotoriges, vertikal startendes und landendes Verwandlungsflugzeug,
das zwei drehbar angeordnete, dreiblättrige Luftschrauben an den Flügelenden besaß (Bild 1.3.2). Beide Schrauben wurden synchron über ein
Wellensystem angetrieben. Das Flugzeug verblieb bei Start und Landung
in der Normallage, während die für den Senkrechtstart erforderliche
Schubvektorschwenkung durch eine Drehung der Rotoren erfolgte. Dieses
System wurde recht erfolgreich im Fluge erprobt, nachdem zuvor durch
eingehende Untersuchungen des Rotors im großen Windkanal der NASA in
Ames die Funktionsfähigkeit des Antriebssystems bei allen im Fluge vorkommenden Schwenkstellungen nachgewiesen worden war. Die Weiterführung
der Arbeiten unterblieb, nachdem der Versuchsträger durch Absturz verlorenging.

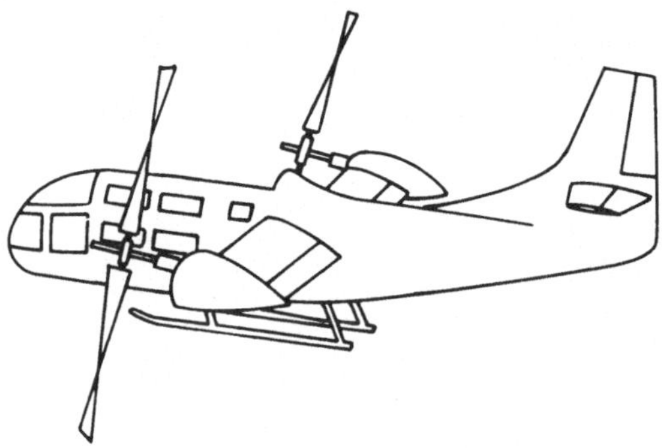

Bild 1.3.2. Bell XV-3 (1955)

Etwa gleichzeitig befaßte sich die Firma Curtiss-Wright mit einer ähnlichen Entwicklung, der X-100, einem Kipprotorprojekt mit zwei Rotoren.
Damit wurde der Nachweis erbracht, daß es möglich ist, die bei größerer
Anstellung der Rotoren und relativ hohen Fluggeschwindigkeiten auftretenden Wechselbiegelasten der Rotoren zu beherrschen. Als Weiterentwicklung dieses Prinzips, jedoch in Tandembauweise, entstand die X-19A
[1, 18], Bild 1.3.3, die im Jahre 1963 ihren Erstflug erfolgreich durch-
führte. Die vier Propeller werden über ein Wellensystem durch zwei Wellenturbinen Lycoming T 55-L5 angetrieben. Die Entwicklung wurde nach
einer größeren Zahl von Flügen abgebrochen, nachdem infolge eines Ge-
triebebruchs das Flugzeug abstürzte. Der zweite im Bau befindliche Prototyp wurde nicht mehr fertiggestellt. Ein weiterer auf der Basis des
Kipprotorprinzips entwickelter Senkrechtstarter der USA ist die Bell
X-22A [1], Bild 1.3.4. Das ebenfalls in Tandembauweise entworfene Projekt besitzt drehbare Mantelschrauben an den Flügelenden, die von vier
Wellenturbinen General Electric GE YT 58-80 über ein Wellensystem angetrieben wurden. Die Wahl der Mantelschrauben mit ihren sehr aufwendigen
Ringflügeln, auf die in Abschn. 2.3.4 noch näher eingegangen wird, war
im wesentlichen durch die geplante Verwendung dieses Flugzeugs auf Flugzeugträgern bedingt, vgl. auch [18].

Bild 1.3.3. Curtiss Wright X-19A (1963)

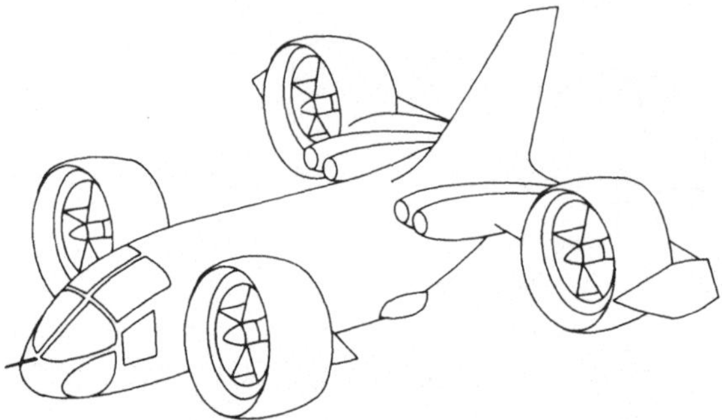

Bild 1.3.4. Bell X-22A (1966)

In Weiterführung des XV-3-Konzepts hat die Firma Bell Helicopter Textron
mit der Entwicklung eines Kipprotorflugzeugs XV-15 im Jahre 1973 begonnen, Bild 1.3.5, vgl. auch [36]. Der Erstflug fand 1977 statt. Die Flugerprobung wurde durch Untersuchungen im großen Windkanal in Ames ergänzt. Während der Flugerprobung wurde 1980 eine Horizontalfluggeschwindigkeit von über 550 km/h erreicht. Beide Versuchsflugzeuge haben die
erwarteten Ergebnisse erbracht und werden bei der NASA weiterhin auf
ihre operationellen Einsatzmöglichkeiten getestet.

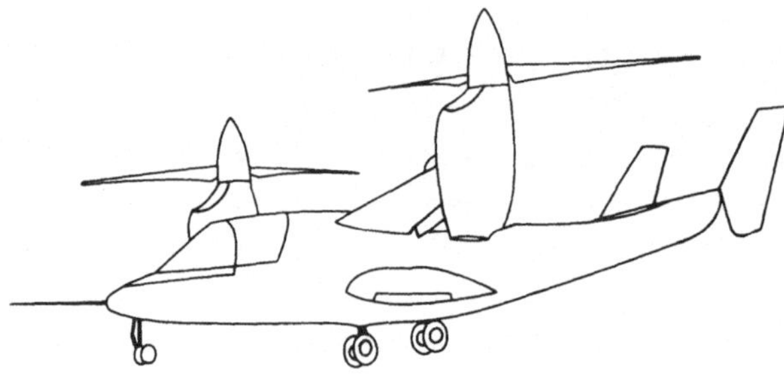

Bild 1.3.5. Bell XV-15 (1977)

1.3.3 Kippflügelsysteme

1957 begann die Firma Boeing-Vertol mit der Entwicklung eines Kippflü-
gel-Forschungsflugzeugs, der VERTOL 76 (VZ-2), Bild 1.3.6. Ein in einem
Gitterrumpf installierter Turbomotor Lycoming LTC 1 B-1 trieb über Wel-
lengetriebe zwei Luftschrauben an, die gemeinsam mit dem Flügel um die
Querachse geschwenkt werden konnten. Für die Gier- und Nicksteuerung
waren im Leitwerk ummantelte Rotoren vorgesehen. Die erfolgreiche Durchführung dieser Versuche trug sicher nicht unwesentlich dazu bei, daß
man sich Anfang der sechziger Jahre dazu entschloß, ein großes Kipp-
flügel-Transportflugzeug, die XC-142 (Bild 1.3.7), bei der Firma Ling

Temco Vought in Auftrag zu geben [18], das 1964 seinen Erstflug absolvierte. Der auf dem Rumpf angeordnete Flügel war um die Querachse kipp-
bar und trug vier Wellenturbinen GE-T 64-1 mit je einer vierblättrigen
Luftschraube. Die Luftschrauben waren untereinander durch ein Wellensystem verbunden, zugleich auch mit dem für die Nicksteuerung erforderlichen Heckrotor, so daß bei einem Triebwerksausfall außer einer zulässigen Leistungsminderung keine unsymmetrischen Störungen entstehen
konnten. Fünf Prototypen wurden in verschiedenen intensiven Flugversuchen zur Klärung der Flugeigenschaften und der militärischen Einsatz-
fähigkeit dieses VTOL-Konzepts erprobt und haben eine gute Funktionsfähigkeit der Kippflügeltechnik bewiesen. Dennoch traten im Laufe der
Erprobung eine Reihe von Unfällen auf, von denen nur ein einziger als
unmittelbare Folge der VTOL-Konfiguration anzusehen ist (Fehler im
Nickrotorsystem).

Bild 1.3.6. Vertol VZ-2 (1958)

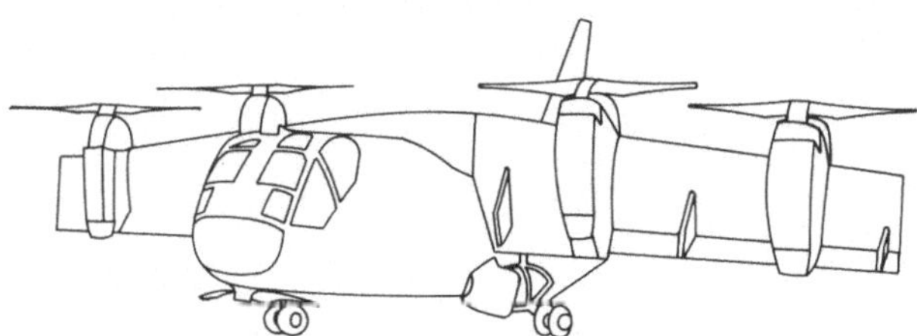

Bild 1.3.7. Ling Temco Vought XC-142 (1964)

In Kanada wurde die Entwicklung eines Kippflügelflugzeugs mit zwei Propellern und zwei gegenläufigen Heckpropellern, die CL-84 der Firma
Canadair [1, 25], durchgeführt, Bild 1.3.8. Der Erstflug dieses Musters
erfolgte 1965. Drei Prototypen der CL-84 mit erhöhter Triebwerksleistung und dadurch ermöglichtem größerem Abfluggewicht wurden erprobt,
die weitere Entwicklung jedoch zugunsten von Kurzstartflugzeugen abgebrochen.

Bild 1.3.8. Canadair CL-84 (1965)

Schon 1963 schlug S. Günter auch in Deutschland die Entwicklung eines
Kippflügeltransporters vor, der zugleich auch für zivile Transportauf-
gaben im Intercityeinsatz Verwendung finden sollte. Es handelt sich bei
diesem Projekt der VC 400 [30] um ein Flugzeug mit Flügeln in Tandembauweise, die an ihren Enden relativ große, durch ein Wellensystem verbundene Luftschrauben tragen, Bild 1.3.9. Jede Luftschraube wird durch
das in der zugehörigen Gondel befindliche Triebwerk General Electric
GE-T 64-16 direkt angetrieben, so daß das Wellensystem nur zur Leistungsübertragung bei entsprechender Trimmung oder bei einem Triebwerksausfall
benötigt wird. Das Projekt wurde längere Zeit intensiv bei VFW bearbei-
tet und in allen Details durchkonstruiert. Desgleichen waren alle aerodynamischen und flugmechanischen Probleme durch viele Windkanalversuche

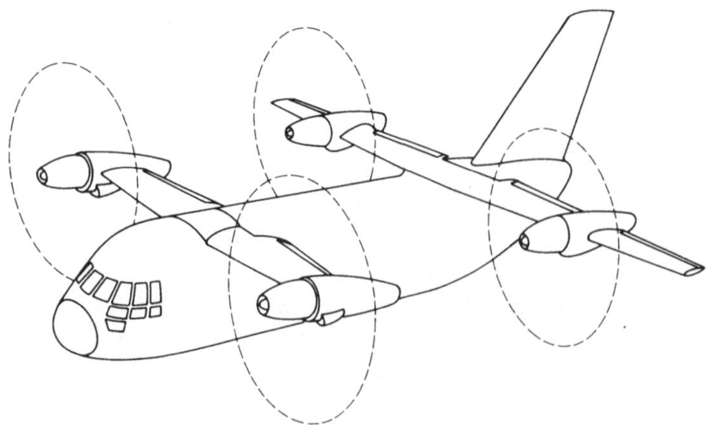

Bild 1.3.9. Projekt VFW VC 400 (1966)

geklärt. Das Projekt wurde jedoch 1971 aufgegeben. Ein Prüfstand aus
Echtteilen, der die Funktionsfähigkeit des Antriebs- und Steuerungs-
systems unter Beweis stellen und zugleich Informationen über die Vibra-
tionsentwicklung geben sollte, konnte nicht mehr erprobt werden.

1.4 Projekte für ein Senkrechtstart-Nahverkehrssystem

Im Jahre 1969 diskutierte man in der Bundesrepublik Deutschland die
Entwicklung von Senkrechtstarttransportern, die nach Modifizierung in
der Rumpfausführung sowohl für den Einsatz als Senkrechtstart-Militär-
transporter als auch zur Verwendung in einem Intercity-Luftverkehrs-
system geeignet sein sollten. Die Rahmenforderungen [33], Anlage V,
sahen für die zivile Ausführung 80 - 100 Passagiere mit entsprechendem
Gepäck vor, die über eine Strecke von mindestens 800 km zu befördern
waren. Im Regelfall sollten die Flugzeuge senkrecht starten und landen,
wobei als extreme Startbedingungen 600 m Höhe und 29°C vorgesehen waren. Die Kraftstoffreserve war mit 10% des Streckenkraftstoffes festgelegt, ferner sollte zusätzlich ein Warteflug von 30 Minuten Dauer in
450 m Höhe möglich sein. Auch für die Lärmausbreitung und den Vibra-
tionspegel in der Kabine waren Maximalwerte festgelegt. Bezüglich der
direkten operationellen Kosten war eine Erhöhung um 50% gegenüber konventionell startenden Flugzeugen zugestanden.

An dieser Ausschreibung beteiligten sich die drei deutschen Flugzeug-
firmen mit fünf Projekten unterschiedlicher Antriebskonzeptionen. Vorgeschlagen wurden zwei Projekte mit Strahlantrieb (Do 231, VFW VC 180),
ein Projekt mit Hubgebläse (HFB 600) und zwei Projekte mit Luftschrauben und Kippflügeln (VC 500 und Bo 140). Sie umfaßten damit alle damals
bekannten Antriebsarten. Wenn auch keine Prototypen entwickelt werden
konnten, so gaben die sehr sorgfältig durchgearbeiteten Projekte doch
einen guten Einblick in die technischen Möglichkeiten bei der Verwendung von Senkrechtstartern im Luftverkehr. Deshalb seien die einzelnen
Projekte in ihren wesentlichen Entwurfsmerkmalen beschrieben, insbesondere in bezug auf ihre Hub-, Schub- und VTOL-Steuerungseinrichtungen.

Do 231 (Bild 1.4.1)

Das Projekt baut auf den Erfahrungen der Do 31 auf [8]. Das Antriebssystem besteht aus 12 Zweikreis-Hubtriebwerken RB 202, von denen je vier
in zwei Flügelgondeln und je zwei im Rumpfbug und -heck untergebracht

sind. Die Marschtriebwerke RB 220 befinden sich in zwei Gondeln unter
dem Flügel und werden durch Schubablenkung zur Unterstützung des Hubschubs in Anspruch genommen. Die Roll- und Nicksteuerung erfolgt durch
Schubmodulation der jeweiligen Hubtriebwerksgruppen. Zur Giersteuerung
werden die Hubtriebwerke gegensinnig geschwenkt.

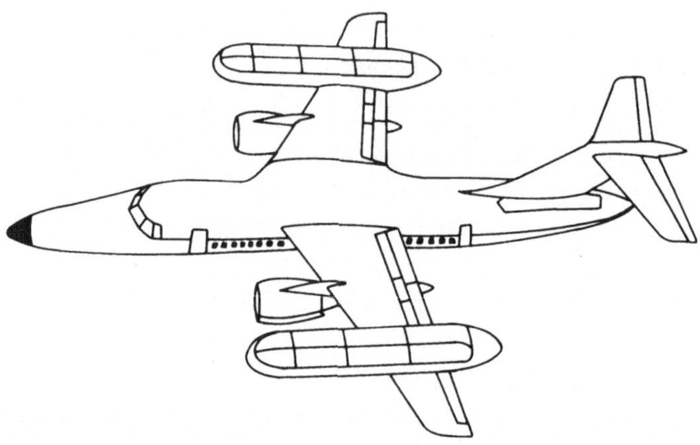

Bild 1.4.1. Projekt Dornier Do 231 (1969)

VC 180 (Bild 1.4.2)

Dieser Projektvorschlag der Firma VFW [34] stellt in seiner Antriebsan-
ordnung ein Zweivektorsystem dar. Für den Hubschub sorgen je fünf in
zwei Gondeln an den Flügelenden eingebaute Zweikreis-Hubtriebwerke der
gleichen Bauart wie bei der Do 231, jedoch mit ca. 50% größerer Hubkraft. Drei Marschtriebwerke besorgen die Beschleunigung in der Transitionsphase, unterstützt vom Schub der unter einem Winkel von 15°
gegen die Vertikale eingebauten Hubtriebwerksgruppen. Diese erzeugen
auch die Roll- und Giermomente im Schwebeflug. Die Nicksteuerung erfolgt durch Ablenkung des kalten Strahls von zwei Marschtriebwerken.

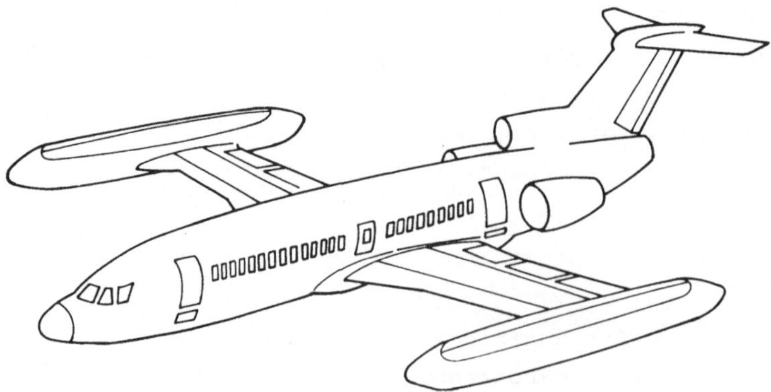

Bild 1.4.2. Projekt VFW VC-180 (1969)

HFB 600 (Bild 1.4.3)

Die Firma Hamburger Flugzeugbau (jetzt MBB-UH) schlug als einziges Un-
ternehmen ein Projekt mit Hub-Schub-Bläsern (Lift/Cruise fan) vor [9].
Die Triebwerksanlage besteht aus acht Gasgeneratoren GE 1/10 J 1 der
Firma General Electric, von denen vier die in Gondeln installierten
Bläser am Flügel versorgen, die über Kaskaden eine Umlenkung des Schubs
beim Vertikalflug bis 110° ermöglichen. Außerdem sind im Rumpfunterteil
vier Gaserzeuger angebracht, denen vier horizontale Hubgebläse zugeordnet sind. Die Schwebeflugsteuerung wird mit vier gleich großen Steuergebläsen durchgeführt, die über Rohrleitungen von der Hubgebläseanlage
mit Heißgas versorgt werden.

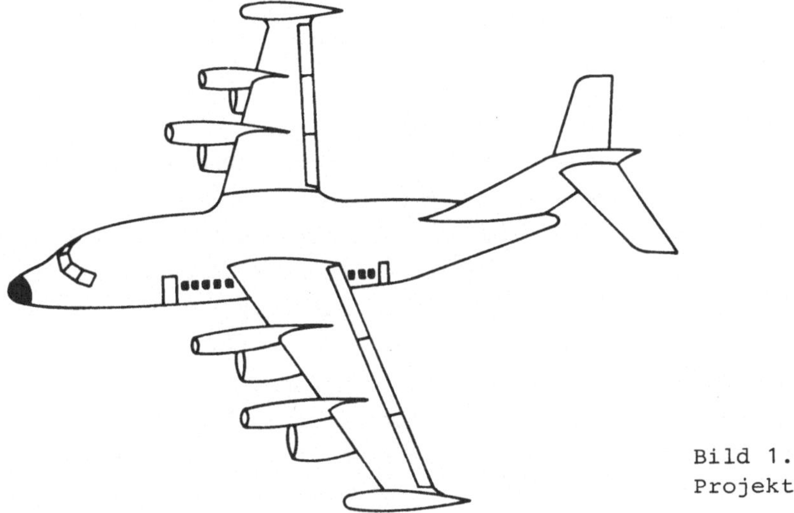

Bild 1.4.3.
Projekt HFB 600 (1969)

VC 500 (Bild 1.4.4)

Dieses nach dem Kippflügelprinzip konzipierte Projekt baut in wesentlichen Komponenten auf dem fast zur Prototypreife bei VFW bearbeiteten
kleineren Projekt VC 400 mit Tandemflügeln auf [35]. Beide Projekte
sind gekennzeichnet durch eine symmetrische Anordnung von vier Luftschrauben. Der wesentliche Unterschied besteht darin, daß die VC 500
auf eine Kopplung der Luftschrauben durch ein Wellensystem verzichtet.
Dafür trägt jede Luftschraubengondel zwei gekoppelte Triebwerke, die
bei einem Ausfall entkoppelt werden können. Beim Übergang vom Senkrechtflug zum konventionellen Flug werden die Flügel mit den Luft-
schrauben-Triebwerksgondeln geschwenkt. Nick- und Rollsteuerung im
Schwebeflug erfolgen durch Schubmodulation infolge antimetrischer Verstellung der Propellerblätter. Zur Giersteuerung werden die Querruder
im Propellerstrahl antimetrisch verstellt.

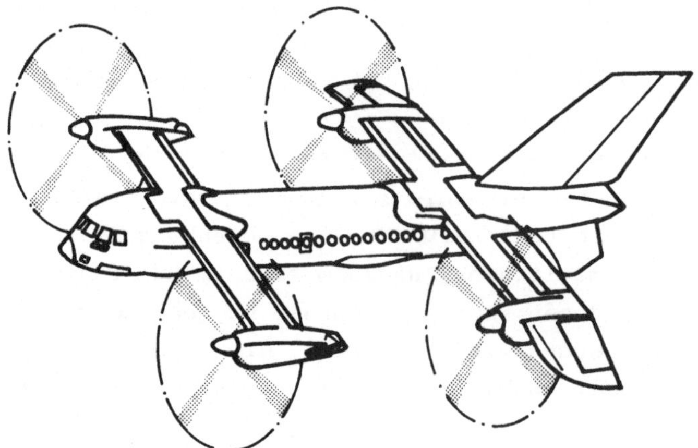

Bild 1.4.4. Projekt VFW VC 500 (1969)

Bo 140 (Bild 1.4.5)

Ebenso wie bei der VC 500 handelt es sich bei diesem Projekt der Firma
MBB um einen Senkrechtstarter nach dem Kippflügelprinzip unter Verwendung relativ niedrig belasteter, großer Luftschrauben [4]. Ähnlich wie
bei der XC-142A sind die Luftschrauben nebeneinander an einem Flügel
angeordnet, der eine relativ große Streckung aufweist. Im Schwebeflug
werden die Rollmomente durch Schubmodulation über antimetrische Verstellung der Propellerblätter aufgebracht, während zur Nicksteuerung
eine Verlagerung des Schubmittelpunktes durch monozyklische Blattverstellung erfolgt. Dadurch kann auf den sonst bei dieser Konfiguration
erforderlichen Heckrotor mit vertikaler Drehachse verzichtet werden.
Zur Giersteuerung werden Querruder, Spoiler und Deflektoren im Schrau-
benstrahl betätigt.

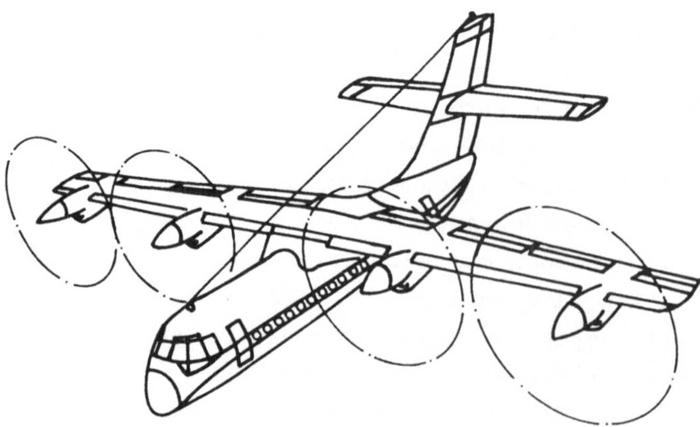

Bild 1.4.5. Projekt MBB Bo 140 (1969)

1.5 Kritische Wertung und Ausblick

Die in [14] unter der Überschrift "V/STOL, Realität mit Grenzen" im
Jahre 1977 gegebene kritische Wertung der Situation kann auch heute
noch als gültig angesehen werden und wird im folgenden auszugsweise
übernommen: Seit den erfolgreichen VTOL-Projekten der sechziger Jahre
hat die Starrflügler-Senkrechtstarttechnik eine wechselvolle Entwicklung erlebt. Der ursprünglichen Auffassung, daß mit dieser Konzeption
eine Universallösung zur Verfügung stehe, folgte bald eine Periode des
völligen Desinteresses. Heute ist man sich hingegen bewußt, daß ihr in
Zukunft eine feste Rolle zukommt. Ein wesentliches Problem der Anfangs-
zeit lag in der irrtümlichen Auffassung, jede Konstruktionsaufgabe kön-
ne mit einer gehörigen Portion Technologie gelöst werden. Dabei übersah
man, daß die Luftfahrt wie jedes andere Gebiet der Technik nur unter
engem Bezug auf die äußeren Gegebenheiten existenzfähig ist. Die in
Abschn. 1.4 genannten Entwicklungen, denen als Konzept die Vorstellung
eines V/STOL-Verkehrs von und nach den Stadtzentren zugrunde lag, dürften heute kaum Chancen für eine Durchsetzbarkeit haben, unabhängig davon, daß die Einführung eines solchen Verkehrssystems nicht nur schwer
zu bewältigende Lärm- und Sicherheitsprobleme enthält, sondern auch
einen gewaltigen Kostenaufwand erfordern würde.

Selbst von der Royal Air Force wird berichtet, daß die Kosten des Einsatzes des Harrier von auseinandergezogenen Stützpunkten beachtlich
sein können, wenn sie auch aus technischen Erwägungen vertretbar erscheinen mögen [21]. Das U.S. Marine Corps erbrachte schließlich den
Nachweis, daß das Konzept der Schubvektorsteuerung keine der vielen
Sackgassen der Luftfahrt verkörpert, als es ermittelte, daß sich der
Harrier für seine spezifischen Bedürfnisse gut eignet [22, 24].

Heute stehen die Möglichkeiten der V/STOL-Technologie außer Frage, insbesondere im maritimen Einsatz, wie das im Westen überraschende Erscheinen des sowjetischen VTOL-Kampfflugzeugs Forger (YAK-36) oder die
Entwicklung des Harrier zeigen und wie nicht zuletzt aus den Plänen des
U.S. Marine Corps hervorgeht, zukünftig V/STOL-Starrflügel-Kampfflug-
zeuge einzusetzen. Durch technologische Fortschritte sollten weitere
Verbesserungen auf diesem Gebiet ermöglicht werden [14].

Schritte auf diesem Wege sind z.B. die Anwendung des Konzepts der Vertikalschuberzeugung mittels durchströmter Flügel ("Augmentor Wing") bei
der XFV-12A der Firma Rockwell [2], Bild 1.5.1. Auch das Projekt Grumman

698 der Firma Grumman Aerospace [23] stellt eine Möglichkeit dar, unter
Verwendung von schwenkbaren Blästertriebwerken mit sehr hohem Nebenstromverhältnis sowohl im VTOL-Bereich als auch im Reiseflug effektiv
zu fliegen (Bild 1.5.2).

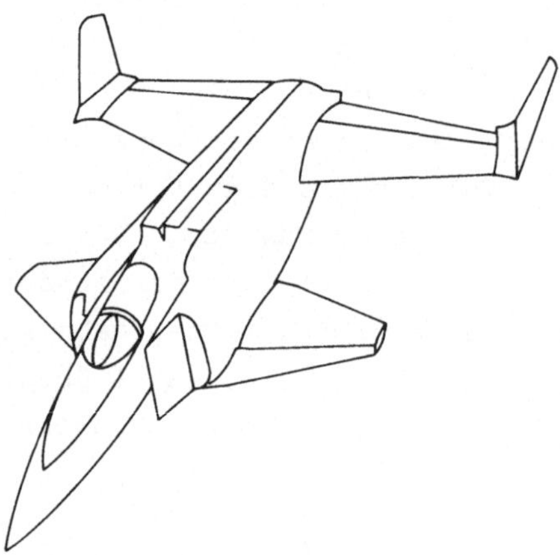

Bild 1.5.1. Rockwell International XFV-12A (1980)

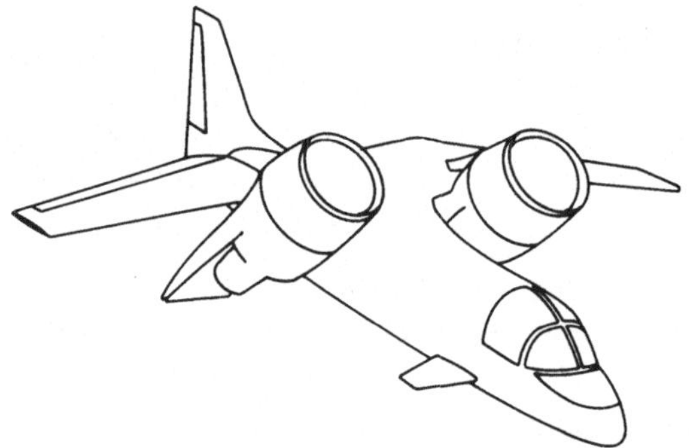

Bild 1.5.2. Projekt Grumman 698 (1979)

Aber auch die Propeller-VTOL-Technik enthält noch ein beträchtliches
Entwicklungspotential. Ein Beispiel hierfür sind die Entwicklungsarbeiten der Firma Bell-Helicopter an einem kommerziellen Kipprotorflugzeug für 30 Passagiere, das mit einer Reisegeschwindigkeit von mehr als
550 km/h bei Kurzstart und Vertikallandung eine Reichweite von etwa
550 km besitzen soll [20]. Als wichtige Mission dieses Flugzeugs wird
die Versorgung von Bohrinseln z.B. in der Nordsee betrachtet.

Eine andere Möglichkeit zur Leistungssteigerung basiert darauf, Reichweite und Geschwindigkeit des als Schwebefluggerät nicht zu übertref-
fenden Hubschrauberkonzeptes durch neuartige Lösungen zu verbessern.

Sehr erfolgreich waren in dieser Richtung die Ergebnisse der Firma
Sikorsky Aircraft Corp. mit dem ABC-Konzept (Advancing Blade Concept)
[15], Bild 1.5.3. Durch Wahl einer gegenläufigen Rotoranordnung und
eines Schubpropellers oder -triebwerks wurden bisher Reisegeschwindigkeiten von ca. 430 km/h erreicht. Eine weitere Möglichkeit besteht darin, die Schwebeflugeigenschaften eines Hubschraubers mit dem Hochge-
schwindigkeitspotential eines Starrflüglers zu verbinden. Dieses Ziel
verfolgt das von Messerschmitt vorgeschlagene "Rotorjet"-Konzept, ein
Verbundhubschrauber, bei dem das gleiche Wellentriebwerk im Schwebeflug
die Rotoren antreibt und im Reiseflug nach Stillsetzen und Verstauen
der Rotoren im Rumpf über zwei Bläser den Vortriebsschub erzeugt [11],
Bild 1.5.4.

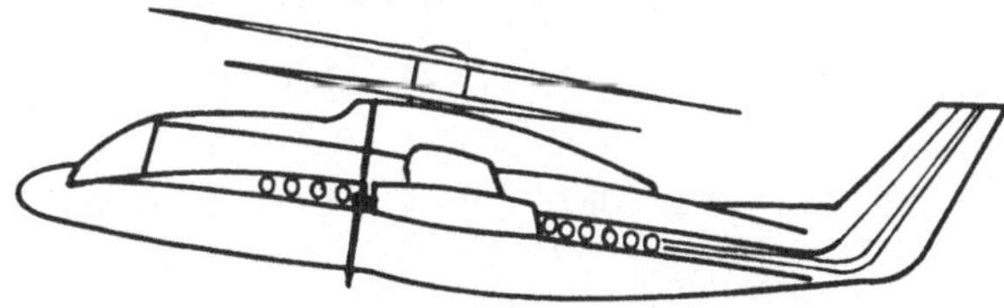

Bild 1.5.3. Sikorsky ABC-Konzept (1976)

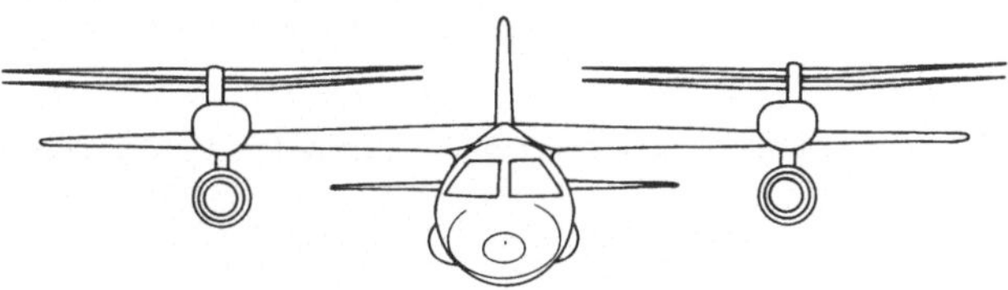

Bild 1.5.4. Projekt MBB Rotorjet (1976)

Literatur

1 AGARD: V/STOL Comparison Study. AGARD Advisory Rep. Nr. 18, 1969.

2 Aviation Week: V/STOL Technology Advances Expected. Aviation Week &
   Space Technology, S. 70-81, 31. Jan. 1977.

3 Beeler, E.F.; Kappus, P.G.: G.E. Turbotip Fan V/STOL Propulsion
   Systems. Bericht der Firma General Electric, 1970.

4 Bo 140 V/STOL-Transporter, Messerschmitt-Bölkow-Blohm GmbH,
   TNA - D 112 14/69, 1969.

5 Bridenne, A.: Aussichten für Senkrechtstart- und Kurzstartflugzeuge
   in der Zivilluftfahrt. Interavia, 26. Jahrg., S. 1177-1178, 1971.

6   Campbell, J.P.: Vertikal Takeoff and Landing Aircraft. New York:
    Macmillan 1962.

7   Cheyno, E.: Vertiports Design and Operations. AIAA Paper Nr. 67-891,
    1967.

8   Do 231 C und M V/STOL-Transportflugzeug, Projektstudie, Dornier
    GmbH, Bericht 69/116, 1969.

9   HFB 600 V/STOL-Kurzstrecken-Transportflugzeug für militärische und
    zivile Verwendung, Projektstudie. Hamburger Flugzeugbau GmbH, Aus-
    gabe 25.9.1969, TEW/P, 1969.

10 Hoffert, H.; Riemann: Entwicklung des Transportflugzeugs Do 31 und
    die Herstellung und Erprobung von zwei Experimentierflugzeugen.
    Dornier Bericht GE51-481/69, 1969.

11 Huber, H.; Krafka, H.: Studies on Rotor and Flight Dynamics of a
    Horizontally Stoppable Hingeless Rotor Aircraft. Second European
    Rotorcraft and Powered Lift Aircraft Forum, Bückeburg, 20.-22.9.1976.

12 Interavia: 15 Jahre V/STOL-Technik. Interavia, 24. Jahrg., S. 144-
    152, 1969.

13 Interavia: Kurz- und Senkrechtstart für den Intercity-Luftverkehr
    von morgen. Interavia, 25. Jahrg., S. 45-49, 1970.

14 Interavia: V/STOL, Realität mit Grenzen. Interavia, 32. Jahrg.,
    S. 25-26, 1977.

15 Jenney, D.S.: ABC-Aircraft Development Status. Sixth European Rotor-
    craft and Powered Lift Aircraft Forum, Bristol, Großbritannien,
    16.-19.9.1980.

16 Kahn, J.F.: V/STOL Airline System Simulation. Journal of Aircraft,
    Band 5, S. 306-311, 1968.

17 Laight, P.: Harrier, an Industry View. AGARD Conference on Military
    Applications of V/STOL Aircraft, 1972.

18 Lindenbaum, B.; Fraga, D.E.: A Review of the U.S. Tri-Service V/STOL
    Programs. AGARD-CP-126, Band 1, S. 3-1 - 3-17, 1973.

19 Mack, K.W.: Wege zum Vertikalstart. Luftfahrttechnik, Band 7, S. 58-
    70, S. 93-104, 1961.

20 Martin, St.M., Jr.; Erb, L.H.; Sambell, K.W.: STOL Performance of
    the Tilt Rotor. Sixth European Rotorcraft and Powered Lift Aircraft
    Forum, Bristol, Großbritannien, 16.-19.9.1980.

21 Merriman, H.A.: Operational Experience with the Harrier in the
    Royal Air Force. AGARD Conference on Military Applications of V/STOL
    Aircraft, 1972.

22 Miller, T.H., Jr.; Baker, C.M.: AV-8A Harrier Concept and Operational
    Performance - U.S. Marine Corps. AGARD-CP-126, Band 1, S. 5-1 - 5-6,
    1973.

23 North, D.M.: V/STOL Design Emphasizes Simplicity. Aviation Week &
    Space Technology, S. 17-18, Febr. 1977.

24 O'Rourke, G.G.: Outlook for V/STOL Aircraft in the U.S. Navy and
    Marine Corps. AGARD Conference on Military Applications of V/STOL
    Aircraft, 1972.

25 Phillips, F.C.: Testing and Evaluation of the Canadair CL-84 Tilt
    Wing V/STOL Aircraft. AGARD-CP-126, Band 1, S. 7-1 - 7-13, 1973.

26 Poisson-Quinton, Ph.: Introduction to V/STOL Aircraft Concepts and
    Categories. AGARDograph 126, S. 1-49, 1968.

27 Riccius, R.; Sobotta, W.: VAK 191 B Experimental Program for a
    V/STOL Strike Recce Aircraft. AGARD-CP-126, Band 1, S. 6-1 - 6-18,
    1973.

28 Richter, G.: Das Lotrechtstart-Versuchsflugzeug C 450 der S.N.E.C.M.A.
    Luftfahrttechnik, Band 5, S. 12-16, 1959.

29 Richemont, de, G.: Etude et Mise au Point en Soufflerie et en Vol
    de l'Avion Dassault Mirage III V. AGARD-CP-126, Band 1, S. 2-1 -
    2-15, 1973.

30 Schäffler, J.: Entwicklung rotorgetriebener Fluggeräte in der Bun-
    desrepublik Deutschland. Jahrbuch 1968 der DGLR, S. 106-115, 1968.

31 Schwärzler, K.: Die Entwicklung von Senkrechtstartflugzeugen mit
    Turbinenstrahltriebwerken in Deutschland. Jahrbuch 1963 der WGLR,
    S. 26-50, 1963.

32 Simpson, R.W.: Computerized Schedule Construction for a VTOL Airbus
    Transportation System. Journal of Aircraft, Band 5, S. 299-305,
    1968.

33 Thalau, K.: Vergleichende Beurteilung von Entwürfen der deutschen
    Luftfahrtindustrie für ein V/STOL-Kurzstrecken-Transport- bzw. Ver-
    kehrsflugzeug durch eine Sachverständigenkommission. Abschlußbe-
    richt, Teil 1, 26.6.1970.

34 VC 180/181 V/STOL-Transportflugzeug, Vereinigte Flugtechnische Wer-
    ke, September 1969.

35 VC 500 V/STOL-Transportflugzeug, Vereinigte Flugtechnische Werke,
    Bericht M-7-69, 1969.

36 Wernicke, R.: XV-15 Tilt Rotor Research Aircraft and Preliminary
    Design of a Larger Aircraft for the U.S. Navy Subsonic V/STOL Mis-
    sion. Fourth European Rotorcraft and Powered Lift Aircraft Forum,
    Stresa, Italien, 13.-15. Sept. 1978.

37 Wood, D.: V/STOL am Scheideweg. Interavia, 35. Jahrg., S. 539-541,
    1980.

2 VTOL-Antriebssysteme

2.1 Betrachtungen zur Triebwerksauswahl

2.1.1 Allgemeines

Bei konventionell startenden und landenden Flugzeugen liefert das Triebwerk eine Schubkraft, die in Bahnrichtung wirkt und, abgesehen vom
Steigflug, zum Beschleunigen und Überwinden des aerodynamischen Wider-
stands dient. Zusätzlich zu dieser Aufgabe, die im aerodynamisch getragenen Teil des Fluges auch für Senkrechtstarter erfüllt sein muß, wird
der Triebwerksschub bei Unterschreiten der aerodynamischen Mindestgeschwindigkeit in zunehmendem Maße zur Erzeugung einer Vertikalkraft
herangezogen, bis er im Schwebeflug oder bei Senkrechtstart und -landung
das volle Gewicht des Flugzeugs tragen muß. Dieser Zusammenhang ist in
Bild 2.1.1 dargestellt, das den erforderlichen Mindestschubanteil in
vertikaler Richtung für einen Senkrechtstarter vom Schwebeflug an zeigt.
Hierbei kennzeichnet die Transition den Übergang vom Schwebeflug zum
aerodynamisch getragenen Flug.

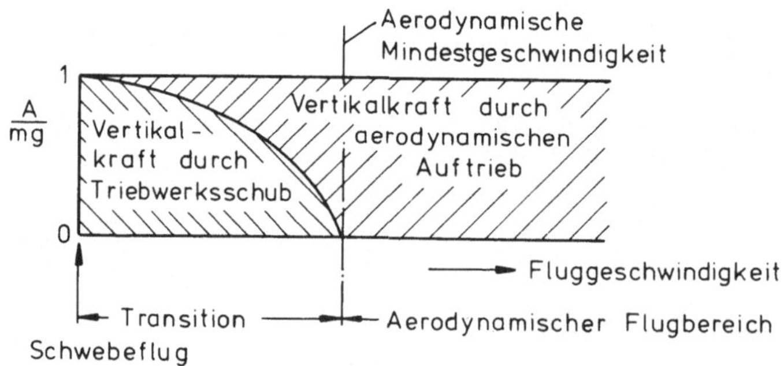

Bild 2.1.1. Vertikalkräfte im Horizontalflug

Außer dem von der Triebwerksanlage im Senkrechtstart nach Bild 2.1.1 zu
liefernden Hubschub zur Erfüllung des Kräftegleichgewichts muß noch zusätzlicher Schub verfügbar sein, um das Flugzeug in Vertikalrichtung
beschleunigen zu können und die Leistung für die Momentensteuerungen

um die drei Flugzeugachsen bereitzustellen. Darüber hinaus besteht ein
zusätzlicher Schubbedarf zum Ausgleich von Schubverlusten durch aerodynamische und thermische Bodeneffekte und ungünstige Umgebungsbedingungen am Startort. Dementsprechend sind die Forderungen an Triebwerks-
anlagen von VTOL-Geräten vielgestaltiger als bei konventionell startenden Flugzeugen, vgl. [1, 10, 22, 31]. Häufig verwendet man gesonderte
Triebwerke zur Erzeugung des für den Senkrechtstart benötigten Verti-
kalschubes. Da diese nur während der Start- und Landephase benutzt werden, ähnlich wie Fahrwerk und Landeklappen eines konventionell startenden Flugzeugs, muß man bestrebt sein, mit möglichst kleinen Baugewichten
der Triebwerke auszukommen. Dies gilt gleichermaßen für alle übrigen
Einrichtungen zur Schuberhöhung im Senkrechtstartbereich.

Weiterhin sollte das Einbauvolumen von gesonderten Triebwerken so klein
wie möglich sein, um den Aufwand für den Einbau und die aerodynamische
Verkleidung zu minimieren sowie einen möglichst kleinen Luftwiderstand
der Flugzeugzelle zu erreichen.

Bei gleicher Technologie der Triebwerke erhält man die höchsten Werte
von Schub/Gewicht, Schub/Volumen und Schub/Querschnittsfläche für Ein-
stromtriebwerke. Diesem Vorteil stehen eine Reihe von Nachteilen gegenüber wie hoher Lärmpegel und hoher Kraftstoffverbrauch, insbesondere
im Teillastbereich. Beträchtliche Verbesserungen bringen in dieser Hinsicht Zweistromtriebwerke, allerdings bei gleichzeitiger Verschlechterung hinsichtlich des Volumen- und Gewichtsaufwandes.

VTOL-Antriebe müssen außerdem wie alle Triebwerke zuverlässig und flexi-
bel im Hinblick auf ihre Integration in die Zelle sein. Sie sollen
einen Hubschub in der Größenordnung des Fluggewichts liefern und möglichst auch Vortrieb erzeugen können und, falls benötigt, Leistung für
Steuerzwecke bereitstellen. Die an VTOL-Antriebe gestellten Forderungen
haben häufig gegensätzliche Tendenzen und hängen wesentlich von der
Gewichtung der verschiedenen sowohl im Schwebeflug als auch im aerodynamisch getragenen Flug durchzuführenden Flugaufgaben ab.

Die einzelnen Bauarten der Senkrechtstarter unterschieden sich im wesentlichen in der Art der Schuberzeugung und der Aufteilung des Schubes
auf Hubtriebwerke, also Triebwerke, die ausschließlich zur Hubschuberzeugung verwendet werden, und auf Marsch-Hub-Triebwerke, die den Vortrieb beim aerodynamisch getragenen Flug liefern und während der Schwebephase ganz oder teilweise zur Hubschuberzeugung herangezogen werden.

Wie in Kap. 1 an Hand ausgeführter VTOL-Flugzeuge gezeigt wurde, gibt
es eine große Vielfalt von Möglichkeiten der Schuberzeugung und -auf-
teilung. Wird das gleiche Triebwerk oder die gleiche Triebwerksgruppe
je nach Drehlage des Schubvektors sowohl zur Erzeugung des Hub- als
auch des Marschschubs herangezogen, so spricht man von einem "Einvektorsystem". Werden dagegen beide Schubarten getrennt von jeweils gesonderten Triebwerken geliefert, dann liegt ein "Zweivektorsystem" vor.
Als "Mischvektorsystem" bezeichnet man eine Kombination von Triebwerken,
bei denen nur ein Teil sowohl für den Hubschub als auch für den Marschschub sorgt. Diese Aufteilung ist unabhängig von der verwendeten Triebwerksart und kann im Prinzip sowohl bei Einkreis-Strahl-, Bypass-,
Bläser- und Luftschraubentriebwerken angewendet werden.

2.1.2 Ausnutzung des installierten Gesamtschubs in der Transition

Die Projektentscheidung zur Wahl des Antriebssystems für ein neues VTOL-
Gerät hängt neben vielen Fragen des Einsatzspektrums vor allem von der
Verfügbarkeit geeigneter Triebwerke in der benötigten Größenklasse ab.
Dennoch ist es durchaus interessant, vorab die Güte der bahnmechani-
schen Ausnutzung des von der Triebwerksanlage erzeugten Gesamtschubs
während der Übergangsphase vom Vertikalstart bis zum aerodynamisch getragenen Horizontalflug zu untersuchen, vgl. [5]. Zum Einleiten der
Übergangsphase vom Schweben zum Horizontalflug muß ein Teilschub die
Horizontalbeschleunigung des Flugzeugs bewirken, während der im Schwebeflug benötigte Hubschub mit wachsender Geschwindigkeit vermindert
werden kann. Dieser Übergang vom Schwebe- zum Marschschub entspricht
einer Drehung des Schubvektors und kann auf direkte Weise durch Drehen
des gesamten Triebwerks oder seiner Düsen erreicht werden (Einvektorsystem). Gelegentlich ersetzt man die erforderliche Drehung des Schubvektors durch entsprechende Änderung der Schübe zweier im rechten Winkel zueinander angeordneter Triebwerke oder Triebwerksgruppen (Zweivektorsystem), deren Gesamtschub stets größer ist als der resultierende
Schubvektor, also eine ungünstigere bahnmechanische Ausnutzung liefert.
Bildet man für einen solchen Fall das Verhältnis der bahnmechanisch in
jedem Punkt der Transition wirksamen Schübe, so erhält man

$$\frac{\Sigma F_i}{F} = \frac{F_1 + F_2}{F} = \sin\sigma + \cos\sigma \qquad\qquad (2.1.1)$$

Dieser Zusammenhang ist in Bild 2.1.2 (Kurve a) dargestellt und zeigt
den zu erwartenden beträchtlich höheren Schubbedarf des Zweivektorsy-

stems, der zudem unabhängig von der Schubaufteilung zwischen Marsch-
und Hubtriebwerk ist.

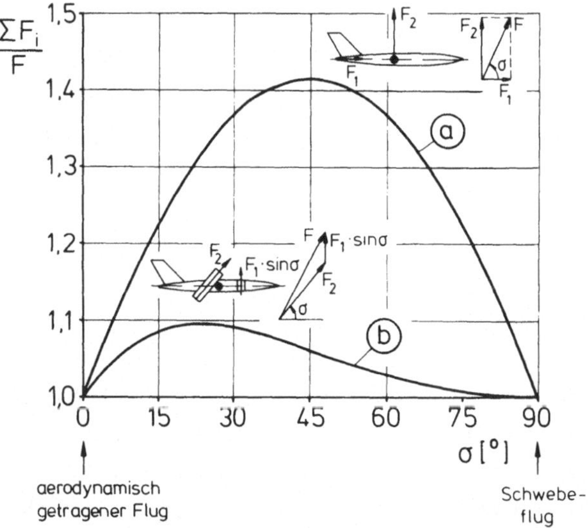

Bild 2.1.2. Schubausnutzung eines Zwei- und eines Mischvektorsystems im
Vergleich zum Einvektorsystem während der Transition

a) Zweivektorsystem

b) Mischvektorsystem (VJ 101 C-X1)

Die entsprechende Betrachtung für ein erfolgreich erprobtes Mischvektorsystem sei am Beispiel der VJ 101 C erläutert. Wie in Kap. 1 beschrieben, verwendet die VJ 101 C-X1 die gleichen Triebwerke RB 145 als
Hub- und Marschtriebwerke, deren Maximalschub jeweils F_0 betrage. Vor
dem Schwerpunkt befinden sich zwei Hubtriebwerke mit dem Schub $F_1 = 2\ F_0$.
Die Schwenkgondeln hinter dem Schwerpunkt sind je mit zwei Triebwerken
ausgerüstet, d.h. $F_2 = 4\ F_0$. Zur Einhaltung des Momentengleichgewichts
bei jedem möglichen Schwenkwinkel σ werden die Hubtriebwerksschübe proportional zu sinσ reduziert. Für diese Betrachtung sei vereinfachend
angenommen, daß die Drehlager der Schwenkgondeln mit dem Schwerpunkt
in einer Ebene liegen, die während der Transition horizontal ausgerich-
tet sei.

Für die Summe der Schübe gilt

$$\Sigma F_i = F_1\ \sin\sigma + F_2.$$ (2.1.2)

Der resultierende Schub, der wieder als Vergleichswert einem äquivalenten Einvektorsystem zugrundegelegt sei, beträgt entsprechend dem Geschwindigkeitsdreieck in Bild 2.1.2 nach Anwendung des Kosinus-Satzes

$$F = \sqrt{F_1^2 \sin^2\sigma + F_2^2 + 2\,F_1 F_2\,\sin^2\sigma}\,. \qquad (2.1.3)$$

Ersetzt man, wie oben angegeben, F_1 und F_2 durch die Einzelschübe F_0
und bildet das Verhältnis des aufzuwendenden Gesamtschubes nach (2.1.2)
zum resultierenden Schub als dem Wert des äquivalenten Einvektorsystems
entsprechend (2.1.3), so folgt

$$\frac{\Sigma F_i}{F} = \frac{2 + \sin\sigma}{\sqrt{4 + 5\sin^2\sigma}}\,. \qquad (2.1.4)$$

Die in Bild 2.1.2 dargestellte Auswertung der Beziehungen (2.1.1) und
(2.1.4) zeigt, daß das Zweivektorsystem (Kurve a) während des Übergangsfluges im Mittel etwa 33% mehr Gesamtaufwand benötigt als ein Einvektorsystem. Das Mischvektorsystem der VJ 101 C (Kurve b) schneidet dagegen mit einem etwa 5% höheren Gesamtschub wesentlich günstiger ab.
Außerdem liefert der erhöhte Gesamtschub ein größeres Gewicht der Antriebsanlage.

2.1.3 Schwebeflugleistung und Strahlgeschwindigkeit

Strahlgeschwindigkeit

Ein anderer wichtiger Auslegungsgesichtspunkt für die Wahl des Triebwerkssystems leitet sich aus der Aufgabenstellung des VTOL-Flugzeugs
sowohl in der VTOL-Phase als auch im aerodynamisch getragenen Flug ab.
Zur Klärung der hiermit zusammenhängenden physikalischen Gegebenheiten
sei zunächst die Entstehung des Schwebeschubs betrachtet.

Alle Antriebsarten liefern im Stand oder im Schwebeflug eine Schubkraft,
für die sich mit der Geschwindigkeit des vollexpandierten Strahls, V_{Str},
unter Anwendung des Impulssatzes die folgende einfache Beziehung ergibt

$$-\dot{I}_A = F_0 = \dot{m}_G\,V_{Str}. \qquad (2.1.5)$$

Hierbei wurde die Begrenzung der Kontrollfläche stromabwärts soweit
verschoben, bis der statische Druck demjenigen an der vorderen Kontrollfläche gleicht. Daher entfällt das Druckglied in der Impulsbezie-

hung. Die Größe $\dot{m}_G$ kennzeichnet den austretenden Gas-Massenfluß je Zeiteinheit

$$\dot{m}_G = \rho_{Str}\, S_{Str}\, V_{Str}, \tag{2.1.6}$$

wobei ρ_{Str} die Dichte und S_{Str} den Querschnitt des vollexpandierten Strahls darstellen.

Führt man (2.1.6) in (2.1.5) ein, so erhält man für den Hubschub

$$F_0 = \rho_{Str}\, S_{Str}\, V_{Str}^2. \tag{2.1.7a}$$

Danach besteht zwischen der Strahlgeschwindigkeit und der Strahlflächenbelastung F_0/S_{Str} der folgende Zusammenhang

$$V_{Str} = \sqrt{\frac{F_0/S_{Str}}{\rho_{Str}}} \; . \tag{2.1.7b}$$

Schwebeflugleistung_und_Hubschub

Die zur Erzeugung des Hubschubs aufgewendete Leistung entspricht der dem Strahl je Zeiteinheit erteilten kinetischen Energie, für die man unter der Annahme verlustloser (idealer) Vorgänge erhält

$$P_{id} = \frac{\dot{m}_G}{2} V_{Str}^2 = \frac{\rho_{Str}}{2} S_{Str}\, V_{Str}^3. \tag{2.1.8}$$

Maßgebend für gute Schwebeflugleistungen ist es, daß die für die Hubschuberzeugung benötigte Triebwerksleistung möglichst klein ist, d.h. das Verhältnis F_0/P_{id} liefert ein Maß für die Wirtschaftlichkeit des Schwebeflugs. Hierfür ergibt sich mit den Beziehungen (2.1.7a) und (2.1.8)

$$\frac{F_0}{P_{id}} = \frac{2}{V_{Str}} \; . \tag{2.1.9}$$

Der einfache Ausdruck nach (2.1.9) enthält die wesentliche Aussage, daß die auf die ideale Leistung bezogenen Schwebeschübe umgekehrt proportional zur Strahlgeschwindigkeit sind. In Bild 2.1.3 ist für die verschiedenen Senkrechtstartsysteme die Zuordnung der Strahlgeschwindigkeiten zum leistungsbezogenen Schwebeschub dargestellt. Die erreichbaren Werte F_0/P_0 sind kleiner als der Wert F_0/P_{id} nach (2.1.9), wobei P_0/P_{id} als Standgütegrad im Bereich 0,7 - 0,8 liegt.

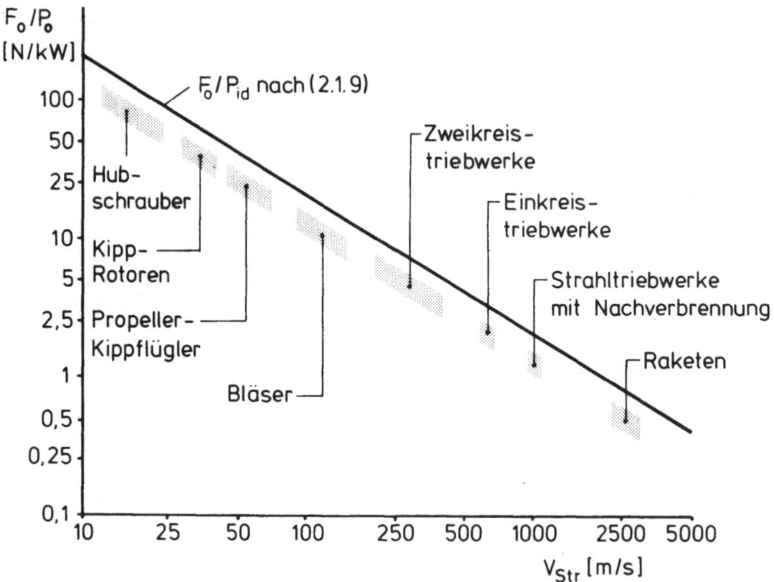

Bild 2.1.3. Leistungsbezogene Hubschuberzeugung verschiedener Triebwerksarten in Abhängigkeit von der Strahlgeschwindigkeit

Der in der vorangegangenen Betrachtung eingeführte Begriff "Strahlflächenbelastung" stellt den auf die Querschnittsfläche des vollexpandierten Strahls S_{Str} bezogenen Schwebe- oder Hubschub eines Antriebssystems dar. Bei Hubschraubern und Senkrechtstartern mit Rotoren oder
Luftschrauben bezieht man den Schwebeschub meist auf die Rotor- oder
Propellerkreisfläche $S_{Pr} = \pi D^2/4$, wobei D den Rotor- oder Propeller-
durchmesser darstellt. Wie in Abschn. 2.3 gezeigt wird, gilt

$$\frac{F_0}{S_{Str}} = 2\,\frac{\rho_{Str}}{\rho}\,\frac{F_0}{S_{Pr}} \quad ,$$

woraus mit $\rho/\rho_{Str} = 1$ für Rotoren oder Luftschrauben folgt

$$\frac{F_0}{S_{Str}} = 2\,\frac{F_0}{S_{Pr}} \quad . \qquad\qquad (2.1.10)$$

Unter Beachtung dieses Zusammenhangs läßt sich die Kreisflächenbelastung F_0/S_{Pr} als Funktion der Strahlgeschwindigkeit V_{Str} aus (2.1.7b)
berechnen.

Senkrechtstarter mit Antriebssystemen niedriger Strahlgeschwindigkeit
liefern günstige Bedingungen für einen wirtschaftlichen Schwebeflug.

Dies kann man auch durch Einführen eines spezifischen Kraftstoffver-
brauchs für den Schwebeflug verdeutlichen. Bezeichnet man den Heizwert
des Kraftstoffs mit H_u und definiert den Kraftstoffverbrauch pro Zeiteinheit mit $\dot{m}_B$, so erhält man durch Gleichsetzen von mechanischer und
thermischer Leistung unter Einführen eines Gesamtwirkungsgrades η_{ges}

$$\frac{\dot{m}_G}{2} V_{Str}^2 = \frac{F_0 \, V_{Str}}{2} = \eta_{ges} \, H_u \, \dot{m}_B \ .$$

Mit dieser Beziehung gilt für den spezifischen Schwebeflug-Kraftstoff-
verbrauch $b_{F0} = \dot{m}_B / F_0$:

$$b_{F0} = \frac{V_{Str}}{2 \, H_u \, \eta_{ges}} \ . \qquad (2.1.11)$$

Damit erweist sich die Strahlgeschwindigkeit als wichtige Kenngröße zur
Klassifizierung von Senkrechtstarter-Antrieben.

Unter Beachtung der oben abgeleiteten Beziehungen folgt, daß die Wahl
des Antriebssystems unmittelbar durch die Art der Flugaufgabe vorgegeben ist:

VTOL-Flugzeuge, bei denen Schwebeflugaufgaben einen Schwerpunkt des
Einsatzes bilden, erfordern Antriebssysteme mit kleinen Strahlgeschwindigkeiten bzw. niedriger Strahlflächenbelastung. Es bieten sich hierfür
Rotoren, Propeller oder Mantelpropeller an, die allerdings bei sehr
guten bis guten Schwebeflugleistungen nur mäßige bis mittlere Fluggeschwindigkeiten im Reiseflug erlauben.

Werden dagegen höhere Reisefluggeschwindigkeiten gefordert und wird die
Schwebeflugkonfiguration nur bei Start und Landung benötigt, sind Antriebssysteme mit höheren Strahlgeschwindigkeiten bzw. Strahlflächenbelastungen zu wählen, z.B. Bläser, Zweikreistriebwerke oder bei Überschallfluggeschwindigkeiten sogar Einkreistriebwerke mit Nachverbrennung. Dieser Zusammenhang ist in Bild 2.1.4 qualitativ dargestellt. Für
die Ermittlung der Schwebeflugzeiten wurde der Schwebeflugkraftstoff
mit 3% des Abfluggewichts angesetzt.

Im folgenden werden die einzelnen VTOL-Antriebssysteme und ihre wichtigsten Eigenschaften beschrieben.

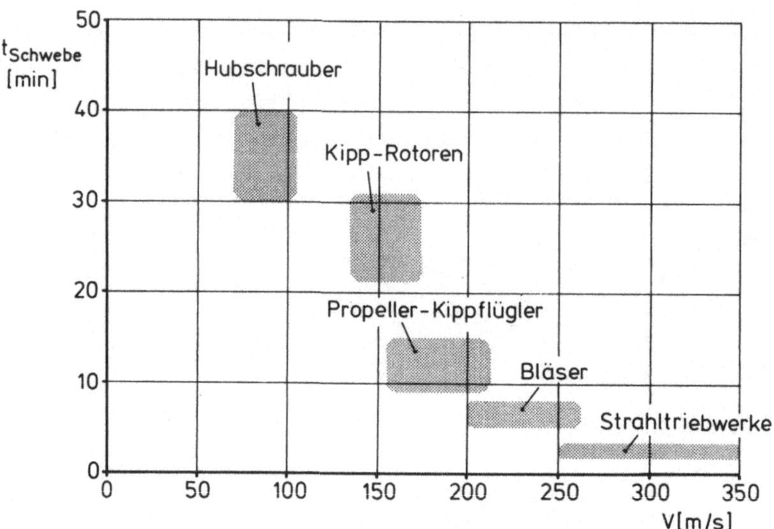

Bild 2.1.4. Zuordnung von maximaler Schwebezeit und Reisefluggeschwindigkeit verschiedener Senkrechtstartsysteme, nach [48]

2.2 Strahl- und Bläsertriebwerke

Während man zu Beginn der Senkrechtstarttechnik vor etwa 25 Jahren zunächst auf vorhandene Strahltriebwerke angewiesen war, wurde inzwischen
von der Triebwerksindustrie eine Reihe besonderer Senkrechtstart-Antriebssysteme entwickelt, deren Leistungsfähigkeit von großem Einfluß
auf die Senkrechtstarttechnik ist. Einen Überblick über die Vielfalt
solcher Systeme geben z.B. [1, 2, 3, 10, 13, 18, 19, 31, 34, 41, 44].

<u>2.2.1 Hubtriebwerke</u>

Mit diesem Begriff bezeichnet man Strahltriebwerke, die ausschließlich
der Hubschuberzeugung dienen. Der Forderung nach kleinen Gewichten und
Volumen kommt es entgegen, daß Hubtriebwerke nur kurzzeitig und bei
kleinen Staudrücken betrieben werden. Dadurch kann man ihren Aufbau
gegenüber üblichen Marschtriebwerken wesentlich vereinfachen und überdies weitgehend Werkstoffe wie z.B. glas- oder kohlefaserverstärkte
Kunststoffe für die ersten Verdichterstufen und Gehäuseteile verwenden.

Einkreis-Hubtriebwerke erfüllen im besonderen Maße die Forderungen nach
hohem Schub-Gewichts-Verhältnis und geringem Einbauvolumen. Ausgehend
von den Triebwerken RB 108 und J 85, haben die Firmen Rolls Royce,
General Electric und andere eine Reihe interessanter Entwicklungen
herausgebracht [18]. Wie aus der Tabelle 2.2.1 zu ersehen ist, konnten

Triebwerk	Hersteller	Nebenstrom-verhältnis	Stand-schub [N]	Spez. Verbrauch im Stand [mg/(Ns)]	Schub-Gewichts-Verhältnis	Erster Einsatz	Verwendung
RB-108	Rolls Royce	-	10 600	30	8,7	1955	Short SC 1 Balzac
RB-145	Rolls Royce	-	12 400	-	6	1960	VJ 101 C
RB-162-4	Rolls Royce	-	19 900	33,6	15,6	1963	Do 31 Mirage III V
J 85-5	General Electric	-	12 150	29	4,7	1964	XV-5A
RB-162-81	Rolls Royce	-	27 200	27	16	1966	VAK 191 B
YJ 85-19	General Electric	-	13 100	28	7,6	1968	XV-4B
XJ-99	Allison/ Rolls Royce	-	40 800	34	20	1971	-
XL J95-T-1	Teledyne	-	24 000	-	20	1978	-
RB-202-31	Rolls Royce	ca. 10	58 800	9,6	15	Entwickl. wurde eingest.	Do 231 (Projekt)

Tabelle 2.2.1. Hubtriebwerksdaten

die auf den Schub bezogenen Gewichte im Laufe der Zeit auf mehr als
die Hälfte reduziert werden.

Nachteil der Einkreistriebwerke sind hoher spezifischer Kraftstoffverbrauch, hoher Lärmpegel, Bodenerosion durch hohe Strahlgeschwindigkeiten und sehr heiße Abgasstrahlen, die ihrerseits durch Auftreten thermischer Bodeneffekte zu Problemen führen können, vgl. Kap. 5.

Die Entwicklung von Zweikreis-Hubtriebwerken wurde Ende der sechziger
Jahre begonnen, ist jedoch nicht über Komponentenerprobungen hinausge-
gangen. Die Verwendung hoher Nebenstromverhältnisse läßt wesentliche
Vorteile erwarten. Der spezifische Kraftstoffverbrauch ist günstiger,
insbesondere beim Teillastbetrieb. Der Lärmpegel läßt sich durch bessere Schaufelgestaltung, Beeinflussung der Strömung im Triebwerk und
vor allem durch die bei Zweikreistriebwerken reduzierte Strahlgeschwindigkeit stark senken. Auch die Probleme der Bodenerosion und der Rezirkulation werden durch niedrige Strahlgeschwindigkeiten und Strahltemperaturen vermindert, vgl. Abschn. 5.2.

Gewichte und Bauvolumen von Zweikreistriebwerken mit hohem Nebenstromverhältnis (ca. 10) werden trotz Anwendung moderner Bauweisen und Werkstoffe über den Werten der Einkreistriebwerke liegen. Die konstruktiven Maßnahmen zur Senkung des Lärmpegels auf einen Wert, wie er heute
als vertretbar angesehen wird (90 PNdB in einem seitlichen Abstand von
150 m), wirken sich verständlicherweise auf das Triebwerksgewicht ungünstig aus.

In Bild 2.2.1 sind die beiden in vielen Senkrechtstartern erprobten
Einkreis-Hubtriebwerke RB 108 und RB 162 sowie das nicht mehr zum Ein-
satz gekommene Zweikreistriebwerk RB 202 in schematischen Schnitt- und
Ansichtsbildern dargestellt.

2.2.2 Marsch-Hub-Triebwerke

Allgemeines

Antriebssysteme, deren Schubvektor geschwenkt werden kann, so daß der
Schub wahlweise zur Unterstützung des Vertikalflugs und für den aerody-
namisch getragenen Flug zur Verfügung steht, bezeichnet man als Marsch-
Hub-Triebwerke. Dabei ist es flugmechanisch ohne Bedeutung, auf welche
Art die Drehung des Schubvektors erreicht wird.

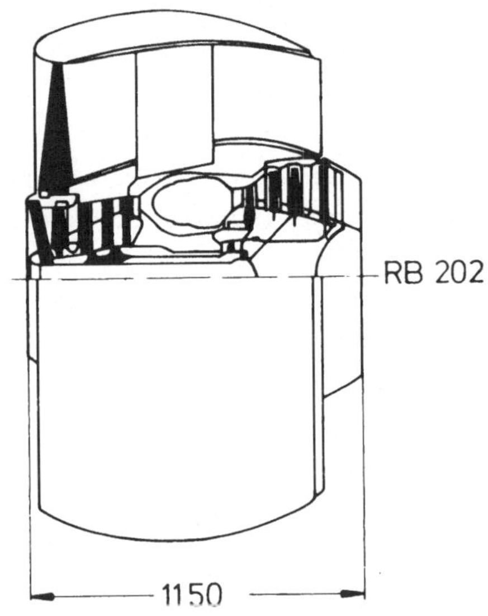

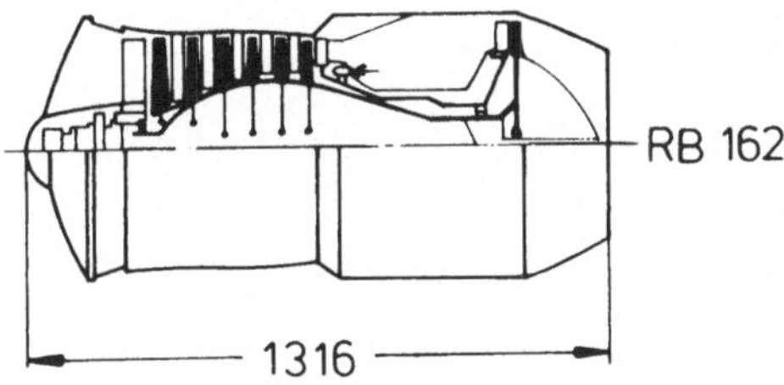

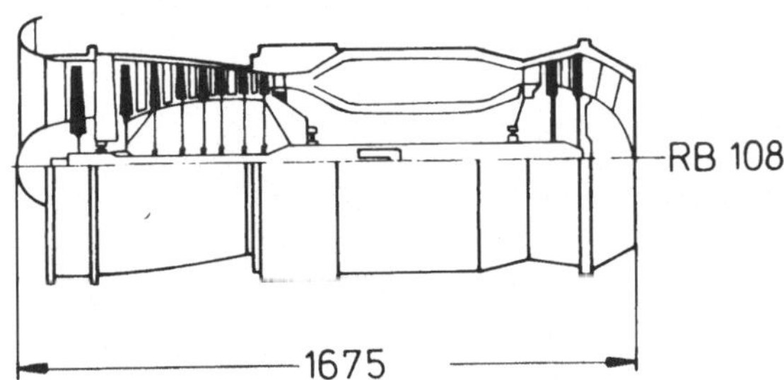

Bild 2.2.1. Bauarten von Hubtriebwerken

Schwenkbare Triebwerke

Das einfachste Prinzip besteht in einer Schwenkung des Gesamttriebwerks, wie es z.B. bei der VJ 101 C realisiert ist, bei der je zwei im Schwebeflug hintereinander angeordnete Triebwerke RB 145 in Gondeln

untergebracht sind [23, 39, 40]. Diese sind bei der VJ 101 C am Flügelende um einen Zapfen drehbar gelagert und können synchron über Hydrau-
likantriebe geschwenkt werden.

Bild 2.2.2 zeigt die Triebwerksgondel der VJ 101 C in horizontaler Lage
(Reiseflugstellung) und in vertikaler Lage (Schwebeflugstellung). Jede
beliebige Zwischenlage kann vom Pilot durch Betätigung des Gondel-
schwenkschalters eingestellt werden. Eine Besonderheit stellt die Gestaltung der Triebwerkseinläufe dar. Durch Verschieben des vorderen
Gondelteils war es möglich, den für den Überschallflug ausgelegten Einlauf auch für den Schwebe- und Übergangsflug voll funktionsfähig zu
machen, vgl. hierzu Kap. 6.

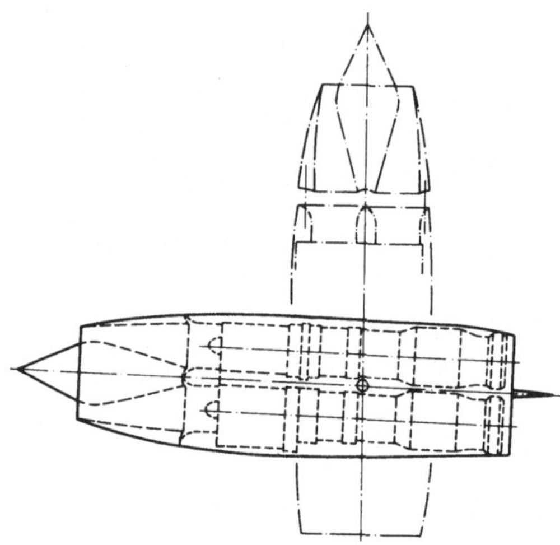

Bild 2.2.2. Schwenktriebwerksgondeln der VJ 101 C-X1

Diese Anordnung erlaubt auch die Verwendung von Triebwerken mit Nachverbrennung, wie es erfolgreich bei der VJ 101-X2 als dem einzigen
Senkrechtstarter mit derartigen Triebwerken erprobt wurde. Auch bei
neueren amerikanischen Projekten wird die beschriebene Art der Schubschwenkung diskutiert [34, 35], wobei schwenkbare Bläsertriebwerke
vorgeschlagen werden, die nahe der Flügelnase in Rumpfnähe angebracht
sind (vgl. auch Bild 1.5.2).

Marsch-Hub-Triebwerke mit Schubumlenker

Schubumlenker zur Erzeugung von Vertikalschub unter Verwendung von
Zweikreis-Strahltriebwerken, die in horizontaler Lage fest eingebaut
sind, wurden von Rolls Royce in Zusammenarbeit mit MAN-Turbo im Jahre

1963 entwickelt. Diese Triebwerke waren für das Projekt VJ 101 D vorgesehen, dem Nachfolgeprojekt der VJ 101 C des Entwicklungsrings-Süd.
Die Triebwerksanlage besteht aus zwei im Rumpfheck nebeneinander angeordneten Zweikreis-Marschtriebwerken (Bild 2.2.3) und fünf im vorderen Rumpfteil hintereinander liegenden Hubtriebwerken RB 162. Der
Schubumlenker ist mit einer um die Vertikale schwenkbaren Klappe aus-
gestattet, die für den Fall des Senkrechtstarts die zur Kugeldüse füh-
rende Öffnung freigibt und gleichzeitig den axialen Durchfluß verschließt. Die Klappe ist in Form einer Schale ausgeführt, die sich in
Marschschubstellung der Rohrwandung weitgehend anpaßt, so daß im Reiseflug nur geringfügige Schubverluste eintreten. Die beiden als Kugel-
düsen ausgeführten Vertikalschubdüsen und die zu ihnen führenden Rohrkrümmer sind in der x-z-Ebene des Flugzeugs angeordnet, um Rollmomente
beim Ausfall eines Triebwerks in der Schwebeflugphase zu vermeiden.
Die in Bild 2.2.3 erkennbare Versetzung der beiden Rohrkrümmer in der
Flugzeuglängsachse wird durch Zwischenrohre am Triebwerk ausgeglichen.
Ein besonderes Problem bei der Entwicklung solcher Schubablenker ist
die Abdichtung der Kugeldüse auch während der Schwenkbewegung. Die Umlenkung des Schubes von der Marschschubrichtung in die Vertikale geht
etwa in 1,5 Sekunden vor sich. Die Schwenkung der Kugeldüse um 30°
nach hinten benötigt etwa 0,3 Sekunden. Eine ausführliche Beschreibung
der Konstruktion und der in der Triebwerkserprobung auf dem Prüfstand
gewonnenen Erfahrungen gibt [37, 41]. Über Gütebeurteilungen von Strahldeflektoren für V/STOL-Triebwerksanlagen wird in [32] berichtet.

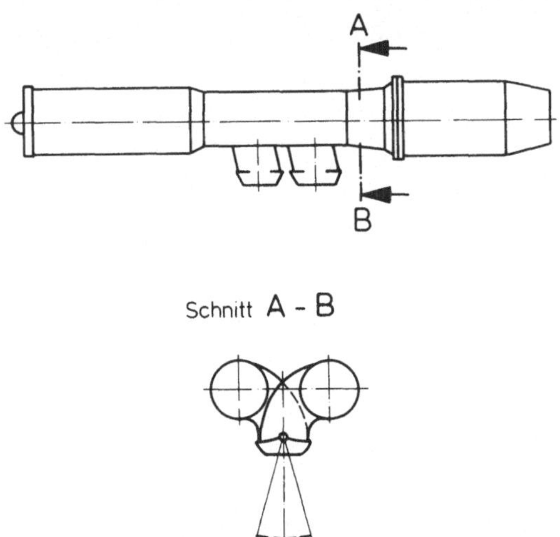

Bild 2.2.3. Schubumlenker einer Doppeltriebwerksanordnung (Rolls Royce
RB 153)

In den USA wurde in den letzten Jahren auch an dem Problem der Schubablenker gearbeitet, nachdem dort die Verwendung von VTOL-Flugzeugen mit
möglichst hohen Reisefluggeschwindigkeiten für den Marineeinsatz von
Flugzeugträgern aus interessant geworden ist. In [20] wird eine Übersicht über die verschiedenen konstruktiven Lösungsformen der Schubablenkung gegeben, wobei auch die Möglichkeit der Ablenkung von Nachbrennerstrahlen nicht ausgeschlossen wird.

Seit die Verkehrsflugzeuge mit Strahltriebwerken ausgerüstet werden,
die sich meist in Gondeln unter dem Flügel befinden, wird die Möglichkeit diskutiert, unter Verwendung der im hinteren Flügelbereich befindlichen Klappensysteme den Triebwerksstrahl abzulenken und mittels
der dadurch verfügbaren Schubkomponente in Vertikalrichtung die zulässige Mindestfluggeschwindigkeit bei Start und Landung zu verringern.
Die Funktionsfähigkeit solcher Einrichtungen wurde zunächst für Einkreisstrahltriebwerke in vielen Untersuchungen im Windkanal nachgewiesen, vgl. [8, 12, 16, 17, 26]. Seit der Einführung von Strahltriebwerken mit höherem Nebenstromverhältnis wurde diese Frage erneut diskutiert [9, 25, 29, 44], wobei wegen der nunmehr wesentlich verringerten
Strahltemperaturen verschiedenartige Vorschläge in Betracht gezogen
werden konnten, von denen einige Beispiele in Bild 2.2.4 skizziert sind.

Eine Anwendung der Strahlablenkung mittels eines von außen durchströmten Klappensystems für die Hubschuberzeugung bei dem Senkrechtstartprojekt Do 231 wurde von der Firma Dornier vorgeschlagen. Bild 2.2.5
zeigt die Anordnung des Gesamtsystems und läßt erkennen, daß der Triebwerksstrahl durch Verstellen der Düse in den Klappenbereich gelangt und
dann umgelenkt wird. Aus Lärmgründen wurde dabei die Strahlablenkung
normalerweise nur bei gedrosseltem Marschtriebwerk angewendet, konnte
jedoch im Fall eines Hubtriebwerksausfalls auch bei höheren Marschtriebwerksschüben eingesetzt werden.

Die Schubverluste infolge der Strahlablenkung für Spalt- und Doppelspaltklappen, die von unten angeströmt werden, ist in Bild 2.2.6 dargestellt. Die nach [15] angegebene Kurve wird durch verschiedene Meßergebnisse nach NASA-Untersuchungen gut bestätigt.

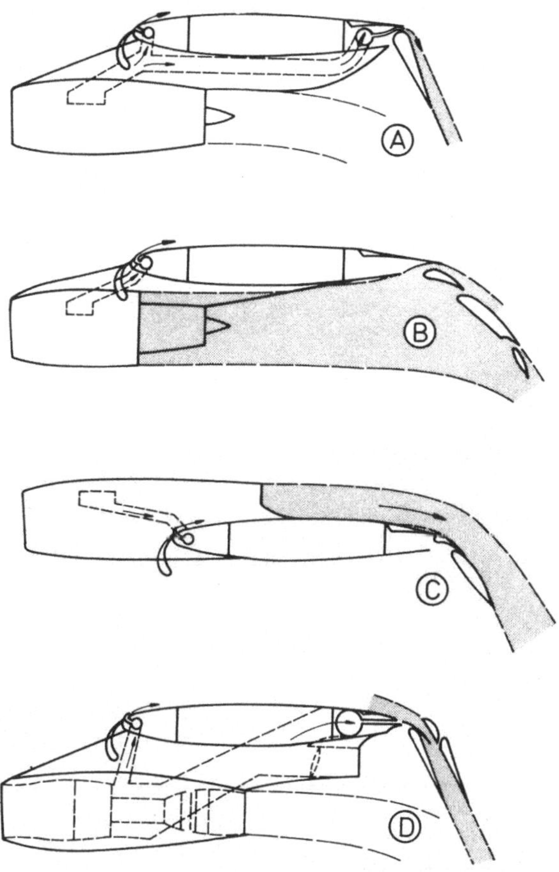

Bild 2.2.4. Strahlablenkungssysteme für Kurzstartflugzeuge, nach [44]

Ⓐ Ausblasklappe (internally blown flap)
Ⓑ Außen angeströmtes Klappensystem (externally blown flap)
Ⓒ Überströmtes Klappensystem (upper surface blowing)
Ⓓ Durchströmtes Doppelklappensystem (augmentor wing)

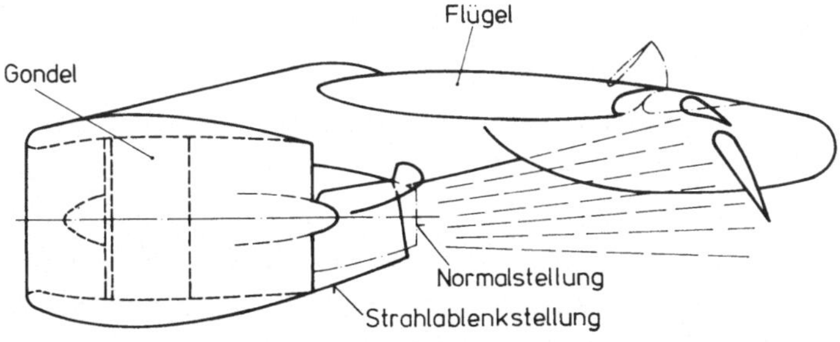

Bild 2.2.5. Außen angeströmtes Klappensystem der Do 231, nach [15]

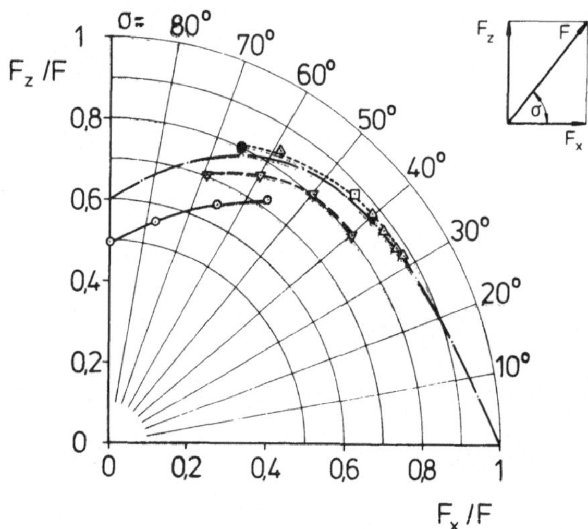

Bild 2.2.6. Schubverluste bei Strahlablenkung, Versuchsergebnisse

-- ▽ -- nach [8]

— o — nach [12]

-- □ -- nach [16]

-- △ -- nach [17]

-- ● -- nach [26]

-·-·-· nach [15]

Triebwerke mit Schubvektorsteuerung

Eine besondere Art der Schubablenkung von Zweikreistriebwerken weist
das in den fünfziger Jahren durch die Firma Bristol Siddeley für den
britischen Senkrechtstarter P 1127 entwickelte Triebwerk Pegasus auf
[19], dessen prinzipielle Wirkungsweise in Bild 2.2.7 dargestellt ist.
Wie dieses Bild erkennen läßt, werden die beiden vorderen Düsen durch
das zweistufige Niederdruckgebläse mit kalter Luft versorgt, während
die beiden hinteren Düsen mit den heißen Abgasen der Turbinen betrieben werden. Die Drehung der Strahlen erfolgt durch synchrone Schwenkung
der Düsen, deren schräg ausgeführte Austrittsquerschnitte mit Umlenk-
schaufeln versehen sind, so daß der Strahl bei horizontalen oder geringfügig gedrehten Düsen nicht die Rumpfseitenwand beaufschlagt. Der
Schwenkwinkel ist vom Piloten durch einen einfachen Bedienhebel kontinuierlich um 100° verstellbar. Da die aus der P 1127 entstandenen Nachfolgemuster als einzige Senkrechtstarter in Serie gebaut wurden und als
operationelle Flugzeuge im Einsatz sind, konnte das Pegasus-Triebwerk
im Laufe der Zeit stetig weiterentwickelt werden. Die dabei erzielten
Leistungssteigerungen beruhen z.B. auf der Vergrößerung des Niederdruckgebläses auf drei Stufen, der Verbesserung der Brennkammer sowie

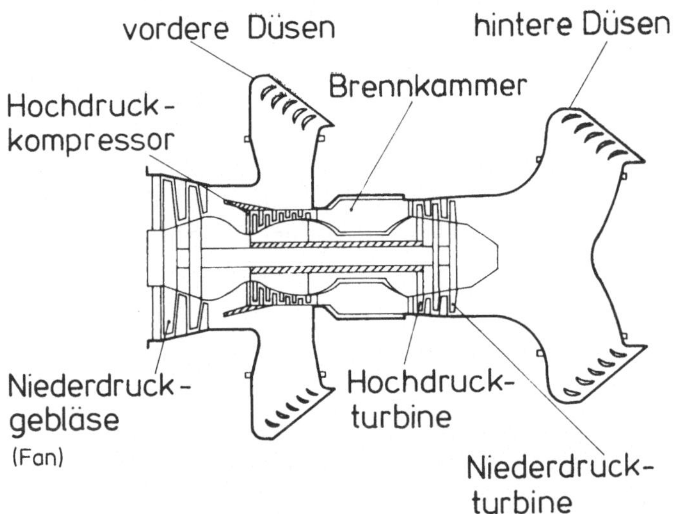

Bild 2.2.7. Schematischer Aufbau des Pegasus-Triebwerks

auf der Kühlung der Turbinenschaufeln und damit der Erhöhung der Tur-
bineneintrittstemperaturen. Diese Maßnahmen führten im Verlauf von
rund zwanzig Jahren zu einer Erhöhung des Schubes um über 80%. In den
letzten Jahren werden auch Weiterentwicklungen dieses Triebwerks betrachtet, um eine Überschallversion des Harrier zu ermöglichen. Hierzu werden die beiden vorderen, mit der Luft des Niederdruckgebläses
versorgten Düsen mit einer Einrichtung zur Kraftstoffeinspritzung und
entsprechenden Brennkammern versehen. Dieses Verfahren, das als "Plenum
Chamber Burning" bezeichnet wird, ermöglicht eine beträchtliche Schubsteigerung. Bild 2.2.8 vergleicht in der oberen Hälfte das verstärkte
Triebwerk mit der Standardversion des Pegasus-Triebwerks.

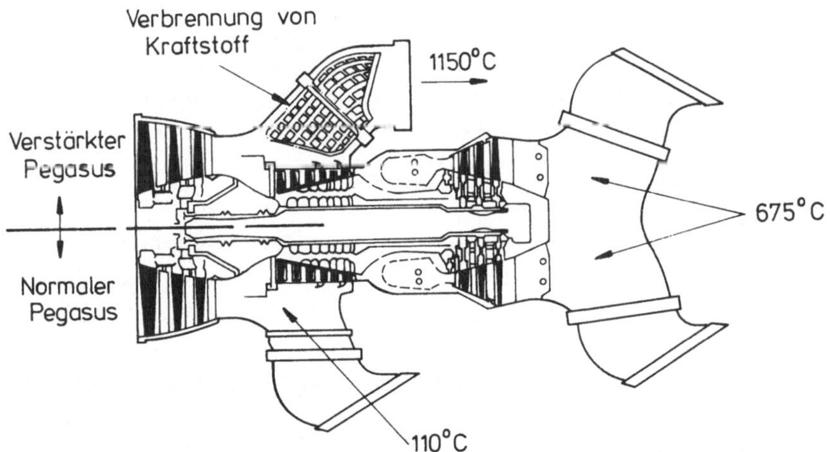

Bild 2.2.8. Pegasus-Triebwerk mit Kraftstoffverbrennung in den Düsen
des kalten Kreises (PCB: Plenum Chamber Burning), nach [13]

In Tabelle 2.2.2 sind die wichtigsten Entwicklungsstufen des Pegasus-
Triebwerks dargestellt mit Angabe des Zeitpunkts des Erstflugs und des
mit diesem Triebwerk ausgerüsteten Flugzeugtyps. Wie daraus zu ersehen
ist, fand das Pegasus-Triebwerk außer bei der P-1127-Harrier-Familie
auch bei anderen Senkrechtstartern Verwendung. Die Do 31 E3 verwendet
es in der Ausführung 5-2, während für die VAK 191 B unter Beteiligung
der Firma MTU eine neue, etwas kleinere Version RB 193-12 entwickelt
wurde, vgl. auch [36].

Triebwerk	Schub [N]	Jahr des Erstflugs	Flugzeug
Pegasus 3	55 000	1958	P 1127
Pegasus 4	69 000	1962	Kestrel
Pegasus 5-2	69 000	1967	Do 31 E3
Pegasus 6 MK 101	84 000	1969	Harrier
Pegasus 10 MK 202	91 000	1971	Harrier
Pegasus 11 MK 103/4	96 000	1975	Harrier/AV-8A
Pegasus 11-35	102 000	1980	AV-8B
RB 193-12 Rolls Royce/MTU	45 000	1971	VAK 191 B

Tabelle 2.2.2. Entwicklung des Pegasus-Triebwerks

2.2.3 Bläsertriebwerke

Allgemeines

Die Tatsache, daß der Hubschubbedarf beim Senkrechtstart ein Vielfaches
des für den Unterschall-Reiseflug benötigten Schubes beträgt und daß
ferner die zur Schuberzeugung erforderliche Leistung mit Verringerung
der Strahlgeschwindigkeit kleiner wird, läßt es sinnvoll erscheinen,
Triebwerke mit großem Nebenstromverhältnis zur Hubschuberzeugung zu
verwenden. Eine Lösungsmöglichkeit hierfür stellt das von der Firma
General Electric entwickelte Lift/Cruise-fan-System dar, für das in
Deutschland der Name "Bläsertriebwerk" eingeführt wurde, vgl. [1, 3,
24, 33]. Bei diesem Antriebssystem sind Gaserzeuger und Gebläse nicht
mechanisch gekoppelt, sondern die vom Gaserzeuger gelieferten heißen
Verbrennungsgase werden über isolierte Rohrleitungen der Blattspitzenturbine zugeführt, die sich im Außenkranz des Gebläserades befindet.

Hubbläser-Triebwerke

Bild 2.2.9 zeigt die prinzipielle Anordnung des Gesamtsystems eines
Hubbläsers. Das Kernstück ist das Gebläse mit der schon erwähnten Blattspitzenturbine, dem Einlaufgebläse und den verstellbaren Luftaustritts-
klappen. Bild 2.2.10 zeigt einen Schnitt durch ein Gebläserad. Zwischen
dem Gasgenerator und der für die Schuberzeugung im Reiseflug benötigten
Schubdüse befindet sich ein Umlenkventil, durch dessen Verstellen wahlweise entweder Hubschub oder Vortriebsschub erzeugt wird.

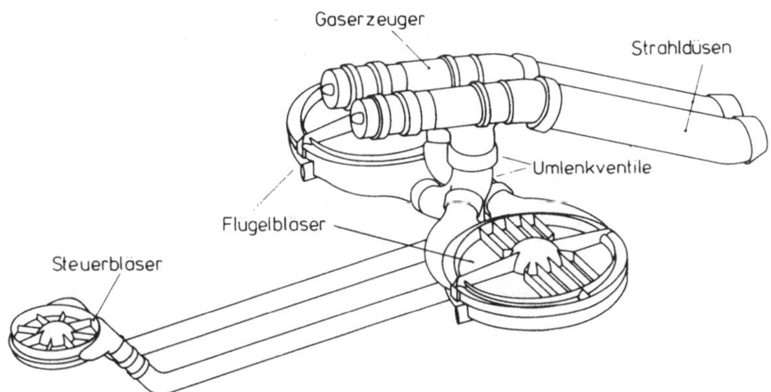

Bild 2.2.9. Anordnung des Hubbläsers in der XV-5A

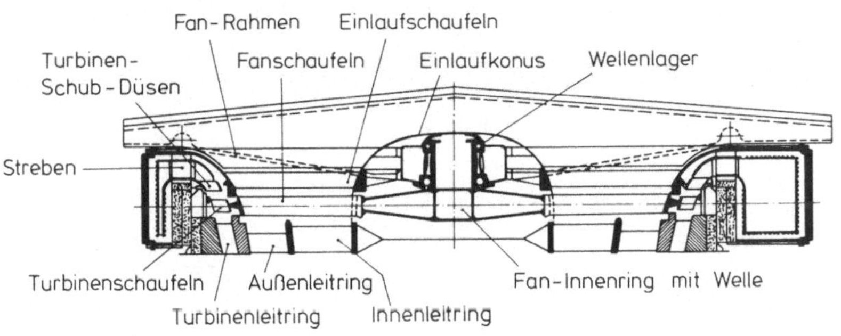

Bild 2.2.10. Gebläserad des Hubgebläses von General Electric, nach [24]

Eine wichtige leistungsbestimmende Größe ist das Druckverhältnis des
Gebläses, das für das erste im Flug mit der XV-5A erprobte Hubgebläse
bei 1,1 lag und bei modernen Systemen bis zu 1,3 geht und für Vortriebs-
gebläse sogar Werte bis zu 1,4 erreicht. Bild 2.2.11 zeigt die Abhängigkeit der Schuberhöhung durch das Gebläse gegenüber dem Schub des
Gaserzeugers mit einfacher Schubdüse sowie die Strahlgeschwindigkeit
des Gebläses als Funktion vom Gebläse-Druckverhältnis. Eine wichtige

Größe für den Flugzeugentwurf ist das für den Hubschub aufzuwendende
Gewicht der Triebwerksanlage, Bild 2.2.12. Während das Verhältnis von
Hubkraft zu Gewicht für das Gebläse allein stark mit dem Druckverhältnis anwächst, ist der Anstieg dieser Größe für das gesamte Hubsystem,
d.h. Bläser, Gasgenerator und Umlenkventil, nicht mehr so stark ausgeprägt. Bild 2.2.12 enthält außerdem Angaben über die Änderung des Hubschubs, bezogen auf das benötigte Einbauvolumen. Hierbei weist das Gebläse mit höherem Druckverhältnis noch eine wesentliche Verbesserung

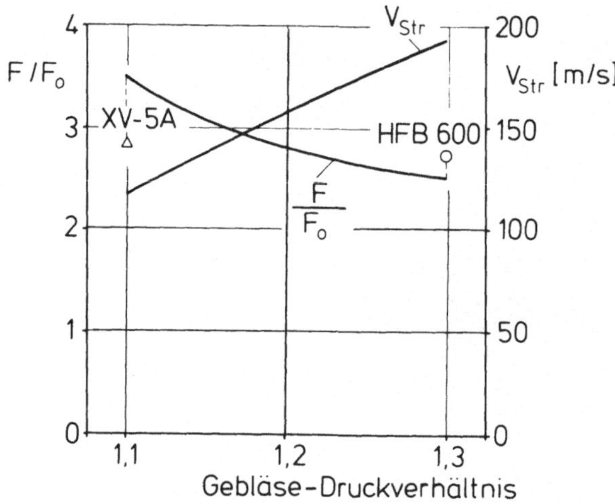

Bild 2.2.11. Schuberhöhung eines Hubbläsers in Abhängigkeit vom Gebläse-Druckverhältnis, unter Verwendung von Angaben in [1]

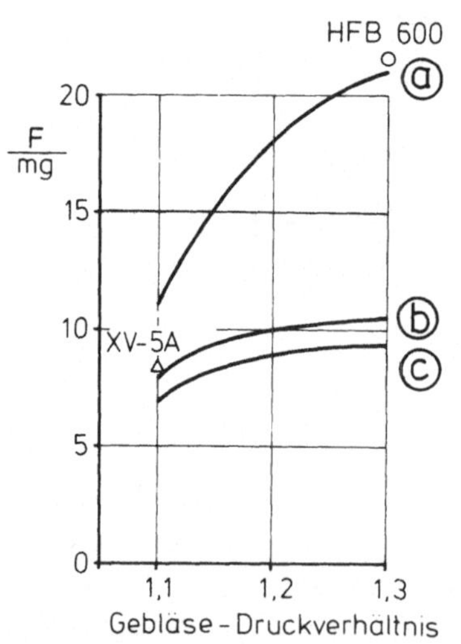

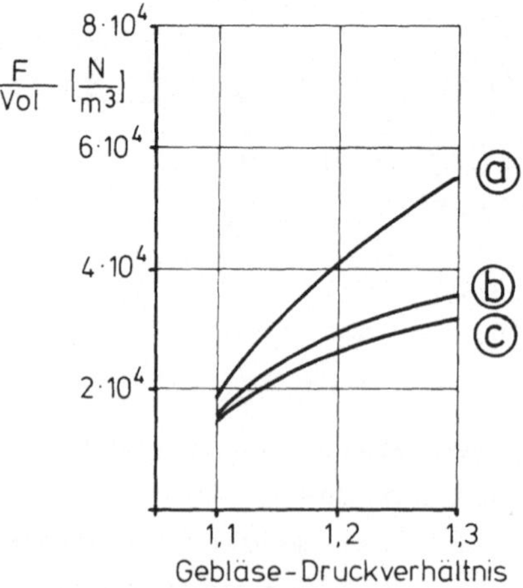

Bild 2.2.12. Schuberhöhung, bezogen auf Gewicht und Volumenbedarf des
Hubbläsers, nach [1]

a) Bläser allein   b) Bläser und Gasgenerator   c) Gesamtsystem

auf. Die eingetragenen Werte des ersten, in der XV-5A erprobten Hubgebläses im Vergleich zu den dargestellten Kurven für Gebläse entsprechend dem Stand der Technik zur Entstehungszeit des Projekts HFB 600
(1970) lassen den beträchtlichen Fortschritt der Entwicklung erkennen.
Bei der HFB 600 war die Hubbläseranlage im Rumpfboden untergebracht.
Bild 2.2.13 zeigt eine Draufsicht der aus vier Gaserzeugern und vier
Hubbläsern bestehenden Anlage. Die Lufteintritte der Hubanlage sollten
für den Reiseflug verschlossen werden.

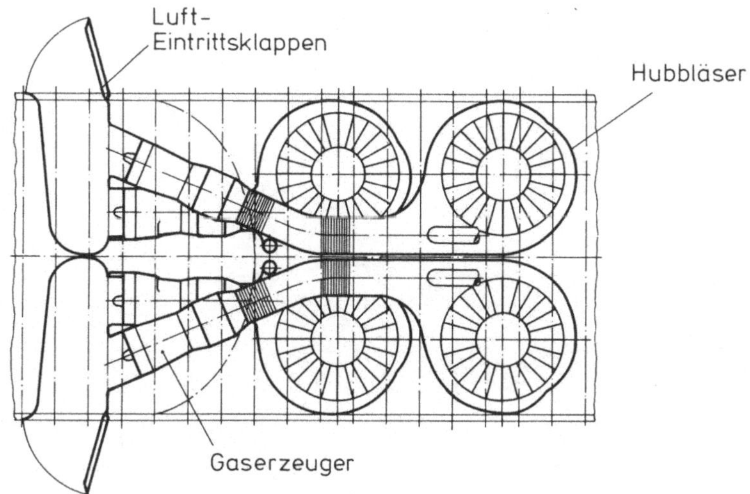

Bild 2.2.13. Hubbläseranlage der HFB 600, nach [24]

Marsch-Hub-Bläser

Eine einfache Möglichkeit der Schubvektordrehung von der Marsch- zur
Hubschubrichtung stellt die Schwenkung des Bläsers in einer Gondel dar,
wie es für neuere Projekte seit einiger Zeit in den USA vorgeschlagen
wird. Neben Gewichtsvorteilen spricht für diese Lösung, daß weder im
Schwebe- noch im Reiseflug Schubverluste auftreten. Eine andere Lösung
besteht darin, den Bläser mit horizontaler Achse fest anzuordnen und
die Hubschuberzeugung durch einen Ablenker zu erzwingen. Bei dem Projekt HFB 600 wurde die konstruktiv einfachere Lösung mit fest eingebauten Bläsergondeln gewählt, wobei die Schubablenkung durch eine Kaskade
mit veränderlichen Schaufelstellungen bewerkstelligt wurde. Bild 2.2.14
zeigt die Ausführung einer Marsch-Hub-Gondel der HFB 600. Mit Rücksicht
auf eine bessere Schubanpassung im Schnellflug wurde das Gebläse Druckverhältnis mit 1,4 höher gewählt als bei den Hubbläsern. Im Hinblick

auf das nötige Baugewicht und Bauvolumen dieses Triebwerkssystems spielen die erforderlichen Rohrleitungen zur Förderung der heißen, komprimierten Gase vom Gaserzeuger zur Gebläseturbine eine wesentliche Rolle und müssen selbstverständlich bei einem Vergleich mit anderen Triebwerksarten berücksichtigt werden. Trotz der sehr raumsparenden Ausführung des Gebläses selbst ergibt dadurch das Lift-fan-System im Vergleich zu anderen Hubantrieben kaum bessere Werte für das auf den Schub bezogene Volumen. Als Vorteil dieser Antriebstechnik ist zu nennen, daß die relativ geringe Strahlflächenbelastung zu günstigen Kraftstoffverbrauchswerten im Schwebeflug führt und daß die Durchführung von Start und Landung von weitgehend unvorbereiteten Plätzen möglich ist. Auch im Hinblick auf den Triebwerkslärm liegt dieses Antriebssystem relativ günstig.

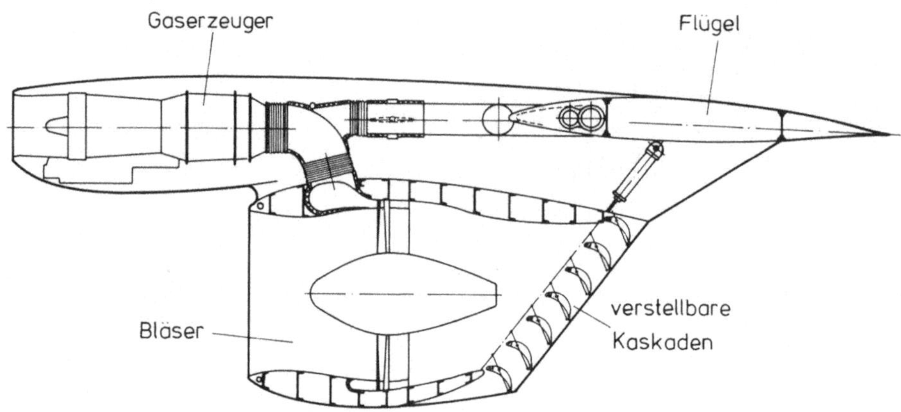

Bild 2.2.14. Schubablenkung in den Bläsergondeln der HFB 600, nach [24]

2.3 Rotor- und Luftschraubenantriebe

<u>2.3.1 Einführung</u>

Wie schon in Bild 2.1.3 dargestellt, weisen Senkrechtstarter mit Rotoren und niedrig belasteten Luftschraubenantrieben günstige Bedingungen für einen wirtschaftlichen Schwebeflug auf. Wenn aber zugleich größere Reisegeschwindigkeiten gefordert werden, scheiden Flugzeuge mit nicht schwenkbaren vertikalen Rotorachsen, d.h. die Hubschrauber, aus (vgl. auch Bild 2.1.4). Alle bisherigen Bemühungen um eine wesentliche Steigerung der Reisegeschwindigkeiten von Hubschraubern waren nur teilweise erfolgreich, vgl. Abschn. 1.5.

Rotoren und Luftschrauben stellen als Antriebe für Senkrechtstarter
den Kompromiß zwischen den extrem guten Schwebeleistungen und zugleich
sehr kleinen Reisegeschwindigkeiten und Flugstrecken der Hubschrauber
sowie den sehr schlechten Schwebeleistungen und dafür sehr hohen Reisegeschwindigkeiten und Reichweiten der Strahl-VTOL-Flugzeuge dar, Bild
2.1.4. Grundsätzlich wird hierbei die Drehachse des Rotors bzw. der
Luftschraube beim Übergangsflug vom Schweben zum Reiseflug geschwenkt.
Bei den niedriger belasteten Rotoren zieht man hierbei eine Rotorschwen-
kung bei feststehendem Flügel vor (Kipprotor), während bei den höher
belasteten Rotoren, die dann meist als Propeller bezeichnet werden, die
gemeinsame Schwenkung von Propeller und Flügel erforderlich wird. Ein
wesentlicher Grund ist darin zu sehen, daß die hier beträchtlich höheren Strahlgeschwindigkeiten bei einem feststehenden Flügel unzulässig
hohe Schubverluste im Schwebeflug zur Folge hätten. Auf weitere Unterschiede beider Verfahren wird im folgenden noch näher eingegangen.

Beim Luftschraubenantrieb kommt der Berechnung der Strömung durch die
Luftschraube und ihrem Zusammenwirken mit dem Flügel große Bedeutung
zu. Dies gilt in besonderem Maße, wenn bei der Anwendung für Senkrechtstarter im Übergangsflug große Anstellwinkel vorkommen. Bevor die Antriebssysteme für Luftschrauben beschrieben werden, sei zunächst der
Strömungszustand um das System Luftschraube-Flügel behandelt.

Den einfachsten Zugang zum Verständnis der physikalischen Vorgänge bei
der Anströmung einer Luftschraube liefert die Impulsbetrachtung, die
häufig auch als Strahltheorie bezeichnet wird, vgl. [21]. Sie wird im
folgenden zunächst auf die axial angeströmte und später auf die schräg
angeströmte Luftschraube angewendet. Der erste Fall ist für das Verhalten von Luftschrauben im Schwebeflug bzw. beim vertikalen Steigen
und Sinken, der zweite Fall für den Übergangsflug von Bedeutung.

2.3.2 Axial angeströmter Propeller

Propellerschub

Die Strahltheorie geht von folgenden vereinfachenden Annahmen aus:

- Gleichmäßige Schubbelastung über der Propellerfläche, d.h. unendlich
  große Blattzahl.

- Keine Rotation der Strömung.

- Definierte Stromfläche begrenzt die Strömung durch den Propeller gegenüber der Außenströmung.

- Weit vor und hinter der Propellerebene entspricht der Druck dem Wert
  der freien Strömung.

- Die Strömungsgeschwindigkeiten sind klein gegenüber der Schallge-
  schwindigkeit, so daß das Strömungsmedium als inkompressibel betrachtet werden kann.

Man hat damit eine Idealluftschraube vorliegen, die jedem durch die
Kreisfläche S_{Pr} hindurchtretenden Strömungsteilchen eine Druckerhöhung
Δp (und damit eine Erhöhung der Gesamtenergie) erteilt, während die
außerhalb der Luftschraubenfläche vorbeiströmenden Strömungsteilchen
eine solche Veränderung nicht erfahren. Beide Bereiche werden durch
die in Teil a von Bild 2.3.1 dargestellten Grenzstromlinien getrennt,
die die Strahlgrenze kennzeichnen. Unter der Voraussetzung, daß wegen
des Massenerhaltungssatzes der Massendurchsatz in jedem Querschnitt
gleich groß sein muß, erweitert sich die Strahlgrenze im Bereich kleiner und verengt sich im Bereich großer Geschwindigkeiten. Die Geschwindigkeit in der Schraubenebene betrage $V_1 = V + w$. Sie ist also um die
noch zu bestimmende Zusatzgeschwindigkeit w größer als die Anströmgeschwindigkeit.

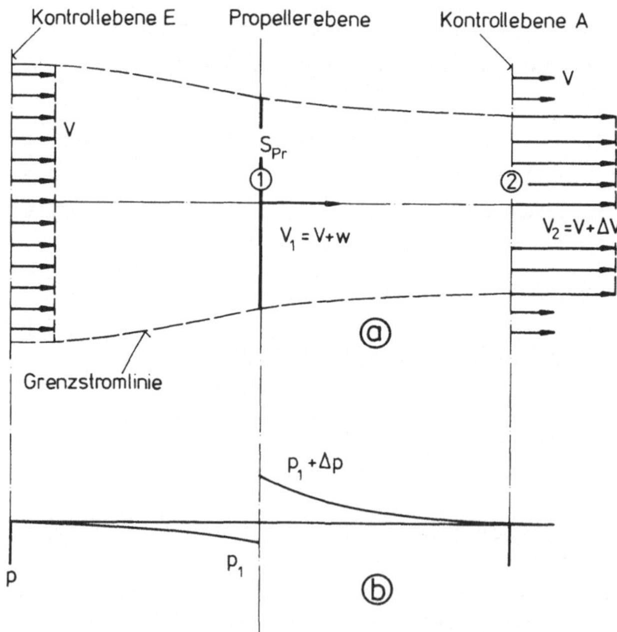

Bild 2.3.1. Verlauf der Grenzstromlinien eines axial angeströmten Propellers (dargestellt für $C_F = 5$)

a) Geschwindigkeitsverlauf

b) Druckverlauf

Der Propellerschub ist gleich dem Massendurchsatz durch die Schraubenebene, $\dot{m}_G = \rho S_{Pr} V_1$, multipliziert mit der Relativgeschwindigkeit
$\Delta V = V_2 - V$ gegenüber dem sich mit V bewegenden System, wobei V_2 die Geschwindigkeit des vollexpandierten Strahls darstellt. Der Propellerschub muß zugleich dem Produkt aus Schraubenfläche und dem über diese
Fläche als gleichmäßig verteilt angenommenen Drucksprung Δp entsprechen.
Damit gilt

$$F = \dot{m}_L \, \Delta V = \rho S_{Pr} \, V_1 \Delta V = S_{Pr} \, \Delta p. \qquad (2.3.1)$$

Wie in Teil b des Bildes 2.3.1 gezeigt ist, setzt sich der Drucksprung
aus einer Druckabsenkung unmittelbar vor der Schraubenebene und einer
Druckerhöhung unmittelbar dahinter zusammen. Wendet man die Bernoulli-
Gleichung jeweils auf den Bereich vor und hinter der Schraubenebene an,
so gilt mit $V_2 = V + \Delta V$ und $p_2 = p$ für den Bereich

$$\text{vor der Schraubenebene} \quad : \quad p + \frac{\rho}{2} V^2 = p_1 + \frac{\rho}{2} V_1^2 \, ,$$

$$\text{hinter der Schraubenebene:} \quad p + \frac{\rho}{2} (V + \Delta V)^2 = p_1 + \Delta p + \frac{\rho}{2} V_1^2 \, .$$

Die Subtraktion dieser Gleichungen voneinander liefert

$$\Delta p = \rho \, \Delta V \left(V + \frac{\Delta V}{2} \right) . \qquad (2.3.2)$$

Der Vergleich von (2.3.1) und (2.3.2) ergibt den folgenden Zusammenhang

$$V_1 = V + \frac{\Delta V}{2} = V + w \, ,$$

aus dem als wichtiges Ergebnis folgt:

$$w = \frac{\Delta V}{2} \, . \qquad (2.3.3)$$

Dies bedeutet, daß die Zusatzgeschwindigkeit in der Schraubenebene w
halb so groß ist wie der Wert an der Stelle des vollexpandierten
Strahls.

Die Zusammenfassung von (2.3.1) und (2.3.2) ergibt die folgende Beziehung für den Propellerschub

$$F = \rho S_{Pr} \, (V + \Delta V/2) \, \Delta V \, . \qquad (2.3.4)$$

Für $V = 0$ erhält man aus (2.3.4) unter Verwendung von (2.3.3) den Stand- oder Schwebeschub

$$F_0 = \rho S_{Pr} \frac{\Delta V^2}{2} = 2 \, \rho S_{Pr} \, w_0^2 \, , \tag{2.3.5}$$

wobei w_0 die Geschwindigkeit in der Schraubenebene beim Stand oder Schwebeflug darstellt. Diese Beziehung geht unmittelbar in (2.1.7a) über, wenn man beachtet, daß beim Schwebeflug die Größe ΔV der dort verwendeten Strahlgeschwindigkeit V_{Str} entspricht und daß aus der Kontinuitätsbedingung mit $\rho = \rho_{Str}$ folgt $S_{Pr} = 2 \, S_{Str}$.

Schubbeiwert und Wirkungsgrad

Bezieht man den Schub auf die Propellerfläche S_{Pr} und den Staudruck $(\rho/2)V^2$, so erhält man als Schubbeiwert

$$c_F = \frac{F}{S_{Pr}(\rho/2)V^2} = 2\left(1 + \frac{\Delta V}{2V}\right)\frac{\Delta V}{V} \, . \tag{2.3.6}$$

Daraus folgt für die Geschwindigkeitsänderung:

$$\frac{\Delta V}{V} = \sqrt{1 + c_F} - 1 \, . \tag{2.3.7}$$

Die aufzuwendende Leistung des idealen Propellers beträgt

$$P_{id} = F \, V_1 \, . \tag{2.3.8}$$

Das gleiche Ergebnis liefert auch die Betrachtung der Leistungsdifferenz zwischen den Kontrollflächen "A" und "E" nach Bild 2.3.1.

Die Nutzleistung erhält man aus dem Produkt von Schub und Fluggeschwindigkeit:

$$P_{Nutz} = F \, V \, . \tag{2.3.9}$$

Damit kann man einen "idealen" Wirkungsgrad η_{id} als das Verhältnis der nutzbaren zur zugeführten idealen Leistung definieren:

$$\eta_{id} = \frac{P_{Nutz}}{P_{id}} = \frac{V}{V_1} = \frac{V}{V + \Delta V/2} \, . \tag{2.3.10a}$$

Mit (2.3.7) wird daraus

$$\eta_{id} = \frac{2}{1 + \sqrt{1 + C_F}} \; . \tag{2.3.10b}$$

Niedrige Schubbeiwerte C_F und damit niedrige Strahlflächenbelastungen F/S_{Pr} liefern die günstigsten Werte für η_{id}.

Für das Flächenverhältnis S_2/S_{Pr} ergibt der Massenerhaltungssatz

$$\frac{S_2}{S_{Pr}} = \frac{V_1}{V_2} = \frac{1 + \Delta V/(2V)}{1 + \Delta V/V} \; .$$

Aus (2.3.10a) folgt $1 + \Delta V/(2V) = 1/\eta_{id}$ und $1 + \Delta V/V = 2/\eta_{id} - 1$, so daß man auch schreiben kann

$$\frac{S_2}{S_{Pr}} = \frac{1}{2 - \eta_{id}} \; . \tag{2.3.10c}$$

Bildet man analog zum Schubbeiwert einen Leistungsbeiwert, indem man die ideale Leistung auf das Produkt $S_{Pr}(\rho/2)V^3$ bezieht, so wird unter Verwendung von (2.3.4) und (2.3.8)

$$C_{Pid} = \frac{P_{id}}{S_{Pr}(\rho/2)V^3} = 2\left(1 + \frac{\Delta V}{2V}\right)^2 \frac{\Delta V}{V} \; . \tag{2.3.11}$$

Mit (2.3.7) kann man hierfür schreiben

$$C_{Pid} = \frac{C_F}{2}\left(1 + \sqrt{1 + C_F}\right) \; . \tag{2.3.12}$$

Die Beziehungen (2.3.7) bzw. (2.3.3) sowie (2.3.10b,c) und (2.3.12) sind in Bild 2.3.2 ausgewertet.

Die mit der einfachen Strahltheorie erhaltenen Beziehungen gelten für eine ideale Luftschraube. Die Ergebnisse ausgeführter Luftschrauben müssen stets unterhalb der Werte der idealen Luftschraube liegen.

Abhängigkeit_des_Propellerschubes_von_der_Fluggeschwindigkeit

Die oben abgeleiteten Beziehungen kann man auch dazu verwenden, die Abhängigkeit des Propellerschubes von der Fluggeschwindigkeit zu be-

stimmen. Unter der Voraussetzung, daß die ideale Leistung im Bereich
vom Schwebeflug bis zum Flug mit der Geschwindigkeit V konstant ist,
folgt

$$P_{id} = F\ V_1 = F\ V/\eta_{id} = F_0\ w_0\ .$$

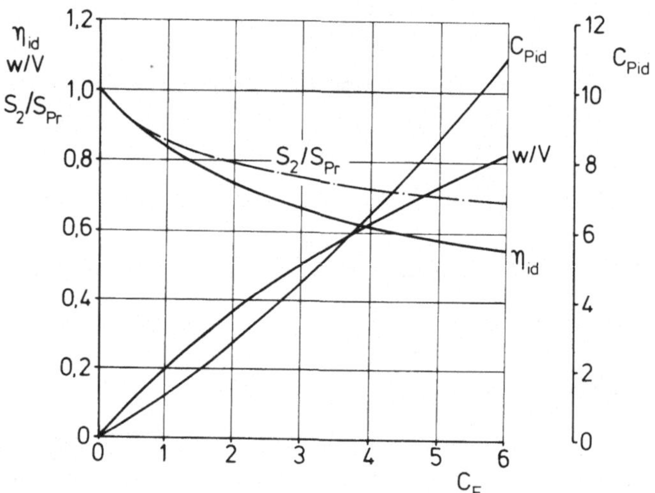

Bild 2.3.2. Ergebnisse der Strahltheorie: Zusatzgeschwindigkeit, Wirkungsgrad und Leistungsbeiwert sowie Querschnittsverhältnis in Abhängigkeit vom Schubbeiwert C_F

Setzt man für η_{id} nach (2.3.10b) unter Verwendung von C_F nach (2.3.6)

$$\eta_{id} = \frac{2}{1 + \sqrt{1 + 2F/(\rho S_{Pr} V^2)}}$$

und berücksichtigt weiter die aus (2.3.5) folgende Beziehung
$2\,\rho S_{Pr} = F_0/w_0^2$, so erhält man nach einiger Zwischenrechnung

$$\left(\frac{F}{F_0}\right)^3 + \frac{F}{F_0}\ \frac{V}{w_0} = 1\ . \tag{2.3.13}$$

Daraus bestimmt sich die Steigung der Schubkurve zu:

$$\frac{dF/F_0}{dV/w_0} = -\frac{F/F_0}{V/w_0 + 3(F/F_0)^2}\ . \tag{2.3.14}$$

Im Bereich kleiner Geschwindigkeiten ergibt sich durch Linearisierung
um V = 0 als Bezugszustand, d.h. durch

$$F = F_0 + \left(\frac{dF}{dV}\right)_{V=0} V \, ,$$

(2.3.15)

die folgende Beziehung für die Abhängigkeit des Schubes von der Geschwindigkeit

$$\frac{F}{F_0} = 1 - \frac{1}{3} \frac{V}{w_0} \, .$$

(2.3.16)

Die Auswertung von (2.3.13) ist in Bild 2.3.3 dargestellt. Die eingetragene Steigung für den Schwebefall (V = 0) zeigt, daß im Bereich
$V/w_0 < 1$ die genaue Kurve durch den linearen Ansatz (2.3.16) sehr gut
wiedergegeben wird. Für die Anwendung z.B. beim Steigen oder Sinken
aus dem Schwebeflug wird daher die Beziehung (2.3.16) ausreichend genaue Ergebnisse liefern.

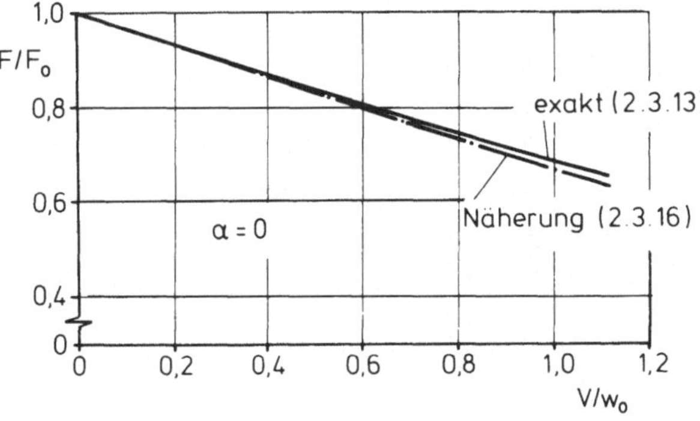

Bild 2.3.3. Abhängigkeit des Schubes eines axial angeströmten Propellers von der Geschwindigkeit; Vergleich von exaktem Verlauf und li-
nearem Schubansatz

Für Betrachtungen, die den Schwebeflug einschließen, ist es häufig
nützlich, statt des mit der Anströmgeschwindigkeit gebildeten Staudrucks $(\rho/2)V^2$ den Staudruck mit der Geschwindigkeit V_2 zu verwenden.
Hierfür gilt

$$q_2 = \frac{\rho}{2} V_2^2 = \frac{\rho}{2} (V + \Delta V)^2 \, .$$

Mit ΔV aus (2.3.7) erhält man dann

$$q_2 = q \, (1 + C_F) \, .$$

(2.3.17)

Die Ergebnisse der Strahltheorie sind für erste Abschätzungen sehr
nützlich. Sie geben jedoch keine Aussagen über die technische Gestaltung der Luftschraube. Es ist ferner zu bedenken, daß infolge der ein-
gangs erwähnten Vernachlässigungen der wirkliche Leistungsbedarf stets
höher anzusetzen ist.

Genauere Berechnungsmethoden stellen eine Übertragung der Traglinientheorie auf die besonderen Verhältnisse eines Luftschraubenblattes dar,
bei dem jeder Profilschnitt unter der Wirkung der resultierenden Anströmgeschwindigkeit und der von den freien Wirbeln induzierten Geschwindigkeit $\Delta w = \alpha_i V_{res}$ betrachtet wird (Bild 2.3.4), vgl. z.B. [14].
Neuere Verfahren bringen weitere Verbesserungen und berücksichtigen
auch u.a. die Drehung der freien Wirbel im Propellernachlauf [6].

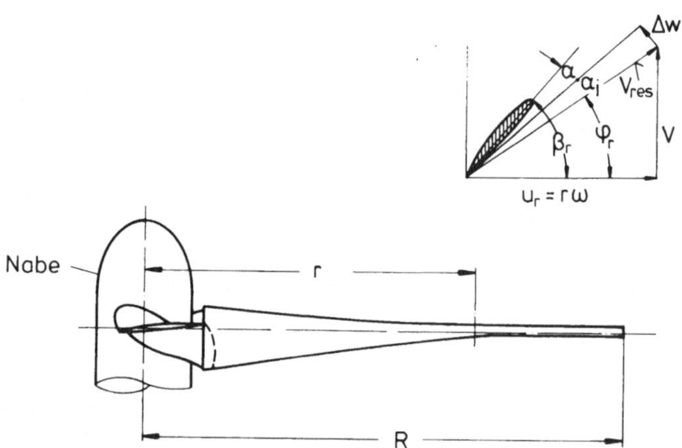

Bild 2.3.4. Geschwindigkeitsplan am Propellerblattprofil bei r = 0,7 R
(β_r: Blatteinstellwinkel am Radius r, $\varphi_r = \arctan(V/u_r)$: Fortschritt-
winkel)

Vielfach arbeitet man auch mit empirischen Methoden an Hand von Pro-
pellertafeln, die zum großen Teil auf gemessenen Daten von Modellpro-
pellern beruhen und die bei bekannter Propellergeometrie die Zuordnung
von Leistungs- oder Schubbeiwert, Einstellwinkel und Wirkungsgrad in
Abhängigkeit vom Fortschrittsgrad $\lambda = V/u = V/(\pi nD)$ angeben.

2.3.3 Schräg angeströmter Propeller

Näherungsbetrachtung

Die Propeller eines Kippflügels bzw. die Rotoren eines Kipprotorflugzeugs werden sowohl im Übergangsbereich vom Schweben zum aerodynamisch

getragenen Flug als auch bei Translationsbewegungen während der Schwebephase unter Anstellwinkeln gegen die Propellerachse angeströmt. Bild
2.3.5 zeigt die sich dabei ergebenden Geschwindigkeitskomponenten an
der Luftschraube und am einzelnen Propellerblatt.

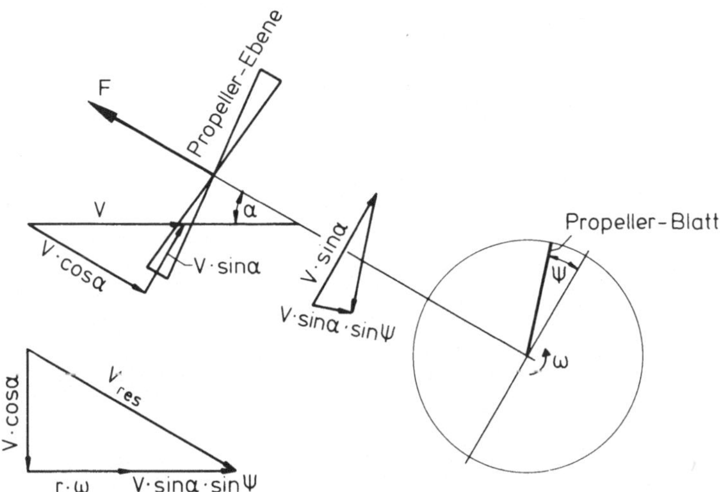

Bild 2.3.5. Geschwindigkeitskomponenten am schräg angeströmten Propeller

Für Näherungsbetrachtungen genügt es häufig, eine effektive Geschwindigkeit V' zu definieren, die sich, wie Bild 2.3.6 zeigt, aus der Anströmgeschwindigkeit V und der Zusatzgeschwindigkeit w zusammensetzt,
vgl. [30]. Mit Hilfe des Kosinus-Satzes läßt sich für V' schreiben

$$V' = \sqrt{V^2 + w^2 + 2Vw \cos\alpha} \ . \qquad (2.3.18)$$

Näherungsweise erhält man den Schub der schräg angeströmten Luftschraube F analog zu (2.3.1), indem man V_1 durch V' als die maßgebliche Geschwindigkeit in der Propellerebene ersetzt. Mit $\Delta V = 2w$ ergibt sich
dann

$$F = \rho S_{Pr} \ V' \ \Delta V = 2 \ \rho S_{Pr} \ V'w \ . \qquad (2.3.19)$$

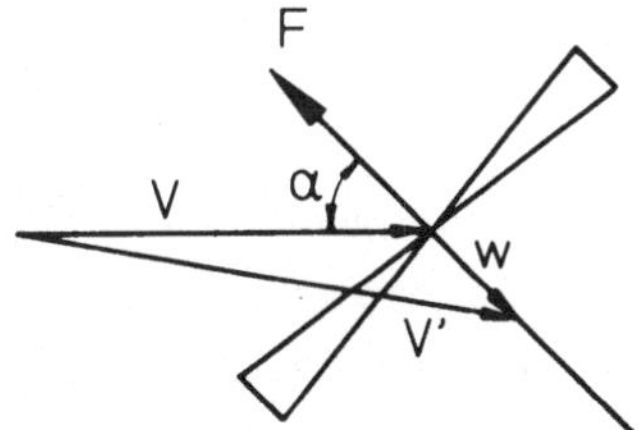

Bild 2.3.6. Wirksame Geschwindigkeit V'

Eliminiert man V' aus (2.3.18) und (2.3.19), so wird

$$w^4 + 2\,w^3 V\,\cos\alpha + w^2 V^2 = \left(\frac{F}{2\,\rho S_{Pr}}\right)^2 \qquad (2.3.20a)$$

oder nach Division durch $w_0^4 = F_0^2/(2\,\rho S_{Pr})^2$

$$\left(\frac{w}{w_0}\right)^4 + 2\left(\frac{w}{w_0}\right)^3 \frac{V}{w_0}\,\cos\alpha + \left(\frac{w}{w_0}\right)^2\left(\frac{V}{w_0}\right)^2 = \left(\frac{F}{F_0}\right)^2 . \qquad (2.3.20b)$$

Die ideale Leistung des Propellers ergibt sich aus dem Produkt des Schubes und der resultierenden Geschwindigkeitskomponente in Richtung der Propellerachse (vgl. Bild 2.3.6) zu

$$P_{id} = F(V\,\cos\alpha + w)$$

bzw. in dimensionsloser Form mit $P_0 = F_0 w_0$ zu

$$\frac{P_{id}}{P_0} = \left(\frac{V}{w_0}\,\cos\alpha + \frac{w}{w_0}\right)\frac{F}{F_0} . \qquad (2.3.21)$$

Von besonderer Bedeutung ist der Sonderfall einer unveränderten Leistung $P_{id} = P_0 = \text{const}$. Dann läßt sich F/F_0 aus (2.3.20b) und (2.3.21) eliminieren, und man erhält als Bestimmungsgleichung für die Funktion $w/w_0 = F(V/w_0, \alpha)$:

$$\left(\frac{V}{w_0}\,\cos\alpha + \frac{w}{w_0}\right)^2\left(\left(\frac{w}{w_0}\right)^4 + 2\left(\frac{w}{w_0}\right)^3 \frac{V}{w_0}\,\cos\alpha + \left(\frac{w}{w_0}\right)^2\left(\frac{V}{w_0}\right)^2\right) = 1 . \qquad (2.3.22)$$

Die numerische Auswertung der obigen Beziehungen ist in Bild 2.3.7 dargestellt. Bildteil ⓐ zeigt die Änderung der Zusatzgeschwindigkeit, bezogen auf den Wert im Schwebefall (w/w_0), in Abhängigkeit von V/w_0 und dem Anstellwinkel α. Im Bildteil ⓑ ist der auf den Schwebeflugwert bezogene Schub bei Anströmung mit V/w_0 unter verschiedenen Anstellwinkeln α dargestellt. Im Sonderfall $\alpha = 0$ stimmen die Ergebnisse mit den in Abschn. 2.3.2 erhaltenen Werten überein; dies ist durch die gestrichelt eingetragene Gerade angedeutet, die (2.3.16) entspricht. In die Kurven der Näherungslösungen sind Meßergebnisse von Versuchen nach [42] eingetragen, die nicht nur in der Tendenz, sondern auch in den Absolutwerten gute Übereinstimmung mit der Näherungstheorie aufweisen. Dieses gute Ergebnis sollte allerdings nicht überbewertet werden, da die grobe Theorie weder Reibungseinflüsse noch unterschiedliche Beaufschlagung der Blätter und endliche Blattzahl berücksichtigt.

Bei den Betrachtungen zur Berechnung des Übergangsfluges von Kipprotoren- und Kippflügelflugzeugen in Kap. 6 werden die oben abgeleiteten Beziehungen angewendet.

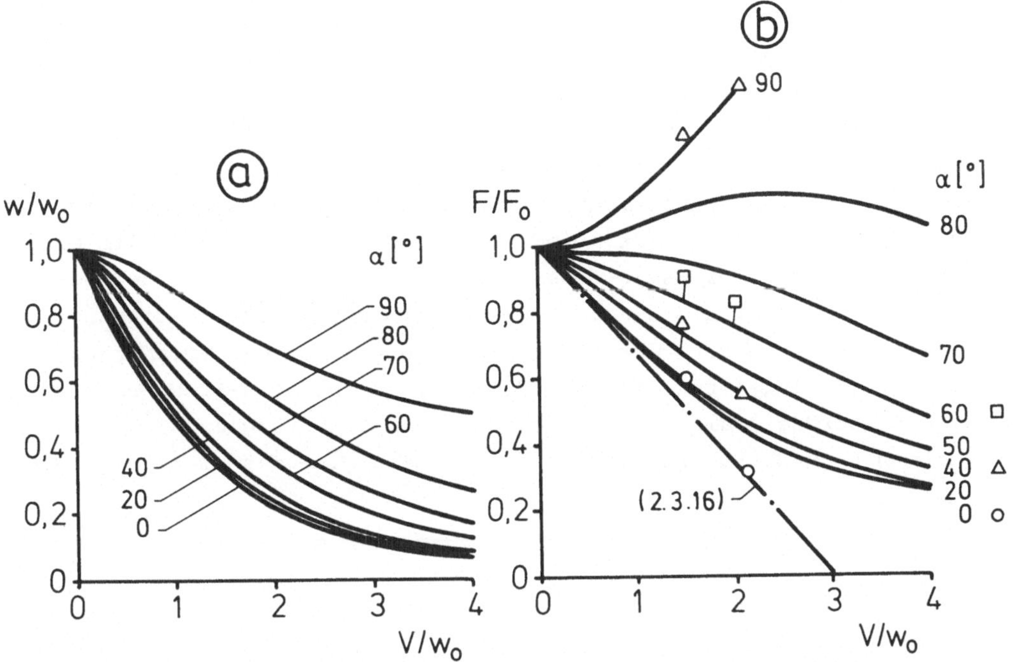

Bild 2.3.7. Ergebnisse der Näherungstheorie für schräg angeströmte Propeller

a) bezogene Zusatzgeschwindigkeit w/w_0

b) bezogener Schub F/F_0

□Δo Meßwerte nach [42]

Genaueres Berechnungsverfahren

In [43] wird ein genaueres Berechnungsverfahren zur Ermittlung der Propeller-Interferenz unter Berücksichtigung ungleichförmiger Strahlbelastung über dem Propellerradius und nichtlinearer Vorgänge in der Tragflügelumströmung angegeben, das auch Aussagen über die Flügelauftriebsverteilung in Spannweitenrichtung liefert. Dabei wird die Tragflügelumströmung durch ein Traglinienmodell nachgebildet, das auf der erweiterten Traglinientheorie nach Weissinger beruht und in der Lage ist,

nichtlineare Strömungsvorgänge zu beschreiben, wenn die nichtlinearen
zweidimensionalen Profildaten bekannt sind. Der Propellerstrahl wird
als Röhre mit kreisförmigem Querschnitt betrachtet. Eine radial ungleichförmige Geschwindigkeitsverteilung wird berücksichtigt, indem man
sie derart diskretisiert, daß konzentrische Röhren konstanten Schubes
entstehen. Bild 2.3.8 zeigt das verwendete Wirbelsystem für eine unter
dem Anstellwinkel α angestellte Flügel-Strahl-Anordnung. Mit Rücksicht
auf die Übersichtlichkeit ist in diesem Bild nur je ein Hufeisenwinkel
eines Wirbelsystems eingezeichnet. Die Trennungsflächen zwischen den
Röhren werden wie Strahlgrenzen behandelt. Die Verdrängungswirkung
wird in diesem Modell unter exakter Erfüllung der Stromflächen- und
Druckrandbedingungen in der Ebene des vollexpandierten Strahls ermittelt. Die in Strahlachsenrichtung verlaufende Geschwindigkeit wird mit
einem Impulsmodell bestimmt. Die Ermittlung des Propellerdralls erfolgt
halbempirisch auf der Basis eines einfachen Wirbelmodells. Bei der
Überlagerung von Strahl und Flügel werden die Strahlrandbedingungen in
der linearisierten Form durch Wirbelbelegungen auf den Strahlrändern
erfüllt. Auf Flügel und Strahlrändern werden Hufeisenwirbel endlicher
Breite angeordnet, die eine Überführung der Integralgleichungen aus
Umströmungs- und Druckrandbedingungen in ein lineares Gleichungssystem
zulassen.

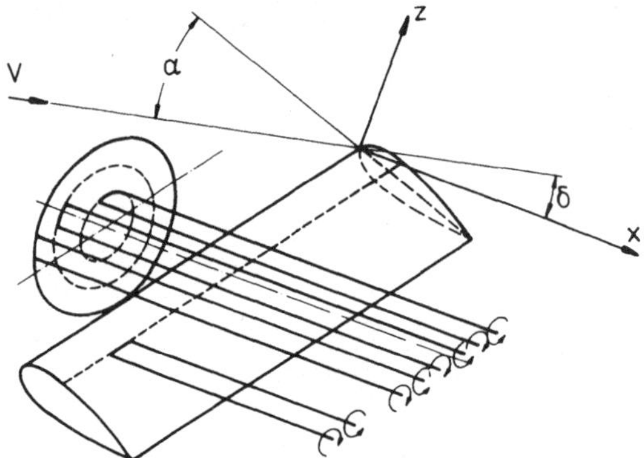

Bild 2.3.8. Wirbelsystem an einer Propeller-Flügel-Anordnung, nach [43]

Das Verfahren ist in der vorliegenden Form auf Ein- und Zweipropeller-
anordnungen mit beliebiger Propellerdrehrichtungskombination anwendbar
und stellt gegenüber den bisher in der Literatur angegebenen Methoden
einen beachtlichen Fortschritt dar, vgl. auch Literaturangaben in [43].
Bild 2.3.9 gibt Ergebnisse nach dem beschriebenen Verfahren zur Verteilung des Flügelauftriebsbeiwertes c_A über die Flügelspannweite wieder. Die Ergebnisse werden durch die am gleichen Flügel für drei An-

stellwinkel gemessenen c_A-Verteilungen nach [11] sehr gut bestätigt.
Wenn auch der Aufwand dieses Verfahrens für Entwurfsüberlegungen zu
groß ist und man sich daher zunächst mit der Anwendung des oben beschriebenen Näherungsverfahrens begnügen muß, so bietet es doch die
Möglichkeit, für ein ausgereiftes Projekt relativ zuverlässige Aussagen
über die Auftriebsverteilung des im Propellerstrahl liegenden Flügels
bis zu großen, bei der Transition vorkommenden Anstellwinkeln zu liefern.

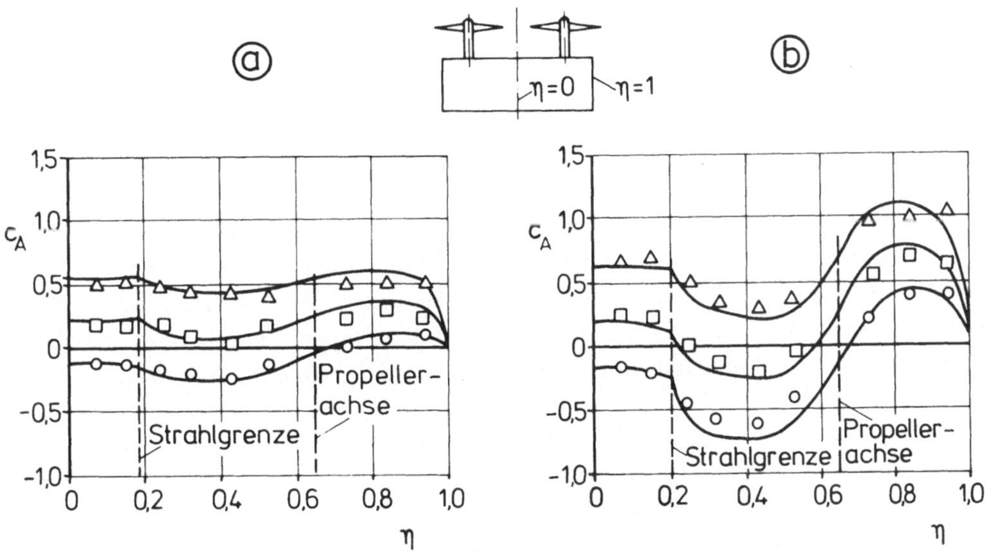

Bild 2.3.9. Ergebnisse des Verfahrens nach [43] für eine Propeller-Kipp-
flügel-Anordnung und Vergleich mit Meßergebnissen ($\Lambda = 2{,}89$; Profil:
NACA 0012)

a) $C_F = 0{,}56$ b) $C_F = 1{,}78$

——— Rechnung   o α = 0   }
    nach [43]   □ α = 5°   } Messung
                        △ α = 10° } nach [11]

2.3.4 Mantelschrauben

Der Standschub einer Luftschraube kann durch eine Ummantelung beträchtlich erhöht werden. Ein Grund hierfür ist die Verhinderung des Druck-
ausgleichs an der Blattspitze durch den umgebenden Mantel. Bei gefor-
derter Schubgröße kann daher der Durchmesser des Antriebssystems und
somit die Gesamtbreite des VTOL-Flugzeugs verkleinert werden. Weiterhin vermindert die Ummantelung die Gefahr einer ungewollten Berührung
der Luftschrauben im Bodenbetrieb. Andererseits ergibt der Propeller-

mantel eine Vergrößerung des Fluggewichts, die zu einer Verschlechterung des Schub-Gewichts-Verhältnisses gegenüber der freien Schraube führt, und bewirkt außerdem eine beträchtliche Vergrößerung der für den Reibungswiderstand maßgebenden benetzten Oberfläche des Flugzeugs.

Dieser zuletzt beschriebene Effekt sei an Hand der einfachen Beziehungen aus Abschn. 2.1.3 abgeschätzt. Legt man eine Ummantelung ähnlich der X-22A mit einem Verhältnis von $B/D = 0,5$ für Breite zu Durchmesser zugrunde, so beträgt die benetzte Oberfläche des Mantels

$$O_M = 2\,\pi\,D\,B = \pi\,D^2\ . \tag{2.3.23}$$

Die Oberfläche des Flügels ist gegeben durch

$$O_F = 2\,S\ . \tag{2.3.24}$$

Geht man davon aus, daß im Schwebeflug das Fluggewicht gerade gleich dem Standschub des Mantelpropellers sein soll, und setzt empirisch einen Faktor von 1,2 als Verbesserung des Schubes gegenüber dem freifahrenden Propeller gleichen Durchmessers an, so erhält man mit (2.1.7a) und (2.1.10):

$$F_M = 1,2\ (\rho_{Str}/2)S_{Pr}\,v^2_{Str} = mg\ .$$

Mit $S_{Pr} = \pi D^2/4$ läßt sich hierfür auch schreiben

$$mg = 0,15\,\pi\,\rho_{Str}\,D^2\,v^2_{Str}\ . \tag{2.3.25}$$

Bildet man nun das Verhältnis der Oberflächen und eliminiert darin D durch (2.3.25), so wird

$$\frac{O_M}{O_F} = \frac{1}{0,3\ \rho_{Str}\,v^2_{Str}}\ \frac{mg}{S}\ . \tag{2.3.26}$$

Die Auswertung dieses Ergebnisses zeigt Bild 2.3.10. Aufgetragen ist die auf O_F bezogene Summe der Oberflächen von Mantel und Flügel $O_M + O_F$, die angibt, um wieviel der Reibungswiderstand des Flügelmantelschraubensystems infolge der Mantelschrauben vergrößert wird. Besonders bei VTOL-Flugzeugen mit höheren Flächenbelastungen, wie sie z.B. für Verkehrsflugzeuge in Frage kommen, ist die relative Vergrößerung der Oberfläche beachtlich, auch wenn man für diesen Verwendungszweck eine höhere Strahlgeschwindigkeit ansetzt. Ersetzt der Propellermantel als Ring-

flügel zugleich einen Teil des Tragflügels, wie dies bei der X-22A der
Fall ist, werden die Verhältnisse günstiger als bei der obigen Betrachtung. Da ein Ringflügel bei gleichem Auftrieb stets eine größere Oberfläche als ein entsprechender ebener Flügel besitzt, verbleibt dennoch
ein Widerstandsnachteil der Mantelschraubenlösung.

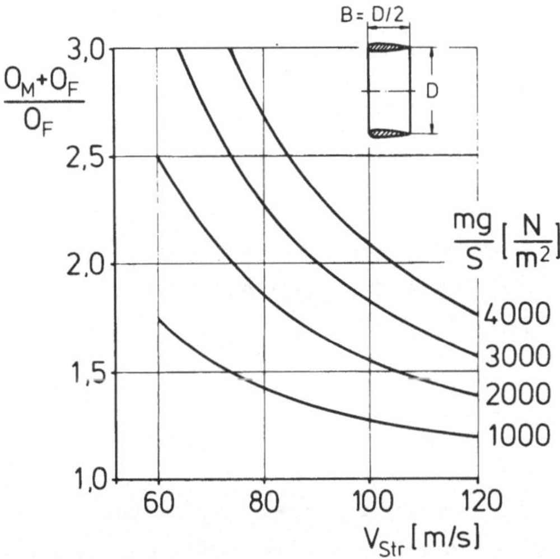

Bild 2.3.10. Oberflächenvergrößerung durch die Mantelfläche bei einer
Mantelschrauben-Tragflügel-Anordnung

Ein weiteres Problem stellt die Optimierung des Propellermantels selbst
dar, dessen günstige Form für den Schwebeflug eine andere Krümmung der
Einlauflippen erfordert als für den Reiseflug. Nur wenn auf höhere Reisegeschwindigkeiten verzichtet wird, erscheint ein nichtverstellbares
Ringprofil des Mantels vertretbar. Studien über verstellbare Ringflügel
wurden z.B. von der Firma Bell durchgeführt [4], vgl. auch [27] und [28].

Wenn, wie bei der X-22A, die Gondeln während des Übergangsflugs geschwenkt werden, erfordert die Gestaltung des Gondeleinlaufes zusätzliche Sorgfalt, um eine Verschlechterung der Propellerströmung durch
Ablösung an der Gondelnase zu vermeiden. Ferner erzeugt der Mantel im
Übergangsbereich infolge der Strömungsumlenkung an der Nase beträchtliche hecklastige Nickmomente, für deren Beherrschung zusätzliche
Steuermomente verfügbar sein müssen.

Zusammenfassend kann festgestellt werden, daß den Vorteilen der Mantel-
schraube eine Reihe von schwer vermeidbaren Nachteilen gegenübersteht,
insbesondere dann, wenn höhere Reisefluggeschwindigkeiten angestrebt
werden.

2.3.5 Propellerantriebssysteme

Allgemeines

Das Propellerantriebssystem besteht aus folgenden Bauteilen:

- Propellerturbinentriebwerk einschließlich des Turbinenanschlußgetriebes mit einer Freilaufkupplung, die sich automatisch entkuppelt, sobald die Turbinendrehzahl unter die Getriebedrehzahl absinkt.

- Propellergetriebe zur Blattverstellung, zusätzlich in bestimmten Fällen eine Einrichtung zur monozyklischen Blattverstellung.

- Verbindungswellen mit den dazugehörenden Lagern, die für den Gleichlauf der Propeller sorgen und normalerweise nur geringfügige Leistungen bei Steuerbetätigungen übertragen, jedoch beim Ausfall eines Triebwerks stärker in Funktion treten.

Propellerturbinentriebwerke

Die Propellerturbinentriebwerke für die gebauten bzw. geplanten Propeller-VTOL-Flugzeuge wurden vorwiegend von den Firmen General Electric und Lycoming hergestellt bzw. angeboten. Tabelle 2.3.1 gibt Aufschluß über die Triebwerke, ihre wichtigsten Leistungsdaten sowie die mit diesen Triebwerken ausgerüsteten Senkrechtstartflugzeuge.

Triebwerk	Leistung [kW]	Spez. Verbrauch [mg/kJ]	Leistungs-Gewichts-Verhältnis [kW/N]	Flugzeug
LTC 1 K-4 Lycoming	1 120	86	0,46	CL-84, XV-15
GE YT 58-80	930	103	0,61	X-22A
T 55-L5 Lycoming	1 640	113	0,80	X-19A
GE T 64-1	2 300	85	0,72	XC 142A
GE T 64-16	2 760	80	0,92	VC 400[*)
GE T 64/S5C-1	4 000	80	1,10	VC 500[*)
GE 1/S1A	8 500	80	1,41	Bo 140[*)

Tabelle 2.3.1. Propellerturbinentriebwerke für VTOL-Flugzeuge

[*)Projekte, VC 400 in Komponenten fertiggestellt.

Die konstruktive Ausführung einer Propeller-Kippflügel-Antriebsgondel
zeigt Bild 2.3.11 am Beispiel der VC 500. Man erkennt die wichtigsten
Bauteile und die Hilfsaggregate, die in einer sehr gedrängten Ausführung gestaltet wurden. Nicht in dem Bild ersichtlich ist, daß die Gondel zwei gleiche, nebeneinanderliegende Triebwerke enthält, so daß sich
im Gegensatz zu den Eintriebwerksgondeln der VC 400 die aufwendigen
Verbindungswellen erübrigen. Bei einem Triebwerksausfall muß durch entsprechende Übermotorisierung gewährleistet sein, daß nach Abschalten
des Gegentriebwerks zum Momentenausgleich die VTOL-Mission voll durchgeführt werden kann.

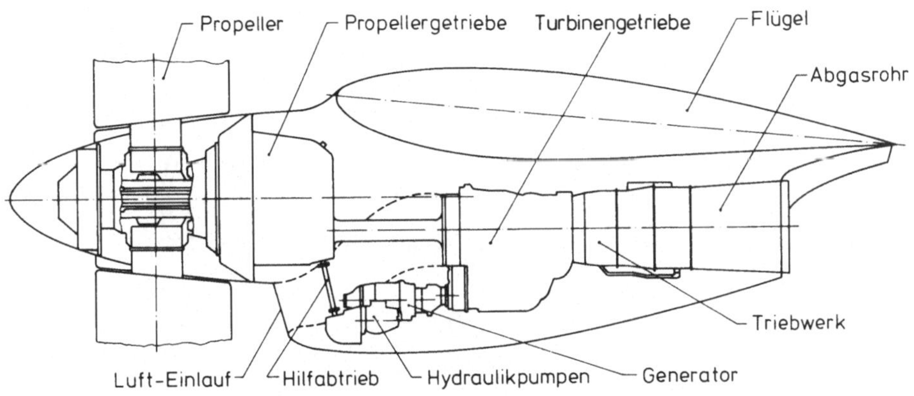

Bild 2.3.11. Antriebsgondel des Propeller-Kippflügel-Projekts VC 500
für 2 Turbinentriebwerke General Electric T 64/S5C, nach [47]

<u>Propellergetriebe</u>

Das Propellergetriebe besteht aus einem Untersetzungsgetriebe, dem
Querwellenantrieb (soweit erforderlich) und der Propellernabe einschließlich der Propellerblattverstellung. Wegen der erforderlichen
großen Übersetzung (bei der VC 400 etwa 21:1) wird häufig ein zweistu-
figes Planetengetriebe verwendet. Die Propellerblattverstellung erfolgt meist mechanisch innerhalb der Nabe und des Getriebes über zwei
Schneckenspindeln. Der Antrieb kann z.B. über einen Hydraulikmotor erfolgen, dessen hydraulische Steuerorgane mit dem Steuergestänge verbunden sind. Aus Sicherheitsgründen wird der gesamte Verstellantrieb in
doppelter Ausführung vorgesehen, wobei jeder für sich das volle Ver-
stelldrehmoment aufbringen kann.

<u>Propeller</u>

Die starke Beanspruchung der Propellerblätter durch Wechselbiegelasten
in der Transitionsphase erfordert bei der Konstruktion neben der Ein-

haltung möglichst kleiner Gewichte besondere Beachtung der Dauerfestig-
keit. Für die VC 400 [45] waren die Blattholme aus Titan und der Blattkörper aus Glasfaser-Kunststoff hergestellt (Bild 2.3.12). Der Verlauf
der Blattholmquerschnitte war so gewählt, daß die bei Durchbiegung des
Blattes auftretenden Spannungen über dem Blattradius konstant waren.
Die Außenhaut des Blattkörpers bildete ein 0,5 mm starkes Glasfaser-
Kunststoff-Laminat, mit Epoxydharz von besonderer Wetter- und Abrieb-
festigkeit. Den Blattstumpf bildete ein Wickelkörper aus 1,5 mm dickem
Diagonalglasgewebe, eingebettet in heißgehärtetes Epoxydharz. Hinter
dem Blattholm war der Blattkörper ausgeschäumt, während der Hohlraum in
der Profilnase mit Kunstharz ausgegossen und zur Schwerpunktsverschie-
bung mit Metallgrieß angereichert war.

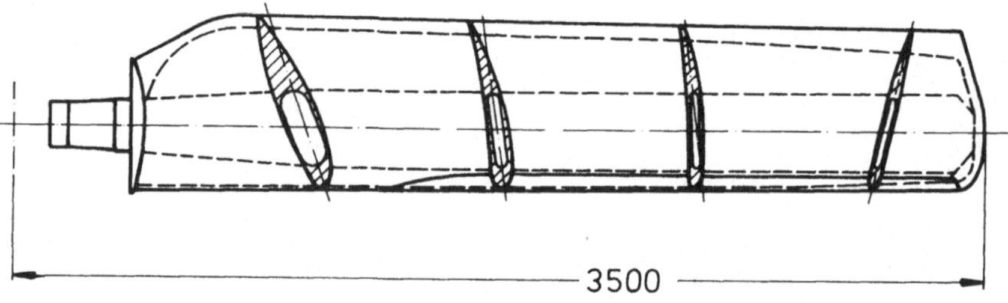

Bild 2.3.12. Propellerblatt mit Titanholm, nach [45]

Fortschrittlichere Lösungen der Blattgestaltung wurden von der Firma
MBB für die Propeller der Bo 140 vorgeschlagen [7], Bild 2.3.13. Hier
war geplant, den Holm aus einem elliptischen, gewickelten Glasfaser-
Kunststoff-Rohr mit hauptsächlich längsorientierten Fäden herzustellen,
während für die Haut diagonal gewickelte Carbonfasern vorgesehen waren.
Die Hohlräume sollten im Nasenbereich mit Schaumstoff und im hinteren
Bereich mit Kunststoffwaben ausgefüllt werden. Die Nabe des Propellers
sollte aus Titan geschmiedet werden.

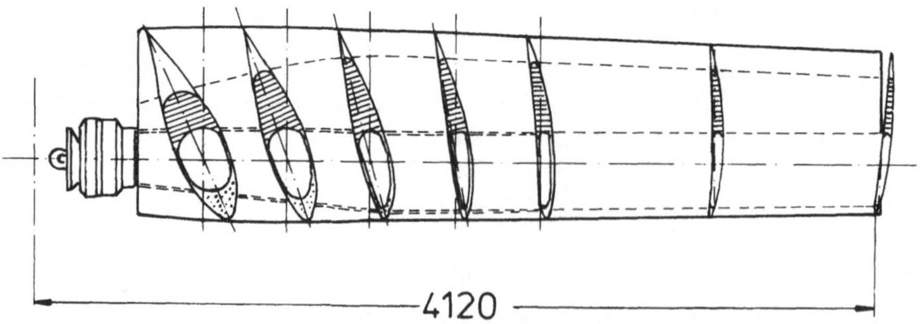

Bild 2.3.13. Propellerblatt mit Glasfaser-Kunststoff-Rotorholm, nach [7]

<u>Wellensystem</u>

Die Leistungsübertragung durch Wellensysteme erfordert konstruktive
Lösungen, die sich bei möglichst geringem Gewicht durch hohen Wirkungsgrad und hohe Zuverlässigkeit auszeichnen und zudem gute Zugänglichkeit
für Wartung und Überholung besitzen müssen. Grundsätzliche Betrachtungen hierzu finden sich z.B. in [38].

Am Beispiel der VC 400 seien einige der wesentlichen Probleme angesprochen, die für den sicheren Betrieb eines Wellensystems beherrscht werden müssen. Bild 2.3.14 zeigt die Anordnung des Wellensystems bei der
VC 400. Die Wellen sind gegenüber der Antriebswelle der Turbinen etwa
auf die halbe Drehzahl untersetzt und drehen sich im Arbeitsbereich der
Turbinen zwischen Leerlauf und Vollast stets im überkritischen Bereich.

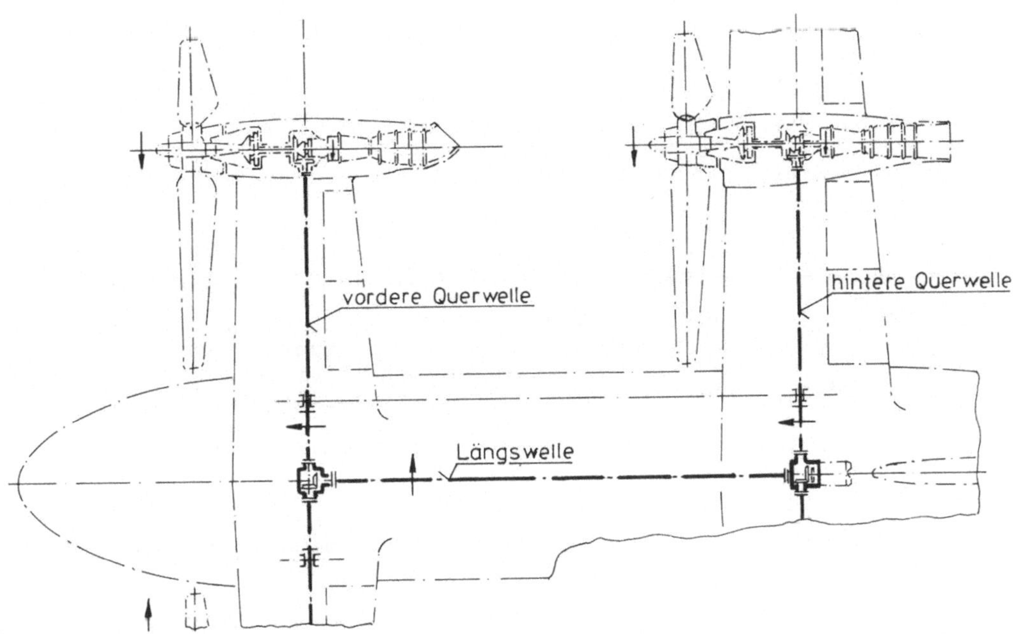

Bild 2.3.14. Wellensystem der VC 400, nach [46]

Um Resonanz zwischen den beiden Flügelwellenpaaren zu vermeiden, ist
die in der Rumpfachse liegende Verbindungswelle, die zur Leistungsübertragung zwischen den vorderen und hinteren Triebwerken dient, geringfügig gegenüber den Flügelwellenpaaren übersetzt. Außer in den
Kopplungsgetrieben am Triebwerk und in Rumpfmitte sind die Flügelwellen
in einer Entfernung zur Rumpfmitte von etwa 25% ihrer Länge elastisch
gelagert. Bei der Konstruktion der Wellen ist zu beachten, daß ihre

Funktion durch die Durchbiegung im Flügelbereich nicht beeinträchtigt
wird. Im Hinblick auf die Auslegung der Wellen muß nachgewiesen werden,
daß das unter ungünstigen Bedingungen zu übertragende Drehmoment, d.h.
bei Triebwerksausfall und maximaler Leistungsübertragung infolge von
Steuermomenten, keine unzulässigen Materialbeanspruchungen der Verbindungswellen bewirkt.

Literatur

1   Adamson, A.P.; Kappus, P.G.: Propulsion Principles in V/STOL Air-
    craft. AGARDograph 89, S. 11-60, 1964.

2   AGARD: V/STOL Comparison Study. AGARD Advisory Rep. Nr. 18, S. 55-
    59, 1969.

3   Beeler, E.F.; Kappus, P.G.: G.E. Turbotip Fan V/STOL Propulsion
    Systems. Bericht der Firma General Electric, 1970.

4   Bell: Summary of V/STOL at Bell Aircraft Corporation. Rep. No.
    2-59-945001, 1959.

5   Bonin, v., L.: Zur Schubausnutzung verschiedener VTOL-Triebwerksan-
    lagen. Luftfahrttechnik-Raumfahrttechnik, Band 9, S. 8-11, 1963.

6   Borchers, J.; Mühlbauer, G.; Zimmer, H.F.: Entwurf, Bau und Erpro-
    bung eines verbesserten Propellers für Flugzeuge der Allgemeinen
    Luftfahrt. 2. BMFT-Statusseminar Luftfahrtforschung & Luftfahrt-
    technologie, Garmisch-Partenkirchen, 8./9. Oktober 1980.

7   Bo 140 V/STOL-Transporter, Messerschmitt-Bölkow-Blohm GmbH,
    TNA - D 112 14/69, 1969.

8   Campbell, J.P.; Johnson, L.R., Jr.: Wind Tunnel Investigation of an
    External-Flow Jet-Augmented Slotted Flap Suitable for Application
    to Airplanes with Pod-Mounted Jet Engines. NACA TN 3898, 1956.

9   Cook, W.L.; Hickey, D.H.; Quigley, H.C.: Aerodynamics of Jet Flap
    and Rotating Cylinder Flap STOL Concepts. AGARD-CP-143, S. 10-1 -
    10-6, 1974.

10 Creasey, R.F.; Boorer, N.W.; Dickson, R.: Effect of Airframe and
    Powerplant Configuration on V/STOL Performance. AGARDograph 89,
    S. 185-221, 1964.

11 Currie, M.M.; Dunsby, I.A.: Pressure Distribution and Force
    Measurements on a VTOL Tilting Wing-Propellers Model. Part I u. II,
    National Research Council of Canada, Aeronautical Dep. LR 252 und
    LR 284, 1960.

12 Davenport, E.E.: Wind Tunnel Investigation of External-Flow Jet-
    Augmented Double Slotted Flaps on a Rectangular Wing at an Angle of
    Attack of 0° to High Momentum Coefficients. NASA TN 4079, 1957.

13 Denning, R.M.; Hurd, R.: V/STOL Combat Aircraft Progress from the
    Powerplant Viewpoint. Sixth European Rotorcraft and Powered Lift
    Aircraft Forum, Bristol, Großbritannien, 16.-19.9.1980.

14 Doepp, v., Ph.: Luftschraubenberechnung nach dem Verfahren der
    gleichwertigen Tragflügelpolare. Luftfahrtforschung, S. 46-56, 1936.

15 Do 231 C und M V/STOL-Transportflugzeug Dornier, Projektstudie,
    Dornier GmbH, Bericht 69/116, 1969.

16 Fink, M.P.: Static Tests of an External-Flow Jet-Augmented Flap
    Test Bed with a Turbojet Engine. NASA TN D-124, 1959.

17 Fink, M.P.: Aerodynamic Characteristics, Temperature, and Noise
    Measurements of a Large-Scale External-Flow Jet-Augmented Flap
    Model with Turbojet Engines Operating. NASA TN D-943, 1961.

18 Fischer, A.: Die Pionierrolle des Strahltriebwerks RB 108 bei der
    Entwicklung von Senkrechtstartflugzeugen. Luftfahrttechnik-Raum-
    fahrttechnik, Band 11, S. 330-333, 1965.

19 Frost, T.P.; Bishop, R.A.: Vectored Thrust Engines for Single and
    Multiengined Aircraft. Journal of Aircraft, Band 2, S. 13-19, 1965.

20 Gill, J.C.: Advanced Technology Thrust Vectoring Exhaust Systems.
    Journal of Aircraft, Band 11, S. 764-770, 1974.

21 Glauert, H.; Holl, H.: Die Grundlagen der Tragflügel- und Luft-
    schraubentheorie. Berlin: Springer 1929.

22 Hartmann, A.; Lauer, W.: Thermodynamische Auslegungs- und Leistungs-
    betrachtungen von Ein- und Mehrstromsystemen für VTOL-Antriebe.
    DGLR-Symposium "VTOL-Antriebe", Vortrags-Nr. 70-038, München, Okt.
    1970.

23 Hewson, G.T.; Hart, J.S.; Brown, D.M.: Schwenktriebwerksrümpfe für
    V/STOL-Flugzeuge - Die Schwenktriebwerksanlage mit Rolls Royce
    RB 145 für das Flugzeug VJ 101 C. Luftfahrttechnik-Raumfahrttechnik,
    Band 10, S. 243-247, 1964.

24 HFB 600 V/STOL-Kurzstrecken-Transportflugzeug für militärische und
    zivile Verwendung, Projektstudie, Hamburger Flugzeugbau GmbH, TEW/P,
    1969.

25 Hickey, D.H.: V/STOL Aerodynamics: A Review of the Technology.
    AGARD-CP-143, S. 1-1 - 1-13, 1974.

26 Johnson, L.R.: Wind Tunnel Investigation of a Small-Scale Sweptback-
    Wing Jet-Transport Model Equipped with an External-Flow Jet-Aug-
    mented Double Slotted Flap. NASA Memo 3-8-59 L, 1959.

27 Küchemann, D.; Weber, J.: Aerodynamics of Propulsion. New York,
    Toronto, London: McGraw-Hill 1953.

28 Lazareff, M.: Properties et Problems de l'Helic Carnee. AGARDograph
    89, S. 223-254, 1964.

29 Mavriplis, F.; Gilmore, D.: Investigation of Externally Blown Flap
    Airfoils with Leading Edge Devices and Slotted Flaps. AGARD-CP-143,
    S. 7-1 - 7-12, 1974.

30 McCormick, B.W., Jr.: Aerodynamics of V/STOL Flight. New York, London: Academic Press 1967.

31 Münzberg, H.G.: Flugantriebe. Berlin, Heidelberg, New York: Springer, Teil D1, S. 506-531, 1972.

32 Nelließen, W.: Gütebeurteilung von Strahldeflektoren für V/STOL-Triebwerksanlagen durch Schub- und Druckverlustbeiwerte. Luftfahrttechnik-Raumfahrttechnik, Band 10, S. 318-324, 1964.

33 North, D.M.: V/STOL Design Emphasizes Simplicity. Aviation Week & Space Technology, S. 17-18, 7. Febr. 1977.

34 Przedpelski, Z.J.: Auftriebsbläser für fortgeschrittene V/STOL-Geräte. Luftfahrttechnik-Raumfahrttechnik, Band 11, S. 325-329, 1965.

35 Quigley, H.C.; Franklin, J.A.: Lift/Cruise Fan-VTOL. Astronautics & Aeronautics, Band 15, Nr. 12, S. 32-37, 1977.

36 Riccius, R.; Sobotta, W.: VAK 191 B Experimental Program for a V/STOL Strike-Recce Aircraft. AGARD-CP-126, S. 6-1 - 6-18, 1973.

37 Riemerschmid, F.; Prechter, H.: Aerodynamik und konstruktive Fragen der Schubvektorsteuerung mittels Schubstrahlumlenkung. Luftfahrttechnik-Raumfahrttechnik, Band 11, S. 335-341, 1965.

38 Rothfuß, N.B.; Meier, O.H.: Shaft Power Transmission Systems for Fixed-Wing, V/STOL, GEM, and Hydrofoil Vehicles. Journal of Aircraft, Band 1, S. 321-326, 1964.

39 Schulz, R.W.: VJ 101, ein Vertikalstarter mit Schwenktriebwerken. Luftfahrttechnik-Raumfahrttechnik, Band 9, S. 165-169, 1963.

40 Schwärzler, K.: Die Entwicklung von Senkrechtstartflugzeugen mit Turbinenstrahltriebwerken in Deutschland. Jahrbuch 1963 der WGLR, S. 26-50, 1963.

41 Steinberger, M.: Die Entwicklung des ersten deutschen Nachkriegs-Strahltriebwerks M.A.N. RB 153. Luftfahrttechnik-Raumfahrttechnik, Band 11, S. 319-324, 1965.

42 Sträter, B.: Experimentelle und theoretische Untersuchungen zum Problem der Propeller-Flügel-Interferenz. Bericht Nr. 5/73 des Inst. f. Flugtechnik der TH Darmstadt, 1973.

43 Sträter, B.: Ein Beitrag zum Problem der Propeller-Flügel-Interferenz. Dissertation am Fachbereich Maschinenbau der TH Darmstadt, 1976.

44 Swan, W.C.; Schott, G.J.: New Engine Cycles - Opportunity for Creativity. Astronautics & Aeronautics, Band 13, Nr. 1, S. 24-35, 1975.

45 VC 400 VTOL-Kippflügel-Transportflugzeug, Vereinigte Flugtechnische Werke, Bericht M-14-66, Band II, 1966.

46 VC 400-V Wellensystem, Techn. Mitteilung T-039 der Vereinigten Flugtechnischen Werke, 1967.

47 VC 500 V/STOL Transportflugzeug, Vereinigte Flugtechnische Werke,
    Bericht M-7-69, 1969.

48 Yaggy, P.F.: The Role of Aerodynamics and Dynamics in Military and
    Civilian Application of Rotary Wing Aircraft. AGARD Lecture Series
    Nr. 63, S. 1-1 - 1-14, 1973.

3 Erzeugung von Steuerkräften und -momenten

3.1 Grundsätzliche Betrachtung

3.1.1 Aufgaben der Schwebeflugsteuerung

Da die aerodynamischen Steuerungen im Schwebeflug bei kleinen Translationsgeschwindigkeiten unwirksam sind, benötigt jedes Senkrechtstartflugzeug hier zusätzliche Einrichtungen, um Steuermomente um die flugzeugfesten Achsen sowie translatorische Steuerbeschleunigungen erzeugen zu können, Bild 3.1.1. Diese werden für folgende verschiedenartige Aufgaben benötigt:

A) Stabilisieren

Im ungestörten Schwebeflug befindet sich das Flugzeug in einem labilen oder indifferenten Gleichgewichtszustand. Bei Störungen dieses Schwebeflugzustandes, z.B. durch turbulente Atmosphäre, muß das Flugzeug durch schnelle Betätigung der Nick- und Rollsteuerung in der gewünschten horizontalen Lage gehalten werden.

B) Manövrieren

Schebeflugmanöver in Längs- und Seitenrichtung werden normalerweise über die Winkellage des Flugzeugs gesteuert. Zur Änderung der Nick-, Roll- und Gierlage des Flugzeugs müssen entsprechende Steuermomente in ausreichender Größe und Folgsamkeit zur Verfügung stehen. Änderungen der Nick- und Rollage dienen hierbei zum Einleiten von Translationsbewegungen in der Horizontalflugebene.

C) Trimmen

Steuermomente werden auch zum Austrimmen von Lastigkeitsänderungen, z.B. bei Schwerpunktverschiebungen, sowie zum Ausgleichen von Störmo-

menten durch Translationsbewegungen und/oder durch Luftströmungen aus
beliebigen Richtungen, z.B. bei Seitenwind, benötigt. Ferner müssen
Momentenreserven für den Ausfall von Triebwerken oder Steuereinrichtungen verfügbar sein.

D) Vertikalflugsteuerung

Die Vertikalflugsteuerung dient zur Steuerung von vertikalen Translationsbewegungen im Schwebeflug. Hierbei wird über den Gesamtschubhebel
als viertem Steuerorgan die Schwebeflughöhe durch gleichzeitige Schuberhöhung bzw. -verminderung aller Triebwerke verändert. Die wichtigsten
Anwendungen sind der Vertikalstart und die Vertikallandung.

Für die Aufgaben A und B kommt es vorwiegend auf Lageänderungen und
damit auf die Größe der zu erzeugenden Winkelbeschleunigungen an, d.h.
nicht direkt auf die Momente selbst, sondern auf ihre durch die jeweiligen Trägheitsmomente dividierten Werte. Demgegenüber geben die unter
dem Begriff "Trimmen" zusammengefaßten Aufgaben unmittelbar die Steuermomente zum Ausgleich der auftretenden Störmomente an. Diese Unterscheidung ist für die Dimensionierung der Steuermomente wichtig, da eine
Auslegung allein nach Steuerbeschleunigungen bei Senkrechtstartern mit
zentraler Triebwerksanordnung und daher kleinen Rollträgheitsmomenten
zu Trimmschwierigkeiten um die Rollachse führen könnte (z.B. bei starkem Seitenwind).

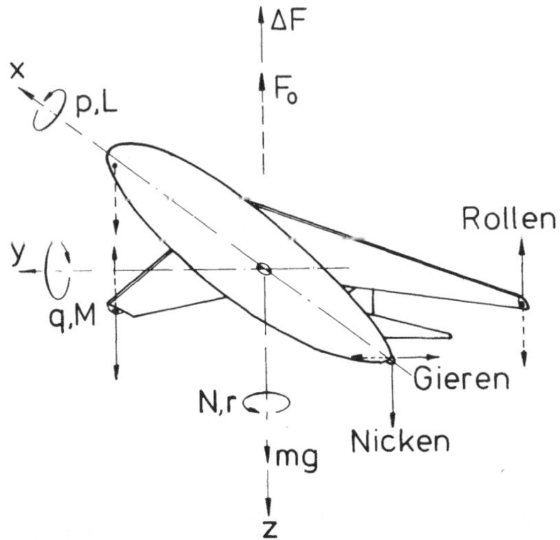

Bild 3.1.1. Steuerkräfte und -momente am Flugzeug im Schwebeflug

3.1.2 Möglichkeiten zur Erzeugung von Steuerkräften und -momenten

Zur Erzeugung der Steuermomente und der Vertikalbeschleunigung werden
verschiedenartige technische Lösungen verwendet, die durch die geome-
trische Anordnung und die Art der Triebwerke bestimmt sind. Folgende
Möglichkeiten stehen grundsätzlich zur Verfügung:

Stabilisieren, Manövrieren und Trimmen (Aufgaben A - C des vorherigen
Abschn. 3.1.1)

- Schubmodulation der Hub- und/oder Marschtriebwerke. Diese Möglichkeit
  ist allerdings nur unter der Voraussetzung anwendbar, daß die Triebwerke oder Triebwerksgruppen einen ausreichenden Abstand vom Schwerpunkt haben.

- gesonderte Strahldüsen in ausreichendem Abstand zum Schwerpunkt, die
  von den Triebwerken mit Druckluft versorgt werden.

- Schubvektorschwenkung

- Strahlablenkung durch Gitter oder Strahlklappen

- gesonderte Steuergebläse oder Steuerrotoren

- antimetrische Blattverstellung

- zyklische Blattverstellung

Vertikalflugsteuerung (Aufgabe D, Abschn. 3.1.1)

- Schubmodulation der Hub- und/oder Marschtriebwerke bei gleichsinniger
  Betätigung durch den Kollektivschubhebel

- Blattverstellung aller Propeller oder Rotoren bei gleichsinniger Betätigung

Im Abschn. 3.2 werden die Ausführungsformen der verschiedenartigen
Steuerungseinrichtungen für die oben genannten Steuerungsaufgaben beschrieben.

3.1.3 Einfluß von Zeitverzögerungen im Stellglied auf die erforderli-
      chen Steuermomente

Bei der Beurteilung der verschiedenen, im vorigen Abschnitt aufgezählten
Möglichkeiten zur Momentensteuerung spielt die bei Steuerbetätigungen
auftretende Zeitverzögerung, die je nach Art des Steuersystems von un-

terschiedlicher Größe sein kann, eine bedeutende Rolle. Die hiermit
zusammenhängenden Fragen seien im folgenden erläutert.

Wie bei vereinfachten Betrachtungen häufig üblich, sei zunächst - als
Vergleichsfall - die Zeitverzögerung in der Einrichtung zur Erzeugung
von Steuermomenten vernachlässigt. Das Blockschaltbild einer solchen
Steuerungseinrichtung, die im folgenden kurz als Stellglied bezeichnet
wird, ist am Beispiel der Nickachse in Bild 3.1.2 gezeigt.

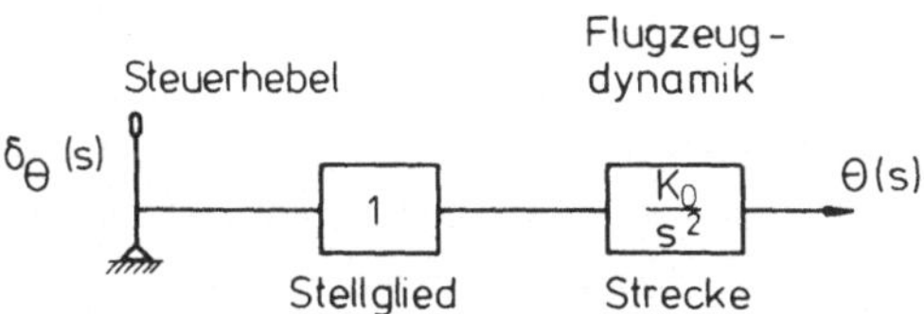

Bild 3.1.2. Blockschaltbild eines Steuersystems ohne Verzögerung

In Laplace-transformierter Darstellungsweise erhält man für die Abhängigkeit des Ausgangssignals (Lagewinkel Θ) vom Eingangssignal (Steuerausschlag δ_Θ) mit K_0 als Steuerbeschleunigung pro Einheit Steuerausschlag bei verschwindenden Anfangswerten:

$$\Theta(s) = \frac{K_0}{s^2}\, \delta_\Theta(s) \ .$$

Mit dem Sprungeingang $\delta_\Theta(t) = 1$ bzw. $\delta_\Theta(s) = 1/s$ wird daraus

$$\Theta(s) = K_0/s^3 \ .$$

Die Rücktransformation liefert im Zeitbereich das bekannte Ergebnis
(vgl. auch Abschn. 4.3.4)

$$\Theta(t) = K_0 t^2/2 \ . \tag{3.1.1}$$

Das gleiche Verfahren wird nun für den Fall angewendet, daß das Stellglied verzögert reagiert, wobei das Maß der Verzögerung durch die Zeitkonstante T_1 gekennzeichnet ist (Bild 3.1.3). Hier gilt für die Übertragungsfunktion

$$\Theta(s) = \frac{1}{1 + T_1 s}\, \frac{K}{s^2}\, \delta_\Theta(s) \ .$$

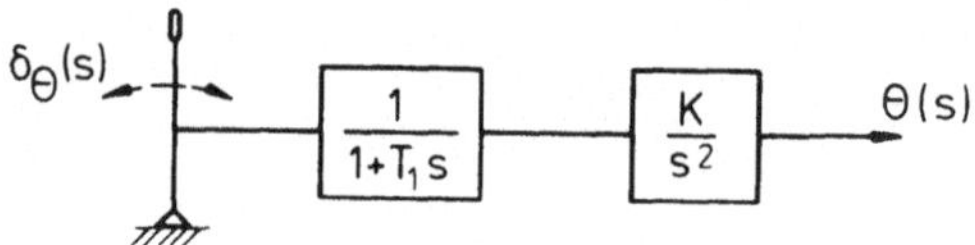

Bild 3.1.3. Blockschaltbild eines Steuersystems mit Verzögerung

Mit $\delta_\Theta(s) = 1/s$ liefert die Rücktransformation in den Zeitbereich

$$\Theta(t) = K\left\{\frac{t^2}{2} - T_1\,t + T_1^2\left(1 - e^{-t/T_1}\right)\right\}\ . \tag{3.1.2}$$

Fordert man in Anlehnung an bestehende Flugeigenschaftsvorschriften (Kap. 7), daß nach einer gegebenen Zeit t eine bestimmte Lage Θ_1 erreicht sein soll, so gilt für die jeweils zu installierende Steuerbeschleunigung im Fall ohne Zeitverzögerung nach (3.1.1)

$$K_0 = 2\Theta_1/t^2 \tag{3.1.3a}$$

bzw. mit Zeitverzögerung nach (3.1.2)

$$K = \frac{2\Theta_1}{t^2 - 2T_1\,t + 2T_1^2\left(1 - e^{-t/T_1}\right)}\ . \tag{3.1.3b}$$

Daraus erhält man für das Verhältnis K/K_0, das die erforderliche Erhöhung der Steuerbeschleunigung zum Ausgleich des Verzögerungseinflusses angibt (vgl. auch [17]):

$$\frac{K}{K_0} = \frac{1}{1 - 2T_1/t + 2(T_1/t)^2\left(1 - e^{-t/T_1}\right)}\ . \tag{3.1.4}$$

Die Auswertung dieser Beziehung liefert den in Tabelle 3.1.1 dargestellten Zusammenhang

t/T_1	1	2	5	10	50	100	∞
K/K_0	3,78	2,31	1,47	1,22	1,04	1,02	1

Tabelle 3.1.1. Einfluß der Zeitverzögerung im Stellglied auf die erforderliche Steuerbeschleunigung

Der Verzögerungseffekt läßt sich weiter verdeutlichen, wenn man auch
die Zeit t variiert, bis zu der die gewünschte Lage Θ_1 erreicht sein
soll. Dies ist in Bild 3.1.4 erläutert, wo die erreichten Auslenkungen
jeweils nach $t_1 = 1$ s und $t_1 = 2$ s für verschiedene Werte der Zeitkonstanten T_1 dargestellt sind. Man erkennt, daß für eine bestimmte Folgsamkeit des Senkrechtstarters auf Steuerausschläge die aufzubringende
Steuerbeschleunigung bei Systemen mit größeren Verzögerungen beträchtlich höher sein muß als bei relativ schnellen Stellgliedern. Dieses
generelle Verhalten von Stellgliedern ist für die Bewertung von VTOL-
Steuerungen sehr wichtig, da die benötigte Leistung für die Steuermomente, die im Schwebeflug von den Triebwerken geliefert werden muß, so
klein wie möglich sein soll.

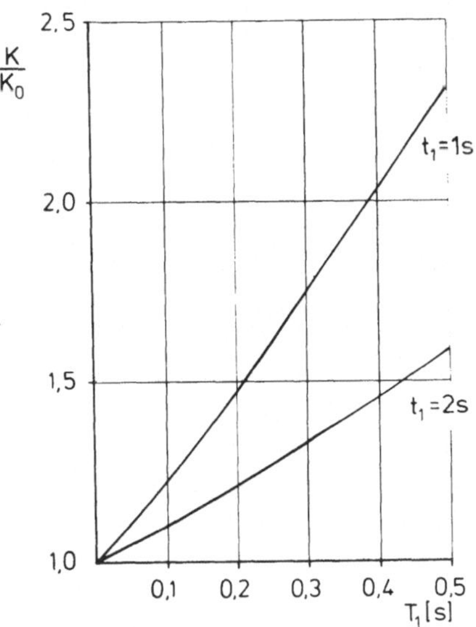

Bild 3.1.4. Einfluß der Zeitverzögerung im Stellglied auf die erforderliche Steuerbeschleunigung zur Erzielung eines bestimmten Lagewinkels
in der Zeit t_1

3.1.4 Einfluß der Eigendämpfung im Schwebeflug

Eigendämpfung

Einen in seiner Auswirkung auf den Steuermomentenbedarf sehr ähnlichen
Einfluß wie die im vorherigen Abschn. 3.1.3 beschriebene Verzögerung
des Stellgliedes übt die Eigendämpfung eines Flugzeugs im Schwebeflug
aus. Sie kann durch einen zentral angeordneten Rotor (Drehflügler) oder
durch exzentrisch an einem Flügel angebrachte Antriebssysteme mit relativ niedriger Strahlflächenbelastung entstehen. Im Rahmen dieser Be-

trachtung seien nur Konfigurationen mit Rotoren in einem größeren Abstand zum Schwerpunkt behandelt, so daß bei Drehbewegungen die Zusatzgeschwindigkeit in den jeweiligen Rotorachsen näherungsweise als konstanter Wert dem Rotor insgesamt zugrunde gelegt werden kann. Hierbei entsteht ein Dämpfungsmoment infolge der Änderung des Schubes mit
der betrachteten Zusatzgeschwindigkeit. Dies ist in Bild 3.1.5 erläutert. Die linear mit y anwachsende Zusatzgeschwindigkeit liefert für
die betrachtete Zweirotor-Anordnung an dem sich nach unten bewegenden,
rechten Rotor im Mittel eine Anströmung von rückwärts mit der Größe
$\Delta \overline{V}_r = - y_{Pr}\dot{\Phi}$ und entsprechend am linken Rotor eine Anströmung von vorn
mit $\Delta \overline{V}_l = y_{Pr}\dot{\Phi}$.

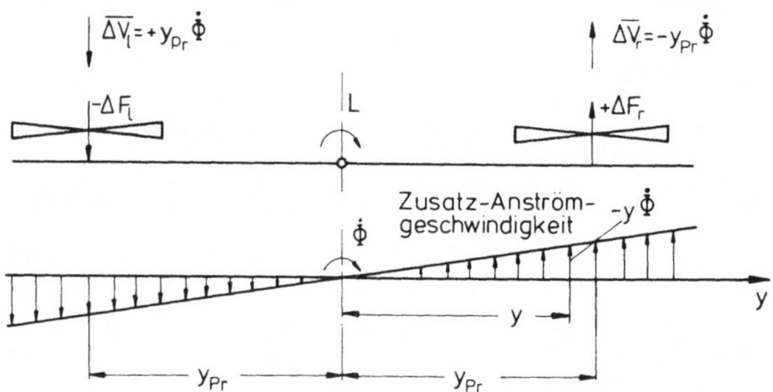

Bild 3.1.5. Zusatzgeschwindigkeit an den Rotoren einer Zweirotor-Anordnung infolge einer Rolldrehung

Die Änderung des Schwebeschubes infolge einer Änderung der Anströmgeschwindigkeit wurde in Abschn. 2.3 abgeleitet und ist in Bild 3.1.6
schematisch dargestellt. Demnach erfährt der rechte Rotor eine Schuberhöhung ΔF_r und der linke Rotor eine Verminderung entsprechend $-\Delta F_l$.
Für das Rotorsystem bedeutet dies, daß der Drehbewegung ein von der
Winkelgeschwindigkeit $\dot{\Phi}$ abhängiges Rollmoment

$$\Delta L = - y_{Pr}(\Delta F_r - \Delta F_l) \qquad (3.1.5)$$

entgegenwirkt. Mit (2.3.16) beträgt der beschriebene Zusatzschub an
jedem der beiden Triebwerke:

$$\Delta F_i = - \frac{F_{i0}}{3}\frac{\Delta \overline{V}_i}{w_0}, \quad i = r,l .$$

Unter Verwendung von (2.3.5) wird daraus

$$\Delta F_i = - \frac{F_{i0}}{3} \Delta \overline{V}_i \sqrt{\frac{2\rho}{F_{i0}/S_{Pr}}} \quad , \quad i = r,l \; .$$

Berücksichtigt man, daß im stationären Zustand $F_{i0} = F_{r0} = F_{l0}$ gilt, so erhält man mit $\Delta \overline{V}_r = - \Delta \overline{V}_l = - y_{Pr} \dot{\Phi}$ aus (3.1.5) für das Rollmoment

$$\Delta L(\dot{\Phi}) = - \frac{2}{3} \dot{\Phi} y_{Pr}^2 F_{i0} \sqrt{\frac{2\rho}{F_{i0}/S_{Pr}}} \; . \tag{3.1.6a}$$

Mit dem Kräftegleichgewicht im Schwebeflug, $2F_{i0} = mg$, läßt sich dafür auch schreiben

$$\Delta L(\dot{\Phi}) = - \dot{\Phi} \frac{mg y_{Pr}^2}{3} \sqrt{\frac{2\rho}{F_{i0}/S_{Pr}}} \; . \tag{3.1.6b}$$

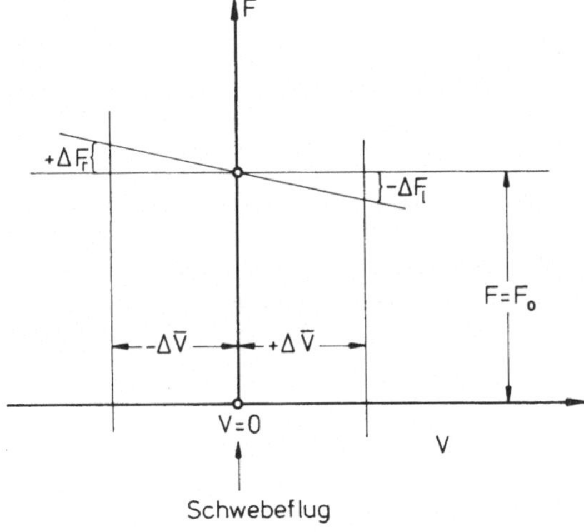

Bild 3.1.6. Abhängigkeit des Rotorschubs von der axialen Geschwindigkeitsänderung

Einfluß der Eigendämpfung auf die erforderlichen Steuermomente

Der Einfluß der Eigendämpfung auf die erforderlichen Steuermomente sei im folgenden an einer vereinfachten Ein-Freiheitsgrad-Betrachtung der Rollbewegung erläutert. Hierbei werde über einen Steuerausschlag δ_Φ durch antimetrische Blattverstellung eine Schubänderung $\Delta F_i = \Delta F_r = - \Delta F_l$ erzeugt, die in Analogie zu (3.1.5) ein Rollmoment ergibt. Mit

$\Delta F_i = (\partial F_i / \partial \delta_\Phi) \delta_\Phi$ läßt sich dafür schreiben

$$\Delta L(\delta_\Phi) = - 2y_{Pr} \frac{\partial F_i}{\partial \delta_\Phi} \delta_\Phi \ . \tag{3.1.7}$$

Verwendet man nun die Rollsteuer- und Rolldämpfungsderivative

$$L_{\delta\Phi} = \frac{1}{I_x} \frac{\partial L}{\partial \delta_\Phi} = - \frac{y_{Pr} g}{i_x^2} \frac{\partial F_i / \partial \delta_\Phi}{F_{i0}} \ ,$$

$$L_p = \frac{1}{I_x} \frac{\partial L}{\partial \dot\Phi} = - \frac{g}{3} \left(\frac{y_{Pr}}{i_x}\right)^2 \sqrt{\frac{2\rho}{F_{i0}/S_{Pr}}} \ , \tag{3.1.8}$$

so schreibt sich die Bewegungsgleichung um die Rollachse,

$$I_x \ddot\Phi = \Delta L(\dot\Phi) + \Delta L(\delta_\Phi) \ , \tag{3.1.9a}$$

in der folgenden Form:

$$\ddot\Phi - L_p \dot\Phi = L_{\delta\Phi} \delta_\Phi \ . \tag{3.1.9b}$$

Für die zu behandelnde Frage nach den benötigten Steuermomenten ist es wichtig zu wissen, welche Rollwinkel aus der horizontalen Ruhelage $(\Phi(0) = \dot\Phi(0) = 0)$ heraus in einer bestimmten Zeit erreicht werden können. Hierfür erhält man aus (3.1.9b):

$$\Phi = L_{\delta\Phi} \delta_\Phi / L_p^2 \left(e^{L_p t} - L_p t - 1\right) \ . \tag{3.1.10}$$

Daraus errechnet sich die erforderliche Steuerbeschleunigung bis zum Erreichen eines bestimmten Rollwinkels Φ nach einer gegebenen Zeit t zu

$$L_{\delta\Phi} \delta_\Phi = \frac{L_p^2 \Phi}{e^{L_p t} - L_p t - 1} \ . \tag{3.1.11a}$$

Diese Beziehung ist nach dem Grenzübergang für $L_p \to 0$ auch bei einem Flugzeug ohne Rolldämpfung verwendbar, das im folgenden als Vergleichsfall dienen möge. Hier gilt

$$(L_{\delta\Phi})_0 \delta_\Phi = 2\Phi/t^2 \ . \tag{3.1.11b}$$

Die erforderliche Erhöhung der Steuermomente infolge der Eigendämpfung
des Flugzeugs ergibt sich dann aus dem Verhältnis der Größen nach
(3.1.11a,b), d.h. aus

$$\frac{L_{\delta\Phi}}{(L_{\delta\Phi})_0} = \frac{1}{2}\,\frac{L_p^2 t^2}{e^{L_p t} - L_p t - 1}\,. \tag{3.1.12}$$

Nach den AGARD-Flugeigenschaftsempfehlungen für V/STOL-Flugzeuge [1]
soll nach $t = 1$ s ein Rollwinkel von $\Phi = 2^{\circ} - 4^{\circ}$ erreicht werden. Das dafür notwendige Rollsteuervermögen ist durch (3.1.12) bestimmt und in
Bild 3.1.7 als Funktion des seitliches Abstandes y_{Pr}/i_x und der Kreisflächenbelastung F_0/S_{Pr} des Antriebssystems dargestellt. Das Bild macht
deutlich, daß der Dämpfungseinfluß bei niedriger Kreisflächenbelastung
erheblich ist, während er bei höher belasteten Antriebssystemen vernachlässigt werden kann.

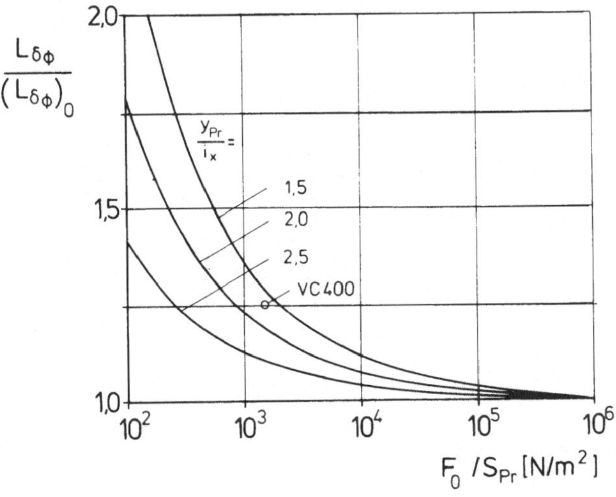

Bild 3.1.7. Einfluß der Rolldämpfung auf die erforderliche Rollsteuerbeschleunigung zur Erzielung einer bestimmten Winkeländerung nach einer
Sekunde

Beim Vergleich unterschiedlicher Systeme zur Erzeugung von Steuermomenten sind die hier sowie die im vorigen Abschnitt 3.1.3 erläuterten Zusammenhänge zu berücksichtigen.

3.2 Strahl- und Bläsertriebwerke

3.2.1 Hubstrahltriebwerke

Steuerung und Schubmodulation

Hubstrahltriebwerke können für die Erzeugung der Steuermomente verwendet werden, wenn sie exzentrisch zum Schwerpunkt angeordnet sind. Die Steuerung erfolgt durch Schubänderung der einzelnen Triebwerke derart, daß ein resultierendes Moment entsteht, der Gesamtschub dabei jedoch konstant bleibt. Diese Art der Steuermomentenerzeugung, die von S. Günter vorgeschlagen worden ist [5] und deren prinzipielle Wirkungsweise Bild 3.2.1 am Beispiel der VJ 101 C zeigt, wird als Schubmodulation bezeichnet, vgl. hierzu auch [6]. Sie fand bei allen deutschen Senkrechtstarterentwicklungen Anwendung, Tabelle 3.2.1.

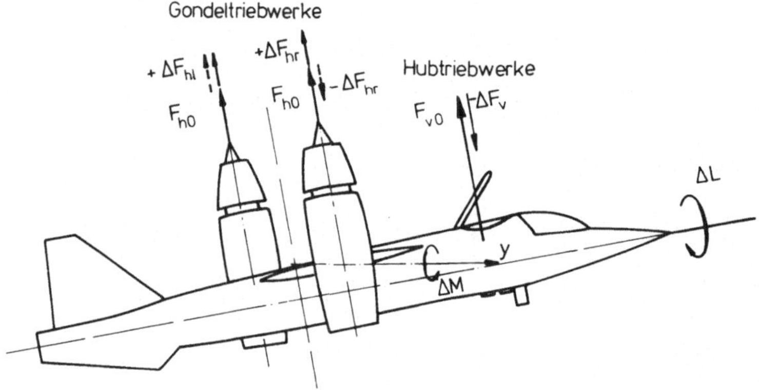

Bild 3.2.1. Prinzip der Schubmodulationssteuerung um die Roll- und Nickachse der VJ 101 C

⟶ Schubänderungen für die Nicksteuerung

---⟶ Schubänderungen für die Rollsteuerung

	Nicksteuerung	Rollsteuerung
VJ 101 C	x	x
Do 31	–	x
VAK 191 B	(x)	–

Tabelle 3.2.1. Einsatz der Schubmodulation

Zeitverhalten der Hubtriebwerke

Für die erfolgreiche Anwendung der Schubmodulation ist Voraussetzung,
daß die Triebwerke ein geeignetes Zeitverhalten aufweisen. Zur Klärung
der damit zusammenhängenden Fragen sei der Ablauf der Einzelvorgänge
bei kommandierten Schubänderungen in dem aus Triebwerk und Kraftstoff-
anlage bestehenden Gesamtsystem am Beispiel des Hubtriebwerks RB 108
betrachtet, Bild 3.2.2. Diese Darstellung zeigt, daß nach Sperren des
Kraftstoffventils zunächst der Kraftstoffdurchsatz und damit der Bren-
nerdruck absinken und die erwünschte Schubabnahme erst verzögert erfolgt. Der dabei ablaufende Vorgang ist instationär und wird erst bei
geänderter Turbineneintrittstemperatur und entsprechender Drehzahl in
einen neuen stationären Zustand übergehen. Bild 3.2.2 macht die verschiedenen Vorgänge bis zum Ansprechen der Drehzahländerung deutlich.
Die zugehörigen Zeitverzögerungen sind in Tabelle 3.2.2 zusammengestellt.

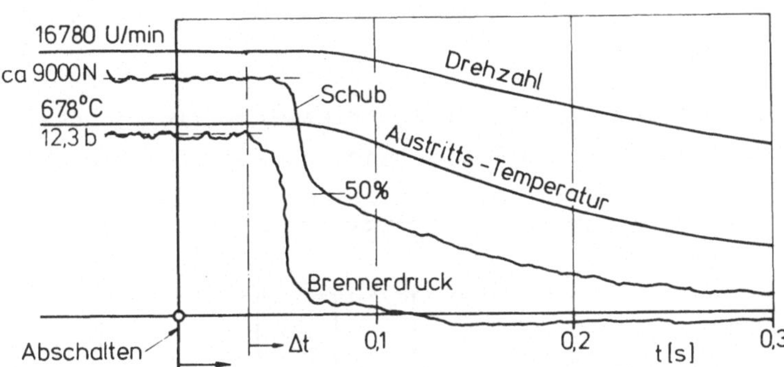

Bild 3.2.2. Zeitverhalten des Hubtriebwerks RB 108 beim Abschalten

Einzelvorgänge	$t[10^{-3}s]$	$\Delta t[10^{-3}s]$
Abschalten	0	–
Kraftstoffsystem spricht an	35	0
Ansprechen des Schubabfalls	55	20
Beginn der Drehzahländerung	70	35

Tabelle 3.2.2. Zeitverzögerungen im Triebwerk und im Kraftstoffsystem

Die Schubänderungen für die Steuerbetätigungen bei Manövern und insbesondere zur Stabilisierung der Schwebefluglage sind relativ klein. Wesentlich ist deshalb das Zeitverhalten bei dieser Art von kleinen

Schubänderungen. Dazu ist ein weiteres Beispiel in Bild 3.2.3 dargestellt, das das Verhalten des Hubtriebwerks RB 145 der VJ 101 C zeigt.
Der Gesamtzeitverzug für eine Schubsteigerung oder -minderung von ca.
15% liegt hier bei etwa 0,15 s. Die Erprobung hat gezeigt, daß dieser
Wert befriedigendes Steuerverhalten ergibt.

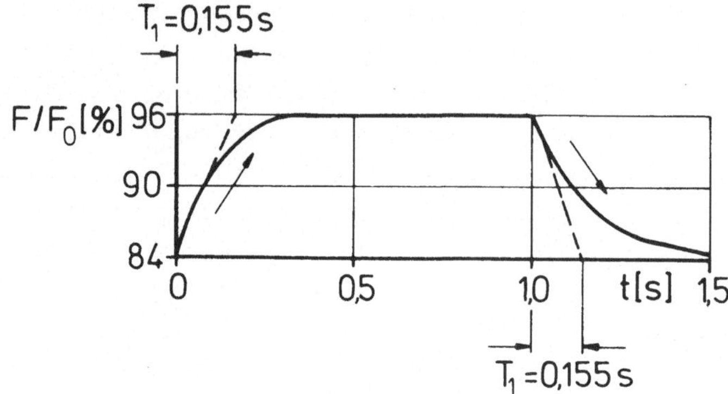

Bild 3.2.3. Zeitverhalten des Hubtriebwerks RB 145 bei kleinen Schubänderungen

Bei den Entwicklungen moderner Zweikreis-Hubtriebwerke hat man der Frage des Zeitverhaltens besondere Beachtung geschenkt, da für Projekte
mit solchen Triebwerken Schubmodulation vorgesehen war. Bild 3.2.4
zeigt für das projektierte Hubtriebwerk RB 202 der Firma Rolls Royce,

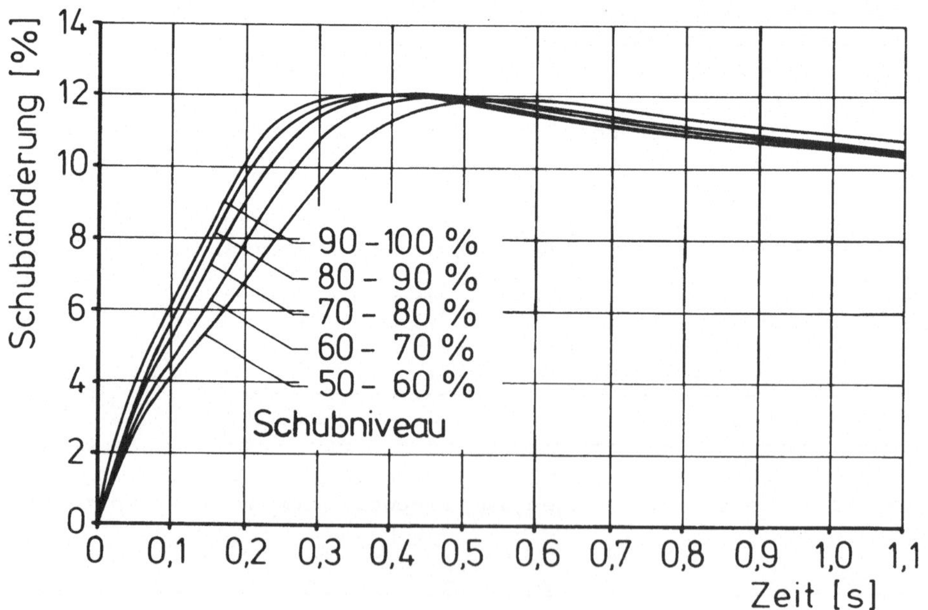

Bild 3.2.4. Zeitverhalten eines Zweikreis-Hubtriebwerks (stationäre
Schubänderung 10%; H = 0; ISA-Bedingungen), nach [15]

daß im Bereich höheren Schubniveaus der Zeitverlauf kleiner Schubänderungen (10%) einem Verzögerungsverhalten mit einer Zeitkonstanten von
0,15 - 0,2 s entspricht [15].

Zur Beurteilung des Triebwerksverhaltens sind außer konstanten Steuereingaben auch zeitlich variable Verläufe mit in die Betrachtung einzubeziehen. Ein Beispiel für Schubänderungen bei sinusförmigen Steuereingaben $\delta_F = \delta_{F0}\sin\omega t$ ist in Bild 3.2.5 dargestellt, das das Amplituden-
und Phasenverhalten des Hubtriebwerks RB 145 zeigt.

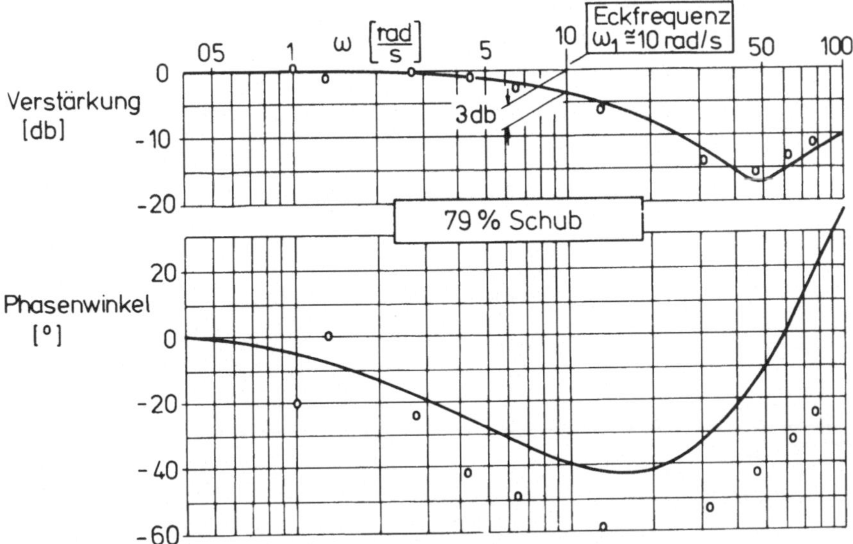

Bild 3.2.5. Amplituden- und Phasenverhalten eines Hubtriebwerks bei
sinusförmigen Steuereingaben (Bode-Diagramm), nach [14]

Das oben beschriebene dynamische Verhalten wird erreicht durch eine
Regeleinrichtung im Triebwerk, die als Beschleunigungssteuereinheit bezeichnet wird. Diese Beschleunigungssteuereinheit steuert bei kommandierten Schubänderungen den Kraftstoffdurchsatz derart, daß maximale
Beschleunigungen im Triebwerk erreicht werden, die mit Rücksicht auf
die "Pumpgrenze" des Triebwerks gerade noch zulässig sind.

In Ergänzung zur vorangegangenen Diskussion der zeitlichen Verzöge-
rungseffekte im Schubaufbau sei im folgenden eine Näherungsbeziehung
für das Übertragungsverhalten von Hubtriebwerken im Bereich kleiner
Schubänderungen angegeben:

$$\frac{\Delta F}{\delta_F} = \frac{1 + aT_e s}{(1 + T_e s)(1 + T_f s)} \cdot \qquad (3.2.1)$$

Darin stellen T_e und T_f die Zeitkonstanten von Triebwerk und Kraftstoffsystem sowie a eine das Voreilverhalten kennzeichnende Größe dar.

Simulation der Schubmodulation mit Hilfe der "Wippe"

Simulationsuntersuchungen zur Regelung der Flugzeuglage mit Schubmodulation wurden bei der Entwicklung der VJ 101 C an einem als "Wippe"
bezeichneten Versuchsgerät durchgeführt. Dieses Gerät, das schematisch
in Bild 3.2.6 dargestellt ist, besteht aus einem Stahlrohrrahmen, der
in der Mitte drehbar auf einem Bock gelagert ist. Auf der einen Seite
befindet sich das Hubtriebwerk, dessen Schub von dem davor sitzenden
Piloten über einen Steuerhebel verändert werden kann. Auf der anderen
Seite ist ein Gegengewicht angeordnet, das die Wippe bei Nennschub des
Triebwerks im Gleichgewicht hält. Ferner waren Zusatzgewichte vorgesehen, die zur Simulation von Triebwerksausfällen abgeworfen werden konnten.

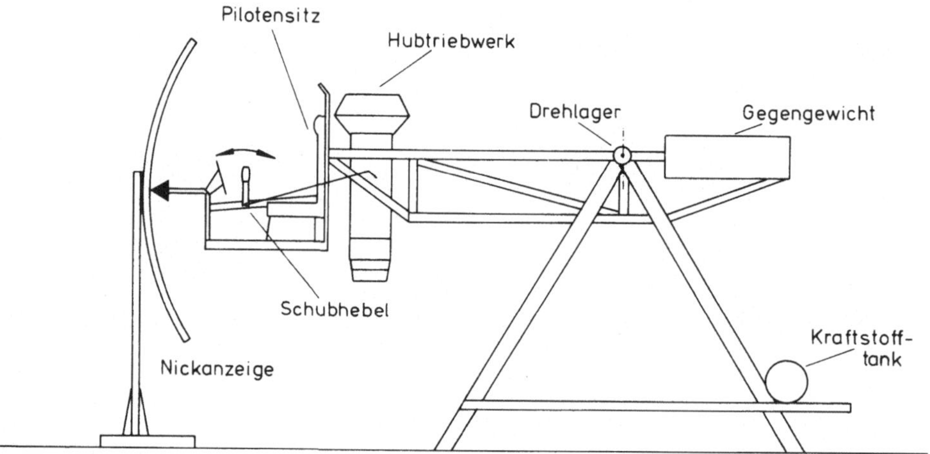

Bild 3.2.6. Simulationsgerät für eine Steuerung mit Schubmodulation
(Wippe), nach [16]

Der Pilot konnte auf einer Anzeige die Nickbewegungen bei Steuereingaben ablesen. Bei den Simulationsuntersuchungen war die wichtige Frage
zu klären, ob der Pilot jede gewünschte Winkellage der Wippe aussteuern
kann. Weiterhin sollte das Verhalten verschiedener Regler beurteilt
werden. Erst nachdem die volle Funktionsfähigkeit nachgewiesen worden
war, fiel die Entscheidung, bei dem damals in Entwicklung befindlichen
Senkrechtstarter VJ 101 C die Schubmodulation für die Nick- und Rollachse
zu verwenden, vgl. auch [16].

Einfluß des Seitenabstandes der Triebwerke auf die erzielbare Steuerbeschleunigung

Die mittels Schubmodulation erreichbaren Winkelbeschleunigungen hängen
sehr stark vom Abstand der Triebwerke zum Schwerpunkt ab. Während einer-
seits das Steuermoment bei Vergrößerung des Hebelarms wächst, tritt
andererseits eine Zunahme des Trägheitsmomentes auf, die hinsichtlich
der erreichbaren Drehbeschleunigung der Wirkung des Steuermomentes
entgegengerichtet ist. Hierbei existiert ein optimaler Abstand zum
Schwerpunkt, bei dem die Drehbeschleunigung zu einem Maximum wird.
Dieser Effekt wird im folgenden am Beispiel der Rollbewegung erläutert.

Bezeichnet man das Trägheitsmoment des Flugzeugs ohne Triebwerk mit
I_{x0}, so erhält man mit dem Beitrag $m_T y_T^2$ der Triebwerksmasse m_T im Abstand y_T für das gesamte Trägheitsmoment (vgl. auch Bild 3.2.7):

$$I_x = I_{x0} + m_T y_T^2 \; . \tag{3.2.2}$$

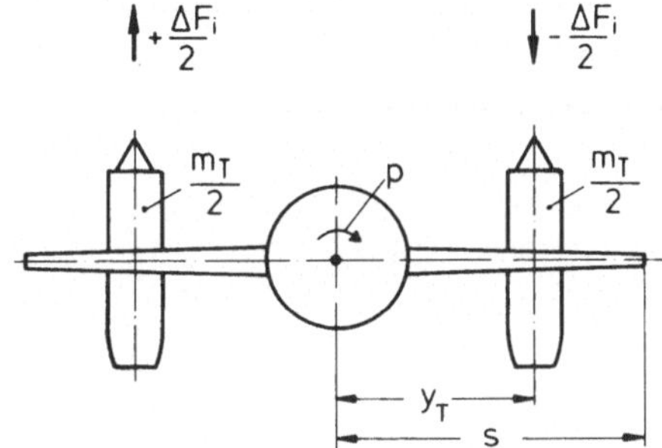

Bild 3.2.7. Rollsteuerung mit exzentrisch angeordneten Triebwerksgondeln

Die Rollsteuerbeschleunigung infolge des Steuermomentes $\Delta L(\delta_\Phi) = -\,2\Delta F_i y_T$
(mit ΔF_i als die betragsmäßig gleiche, jedoch im Vorzeichen verschiedene Schubänderung jeweils auf der rechten und linken Seite) ergibt sich
zu

$$(I_{x0} + m_T y_T^2)\dot{p} = -\,2\Delta F_i y_T \; .$$

Normiert man die Rollbeschleunigung mit dem Wert $\dot{p}_0 = -\,2\Delta F_i s/I_{x0}$, so erhält man unter Verwendung des dimensionslosen Abstandes $\eta_T = y_T/s$ sowie

mit $I_{x0} = m_0 i_{x0}^2$ die Beziehung

$$\frac{\dot{p}}{\dot{p}_0} = \frac{\eta_T}{1 + \dfrac{m_T}{m_0}\left(\dfrac{s}{i_{x0}}\right)^2 \eta_T^2} \, . \qquad (3.2.3)$$

Die graphische Auswertung hierzu zeigt Bild 3.2.8, das in dieser Form allgemeingültig anwendbar ist. Die erzielbare Beschleunigung $\dot{p}$ als Funktion von η_T hat ein Maximum, das bei dem folgenden, als optimal zu bezeichnenden Abstand auftritt:

$$\eta_{opt} = \frac{i_{x0}}{s}\sqrt{\frac{m_0}{m_T}} \, . \qquad (3.2.4)$$

Für die VJ 101 C-X1 errechnet sich aus (3.2.4) ein Wert von $\eta_{opt} = 0,55$. Dies bedeutet, daß die gewählte Anordnung der Triebwerke am Flügelende nicht die maximal mögliche Steuerbeschleunigung liefert. Hierbei ist jedoch zu bedenken, daß bei der Wahl des Anbringungsortes noch weitere Gesichtspunkte eine Rolle spielen. So wurden z.B. bei der VJ 101 C-X1 die Triebwerke mit Rücksicht auf ihre Schwenkmöglichkeit außen am Flügel angebracht. Dabei war gewährleistet, daß 85% des maximal möglichen Wertes für die Steuerung verfügbar waren, vgl. hierzu auch Bild 3.2.8.

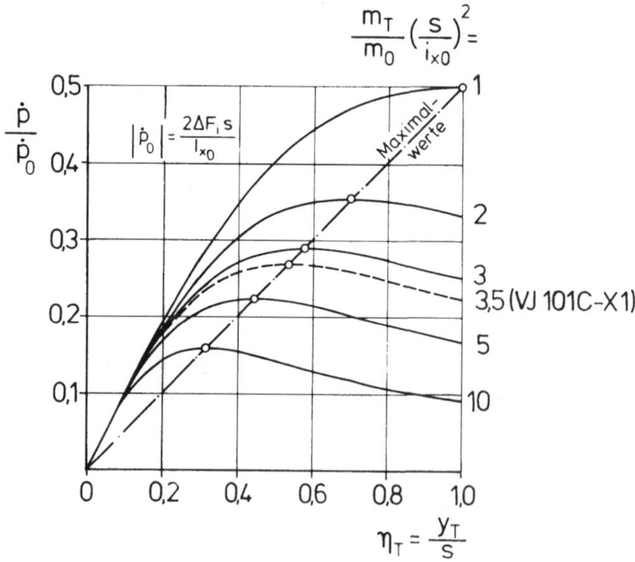

Bild 3.2.8. Abhängigkeit der Steuerbeschleunigung vom Seitenabstand der Triebwerke bei Steuerung mit Schubmodulation

Bei der Do 31 und der Do 231 erfolgt die Rollsteuerung durch Schubmodulation der Gondeltriebwerke. Während bei der Do 31 die Triebwerksgondeln außen am Flügelende angebracht sind, weist die Do 231 eine Anordnung bei $\eta = 0,65$ auf. Die dadurch erreichte Verbesserung der Rollbeschleunigung war allerdings nicht entwurfsentscheidend. Vielmehr sind
für die Wahl der Gondellage auch andere Aspekte maßgebend wie z.B. ihr
Einfluß auf die induzierten Bodeneffekte (vgl. hierzu auch Kap. 5).

Bei der VAK 191 B wird die Nicksteuerung durch Schubmodulation der beiden Hubtriebwerke RB 162-81 nur dann angewendet, wenn der Weg des hy-
draulischen Steuerzylinders 20% des Vollausschlages überschreitet [13].
Im Bereich kleinerer Steuerbeschleunigungen, die erfahrungsgemäß im
größten Teil des Fluges benötigt werden, ist die Primärnicksteuerung in
Funktion. Sie arbeitet über Steuerdüsen, die an den Flügelenden instal-
liert sind, vgl. auch Abschn. 3.2.2.

Rollsteuerung_durch_Schubmodulation_bei_Schwenktriebwerken

Ist ein Teil der Triebwerke wie bei der VJ 101 C in schwenkbaren Gondeln angeordnet, so verringert sich die Wirkung der Rollsteuerung mit
abnehmendem Schwenkwinkel σ_0, d.h. es gilt

$$\Delta L = - 2\Delta F_i y_T \sin\sigma_0 \ .$$

Die Rollbeschleunigung ist dann gegeben durch

$$\dot{p} = - 2 \frac{\Delta F_i}{m} \frac{y_T}{i_x^2} \sin\sigma_0 \ . \tag{3.2.5}$$

Für die VJ 101 C erhält man im Schwebeflug mit $y_T = s$ unter Beachtung
der Tatsache, daß der Hubschub durch drei gleich starke Doppeltriebwerke mit jeweils F_{i0} aufgebracht wird und somit $F_{i0} = mg/3$ gilt, die
folgende Beziehung

$$\dot{p} = - \frac{2}{3} \frac{gs}{i_x^2} \frac{\Delta F_i}{F_{i0}} \sin\sigma_0 \ .$$

Giersteuerung_durch_Schubschwenkung

Bei Anordnungen von Triebwerken, die sich paarweise in größerem Abstand
vom Schwerpunkt wie z.B. an den Flügelenden befinden (VJ 101 C, Do 31),

besteht die Möglichkeit, Giermomente durch gegensinniges Schwenken der
Triebwerke und somit des Schubvektors zu erzeugen, Bild 3.2.9. Das
dabei entstehende Giersteuermoment errechnet sich mit F_{i0} als dem jeweiligen Schub der linken bzw. rechten Schwenktriebwerksgruppe zu

$$\Delta N = F_{i0} y_T \left[\cos(\sigma_0 - \Delta\sigma) - \cos(\sigma_0 + \Delta\sigma) \right] . \qquad (3.2.6)$$

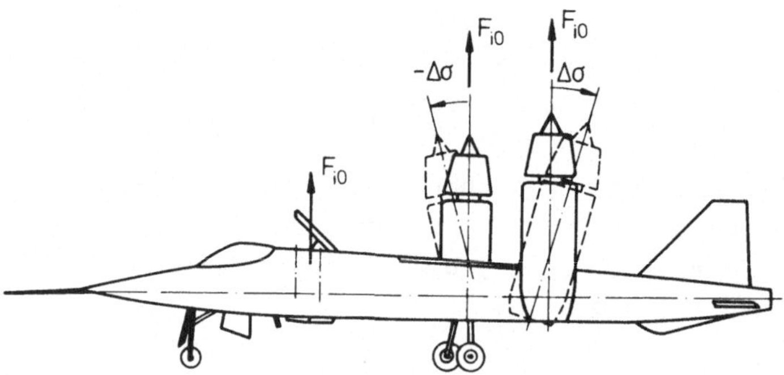

Bild 3.2.9. Giersteuerung der VJ 101 C durch antimetrische Gondelschwenkung

Darin kennzeichnet σ_0 den betrachteten Schwenkwinkel beider Triebwerksgruppen, um den die gegensinnigen Änderungen $\pm\Delta\sigma$ erfolgen. Aus (3.2.6)
ergibt sich für die Gierbeschleunigung mit $I_z = m i_z^2$:

$$\dot{r} = 2 \frac{F_{i0}}{m} \frac{y_T}{i_z^2} \sin\sigma_0 \sin\Delta\sigma . \qquad (3.2.7)$$

Bei der Do 31 erfolgt die Giersteuerung durch differentielles Schwenken
der Abgasdüsen der fest in Gondeln eingebauten Hubtriebwerke. Da die
Gondeltriebwerke unter Normalbedingungen 53% des Fluggewichts tragen,
ergibt sich mit $2F_{i0} = 0{,}53$ mg und $y_T = s$ aus (3.2.7) für die Gierbeschleunigung dieses Flugzeugs in linearisierter Form beim Schwebeflug
($\sigma_0 = 90^\circ$):

$$\dot{r} = 0{,}53 \frac{gs}{i_z^2} \Delta\sigma .$$

Für das Beispiel der VJ 101 C-X1, deren Schub im Schwebeflug durch drei
gleich starke Doppeltriebwerke erzeugt wird, gilt mit $F_{i0} = mg/3$ und
$y_T = s$ für die Gierbeschleunigung in linearisierter Form

$$\dot{r} = \frac{2}{3} \frac{gs}{i_z^2} \sin\sigma_0 \Delta\sigma .$$

Die gegensinnige Schwenkung der Triebwerke zur Giermomentensteuerung
wirkt sich auch auf die Vertikalkraft aus. Für die Änderung ΔF_v der
vertikalen Schubkomponente gilt

$$\Delta F_v = F_{i0}[\sin(\sigma_0 - \Delta\sigma) + \sin(\sigma_0 + \Delta\sigma) - 2\sin\sigma_0] \ .$$

Hieraus ergibt sich der relative Schubverlust zu

$$\frac{\Delta F_v}{F_{i0}\sin\sigma_0} = 2(\cos\Delta\sigma - 1) \approx - \Delta\sigma^2 \ . \tag{3.2.8}$$

Aus dieser Beziehung geht hervor, daß der relative Schubverlust für die
normalerweise geringen Werte von $|\Delta\sigma|$ vernachlässigbar klein ist. Die
nachfolgende Tabelle 3.2.3 gibt hierfür einige Beispielwerte:

$\Delta\sigma$ [°]	1	3	5
$\Delta F_v/(F_{i0}\sin\sigma_0)$	0,015%	0,14%	0,38%

Tabelle 3.2.3. Schubverluste in vertikaler Richtung durch gegensinniges
Schwenken der Triebwerke

Entkopplung von Roll- und Giersteuerung bei geschwenkten Triebwerken

Bei Schwenkwinkeln, die von $\sigma_0 = 90°$ abweichen, treten sowohl bei der
Rollsteuerung durch Schubmodulation wie bei der Giersteuerung durch
Schubschwenkung Koppelmomente in der jeweils anderen Achse auf. Diese
Effekte sind unerwünscht und erfordern daher einen entsprechenden Aus-
gleich.

Für das Gierkopplungsmoment bei der Rollsteuerung gilt

$$\Delta N = - 2\Delta F_i y_T \cos\sigma_0 \ ,$$

so daß daraus eine Gierbeschleunigung von

$$\dot{r} = - 2 \frac{\Delta F_i}{m} \frac{y_T}{i_z^2} \cos\sigma_0 \tag{3.2.9}$$

entsteht.

Die Schubschwenkung zur Giersteuerung führt zu einem Rollkopplungsmoment von

$$\Delta L = - F_{i0} y_T [\sin(\sigma_0 + \Delta\sigma) - \sin(\sigma_0 - \Delta\sigma)] \ ,$$

aus dem sich die folgende, linearisierte Beziehung für die Rollbeschleunigung ergibt:

$$\dot{p} = - 2 \ \frac{F_{i0}}{m} \ \frac{y_T}{i_x^2} \ \cos\sigma_0 \Delta\sigma \ . \qquad (3.2.10)$$

Um die unerwünschte Kopplung zwischen Roll- und Giersteuerung zu vermeiden, ist eine Überlagerung beider Steuerungen erforderlich. Aus der Forderung, daß bei der Rollsteuerung $\dot{r} = 0$ und bei der Giersteuerung $\dot{p} = 0$ gelten soll, folgt unter Berücksichtigung der Beziehungen (3.2.7) und (3.2.9) bzw. (3.2.5) und (3.2.10) in linearisierter Form für die Überlagerung bei der

$$\text{Rollsteuerung mit } \dot{r} = 0: \quad \Delta\sigma = \frac{\Delta F_i}{F_{i0}} \cot\sigma_0 \quad ,$$

$$\text{Giersteuerung mit } \dot{p} = 0: \quad \frac{\Delta F_i}{F_{i0}} = - \Delta\sigma \cot\sigma_0 \ . \qquad (3.2.11)$$

Bei der VJ 101 C wurden Roll- und Giersteuerung während der Gondeldrehung zusätzlich über eine gesonderte Verstelleinrichtung mit dem Faktor $\sin\sigma$ vermindert, um die insgesamt verfügbare Steuerwirkung einschließlich des aerodynamischen Anteils über die Ruder im Transitionsbereich etwa konstant zu halten.

Mit den genannten Versuchsflugzeugen konnte gezeigt werden, daß die Steuerung mit Schubmodulation voll funktionsfähig ist. Ihr besonderer Vorteil besteht darin, daß keine zusätzlichen Steuereinrichtungen und Versorgungsleitungen erforderlich sind. Die Tatsache, daß bei der Do 231 auch für die Nickachse eine Steuerung mittels Schubmodulation vorgesehen war [3], während bei der Do 31 die Nickmomente durch Steuerdüsen aufgebracht wurden, zeigt, daß der Schubmodulation nach den Erfahrungen mit der Do 31 großes Vertrauen entgegengebracht wurde. Eine weitere wesentliche Verbesserungsmöglichkeit, die nur die Schubmodulation bietet, ergibt sich bei Anwendung der sogenannten "Minussteuerung", die in Abschn. 4.3.10 beschrieben wird.

3.2 Strahl- und Bläsertriebwerke

3.2.2 Steuerdüsen

Allgemeines

Die vom Prinzip her einfachste Art der Erzeugung von Steuermomenten besteht in der Ausblasung von Druckluft aus Steuerdüsen, die in einem ausreichend großen Abstand zum Flugzeugschwerpunkt angebracht sind. Die Einfachheit der Ausführungsform ist aus Bild 3.2.10 erkennbar, das die Giersteuerdüse der VAK 191 B in Betriebs- und Ruhestellung zeigt. Die Momentensteuerung über Steuerdüsen wird nicht nur bei Senkrechtstartern angewandt. In einzelnen Sonderfällen wurden Spezialflugzeuge wie die North American X-15, die sehr große Flughöhen erreichte, mit Steuerdüsen ausgerüstet. Ein besonderes Anwendungsgebiet stellt die Momentenerzeugung mit Steuerdüsen bei Raumflugkörpern und Satelliten dar.

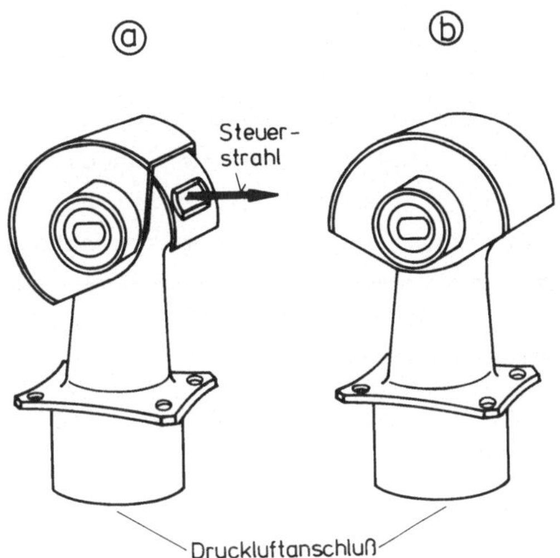

Bild 3.2.10. Giersteuerdüse der VAK 191 B

ⓐ Stellung "geöffnet"
ⓑ Stellung "geschlossen"

Bei der Anbringung der Steuerdüsen nutzt man die maximal verfügbaren Hebelarme am Flugzeug aus, d.h. die Flügelspitzen sowie Rumpfbug bzw. -heck. Zur Verstellung sind die Steuerdüsen meist mit den Betätigungsorganen der aerodynamischen Steuerung gekoppelt, die ihrerseits mit dem Steuerknüppel (bzw. -horn) und den Steuerpedalen des Piloten verbunden sind. Die Kopplung von Steuerdüse und aerodynamischer Steuerfläche ist am Beispiel der Rollsteuerung der Bell VTO in Bild 3.2.11 gezeigt.

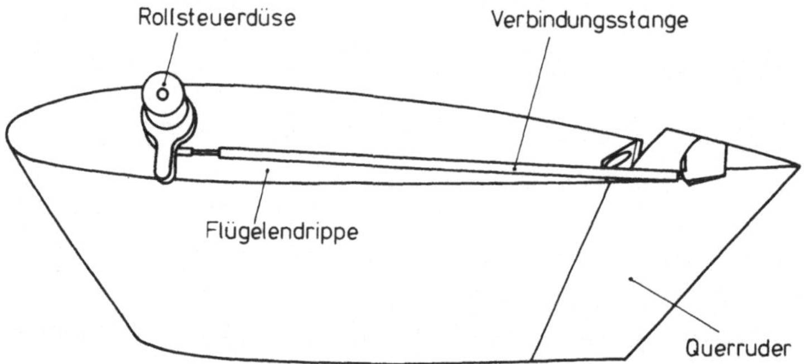

Bild 3.2.11. Rollsteuerdüse und Kopplung mit Querruder bei der Bell VTO, nach [18]

Eine relativ einfache Ausführungsform des Steuerdüsensystems besitzt der Harrier, dessen Gestaltung im wesentlichen vom Grundmuster P 1127 übernommen wurde, Bild 3.2.12. In Nullstellung aller Steuerungen blasen die Düsen der Nick- und Rollsteuerung nach unten und die beiden Gierdüsen seitlich aus. Bei Betätigung der Rollsteuerung wird die Düse am abwärts zu steuernden Flügel nach oben geöffnet. Bei den anderen Steuerungen werden Momente durch Schließen je einer Düse erreicht. Die Düsen werden nur mit Hochdruckluft versorgt, wenn die Hauptschwenkdüsen um mindestens 20° nach unten geneigt sind.

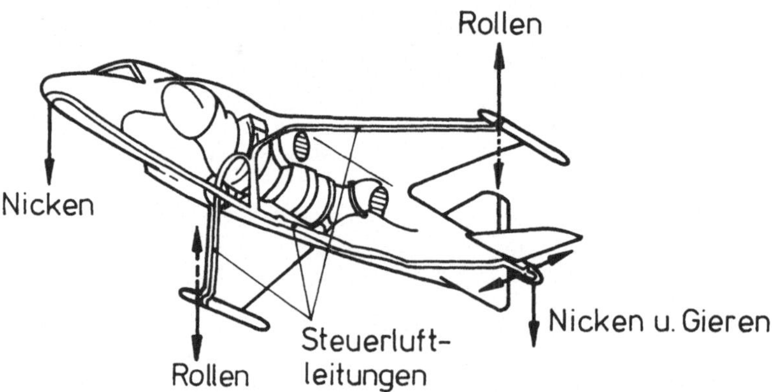

Bild 3.2.12. Reaktionssteuerung des Harrier, nach [4]

Ein weiteres interessantes Beispiel stellt die Steuerdüsenanordnung der VAK 191 B dar, die besondere Vorkehrungen zur Ausfallsicherheit aufweist, Bild 3.2.13. Bei diesem Flugzeug, das - anders als der Harrier - neben dem Haupttriebwerk noch zwei Hubtriebwerke besitzt, werden alle Triebwerke an der Lieferung von Druckluft zum Betrieb der

Momentensteuerung über Steuerdüsen beteiligt. Dies ist aus Bild 3.2.13
zu ersehen, das außerdem erkennen läßt, daß alle Steuerdüsen doppelt
vorhanden sind, um die volle Sicherstellung der Momentensteuerung beim
Ausfall eines der Hubtriebwerke, der zwangsläufig auch das Abschalten
des Gegentriebwerks erfordert, oder beim Versagen des Haupttriebwerks
zu gewährleisten. Die Zuordnung der Steuerdüsen zu den Triebwerken ist
in Tabelle 3.2.4 angegeben.

	Nickdüsen		Rolldüsen		Gierdüsen	
	Düse 1	Düse 2	Düse 1	Düse 2	Düse 1	Düse 1
Marsch-Hub-Triebwerk RB 193	x		x		x	
vorderes Hubtriebwerk ——— RB 162-81 ———		x				
hinteres Hubtriebwerk				x		x

Tabelle 3.2.4. Zuordnung von Triebwerken und Steuerdüsen bei der
VAK 191 B

Bild 3.2.13 zeigt zugleich den relativ hohen Aufwand, der zur Bereitstellung der Druckluft für die Steuerdüsen erforderlich ist. Dabei ist
zu bedenken, daß mit Rücksicht auf Reibungsverluste die Rohrleitungs-
querschnitte nicht zu klein gewählt werden dürfen und die Rohre zudem
noch zu isolieren sind.

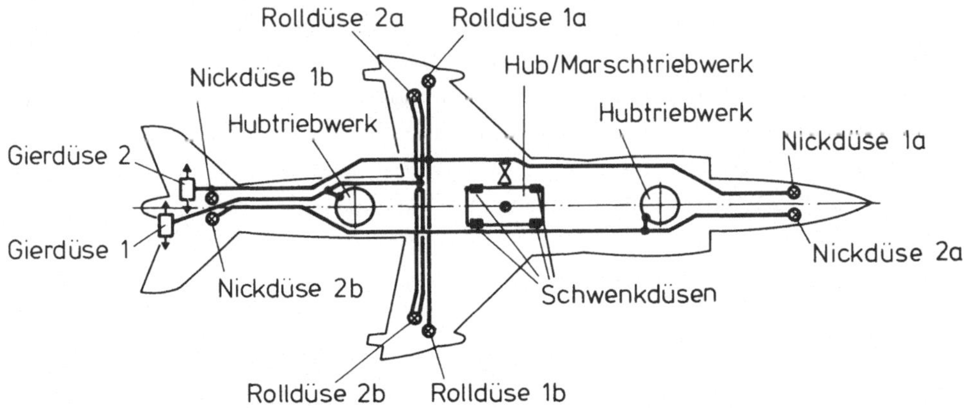

Bild 3.2.13. Anordnung von Steuerdüsen und Versorgungsleitungen bei der
VAK 191 B, nach [13]

Bei der Do 31 werden nur für die Nicksteuerung Steuerdüsen verwendet
[9]. Die von den beiden Marsch-Hub-Triebwerken vom Typ Pegasus versorgten Steuerleitungen führen zu einer Doppeldüse im Heck, die je nach
Steuereingabe nach oben oder unten ausbläst. Bei Neutralstellung der
Nicksteuerung blasen die Düsen in gleichem Maße nach oben und unten
aus.

Dadurch, daß die Druckluft in Ruhestellung beim Schwebeflug unmittelbar
an den Düsen anliegt, ist die Zeitverzögerung bis zum Aufbau des Steuer-
strahls und damit der Steuerbeschleunigung außerordentlich klein und
liegt weit unter den Werten, die bei Anwendung der Schubmodulation zur
Steuerung erreicht werden. Dies ist als Vorteil der Steuerdüsen zu werten, vgl. hierzu auch die Betrachtungen zu den Zeitverzögerungen der
Stellglieder in Abschn. 3.1.3.

Schubverlust beim Betreiben der Steuerdüsen

Die Druckluft zur Versorgung der Steuerdüsen wird dem Triebwerksver-
dichter entnommen, auch wenn keine Steuermomente benötigt werden. Normalerweise blasen die Düsen in Nullstellung der Steuerung nach unten
aus, so daß zwar der Impuls der kalten Strahlen für den Vertikalschub
weitgehend zurückgewonnen wird, jedoch insofern ein Verlust entsteht,
als die Aufheizung der zum Betreiben der Steuerdüsen benötigten Luft
in der Brennkammer des Triebwerks nicht mehr möglich ist und der damit
verbundene Schubanteil wegfällt.

Der hierdurch entstehende Schubverlust sei mit Hilfe einer einfachen
Impulsbetrachtung abgeschätzt. Der für Steuerzwecke abgezapfte zeitliche Luftdurchsatz sei $\dot{m}_{St}$ und habe die Temperatur $T_{a,St}$. Der Verdichter
habe einen Durchsatz $\dot{m}_V$, und die Strahltemperatur der Triebwerksdüse
sei $T_{a,D}$. Setzt man voraus, daß sowohl der Hubstrahl der Triebwerksdüsen als auch der Steuerdüsenstrahl mit einer Machzahl $M = 1$ austreten
und daß keine Verluste in den Rohrleitungen zwischen Verdichter und
Steuerdüsen entstehen, so beträgt der verfügbare effektive Vertikalschub bei vertikal nach unten ausblasenden Düsen:

$$F = \dot{m}_V \sqrt{\varkappa R T_{a,D}} - \dot{m}_{St} \sqrt{\varkappa R T_{a,D}} + \dot{m}_{St} \sqrt{\varkappa R T_{a,St}}.$$

Der erste Term auf der rechten Seite stellt unter den gegebenen Voraussetzungen den Hubschub F_0 des Triebwerks ohne Luftabzapfung dar. Daher

kann man schreiben

$$\Delta F = F - F_0 = - \dot{m}_{St} \sqrt{\varkappa R} \left(\sqrt{T_{a,D}} - \sqrt{T_{a,St}} \right) . \qquad (3.2.12)$$

Der relative Schubverlust beträgt damit

$$\frac{\Delta F}{F_0} = - \frac{\dot{m}_{St}}{\dot{m}_V} \left(1 - \sqrt{\frac{T_{a,St}}{T_{a,D}}} \right) . \qquad (3.2.13)$$

Die Auswertung dieser Beziehung liefert unter der Annahme einer relativen Abzapfluftmenge von $\dot{m}_{St}/\dot{m}_V = 0,15$ für verschiedene Temperaturverhältnisse $T_{a,St}/T_{a,D}$ die in Tabelle 3.2.5 angegebenen Schubverluste.

$T_{a,St}/T_{a,D}$	0,25	0,333	0,5	0,667	1
$\Delta F/F_0$	-0,075	-0,063	-0,044	-0,0275	0

Tabelle 3.2.5. Relativer Schubverlust durch Luftabzapfung für Steuerzwecke

Ohne Rückgewinn des Schubanteils in bezug auf die vertikal nach unten austretenden kalten Strahlen der Steuerdüsen würde der relative Schubverlust dem Verhältnis $\dot{m}_{St}/\dot{m}_V$ entsprechen, im vorliegenden Beispiel also 15%. Im Fall von Flugzeugen mit teilweiser Anwendung von Steuerdüsen oder auch bei Verwendung von Zweikreistriebwerken wie dem Pegasus, bei denen nur der Verdichter des heißen Kreises an der Erzeugung der Steuerdruckluft beteiligt ist, reduziert sich der insgesamt auftretende Hubschubverlust entsprechend. Tabelle 3.2.5 läßt auch erkennen, daß der beschriebene Schubverlust durch Aufheizen der Luft in den Steuerdüsen je nach Aufheizungsgrad verringert werden kann.

Beträchtlichen Einfluß auf den möglichen Wiedergewinn des Hubschubes durch die nach unten ausblasenden Steuerdüsen haben Reibungs- und Umlenkverluste in den Versorgungsrohrleitungen und Düsen. Um solche Verluste klein zu halten, sind relativ große Rohrleitungsdurchmesser erforderlich, die andererseits wiederum nachteilige Erhöhungen des Leergewichts und des Raumbedarfs zur Folge haben. So betragen beim Harrier die Durchmesser der Rohrleitungen zur Versorgung der Nick- und Gierdüsen 110 mm bzw. 60 mm bei den Rolldüsen zuzüglich der notwendigen Isolation.

3.2.3 Steuergebläse

Bei VTOL-Antriebssystemen mit Hubgebläsen, die über Gaserzeuger versorgt werden, wird zweckmäßigerweise auch die Schwebeflugsteuerung über kleinere Steuergebläse betrieben. Hierfür werden die heißen Treibgase verwendet, die auch die Hubgebläse versorgen und die den Blattspitzenturbinen der Steuergebläse über Rohrleitungen zugeführt werden. Die Zumischung von Kaltluft über besondere Lufteinlässe der Steuergebläse ermöglicht eine beträchtliche Erhöhung des Steuerschubes.

Bei symmetrischer Anordnung der Steuergebläse sind prinzipiell Hubschubverluste weitgehend vermeidbar, wenn die Steuergebläse das gleiche Druckverhältnis und damit die gleiche Hubschubverstärkung aufweisen wie die Hubgebläse selbst und wenn Reibungs- und Temperaturverluste durch entsprechende Gestaltung der Leitungen klein gehalten werden können.

Das Senkrechtstartflugzeug XV-5A besaß ein Steuergebläse für die Nickachse, das im Rumpfbug eingebaut war (Bild 1.2.13). Bei neueren Projekten wie z.B. der HFB 600 (Bild 1.4.3) waren Steuergebläse für alle drei Achsen vorgesehen, deren Ausführungsformen in den folgenden Bildern dargestellt sind. Die Gebläse für Nick- und Giersteuerung sind im Heck des Flugzeugs untergebracht, Bild 3.2.14. Zwei Steuergebläse, die während der Hubphase dauernd in Betrieb sind, arbeiten getrennt auf Umlenkgitter, die das Gas zum Gieren nach Backbord bzw. Steuerbord und zum Nicken nach oben bzw. unten abblasen. Die Gitteröffnungen liefern in Neutralstellung zwei gleich starke Teilgasströme, so daß keine resultierende Impulskraft übrig bleibt. Allerdings wird dabei auf eine Wiedergewinnung der Heißgase zur Schuberzeugung verzichtet.

Das Gebläse für die Rollsteuerung ist an den Flügelenden untergebracht, Bild 3.2.15. Die Bewegung des Nasenkörpers nach vorn gibt die Lufteintrittsöffnung frei, so daß das Steuergebläse Kaltluft ansaugen kann. Jedes Rollsteuergebläse ist während der Hubphase dauernd in Betrieb und arbeitet wie die Hecksteuergebläse auf zwei Umlenkgitter, welche in der Neutralstellung nach oben und unten abblasen. Mittels der Steuerschieber wird die eine oder andere Gitteröffnung freigegeben, so daß eine entsprechende Kraft in der gewünschten Richtung erzeugt wird. Auch hier wird auf die prinzipiell mögliche Schubrückgewinnung der Steuerluft verzichtet.

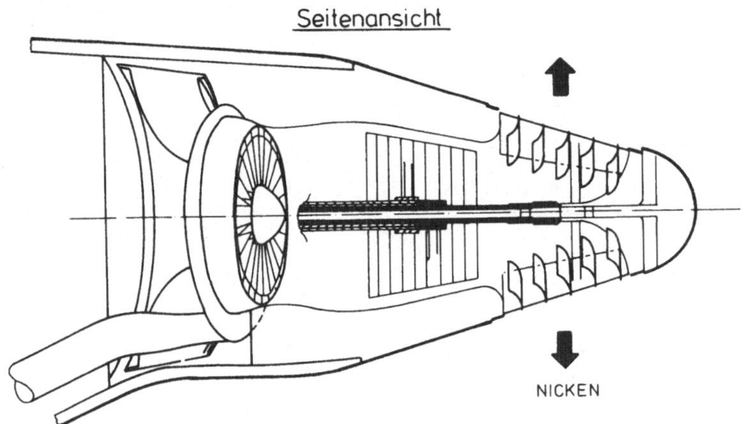

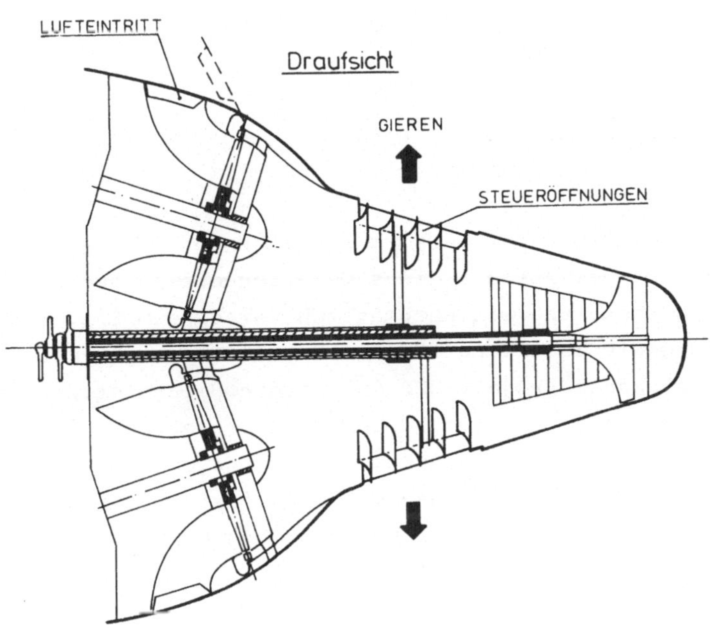

Bild 3.2.14. Nick- und Giersteuerung durch Steuergebläse, nach [7]

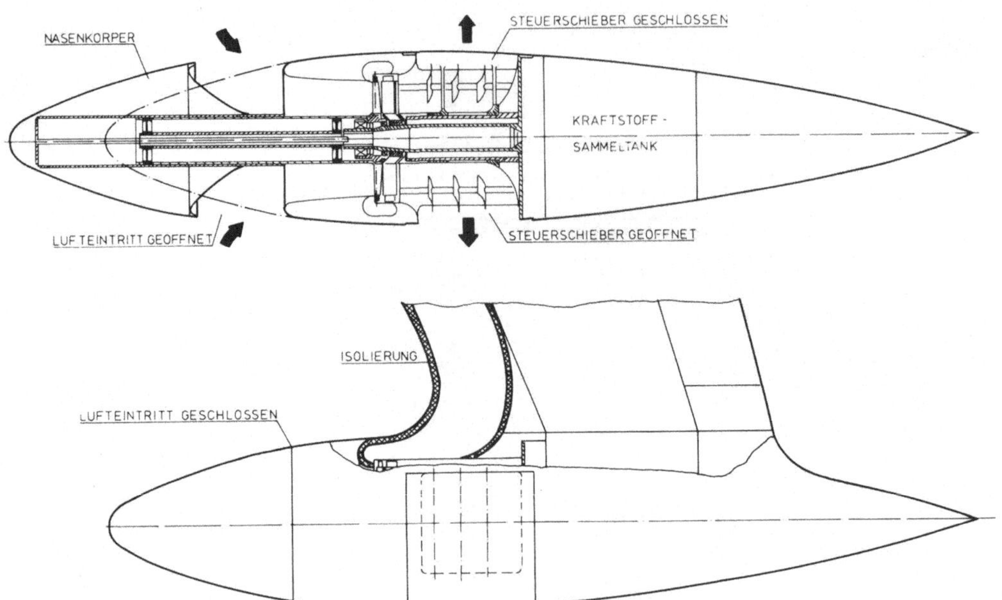

Bild 3.2.15. Rollsteuerung durch Steuergebläse, nach [7]

Durch eine geeignete Schaltung der Versorgungsleitungen ist es möglich,
jedes Steuergebläse auch bei Ausfall eines Gaserzeugers zu betreiben.
Bei der beschriebenen Steuerung mit pneumatisch versorgtem Steuergebläse
ist der Volumen- und Gewichtsaufwand für das Rohrleitungssystem beträchtlich. Für das genannte Projekt HFB 600 werden Heißgassteuerrohr-
leitungen von ca. 70 m Länge benötigt, deren Durchmesser ca. 250 mm
beträgt, an den Anschlußstücken zu den Rollsteuerungsgebläsen sogar über
400 mm. Die Gestaltung der Rohrleitungen zum Transport heißer Gase bei
relativ hohem Druck erfordert besondere konstruktive Maßnahmen, für die
jedoch geeignete Lösungsvorschläge vorliegen, vgl. [7].

Bei der XV-5A (Bild 1.2.13) wird nur bei der Nicksteuerung ein getrenn-
tes Steuergebläse verwendet. Die übrigen Steuermomente werden mittels
jalousieartiger Ablenkklappen ("Louver") erzeugt. Diese Jalousieklappen
sind parallel zur Spannweitenrichtung angeordnet und erstrecken sich
über die ganze Breite der Austrittsöffnung der Flügelbläser. Sie sind
miteinander verbunden und werden über Tandem-Stellantriebe mit Hilfe
hydraulischer, durch die Triebwerke versorgter Systeme bedient. Die in
Bild 3.2.16 schematisch dargestellten Jalousieklappen bewirken im Bereich von $\delta = \pm 30^{\circ}$ Strahlablenkungen mit sehr geringen Verlusten, vgl.
[8]. Zur Erzeugung von Rollmomenten werden die Jalousieklappen an der

einen Flügelseite geöffnet und an der anderen Seite entsprechend geschlossen. Giermomente entstehen durch gegensinniges Verstellen der
Klappen auf der linken und rechten Flügelseite. Gleichsinniges Verstellen nach hinten bewirkt eine Translationsbeschleunigung zum Einleiten
der Transition.

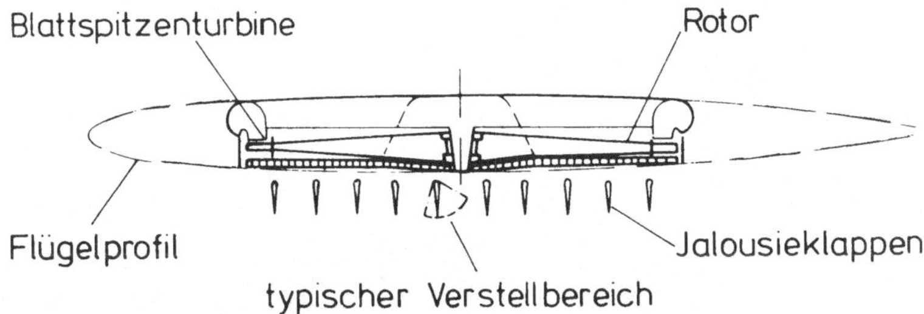

Bild 3.2.16. Ablenkklappen zur Strahlablenkung am Bläser der XV-5A

3.3 Luftschraubenantriebe

Bei Luftschrauben, die nebeneinander am Flügel angeordnet sind, kann
die Momentensteuerung im Schwebeflug durch differentielle Verstellung
der Propellerblätter erreicht werden. Sind die Luftschrauben mechanisch
über Wellen miteinander verbunden (z.B. CL-84, VC 400), wird bei der
gegenläufigen Verstellung der Blätter gegenüberliegender Propeller zugleich die entsprechende Leistungsdifferenz über die Verbindungswellen
übertragen. Damit kann der Leistungsverlust für die Momentensteuerung
außerordentlich klein gehalten werden. Bei Konfigurationen mit symmetrischer Anordnung von vier Propellern wie bei der VC 400 (Bild 1.3.9)
liegt es nahe, in der beschriebenen Weise sowohl die Nick- wie auch die
Rollsteuerung durchzuführen. Sind die Luftschrauben mit ihren Triebwerken an einem großen Hauptflügel in Reihe nebeneinander angebracht
(XC-142, Bild 1.3.7; CL-84, Bild 1.3.8), so kann nur die Rollsteuerung,
wie oben beschrieben, bei Anwendung der antimetrischen Propellerver-
stellung mit gleichzeitigem Leistungstransport über das Wellensystem
erfolgen. Für die Nicksteuerung ist dann bei den genannten Flugzeugen
ein gesonderter Heckrotor mit vertikaler Drehachse vorgesehen.

Eine weniger aufwendige Art der Nicksteuerung wird bei dem Kippflügel-
projekt Bo 140 vorgeschlagen [2], Bild 1.4.5. Statt des Heckrotors für
die Erzeugung der Nickmomente wird die vom Hubschrauber her bewährte

zyklische Blattverstellung verwendet, die hier nur als monozyklische
Verstellung benötigt wird, Bild 3.3.1. Dabei wird der Blatteinstellwinkel eines Rotors (bzw. einer Luftschraube) periodisch um einen Winkel $\Delta\beta$ als Funktion des Umlaufwinkels Ψ geändert:

$$\Delta\beta = \beta_0 \sin\Psi . \qquad\qquad (3.3.1)$$

Schlaggeschwindigkeit und Blatteinstellwinkel sind hierbei in Phase,
während der größte Schlagwinkel um 90° phasenverschoben bei $\Psi = 180^\circ$
auftritt. Dadurch entsteht eine Neigung der Rotorebene, und die resultierende Rotorkraft liefert ein Nickmoment, das der gesteuerten zykli-
schen Blattverstellung proportional ist. Die zulässige Erhöhung des
Blatteinstellwinkels bei $\Psi = 90^\circ$ ist ein Maß für das aufbringbare Nicksteuermoment, vgl. auch [12].

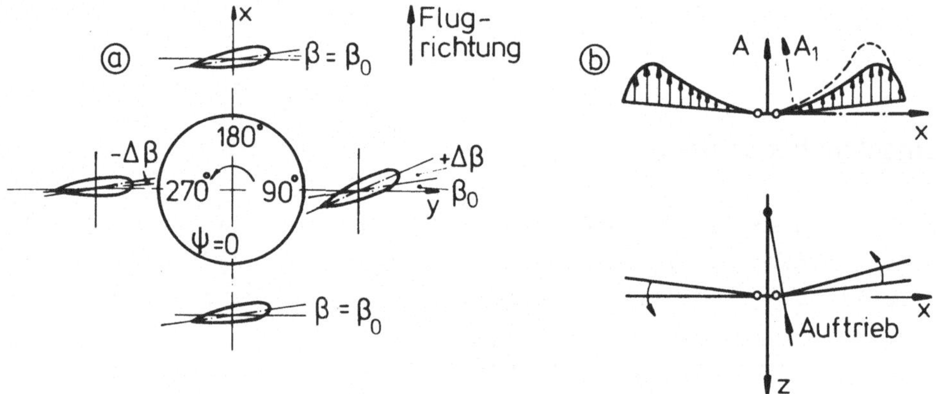

Bild 3.3.1. Nicksteuerung durch monozyklische Blattverstellung

a   Schema des Arbeitsprinzips

b   Änderung der Auftriebsverteilung durch Blattsteuerung
    A : normaler Auftriebsvektor
    A_1: Auftriebsvektor bei monozyklischer Blattverstellung

Zur Erzeugung von Giermomenten verwenden Kippflügler mit ausreichend
hoher Kreisflächenbelastung in der Schwebeflugphase die im aerodynamischen Flug als Querruder benutzten Klappen. Die Wirksamkeit der Klappe
hängt dabei von dem Verhältnis der Klappentiefe zum Propellerdurch-
messer und der Strahlgeschwindigkeit ab. Für den Schwebeflug (mittlere
Strahlbelastung) wird in [10] der in Bild 3.3.2 dargestellte, aus Versuchsergebnissen ermittelte Zusammenhang angegeben.

Über die Strahlablenkung verschiedener Luftschrauben-Klappenanordnungen
wurden bei der Firma Dornier im Zusammenhang mit den Projektarbeiten an

der mit schwenkbaren Luftschrauben ausgerüsteten Do 29 systematische
Windkanalversuche durchgeführt, über die in [11] berichtet wird. Die
dabei erhaltenen Werte liegen auch bei Doppelspaltklappen etwa im Bereich der in Bild 3.3.2 angegebenen Kurve. Versuche, durch Zusatzklappen die Strahlablenkung zu erhöhen, hatten zwar Erfolg, zugleich traten
dabei erhebliche Impulsverluste auf, die den resultierenden Schrauben-
schub unzulässig stark verminderten.

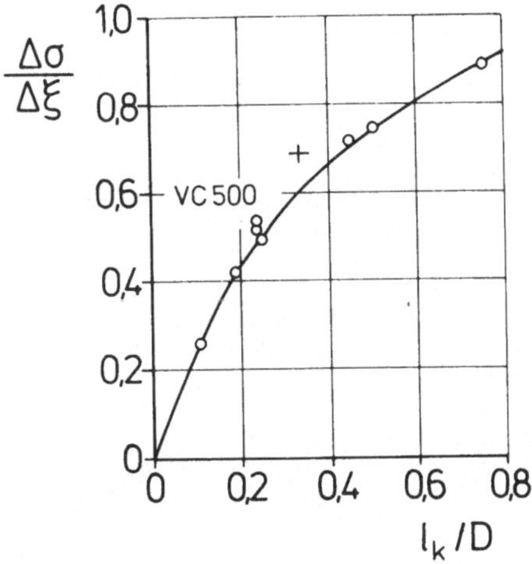

Bild 3.3.2. Strahlablenkung hinter Luftschrauben durch einfache Schlitz-
klappen

o Ergebnisse nach [10]
+ Ergebnisse nach [11]

Literatur

1 AGARD: V/STOL Handling, I – Criteria and Discussion. Rep. Nr. 577,
   Teil I, 1970.

2 Bo 140 V/STOL-Transportflugzeug, Messerschmitt-Bölkow-Blohm GmbH,
   TNA-D 112 14/69, 1969.

3 Do 231 C und M V/STOL-Transportflugzeug Dornier, Projektstudie,
   Dornier GmbH, Bericht 69/116, 1969.

4 Fischer, I.A.: Testing the Krestel. AGARD Rep. Nr. 518, 1965.

5 Günter, S.: Vorrichtung für ein Gasturbinenstrahltriebwerk zur
   Steuerung der Schubstärke bei einem Senkrechtstart-Flugzeug mit zu
   beiden Seiten der Flugzeuglängsachse angeordneten Strahltriebwerken unter Anwendung der Schubmodulation. Patent Nr. 1283601 der
   Bundesrepublik Deutschland, 1965.

6   Hafer, X.: VTOL Control Systems, Especially Control by Thrust
    Modulation. AGARDograph 89, S. 453-473, 1964.

7   HFB 600: V/STOL-Kurzstrecken-Transportflugzeug für militärische und
    zivile Verwendung, Projektstudie, Hamburger Flugzeugbau GmbH, TEW/P,
    1969.

8   Hickey, D.H.: V/STOL Aerodynamics: A Review of the Technology.
    AGARD-CP-143, S. 1-1 - 1-13, 1974.

9   Hoffert, H.; Riemann: Entwicklung des Transportflugzeugs Do 31 und
    die Herstellung und Erprobung von zwei Experimentalflugzeugen.
    Dornier-Bericht GE51-481/69, 1969.

10 Kuhn, R.E.: Semiempirical Procedure for Estimating Lift and Drag
    Characteristics of Propeller-Wing-Flap Configurations for Vertical-
    and Short-Take-Off-and-Landing Airplanes. NASA Memo 1-16-59L, 1959.

11 Max, H.: Untersuchungen über Höchstauftrieb infolge Luftschrauben-
    strahlumlenkung. Luftfahrttechnik-Raumfahrttechnik, Band 10, S. 21-
    24, 1964.

12 Reichert, G.: Basic Dynamics of Rotors, Control and Stability of
    Rotary Wing Aircraft, Aerodynamics and Dynamics of Advanced Rotary-
    Wing Configurations. AGARD Lecture Series Nr. 63, 1973.

13 Riccius, R.; Sobotta, W.: VAK 191 B Experimental Program for a
    V/STOL-Strike-Recce Aircraft. AGARD-CP-126, S. 6-1 - 6-18, 1973.

14 Rolls Royce: Design Report 321, 1962.

15 Rolls Royce: Low Noise Lift Fan Engine and Power Plant for VTOL
    Aircraft Projects. TS 1077, 1970.

16 Schwärzler, K.: The Development of VTOL Aircraft with Turbojet
    Engines in the Federal Republic of Germany. AGARDograph 89, S. 397-
    417, 1964.

17 VC 180/181 V/STOL-Transportflugzeug, Vereinigte Flugtechnische Wer-
    ke, 1969.

18 V/STOL at Bell Aircraft Corp., Bell Aircraft Corp., Rep. Nr.
    2-59-945001, 1959.

4 Schwebeflugdynamik

4.1 Allgemeines

Der Schwebeflug stellt eine für Senkrechtstartflugzeuge charakteristische Flugphase dar, in der das Antriebssystem die Vertikalkräfte zum Ausgleich des Fluggewichts sowie die Leistung zur Erzeugung aller Steuermomente zu liefern hat. Die Größe der für Steuerung, Trimmung und Stabilisierung benötigten Leistung hängt beträchtlich von der Auslegung des senkrechtstartenden Flugzeugs und der Art des verwendeten Antriebssystem ab. Dieser zusätzlich zur Vertikalkrafterzeugung vorhandene Leistungsbedarf stellt bei der Ermittlung der Schubbilanz einen wichtigen Anteil dar, der erst nach Klärung der dynamischen Eigenschaften des Systems und der durchzuführenden Manöver beurteilt werden kann.

Als Schwebeflug bezeichnet man im allgemeinen den Flugbereich mit der Geschwindigkeit Null. Im folgenden soll auch der Flug mit sehr geringer Translationsgeschwindigkeit, die ohne Konfigurationsänderung erzielt werden kann, mit zum Schwebeflug gezählt werden. Hierfür kann man einen Geschwindigkeitsbereich bis zu etwa 18 m/s (35 kt) zugrunde legen, wie es auch den Angaben in den Flugeigenschaftsrichtlinien MIL-F-83300 [10] entspricht. Die Wahl dieses Wertes als einer Art Grenze des noch zum Schwebeflug zu zählenden Geschwindigkeitsbereichs beruht auf folgenden Überlegungen (vgl. auch [3]):

- Die Geschwindigkeiten bei Flugaufgaben und Manövern im Schwebeflug liegen typischerweise in dem betrachteten Bereich.

- Bei vielen Flugzeugen zeigt sich, daß etwa ab Geschwindigkeiten von $V = 18$ m/s der aerodynamische Auftrieb wirksam zu werden beginnt. Dementsprechend tritt hier eine grundsätzliche Änderung im dynamischen Verhalten ein, so daß typische Bewegungsmerkmale des Schwebeflugs nicht mehr gelten (z.B. Entkopplung zwischen verschiedenen Freiheitsgraden).

- Im Einklang mit dem geänderten dynamischen Verhalten treten Änderungen in der Steuertechnik des Piloten auf.

- Der Schwebeflug über einem Punkt muß auch bei Windgeschwindigkeiten möglich sein. Hierbei reicht es in den meisten Fällen aus, Windgeschwindigkeiten bis zu 15 - 20 m/s zu betrachten.

4.2 Grundlagen der Schwebeflugdynamik

4.2.1 Grundbeziehungen

<u>Ausgangsgleichungen</u>

Für die Betrachtung der Schwebeflugdynamik sei vorausgesetzt, daß das Flugzeug als starrer Körper mit rotierenden Triebwerksmassen aufgefaßt werden kann, der symmetrisch in bezug auf die x-z-Ebene ist. Außerdem sei angenommen, daß die Masse des Flugzeugs konstant ist. Damit gilt für die Bewegungsgleichungen in Vektorform

$$m\left(\frac{d\vec{V}}{dt} + \vec{\omega}x\vec{V}\right) = \Sigma\vec{K} \ ,$$

$$\frac{d\vec{B}}{dt} + \vec{\omega}x\vec{B} = \Sigma\vec{M} \ .$$

$$(4.2.1)$$

<u>Kraftgleichungen</u>

Zur Darstellung der Kräfte in Komponentenform ist es zweckmäßig, ein körperfestes Achsensystem zu verwenden. Hierbei fällt der Drehvektor $\vec{\omega}$ des Bezugssystems mit dem Drehvektor des Flugzeugs zusammen. Die auf das Flugzeug wirkenden Kräfte lassen sich entsprechend den verschiedenartigen physikalischen Ursachen unterteilen in:

- Gewicht mg

- aerodynamische Kräfte X_{ae}, Y_{ae}, Z_{ae}

- Bruttoschub F_{Bi} (des Triebwerks i)

- Impulskräfte an den Triebwerkseinläufen F_{Ii}.

In Bild 4.2.1 ist gezeigt, in welcher Weise die Kräfte am Flugzeug angreifen. Insbesondere geht aus dieser Darstellung auch hervor, wie die Kräfte an einem quer angeströmten Triebwerk auf das Flugzeug einwirken,

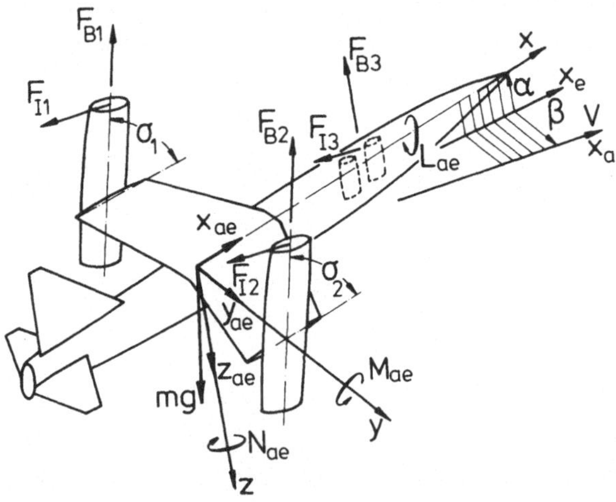

Bild 4.2.1. Kräfte und Momente am Flugzeug im Schwebeflug

dessen Antriebssystem im Beispiel von Bild 4.2.1 aus einer Kombination
von schwenkbaren Marsch-Hub-Triebwerken und fest eingebauten Hubtriebwerken besteht. Die Impulskräfte wirken in Richtung des Fluggeschwin-
digkeitsvektors und ergeben sich aus dem Produkt des zeitlichen Luft-
durchsatzes durch die Triebwerkseinläufe mit der Fluggeschwindigkeit,
Bild 4.2.2. Sie treten ebenso wie die aerodynamischen Kräfte nur dann
auf, wenn sich das Flugzeug gegenüber der Luft bewegt. Im Schwebeflug
bei ruhender Luft entfallen sie. Die Komponenten der Impulskräfte in
dem gewählten flugzeugfesten System errechnen sich unter Berücksichtigung der Transformationsbeziehungen zwischen flugzeugfestem und aerodynamischem System zu (vgl. auch Bild 4.2.1):

$$\vec{F}_{Ii} = \begin{bmatrix} -F_{Ii}\cos\alpha\,\cos\beta \\ -F_{Ii}\sin\beta \\ -F_{Ii}\sin\alpha\,\cos\beta \end{bmatrix} = \begin{bmatrix} X_{Ii} \\ Y_{Ii} \\ Z_{Ii} \end{bmatrix} . \qquad (4.2.2)$$

Die Komponenten der Austrittsimpulskräfte, die auch als Bruttoschübe
bezeichnet werden, ergeben sich mit dem Schubeinstell- oder Schubschwenkwinkel σ_i zu (vgl. auch Bild 4.2.1):

$$\vec{F}_{Bi} = \begin{bmatrix} F_{Bi}\cos\sigma_i \\ 0 \\ -F_{Bi}\sin\sigma_i \end{bmatrix} . \qquad (4.2.3)$$

Die Unterscheidung zwischen Bruttoschub F_{Bi} und Eintrittsimpuls F_{Ii} ist
bei Senkrechtstartflugzeugen notwendig, um bestimmte Auswirkungen
schräg oder quer angeströmter Triebwerke auf die Dynamik.betrachten zu
können. Sofern eine derartige Unterscheidung nicht erforderlich ist,
wird im folgenden mit dem Nettoschub F gearbeitet, der die effektiv vom
Triebwerk ausgeübte Kraft darstellt.

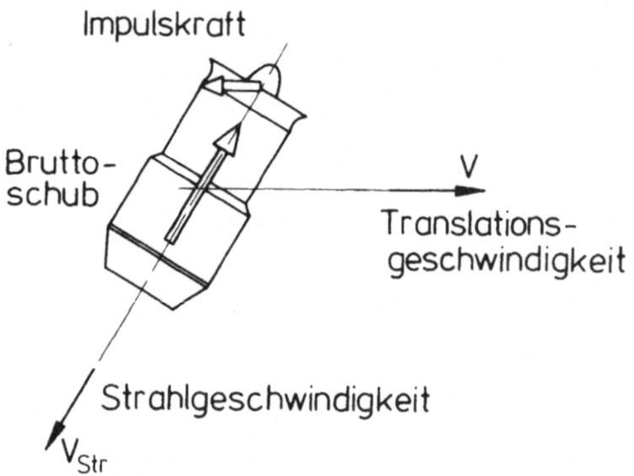

Bild 4.2.2. Bruttoschub und Impulskraft eines schräg angeströmten Hubtriebwerks

Die Gewichtskomponenten ergeben sich aus dem Zusammenhang zwischen dem
flugzeugfesten und dem geodätischen System (vgl. hierzu Bild 4.2.3).
Damit gilt

$$\vec{mg} = \begin{bmatrix} -mg \sin\Theta \\ mg \cos\Theta \sin\Phi \\ mg \cos\Theta \cos\Phi \end{bmatrix} . \qquad (4.2.4)$$

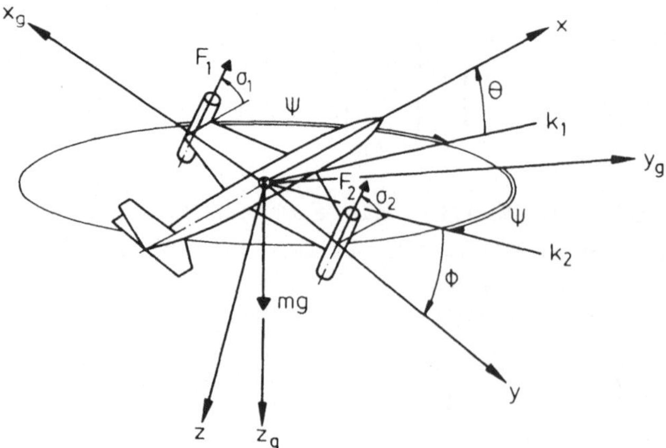

Bild 4.2.3. Flugzeugfestes und geodätisches Achsenkreuz

Berücksichtigt man nun noch die Komponentendarstellung von Dreh- und
Geschwindigkeitsvektor,

$$\vec{\omega} = \begin{bmatrix} p \\ q \\ r \end{bmatrix} \quad , \qquad (4.2.5)$$

$$\vec{V} = \begin{bmatrix} u \\ v \\ w \end{bmatrix} \quad , \qquad (4.2.6)$$

so erhält man für die Kraftgleichungen die folgenden Beziehungen:

$$m(\dot{u} + qw - rv) + mg \, \sin\Theta - X_{ae} - \Sigma F_{Bi} \cos\sigma_i - \Sigma X_{Ii} = 0 \quad ,$$

$$m(\dot{v} + ru - pw) - mg \, \cos\Theta \, \sin\Phi - Y_{ae} - \Sigma Y_{Ii} = 0 \quad , \qquad (4.2.7)$$

$$m(\dot{w} + pv - qu) - mg \, \cos\Theta \, \cos\Phi - Z_{ae} + \Sigma F_{Bi} \sin\sigma_i - \Sigma Z_{Ii} = 0 \quad .$$

<u>Momentengleichungen</u>

Der Darstellung der Momentengleichung

$$\frac{d\vec{B}}{dt} + \vec{\omega} \times \vec{B} = \Sigma \vec{M}$$

in Komponentenform liegt ebenfalls das körperfeste Achsensystem zugrunde. Der Drallvektor berücksichtigt dabei auch den Beitrag $I_{Ti}\omega_{Ti}$, der
sich aus den rotierenden Massen der Triebwerke ergibt. Mit dem Träg-
heitstensor

$$I_{Fl} = \begin{bmatrix} I_x & 0 & -I_{xz} \\ 0 & I_y & 0 \\ -I_{xz} & 0 & I_z \end{bmatrix} \qquad (4.2.8)$$

des Flugzeugs bei nicht laufendem Triebwerk sowie den Drallkomponenten
$I_{Ti}\omega_{Ti}$ der jeweils mit ω_{Ti} rotierenden Triebwerksmassen erhält man für
den Gesamtdrall (vgl. hierzu auch [4]):

$$\vec{B} = \begin{bmatrix} I_x p - I_{xz} r \\ I_y q \\ I_z r - I_{xz} p \end{bmatrix} + \Sigma \begin{bmatrix} I_{Ti}\omega_{Ti} \cos\sigma_i \\ 0 \\ -I_{Ti}\omega_{Ti} \sin\sigma_i \end{bmatrix} \quad . \qquad (4.2.9)$$

Die auf das Flugzeug wirkenden Momente setzen sich aus aerodynamischen Momenten L_{ae}, M_{ae}, N_{ae}, Schub- und Impulsmomenten L_{Fi}, M_{Fi}, N_{Fi} sowie Steuermomenten L_{St}, M_{St}, N_{St} zusammen. Damit läßt sich die Momentengleichung folgendermaßen in Komponentenform schreiben:

$$I_x\dot{p}+(I_z-I_y)qr-I_{xz}(\dot{r}+pq)-\Sigma I_{Ti}\omega_{Ti}q\,\sin\sigma_i-L_{ae}-\Sigma L_{Fi}-L_{St}=0 \ ,$$

$$I_y\dot{q}+(I_x-I_z)pr-I_{xz}(r^2-p^2)+\Sigma I_{Ti}\omega_{Ti}(p\,\sin\sigma_i+r\,\cos\sigma_i)-M_{ae}-\Sigma M_{Fi}-M_{St}=0 \ ,$$

$$I_z\dot{r}+(I_y-I_x)pq-I_{xz}(\dot{p}-qr)-\Sigma I_{Ti}\omega_{Ti}q\,\cos\sigma_i-N_{ae}-\Sigma N_{Fi}-N_{St}=0 \ . \qquad (4.2.10)$$

Der Zusammenhang zwischen den Drehgeschwindigkeitskomponenten p, q, r und den Lagewinkeln Θ, Φ, Ψ ist durch die folgenden Beziehungen gegeben:

$$\begin{bmatrix} \dot{\Phi} \\ \dot{\Theta} \\ \dot{\Psi} \end{bmatrix} = \begin{bmatrix} 1 & \sin\Phi\,\tan\Theta & \cos\Phi\,\tan\Theta \\ 0 & \cos\Phi & -\sin\Phi \\ 0 & \sin\Phi/\cos\Theta & \cos\Phi/\cos\Theta \end{bmatrix} \begin{bmatrix} p \\ q \\ r \end{bmatrix} . \qquad (4.2.11)$$

Die Kraft- und Momentengleichungen (4.2.7) und (4.2.10) bestimmen zusammen mit (4.2.11) die Dynamik des Flugzeugs im Schwebeflug. Sie stellen ein gekoppeltes nichtlineares Differentialgleichungssystem dar, das einer allgemeinen Lösung unzugänglich ist und bei der numerischen Behandlung einen hohen Aufwand erfordert. Für viele Zwecke, insbesondere für Stabilitätsuntersuchungen, ist eine Vereinfachung dieses Systems durch Linearisierung zulässig, auf deren Basis weitgehend allgemeingültige Aussagen möglich sind.

4.2.2 Linearisierung der Bewegungsgleichungen

Bei der folgenden Linearisierung der Bewegungsgleichungen werden die Variablen aufgeteilt in die Werte eines stationären Bezugszustandes mit dem Index "0" und in die davon abweichenden Änderungen, die durch "Δ" gekennzeichnet werden. Dies führt zu der folgenden, am Beispiel des

Längsneigungswinkels dargestellten Schreibweise:

$$\Theta = \Theta_0 + \Delta\Theta \ . \qquad (4.2.12)$$

Geht man vom Schwebeflug als dem stationären Bezugszustand aus und wählt das flugzeugfeste Achsenkreuz so, daß die Längs- und die Querachse im stationären Zustand in der Horizontalebene liegen, so gilt

$$u_0 = v_0 = w_0 = 0 \ ,$$
$$\Theta_0 = \Phi_0 = 0 \ . \qquad (4.2.13)$$

Außerdem sind alle Drehgeschwindigkeitskomponenten gleich Null $(p_0 = q_0 = r_0 = 0)$. Bei denjenigen Größen, bei denen die stationären Werte verschwinden, sind die Abweichungen gleich den Gesamtwerten. Wie am Beispiel des Längsneigungswinkels dargestellt, gilt hier

$$\Theta = \Delta\Theta \ , \qquad (4.2.14)$$

so daß dann die Schreibweise mit Δ entfallen kann.

Für den Zusammenhang zwischen den Änderungen der Lagewinkel und den körperfesten Drehgeschwindigkeitskomponenten ergibt sich aus (4.2.11) nach Linearisierung um den betrachteten Bezugszustand:

$$\begin{bmatrix} \dot{\Phi} \\ \dot{\Theta} \\ \dot{\Psi} \end{bmatrix} = \begin{bmatrix} p \\ q \\ r \end{bmatrix} \ . \qquad (4.2.15)$$

Zur Vereinfachung der Schreibweise werden die auf das Flugzeug wirkenden Kräfte und Momente folgendermaßen zusammengefaßt:

$$X = X_{ae} + \Sigma X_{Ii} + \Sigma F_{Bi}\cos\sigma_i \ ,$$
$$Y = Y_{ae} + \Sigma Y_{Ii} \ ,$$
$$Z = Z_{ae} + \Sigma Z_{Ii} - \Sigma F_{Bi}\sin\sigma_i \ ,$$
$$L = L_{ae} + \Sigma L_{Fi} + L_{St} \ ,$$
$$M = M_{ae} + \Sigma M_{Fi} + M_{St} \ ,$$
$$N = N_{ae} + \Sigma N_{Fi} + N_{St} \ . \qquad (4.2.16)$$

Der stationäre Bezugszustand ist dann gegeben durch

$$X_0 = 0 \; ,$$
$$Y_0 = 0 \; ,$$
$$Z_0 + mg = 0 \; ,$$
$$L_0 = 0 \; ,$$
$$M_0 = 0 \; ,$$
$$N_0 = 0 \; .$$

$$(4.2.17)$$

Im folgenden werden Abweichungen von dem in (4.2.13) beschriebenen Gleichgewichtszustand betrachtet. Hierbei seien die Triebwerkskreisel-momente, deren Effekte gesondert behandelt werden, als vernachlässig-bar vorausgesetzt. Die Linearisierung der Bewegungsgleichungen (4.2.7) und (4.2.10) ergibt dann unter Berücksichtigung des Gleichgewichtszu-standes (4.2.17) mit ΔX, ΔY...ΔN als den Änderungen der Kräfte und Mo-mente:

$$\dot{u} + g\Theta - \Delta X/m = 0 \; ,$$
$$\dot{v} - g\Phi - \Delta Y/m = 0 \; ,$$
$$\dot{w} - \Delta Z/m = 0 \; ,$$
$$\dot{p} - \dot{r} \, I_{xz}/I_x - \Delta L/I_x = 0 \; ,$$
$$\dot{q} - \Delta M/I_y = 0 \; ,$$
$$\dot{r} - \dot{p} \, I_{xz}/I_z - \Delta N/I_z = 0 \; .$$

$$(4.2.18)$$

Zur weiteren Entwicklung dieses Systems werden dimensionsbehaftete Derivative eingeführt, die folgendermaßen definiert sind:

<u>Kraftderivative:</u>

$$X_k = \frac{1}{m} \frac{\partial X}{\partial k} \; , \qquad Y_k = \frac{1}{m} \frac{\partial Y}{\partial k} \; , \qquad Z_k = \frac{1}{m} \frac{\partial Z}{\partial k} \; ,$$

$$(4.2.19a)$$

<u>Momentenderivative:</u>

$$L_k = \frac{1}{I_x} \frac{\partial L}{\partial k} \; , \qquad M_k = \frac{1}{I_y} \frac{\partial M}{\partial k} \; , \qquad N_k = \frac{1}{I_z} \frac{\partial N}{\partial k} \; .$$

$$(4.2.19b)$$

Darin stellt k eine Bewegungs- oder Steuergröße dar, von der die be-trachtete Kraft- oder Momentenkomponente abhängt. Mit den so definier-ten Derivativen, die nach Multiplikation mit k die Dimension einer Be-schleunigung (translatorische Beschleunigung bei Kraft-, rotatorische

Beschleunigung bei Momentenderivativen) haben, ist die Entwicklung der
Kräfte in (4.2.18) unmittelbar möglich. Am Beispiel der X-Kraft gilt

$$\frac{\Delta X}{m} = X_u u + X_w w + X_q q + \ldots \quad . \tag{4.2.20}$$

Für die Abhängigkeit der Kräfte und Momente von den Bewegungs- und
Steuergrößen sei vorausgesetzt, daß eine Trennung in Längs- und Seitenbewegung möglich ist. Die Längsbewegung, die auch als ein symmetrischer
Flugzustand aufgefaßt werden kann, ist durch die Bewegungsvariablen
u, w und q sowie durch die in der Symmetrieebene wirkenden Kräfte X und
Z und das Nickmoment M gekennzeichnet. Der Seitenbewegung seien entsprechend die Bewegungsgrößen v, p und r sowie die Seitenkraft Y und
das Roll- und Giermoment, L bzw. N, zugeordnet. Unter der Voraussetzung, daß die Kräfte und Momente der Längsbewegung unabhängig sind von
der Seitenbewegung und umgekehrt, zerfällt das System (4.2.18) in zwei
Teilsysteme, die nicht mehr miteinander gekoppelt sind.

4.2.3 Übertragungsfunktionen

<u>Längsbewegung</u>

Die Kräfte und Momente der Längsbewegung ändern sich unter der Einwirkung bestimmter Einflußgrößen. Hierfür sei die folgende Abhängigkeit
vorausgesetzt:

$$\frac{\Delta K}{m} = K_u u + K_w w + K_q q + K_\Theta \Theta + K_{\delta\Theta}\delta_\Theta + K_{\delta F}\delta_F + K_{\delta\sigma}\delta_\sigma - K_u u_{B\ddot{o}} - K_w w_{B\ddot{o}} \tag{4.2.21}$$

mit K = X, Z. Für das Nickmoment M gelte eine gleichartige Beziehung,
wobei entsprechend (4.2.19b) die Bezugsgröße durch I_y gegeben ist, d.h.
hier schreibt sich $\Delta M / I_y = M_u u + \ldots$. Zusätzlich werde hier noch ein
Anteil $M_{\dot{w}}\dot{w}$ mitaufgenommen. Außer den Bewegungsvariablen u, w, q und Θ
berücksichtigt der Ansatz (4.2.21) auch den Einfluß der Steuergrößen
δ_Θ, δ_F und δ_U sowie die Auswirkungen von Böen über die Böengeschwindig-
keiten $u_{B\ddot{o}}$ und $w_{B\ddot{o}}$ in Längs- und Hochrichtung.

Mit (4.2.21) läßt sich in (4.2.18) das Teilsystem der Längsbewegung in
Laplace-transformierter Form folgendermaßen darstellen:

$$
\begin{bmatrix} s-X_u & -X_w & g-X_q s-X_\Theta \\ -Z_u & s-Z_w & -Z_q s-Z_\Theta \\ -M_u & -M_{\dot{w}}s-M_w & s^2-M_q s-M_\Theta \end{bmatrix}
\begin{bmatrix} u \\ w \\ \Theta \end{bmatrix} =
\begin{bmatrix} X_{\delta\Theta} & X_{\delta F} & X_{\delta\sigma} \\ Z_{\delta\Theta} & Z_{\delta F} & Z_{\delta\sigma} \\ M_{\delta\Theta} & M_{\delta F} & M_{\delta\sigma} \end{bmatrix}
\begin{bmatrix} \delta_\Theta \\ \delta_F \\ \delta_\sigma \end{bmatrix} -
\begin{bmatrix} X_u & X_w \\ Z_u & Z_w \\ M_u & M_{\dot{w}}s+M_w \end{bmatrix}
\begin{bmatrix} u_{B\ddot{o}} \\ w_{B\ddot{o}} \end{bmatrix} \quad .
$$

$$\tag{4.2.22}$$

Aus (4.2.22) errechnen sich die Übertragungsfunktionen der Längsbewegung, für die die folgende Schreibweise vereinbart sei:

$$\frac{u(s)}{\delta(s)} = F_{u\delta}(s) = \frac{P_{u\delta}(s)}{P_N(s)} \; ,$$

$$\frac{w(s)}{\delta(s)} = F_{w\delta}(s) = \frac{P_{w\delta}(s)}{P_N(s)} \; , \qquad\qquad (4.2.23)$$

$$\frac{\Theta(s)}{\delta(s)} = F_{\Theta\delta}(s) = \frac{P_{\Theta\delta}(s)}{P_N(s)} \; .$$

Die Größe δ steht hierbei stellvertretend für die einzelnen Steuergrößen δ_Θ, δ_F und δ_σ. Entsprechendes gilt auch für die Steuergrößenderivative, die in Zuordnung zu δ als X_δ, Z_δ und M_δ geschrieben werden. Die Koeffizienten der Übertragungsfunktionen sind in Tabelle 4.2.1 zusammengestellt. Diese Beziehungen sind sinngemäß auch für die Böengeschwindigkeit $u_{B\ddot{o}}$ bzw. $w_{B\ddot{o}}$ (mit $M_{\dot{w}} = 0$) verwendbar, wobei das unterschiedliche Vorzeichen in (4.2.22) zu berücksichtigen ist.

Seitenbewegung

In ähnlicher Weise läßt sich das Teilsystem der Seitenbewegung behandeln. Für die Abhängigkeit der Kräfte und Momente gelte hier

$$\frac{\Delta K}{m} = K_v v + K_p p + K_r r + K_\Phi \Phi + K_{\delta\Phi}\delta_\Phi + K_{\delta\Psi}\delta_\Psi - K_v v_{B\ddot{o}} \qquad\qquad (4.2.24)$$

mit

$$K = Y \; , \quad L/i_x^2 \; , \quad N/i_z^2 \qquad (i_x^2 = I_x/m \; , \quad i_z^2 = I_z/m) \; .$$

Auch hier wird der Einfluß von Steuergrößen (δ_Φ für Rollen und δ_Ψ für Gieren) sowie die Auswirkung von Böen berücksichtigt, die zu einer Seitengeschwindigkeit $v_{B\ddot{o}}$ führen. Mit $N_\Phi = 0$ erhält man dann aus (4.2.18)

$$\begin{bmatrix} s-Y_v & -Y_p s-Y_\Phi-g & -Y_r \\ -L_v & s^2-L_p s-L_\Phi & -\left(\dfrac{I_{xz}}{I_x}s+L_r\right) \\ -N_v & -\left(\dfrac{I_{xz}}{I_z}s+N_p\right)s & s-N_r \end{bmatrix} \begin{bmatrix} v \\ \Phi \\ r \end{bmatrix} = \begin{bmatrix} Y_{\delta\Phi} & Y_{\delta\Psi} \\ L_{\delta\Phi} & L_{\delta\Psi} \\ N_{\delta\Phi} & N_{\delta\Psi} \end{bmatrix} \begin{bmatrix} \delta_\Phi \\ \delta_\Psi \end{bmatrix} - \begin{bmatrix} Y_v \\ L_v \\ N_v \end{bmatrix} v_{B\ddot{o}} \; .$$

$$(4.2.25)$$

	A	B	C	D	E
$P_N(s)=As^4+Bs^3+Cs^2+Ds+E$	1	$-M_q-Z_qM_{\dot w}-Z_w-X_u$	$Z_wM_q-Z_qM_w-X_wZ_u$ $+X_u(M_q+Z_qM_{\dot w}+Z_w)$ $-M_uX_q-Z_\theta M_{\dot w}-M_\theta-M_{\dot w}X_qZ_u$	$-X_u(Z_wM_q-Z_qM_w)$ $+X_wZ_uM_q-M_u(Z_qX_w+X_\theta-g)$ $+(g-X_\theta)Z_uM_{\dot w}-X_q(Z_uM_w$ $-M_uZ_w)-Z_\theta(M_w-X_uM_{\dot w})$ $+M_\theta(Z_w+X_u)$	$(g-X_\theta)(Z_uM_w-M_uZ_w)$ $+Z_\theta(X_uM_w-X_wM_u)$ $+M_\theta(X_wZ_u-X_uZ_w)$
$P_{u\delta}(s)=As^3+Bs^2+Cs+D$	X_δ	$-X_\delta(Z_w+M_q+Z_qM_{\dot w})$ $+Z_\delta(X_w+X_qM_{\dot w})+M_\delta X_q$	$X_\delta(Z_wM_q-Z_qM_w-M_\theta-Z_\theta M_{\dot w})$ $-Z_\delta(X_wM_q+(g-X_\theta)M_{\dot w}-X_qM_w)$ $+M_\delta(X_wZ_q-X_qZ_w+X_\theta-g)$	$X_\delta(Z_wM_\theta-Z_\theta M_w)$ $-Z_\delta(X_wM_\theta+(g-X_\theta)M_w)$ $+M_\delta(X_wZ_\theta+(g-X_\theta)Z_w)$	
$P_{w\delta}(s)=As^3+Bs^2+Cs+D$	Z_δ	$X_\delta Z_u-Z_\delta(X_u+M_q)$ $+M_\delta Z_q$	$X_\delta(Z_qM_u-Z_uM_q)$ $+Z_\delta(X_uM_q-X_qM_u-M_\theta)$ $-M_\delta(X_uZ_q-X_qZ_u-Z_\theta)$	$X_\delta(Z_\theta M_u-Z_uM_\theta)$ $+Z_\delta(X_uM_\theta+(g-X_\theta)M_u)$ $-M_\delta(X_uZ_\theta+(g-X_\theta)Z_u)$	
$P_{\theta\delta}(s)=As^2+Bs+C$	$M_\delta+Z_\delta M_{\dot w}$	$X_\delta(Z_uM_{\dot w}+M_u)$ $+Z_\delta(M_w-X_uM_{\dot w})$ $-M_\delta(X_u+Z_w)$	$X_\delta(Z_uM_w-Z_wM_u)$ $+Z_\delta(X_wM_u-X_uM_w)$ $+M_\delta(X_uZ_w-X_wZ_u)$		

Tabelle 4.2.1. Zusammenstellung der Koeffizienten zu den Übertragungsfunktionen der Längsbewegung im Schwebeflug

	A	B	C	D	E
$P_N(s)=A s^4+B s^3+C s^2+D s+E$	$1-\dfrac{I_{xz}^2}{I_x I_z}$	$-Y_v\left(1-\dfrac{I_{xz}^2}{I_x I_z}\right)-L_p-N_r$ $-\dfrac{I_{xz}}{I_x}N_p-\dfrac{I_{xz}}{I_z}L_r$	$-N_v\left(\dfrac{I_{xz}}{I_x}Y_p+Y_r\right)+L_p(Y_v+N_r)$ $+N_p\left(\dfrac{I_{xz}}{I_x}Y_v-L_r\right)-L_\Phi$ $+Y_v\left(\dfrac{I_{xz}}{I_z}L_r+N_r\right)-L_v\left(Y_p+\dfrac{I_{xz}}{I_z}Y_r\right)$	$-N_v\left(\dfrac{I_{xz}}{I_x}(g+Y_\Phi)+Y_pL_r-Y_rL_p\right)$ $+N_p(Y_vL_r-Y_rL_v)$ $-N_r(Y_vL_p-Y_pL_v)$ $+Y_vL_\Phi+N_rL_\Phi-(g+Y_\Phi)L_v$	$(g+Y_\Phi)(L_vN_r-L_rN_v)$ $+L_\Phi(Y_rN_v-Y_vN_r)$
$P_{v\delta}(s)=A s^3+B s^2+C s+D$	$Y_\delta\left(1-\dfrac{I_{xz}^2}{I_x I_z}\right)$	$-Y_\delta\left(L_p+N_r+\dfrac{I_{xz}}{I_x}N_p+\dfrac{I_{xz}}{I_z}L_r\right)$ $+L_\delta\left(\dfrac{I_{xz}}{I_z}Y_r+Y_p\right)$ $+N_\delta\left(Y_r+\dfrac{I_{xz}}{I_x}Y_p\right)$	$Y_\delta(L_pN_r-L_rN_p-L_\Phi)$ $+L_\delta(g+Y_\Phi+Y_rN_p-Y_pN_r)$ $+N_\delta\left(\dfrac{I_{xz}}{I_x}(g+Y_\Phi)+Y_pL_r-Y_rL_p\right)$	$Y_\delta L_\Phi N_r$ $-L_\delta N_r(g+Y_\Phi)$ $+N_\delta(L_r(g+Y_\Phi)-Y_rL_\Phi)$	
$P_{\Phi s}(s)=A s^2+B s+C$	$L_\delta+\dfrac{I_{xz}}{I_x}N_\delta$	$Y_\delta\left(L_v+\dfrac{I_{xz}}{I_x}N_v\right)$ $-L_\delta(N_r+Y_v)$ $+N_\delta\left(L_r-\dfrac{I_{xz}}{I_x}Y_v\right)$	$Y_\delta(L_rN_v-L_vN_r)$ $+L_\delta(Y_vN_r-Y_rN_v)$ $+N_\delta(Y_rL_v-Y_vL_r)$		
$P_{r\delta}(s)=A s^3+B s^2+C s+D$	$N_\delta+\dfrac{I_{xz}}{I_z}L_\delta$	$Y_\delta\left(N_v+\dfrac{I_{xz}}{I_z}L_v\right)$ $+L_\delta\left(N_p-\dfrac{I_{xz}}{I_z}Y_v\right)$ $-N_\delta(Y_v+L_p)$	$Y_\delta(L_vN_p-L_pN_v)$ $+L_\delta(Y_pN_v-Y_vN_p)$ $+N_\delta(Y_vL_p-Y_pL_v-L_\Phi)$	$-Y_\delta L_\Phi N_v$ $+L_\delta N_v(g+Y_\Phi)$ $+N_\delta(Y_vL_\Phi-L_v(g+Y_\Phi))$	

Tabelle 4.2.2. Zusammenstellung der Koeffizienten zu den Übertragungsfunktionen der Seitenbewegung im Schwebeflug

Die Übertragungsfunktionen der Seitenbewegung lassen sich in der folgenden Form darstellen:

$$\frac{v(s)}{\delta(s)} = F_{v\delta}(s) = \frac{P_{v\delta}(s)}{P_N(s)} \; ,$$

$$\frac{\Phi(s)}{\delta(s)} = F_{\Phi\delta}(s) = \frac{P_{\Phi\delta}(s)}{P_N(s)} \; , \qquad\qquad (4.2.26)$$

$$\frac{r(s)}{\delta(s)} = F_{r\delta}(s) = \frac{P_{r\delta}(s)}{P_N(s)} \; .$$

Die Größe δ steht hier wiederum stellvertretend für die einzelnen Steuergrößen sowie die Böengeschwindigkeit $(\delta_\Phi,\ \delta_\Psi$ bzw. $v_{B\ddot{o}})$. Dies gilt sinngemäß auch für die Derivative Y_δ, L_δ und N_δ, wobei hinsichtlich der Böenderivative das unterschiedliche Vorzeichen in (4.2.25) entsprechend zu berücksichtigen ist. Die Koeffizienten der Übertragungsfunktionen von (4.2.26) sind in Tabelle 4.2.2 zusammengestellt.

4.3 Längsbewegung

4.3.1 Vorbemerkung

Die folgende Betrachtung befaßt sich mit der Längsbewegung im Schwebeflug. In diesem Flugbereich wird die Dynamik des Flugzeugs nicht allein durch sein natürliches Verhalten bestimmt, sondern in entscheidendem Maße durch künstliche Stabilisierungs- und Steuerungssysteme. Ohne derartige Stabilisierungshilfen besitzt das Flugzeug im Schwebeflug - mit Ausnahme bestimmter Konfigurationen (Flugzeuge mit Rotor- oder Luftschraubenantrieb) - weder spürbare Dämpfungen noch Rückführungen bei Drehbewegungen in den drei Achsen Rollen, Nicken und Gieren. Die Wirkung der erwähnten Stabilisierungssysteme sei - wie im einzelnen jeweils später erläutert wird - in den Derivativen enthalten, die somit die Gesamtwerte der Kräfte und Momente aus dem natürlichen und künstlich aufgebrachten Verhalten darstellen. Damit kann für die folgende Betrachtung das in möglichst allgemeiner Form gehaltene Gleichungssystem (4.2.22) der Längsbewegung weiterhin verwendet werden.

4.3.2 Vertikalbewegung (Hubbewegung)

Stabilität und Eigenbewegungsform

Ein charakteristisches Merkmal der Schwebeflugdynamik besteht darin,
daß die translatorische Bewegung in vertikaler Richtung weitgehend oder
sogar vollständig von der Bewegung in den übrigen Freiheitsgraden entkoppelt ist. Daher kann sie für sich allein betrachtet werden. Die
hiermit zusammenhängenden Fragen werden als erster Teil der Längsbewegung behandelt.

Ausgangspunkt ist die Überlegung, daß im Schwebeflug keine oder nur
vernachlässigbare X-Kraft- und Nickmomentenänderungen infolge einer
Bewegung in Richtung der z-Achse eintreten, d.h. man kann setzen:

$$X_w = 0 \ ,$$
$$M_{\dot{w}} = 0 \ , \qquad\qquad (4.3.1)$$
$$M_w = 0 \ .$$

Weiterhin kann man aufgrund der Tatsache, daß der resultierende Schubvektor im Schwebeflug zum Ausgleich des Gewichts in vertikaler Richtung
wirkt, davon ausgehen, daß bei Änderung des Schubniveaus keine X-Kraft
und auch kein Nickmoment entsteht. In diesem Fall gilt

$$X_{\delta F} = 0 \ ,$$
$$M_{\delta F} = 0 \ . \qquad\qquad (4.3.2)$$

Damit läßt sich (4.2.22) in die folgende Form überführen, wobei für die
vorliegende Fragestellung die Böeneffekte außer Betracht bleiben können:

$$
\begin{bmatrix}
s-X_u & 0 & g-X_q s-X_\Theta \\
-Z_u & s-Z_w & -Z_q s-Z_\Theta \\
-M_u & 0 & s^2-M_q s-M_\Theta
\end{bmatrix}
\begin{bmatrix} u \\ w \\ \Theta \end{bmatrix}
=
\begin{bmatrix}
X_{\delta\Theta} & 0 & X_{\delta\sigma} \\
Z_{\delta\Theta} & Z_{\delta F} & Z_{\delta\sigma} \\
M_{\delta\Theta} & 0 & M_{\delta\sigma}
\end{bmatrix}
\begin{bmatrix} \delta_\Theta \\ \delta_F \\ \delta_\sigma \end{bmatrix} \ . \qquad (4.3.3)
$$

Erster Untersuchungspunkt ist die Stabilität und die Eigenbewegungsform der Vertikalbewegung. Maßgebend für die Stabilität ist die charakteristische Gleichung des Systems (4.3.3). Sie stellt ein Polynom 4.
Grades dar und kann in der folgenden Form geschrieben werden:

$$(s - Z_w)\,[\,(s - X_u)\,(s^2 - M_q s - M_\Theta) + M_u(g - X_q s - X_\Theta)\,] = 0 \ . \qquad (4.3.4)$$

Aus dem Aufbau dieser Beziehung folgt unmittelbar, daß eine der vier
Wurzeln abgespalten werden kann und durch

$$s_V = Z_w \tag{4.3.5a}$$

gegeben ist. Die zugehörige Eigenbewegung, die als "Vertikalbewegung"
bezeichnet sei, stellt einen aperiodisch verlaufenden Bewegungsvorgang
dar. Sie kann wegen des üblicherweise negativen Vorzeichens von Z_w als
gedämpft vorausgesetzt werden und besitzt eine Zeitkonstante von

$$T_V = -1/Z_w \;. \tag{4.3.5b}$$

Wie durch die Benennung zum Ausdruck gebracht, stellt die Vertikalbewegung eine translatorische Bewegung dar, die wegen $u_0 = 0$, $\Theta_0 = 0$ und
damit $w = -\dot{H}$ in vertikaler Richtung erfolgt. Ansonsten besitzt diese
Eigenbewegung keine weiteren Bewegungskomponenten, d.h. sie stellt
eine Ein-Freiheitsgrad-Bewegung bei konstanter Nicklage und ohne Änderung der Vorwärtsgeschwindigkeit dar. Diese Eigenschaft macht die Untersuchung des Eigenvektors der Vertikalbewegung deutlich. Denkt man
sich w als vorgegeben, so erhält man aus der Momenten- und Z-Kraftgleichung des homogenen Systems von (4.3.3) die folgenden beiden Beziehungen für die Zuordnung von u und Θ zu w:

$$\left(\frac{u}{w}\right)_{s_V} = \left.\frac{s - Z_w}{Z_u + M_u(Z_q s + Z_\Theta)/(s^2 - M_q s - M_\Theta)}\right|_{s=s_V} = 0 \;,$$

$$\tag{4.3.6}$$

$$\left(\frac{\Theta}{w}\right)_{s_V} = \left.\frac{s - Z_w}{Z_q s + Z_\Theta + (Z_u/M_u)(s^2 - M_q s - M_\Theta)}\right|_{s=s_V} = 0 \;.$$

Daraus folgt das oben beschriebene Ergebnis, daß bei Anregung der Ver-
tikalbewegungsform weder Vorwärtsbewegungen in u noch Nicklageände-
rungen eintreten. Die Vertikalbewegung ist damit von den übrigen Freiheitsgraden entkoppelt. Für die weiteren Eigenbewegungsformen ist der
Ausdruck in der eckigen Klammer von (4.3.4) maßgebend. Auch hierbei
liegt, wie später noch gezeigt wird, eine gewisse Entkopplung zur Bewegung in der w-Richtung vor.

Grundsätzliches zur Hubsteuerung

Entstehen bei Betätigung des Leistungshebels δ_F für das Schubniveau
keine X-Kraft- und Nickmomentenänderungn im Schwebeflug, so wird nur

die oben beschriebene Vertikalbewegung als einzige Eigenbewegungsform
angeregt. Damit kann auch steuerungsmäßig die Vertikalbewegung als entkoppelt angesehen werden, und es ist somit möglich, die Hubsteuerung
als eine Ein-Freiheitsgrad-Bewegung für sich allein zu betrachten, vgl.
hierzu z.B. auch [7]. Die zugehörige Bewegungsgleichung kann dann von
(4.3.3) abgespalten und unter Außerachtlassung der Derivative Z_u, Z_q,
$Z_{\delta\Theta}$ und $Z_{\delta\sigma}$ folgendermaßen geschrieben werden

$$\frac{w}{\delta_F} = \frac{Z_{\delta F}}{s - Z_w} \cdot \qquad\qquad (4.3.7a)$$

Daraus ergibt sich über eine Integrationsstufe ($w = -\dot{H}$ und $\Delta H = H - H_0$)
die für die Höhensteuerung maßgebende Übertragungsfunktion zu

$$\frac{\Delta H}{\delta_F} = -\frac{Z_{\delta F}}{s\,(s - Z_w)} \cdot \qquad\qquad (4.3.7b)$$

Die Steuerung der Vertikalbewegung ist unter zweierlei Gesichtspunkten
von besonderem Interesse: Erstens muß es dem Piloten im Schwebeflug
möglich sein, die Höhe präzise steuern zu können. Daher sind die Steuerung der Vertikalbewegung und die damit zusammenhängenden Flugzeug-
kenngrößen aus der Sicht der Flugeigenschaften von großer Bedeutung.
Wie aus (4.3.7b) hervorgeht, sind hierfür das "Höhendämpfungsderivativ"
Z_w und die kommandierte Vertikalbeschleunigung $Z_{\delta F}\delta_F$ die bestimmenden
Faktoren (vgl. zur flugeigenschaftsmäßigen Bewertung auch [1]). Zweitens spielt die Steuerung der Vertikalbewegung für die Größe des insgesamt zu installierenden Schubes eine Rolle. Dies ergibt sich daraus,
daß das Antriebssystem sowohl die Vertikalkräfte zum Ausgleich des Fluggewichts im stationären Schwebeflug als auch die zusätzlichen Vertikalkräfte zum Erzielen einer Höhenzunahme liefern muß. Hierbei wird man im
Interesse einer Geringhaltung des zu installierenden Schubniveaus die
erforderliche Vertikalkraft zur Höhensteuerung so klein wie möglich
bemessen wollen. Die hiermit zusammenhängenden Fragen werden im folgenden betrachtet. Dabei wird zunächst der wichtige Sonderfall einer
Hubsteuerung ohne Dämpfungskraft ($Z_w = 0$) behandelt.

Hubsteuerung ohne Dämpfungskraft

Aerodynamische Kräfte, die der Vertikalbewegung entgegenwirken, werden
hier als unbedeutend vernachlässigt. Eine vertikale Dämpfungskraft Z_w
entsteht somit nur dadurch, daß der Schub von der Vertikalgeschwindigkeit abhängt. Bei Strahlantrieben ist dieser Einfluß gering, so daß er

in vielen Fällen außer Betracht bleiben kann. Damit kann $Z_w = 0$ gesetzt werden, so daß sich die Übertragungsfunktion (4.3.7b) reduziert auf

$$\frac{\Delta H}{\delta_F} = - \frac{Z_{\delta F}}{s^2} . \qquad (4.3.8)$$

Daraus errechnet sich der Zeitverlauf bei sprungförmigen Steuereingaben $Z_{\delta F}\delta_F = \text{const}$ unter Berücksichtigung von

$$Z_{\delta F}\delta_F = - \frac{\Delta F}{m} = - g\left(\frac{F}{mg} - 1\right)$$

bei verschwindenden Anfangsbedingungen zu

$$\Delta H = g\left(\frac{F}{mg} - 1\right) \frac{t^2}{2} . \qquad (4.3.9)$$

Im folgenden sei ein Steigmanöver auf eine neue Höhe mit maximal verfügbarer Vertikalbeschleunigung betrachtet. Hierzu ist der größtmögliche Schub $F = F_{max}$ erforderlich. Nach Ablauf der Beschleunigungsphase werde der Schub auf ein entsprechend niedriges Niveau reduziert, um die Steiggeschwindigkeit auf Null zurückzuführen, so daß sich wiederum ein Schwebeflugzustand einstellt, Bild 4.3.1. Da eine Schubminderung bis zum zulässigen Minimalschub ohne weiteres möglich ist, stellt der verfügbare Maximalschub in der Beschleunigungsphase die maßgebende Größe für ein solches Manöver dar.

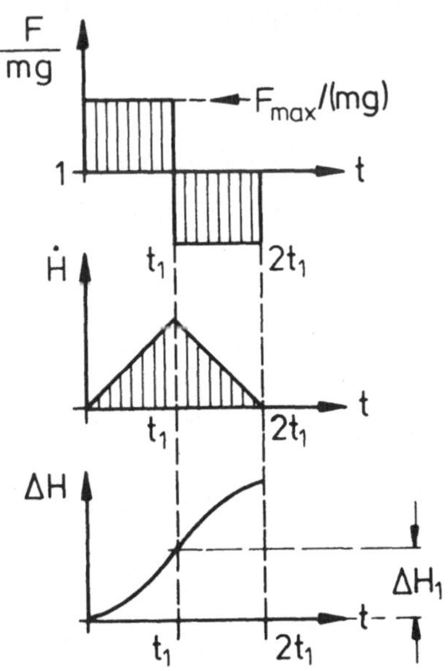

Bild 4.3.1. Schubänderung für vertikale Steigmanöver

Die notwendige Taktzeit des Schubimpulses für eine Höhenänderung von
ΔH_1 errechnet sich aus (4.3.9) zu

$$t_1 = \sqrt{2 \, \frac{\Delta H_1/g}{F_{max}/(mg) - 1}} \cdot \qquad (4.3.10a)$$

Legt man zum Abbremsen auf $\dot{H} = 0$ eine gleich große Schubminderung
$mg - F = F_{max} - mg$ zugrunde, so erhält man die folgende Beziehung zwischen
der vorgegebenen Höhendifferenz $\Delta H = 2 \, \Delta H_1$ und der Taktzeit t_1 des größt-
möglichen Schubimpulses:

$$t_1 = \sqrt{\frac{\Delta H/g}{F_{max}/(mg) - 1}} \cdot \qquad (4.3.10b)$$

Eine numerische Auswertung der vorangegangenen Betrachtung für einen
typischen Bereich von Schub-Gewichts-Verhältnissen zeigt Bild 4.3.2.
Der Rechnung liegt die Annahme einer verzögerungsfreien Schubänderung
zugrunde.

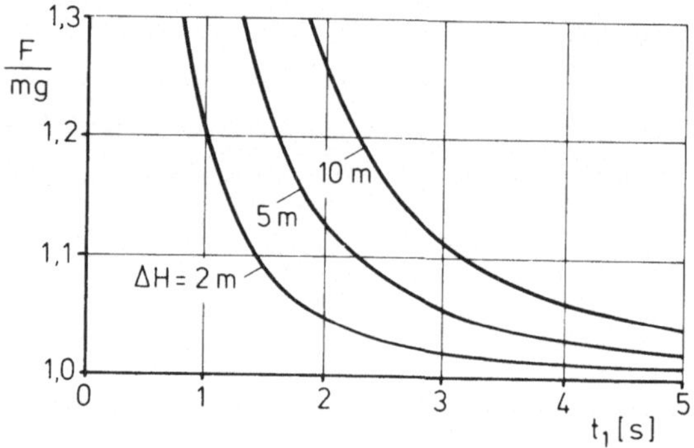

Bild 4.3.2. Erforderlicher Schubüberschuß für vertikale Steigmanöver

Befindet sich das Fluggerät in einer bestimmten Höhe H_0 im Schwebeflug,
so kann das für den vertikalen Steigflug beschriebene Verfahren auch
für den vertikalen Sinkflug angewendet werden. Hier ist der Schub zur
Erzielung einer negativen Vertikalbeschleunigung abzusenken und nach
der Taktzeit t_1 entsprechend zu erhöhen. Bild 4.3.2 ist daher auch auf
diesen Fall anwendbar.

Problematisch kann ein vertikaler Sinkflug dann werden, wenn in einer
bestimmten Höhe H_0 über dem Boden bereits eine Sinkgeschwindigkeit $\dot{H} < 0$
vorhanden ist, da zur Verringerung der Sinkgeschwindigkeit nur die aus

F_{max} resultierende Maximalbeschleunigung zur Verfügung steht. In diesem Fall gibt es bei gegebenem F_{max} für jede Ausgangshöhe H_0 eine maximal zulässige Sinkgeschwindigkeit $-\dot{H}_0$, bei der das Flugzeug den Boden gerade mit $\dot{H} = 0$ erreicht. Zur Bestimmung dieser Wertekombinationen kann man von (4.3.8) ausgehen, die mit den Anfangsbedingungen $\dot{H}(0) = \dot{H}_0$ und $H(0) = H_0$ liefert:

$$\dot{H} = g \left(\frac{F_{max}}{mg} - 1 \right) t + \dot{H}_0 \, ,$$

$$\Delta H = H - H_0 = g \left(\frac{F_{max}}{mg} - 1 \right) \frac{t^2}{2} + \dot{H}_0 \, t \, .$$

Unter Berücksichtigung der Forderung, daß beim Aufsetzen in der Höhe $H = 0$ die Sinkgeschwindigkeit gerade auf den Wert $\dot{H} = 0$ zurückgeführt werden soll, erhält man aus diesen Beziehungen nach Elimination von t den folgenden Zusammenhang zwischen der zulässigen Ausgangshöhe H_0, der Sinkgeschwindigkeit zu Beginn des Sinkfluges $(-\dot{H}_0)$ und dem vorhandenen Schubüberschuß

$$H_0 = \frac{\dot{H}_0^2}{2g \left(\frac{F_{max}}{mg} - 1 \right)} \, . \tag{4.3.11}$$

Eine numerische Auswertung dieser Beziehung zeigt Bild 4.3.3. Die Kurvenverläufe, die unter der Voraussetzung einer verzögerungsfreien Steuerung gelten, machen die Bedingungen deutlich, die für eine sichere

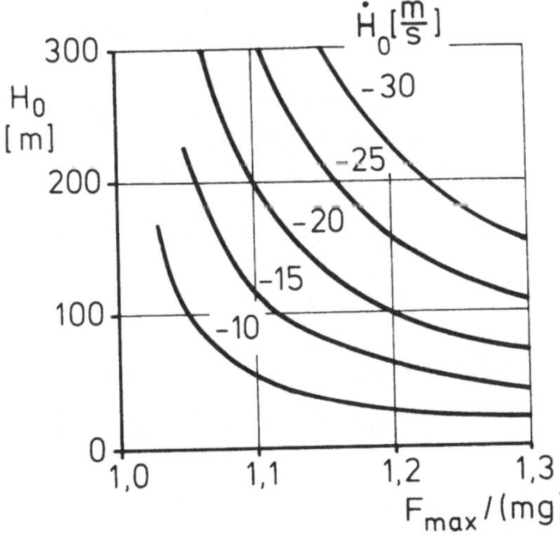

Bild 4.3.3. Abbremsbare Sinkgeschwindigkeit bei vertikalem Sinkflug

Senkrechtlandung einzuhalten sind. Z.B. ergeben Schätzfehler in der
Höhe oder der Sinkgeschwindigkeit für eine Ausgangshöhe $H_0 = 204$ m bzw.
$\dot{H}_0 = -20$ m/s bei einem Maximalschub von $F_{max}/(mg) = 1,1$ anstelle des vorgesehenen stoßfreien Aufsetzens die in Tabelle 4.3.1 angegebenen Auf-
treffgeschwindigkeiten.

Höhenfehler bei $H_0 = 204$ m		Sinkgeschwin- digkeit bei $H = 0$
[m]	%	[m/s]
-2	-1	2
-5	-2,5	3,15
-10	-5	4,5
-20	-10	6,3

Sinkgeschwin- digkeitsfehler bei $\dot{H}_0 = -20$ m/s		Sinkgeschwin- digkeit bei $H = 0$
[m/s]	%	[m/s]
0,2	1	2,9
0,5	2,5	4,5
1,0	5	6,4
6,3	10	9,2

Tabelle 4.3.1. Einfluß von Schätzfehlern beim vertikalen Sinkflug
($F_{max} = 1,1$ mg)

Bei den bisherigen Betrachtungen wurde vereinfachend ein verzögerungs-
freies Reagieren des Schubes auf die Steuereingaben vorausgesetzt. In
Wirklichkeit folgt der Schub mit einer je nach Triebwerksart unterschiedlichen Verzögerung. Die Verzögerung des Schubaufbaus nach einer
Änderung der Schubhebelstellung kann durch den Ansatz einer entsprechenden Totzeit abgeschätzt werden. Damit gilt näherungsweise für die
in der Zeit Δt_T durchflogene Höhendifferenz

$$\Delta H_T = \dot{H}_0 \, \Delta t_T \ .$$

Um den gleichen Betrag sind die aus Bild 4.3.3 abgelesenen Höhenwerte
zu vergrößern.

Hubsteuerung_mit_Dämpfungskraft

Bei propeller- oder rotorgetriebenen Senkrechtstartern tritt infolge
der hier nicht mehr zu vernachlässigenden Abhängigkeit des Schubes von
der Geschwindigkeit eine Dämpfungskraft auf, die beim senkrechten
Steigflug eine Verminderung der Steigleistung bewirkt und im Sinkflug
zu einer Verbesserung führt, da hier die rückwärts angeströmte Luftschraube einen höheren Schub liefert und damit eine größere Bremswir-

kung besitzt. Dem von der Vertikalgeschwindigkeit $\dot{H}$ abhängigen Schubverlauf können die Ergebnisse von Kap. 2 zugrunde gelegt werden. Ausgangspunkt für die folgende Betrachtung ist der lineare Ansatz

$$F = F_0 + \frac{dF}{d\dot{H}}\,\dot{H}\ . \tag{4.3.12}$$

Bild 4.3.4 erläutert diesen Zusammenhang unter Berücksichtigung der
Steuereingabe $\Delta F = F_{max,0} - F_0$. Das Bild macht deutlich, wie der effektive Schubüberschuß im Steigflug mit Zunahme der Steiggeschwindigkeit
abnimmt, während im Sinkflug der umgekehrte Effekt eintritt.

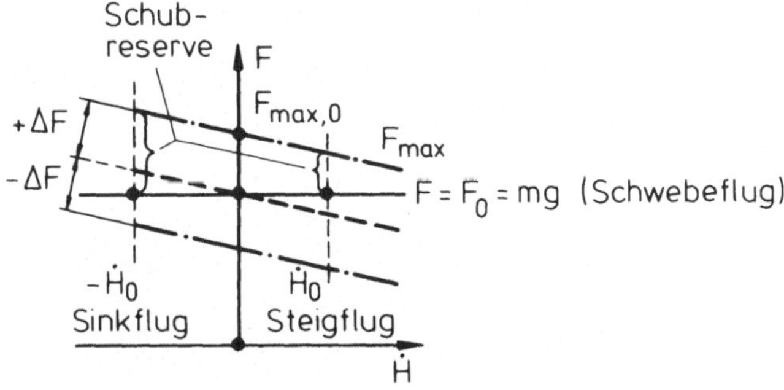

Bild 4.3.4. Abhängigkeit des Schubes von der Steiggeschwindigkeit bei
Propeller- oder Rotorantrieben

Die Verknüpfung der Schubänderung mit der vorn eingeführten Dämpfungskraft

$$Z_w = \frac{1}{m}\frac{\partial Z}{\partial w}$$

ist gegeben durch ($w = -\dot{H}$ und $Z = -F$)

$$Z_w = \frac{1}{m}\frac{dF}{d\dot{H}}\ . \tag{4.3.13}$$

Nach (2.3.5) und (2.3.16) erhält man mit $V = \dot{H}$ im senkrechten Steigflug
sowie mit $F_0 = mg$ für die Dämpfungskraft

$$Z_w = \frac{-g\sqrt{2\rho}}{3\sqrt{F_0/S_{Pr}}}\ . \tag{4.3.14}$$

Für Flüge in Bodennähe ($\rho = 1,225$ kg/m^3) ergibt sich damit der in Tabelle
4.3.2 aufgeführte Zusammenhang zwischen Kreisflächenbelastung und Dämpfungskraft.

$\dfrac{F_0}{S_{Pr}}\left[\dfrac{N}{m^2}\right]$	250	500	1000	1500	2000
$Z_w\left[\dfrac{1}{s}\right]$	$-0,326$	$-0,229$	$-0,162$	$-0,132$	$-0,114$

Tabelle 4.3.2. Abhängigkeit des Dämpfungsderivativs Z_w von der Kreisflächenbelastung

Das Zeitverhalten der Hubsteuerung mit Dämpfungskraft errechnet sich aus (4.3.7b). Kennzeichnet man die im Schweben ($\dot{H} = 0$) maximal verfügbare Schubänderung durch die Schreibweise

$$-Z_{\delta F}\delta_{Fmax} = \frac{F_{max,0} - mg}{m} = \frac{F_{max,0} - F_0}{m} = \frac{\Delta F_{max,0}}{m} \, ,$$

so erhält man bei sprungförmiger δ_F-Änderung die folgenden Beziehungen für Steiggeschwindigkeit und Höhe:

$$\dot{H} = \dot{H}_0\, e^{Z_w t} - \frac{\Delta F_{max,0}/m}{Z_w}\left(1 - e^{Z_w t}\right) \, , \qquad (4.3.15a)$$

$$H = H_0 - \frac{\dot{H}_0}{Z_w}\left(1 - e^{Z_w t}\right) - \frac{\Delta F_{max,0}/m}{Z_w^2}\left(1 + Z_w t - e^{Z_w t}\right) \, . \qquad (4.3.15b)$$

Aus (4.3.15a) folgt, daß eine konstante Steuereingabe zu einer maximalen Steiggeschwindigkeit von

$$\dot{H}_{max} = - \frac{\Delta F_{max,0}/m}{Z_w} \qquad (4.3.15c)$$

führt. Im Gegensatz hierzu nimmt bei der Hubsteuerung ohne Dämpfungskraft die Steiggeschwindigkeit fortwährend zu.

Wertet man (4.3.15a,b) für ein Kippflügelflugzeug aus, so erhält man für die erreichbaren Steigleistungen den in Bild 4.3.5 gezeigten Zusammenhang. Der Vergleich mit dem ebenfalls dargestellten Steigflug ohne Dämpfungskraft ($F_0/S_{Pr} = \infty$ bzw. nach (4.3.14) $Z_w = 0$) zeigt, daß mit merklichen Zunahmen in der Steigzeit zu rechnen ist.

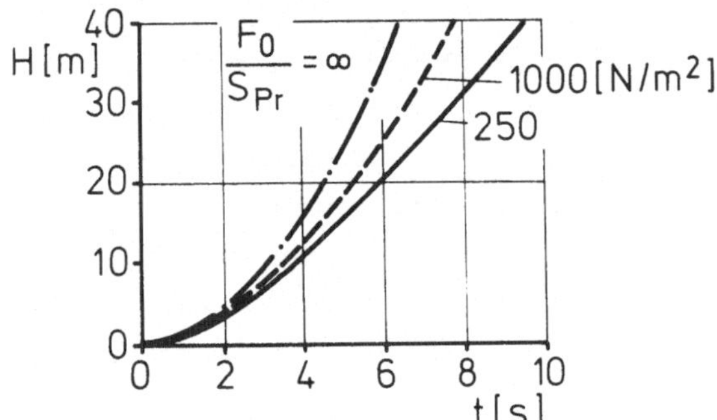

Bild 4.3.5. Beeinflussung des vertikalen Aufstiegs durch die Abhängigkeit des Schubes von der Geschwindigkeit ($\Delta F_{max,0}/m = 2$ m/s²; $H_0 = 0$;
$\dot{H}_0 = 0$)

Auf Grund der unterschiedlichen Änderung des Schubs im Steig- und Sinkflug steht der Verringerung der Steigleistung eine Verbesserung der
Bremswirkung beim Abbauen von Sinkgeschwindigkeiten gegenüber. Dies ist
in Bild 4.3.6 erläutert, in dem wiederum auch der Fall ohne Dämpfung
zum Vergleich mit angegeben ist. Die Unterschiede sind bei größeren

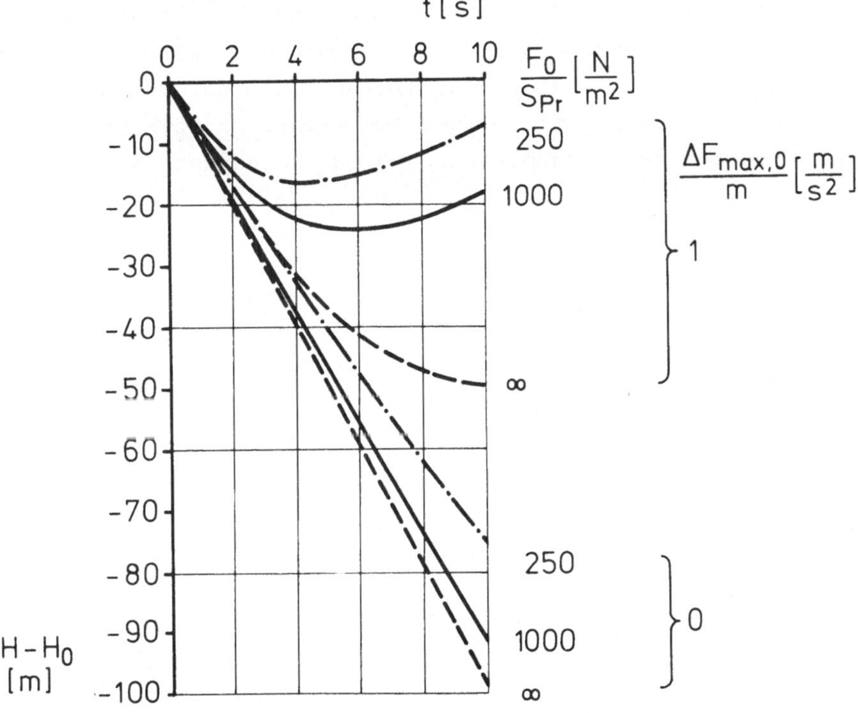

Bild 4.3.6. Beeinflussung des vertikalen Sinkfluges durch die Abhängigkeit des Schubes von der Geschwindigkeit ($\dot{H}_0 = -10$ m/s)

Schubüberschußwerten $\Delta F_{max,0} = F_{max,0} - mg$ stärker ausgeprägt. Besonders deutlich sind sie bei sehr kleinen Propellerflächenbelastungen, wie sie etwa bei Hubschraubern vorkommen. Jedoch führt die Dämpfungskraft auch bei Werten für Kippflügelflugzeuge ($F_0/S_{Pr} = 1500 - 2500$ N/m^2) noch zu spürbaren Unterschieden. Die Verbesserung der Bremswirkung beim vertikalen Sinkflug kommt auch den in einer gegebenen Ausgangshöhe H_0 gerade noch zulässigen Sinkgeschwindigkeiten $-\dot{H}_0$ zugute, die bis zum Erreichen des Bodens auf $\dot{H} = 0$ abgebaut werden können. Mit der aus (4.3.15a) folgenden Zeit bis zum Abbremsen auf $\dot{H} = 0$,

$$t_{\dot{H}=0} = - \frac{1}{Z_w} \ln \left(1 + \dot{H}_0 \; \frac{Z_w}{\Delta F_{max,0}/m} \right) , \qquad (4.3.16a)$$

bestimmt sich über (4.3.15b) mit $H = 0$ die zugehörige Ausgangshöhe H_0 zu:

$$H_0 = \frac{\dot{H}_0}{Z_w} - \frac{\Delta F_{max,0}/m}{Z_w^2} \ln \left(1 + \dot{H}_0 \; \frac{Z_w}{\Delta F_{max,0}/m} \right) . \qquad (4.3.16b)$$

Eine Auswertung dieser Beziehung zeigt Bild 4.3.7. Aus dem Vergleich mit dem ebenfalls dargestellten Fall ohne Dämpfungskraft ($Z_w = 0$ bzw. $F_0/S_{Pr} = \infty$) geht hervor, daß erhebliche Verbesserungen auftreten. Bemerkenswert ist die starke Zunahme der Unterschiede bei kleinen Schubüberschußwerten $\Delta F_{max,0}/(mg)$. Dieser Effekt erklärt sich daraus, daß beim Fehlen einer Dämpfungskraft hier nur der Bremsschub in Form des geringen, kommandierten Schubüberschusses $\Delta F = - Z_{\delta F}\delta_F$ vorhanden ist und somit

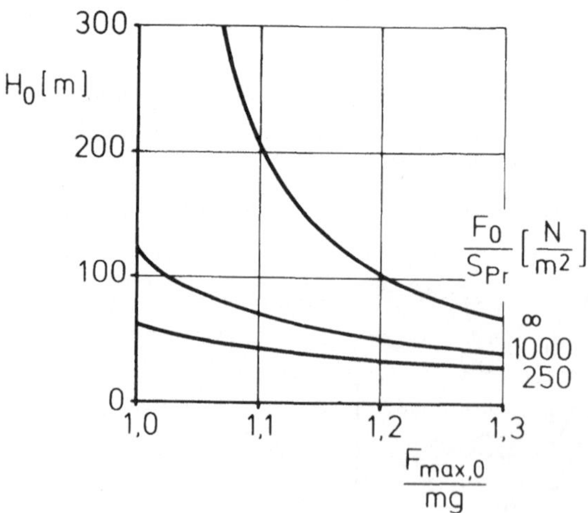

Bild 4.3.7. Abbremsmanöver auf $\dot{H} = 0$ aus einer gegebenen Ausgangshöhe H_0 ($\dot{H}_0 = -20$ m/s)

das benötigte H_0 stark anwächst. Demgegenüber ist im Fall einer Dämpfungskraft außer dem kommandierten Schubüberschuß auch der Bremsschub $\Delta F = - Z_w w$ wirksam, der unabhängig von dem verfügbaren Schubüberschuß ist und daher auch bei niedrigeren Werten von $F_{max,0}/(mg)$ voll für die Abbremsung zur Verfügung steht (vgl. hierzu auch Bild 4.3.4).

4.3.3 Nick- und Vorwärtsbewegung

Kubische Gleichung des Schwebeflugs

Nach Abspaltung der Vertikalbewegung bleibt von den Bewegungsgleichungen (4.3.3) der gesamten Längsbewegung das folgende System übrig:

$$\begin{bmatrix} s-X_u & g-X_q s-X_\Theta \\ -M_u & s^2-M_q s-M_\Theta \end{bmatrix} \begin{bmatrix} u \\ \Theta \end{bmatrix} = \begin{bmatrix} X_{\delta\Theta} & X_{\delta\sigma} \\ M_{\delta\Theta} & M_{\delta\sigma} \end{bmatrix} \begin{bmatrix} \delta_\Theta \\ \delta_\sigma \end{bmatrix} . \qquad (4.3.17)$$

Dementsprechend reduziert sich nach Abtrennung des ausschließlich durch Z_w bestimmten Eigenwertes der Vertikalbewegung die charakteristische Gleichung (4.3.4) auf ein Polynom 3. Grades, das als "kubische Gleichung des Schwebeflugs" bezeichnet wird (englisch "hovering cubic"). Wegen

$$|X_q M_u| \ll |X_u M_q|$$

kann man hierfür auch schreiben:

$$(s - X_u)(s^2 - M_q s - M_\Theta) + M_u(g - X_\Theta) = 0 . \qquad (4.3.18)$$

Die Untersuchung der kubischen Gleichung des Schwebeflugs bzw. der durch (4.3.17) bestimmten Dynamik in horizontaler Richtung und um die Nickachse wird Gegenstand der folgenden Abschnitte sein. Dabei erweist es sich als zweckmäßig, eine Aufteilung nach den Steuerungs- und Stabilisierungssystemen vorzunehmen, die bei Senkrechtstartflugzeugen im Schwebeflug verwendet werden. Auch hierbei kann man von (4.3.17) ausgehen. Die darin verwendeten Kraft- und Momentenderivative berücksichtigen dann sowohl diejenigen Anteile, die aus dem natürlichen Verhalten des Flugzeugs herrühren, als auch die Anteile, die das künstliche Stabilisierungssystem aufbringt. Voraussetzung für eine solche Betrachtungsweise, die sich für die hier vorzunehmende grundsätzliche Untersuchung anbietet, ist es, daß das Zeitverhalten des Steuersystems ausreichend schnell im Vergleich zur Dynamik des Flugzeugs ist.

Allgemeine_Bemerkungen_zu_den_Stabilisierungsverfahren

Ohne künstliche Stabilisierungshilfen besitzen Senkrechtstartflugzeuge,
mit Ausnahme bestimmter Konfigurationen (Flugzeuge mit Rotor- oder
Luftschraubenantrieb), weder spürbare Dämpfungen noch Rückführungen bei
Störungen um die Drehachsen Rollen, Nicken oder Gieren. Die Steuermomente erzeugen dann Drehbeschleunigungen, die bei konstanten Steuer-
auslenkungen zu quadratisch mit der Zeit anwachsenden Lageänderungen
führen. Man spricht daher von "Beschleunigungsverhalten" oder von einer
"Beschleunigungssteuerung". Es ist einleuchtend, daß bei fehlender
Dämpfung und Rückführung der Pilot relativ stark beansprucht ist. Er
muß dann durch ständiges Korrigieren die gewünschte Gleichgewichtslage
aufrechterhalten. Zusätzlich erschwert wird diese Aufgabe beim Flug in
Bodennähe, wenn Antriebssysteme für den Hubschub mit heißen Strahlen
verwendet werden und hierbei Störungen durch thermische Bodeneffekte
auftreten.

Während man in der ersten Zeit der Senkrechtstarttechnik noch glaubte,
in der Schwebeflugphase ohne Regeleinrichtungen auskommen zu können
(vgl. z.B. [2]), hat sich inzwischen die Erkenntnis durchgesetzt, daß
man ausreichend zuverlässige Geräte dieser Art bauen kann und Senkrechtstarter grundsätzlich stabilisieren sollte. Die Entwicklung der
VJ 101 C, bei der bereits am Anfang der sechziger Jahre erstmalig eine
Lagestabilisierung in der Nick- und Rollachse verwendet wurde, hat
durch die erfolgreiche Erprobung dieser Systeme wesentlich zu diesem
Durchbruch beigetragen. Auch bei der Do 31 und der VAK 191 B wurden La-
gestabilisierungssysteme mit Erfolg verwendet.

4.3.4 Beschleunigungssteuerung

Bei Senkrechtstartern ohne Dämpfungs- und Rückführmomente im Schwebeflug sind die Nickmomentenderivative M_q, M_Θ und M_u vernachlässigbar.
Außerdem sei vorausgesetzt, daß auch die Steuergrößen δ_F (Schubniveau)
und δ_σ (Schubschwenkwinkel) ohne Einfluß auf das Nickmoment sind, so
daß nur die eigentliche Nicksteuergröße δ_Θ übrig bleibt. Berücksichtigt
man die Wirkung von Störmomenten in Form einer Störbeschleunigung $\Theta_{Stör}$,
so lautet die Bewegungsgleichung in der Nickachse

$$\ddot{\Theta} - \frac{1}{I_y} \frac{\partial M}{\partial \delta_\Theta} \delta_\Theta(t) + \ddot{\Theta}_{Stör}(t) = 0 \ . \qquad (4.3.19)$$

Daraus erhält man mit dem in (4.2.19b) definierten Steuermomentenderivativ

$$M_{\delta\Theta} = \frac{1}{I_y} \frac{\partial M}{\partial \delta_\Theta}$$

sowie mit den Anfangsbedingungen $\Theta(0) = \Theta_0$ und $\dot{\Theta}(0) = \dot{\Theta}_0$ nach Laplace-Transformation die folgende Beziehung für den Nicklagewinkel

$$\Theta(s) = M_{\delta\Theta} \frac{\delta_\Theta(s)}{s^2} + \frac{1}{s^2} \ddot{\Theta}_{St\ddot{o}r}(s) + \frac{\dot{\Theta}_0}{s^2} + \frac{\Theta_0}{s} . \qquad (4.3.20)$$

Der zugehörige Steuerungsaufbau ist schematisch in Bild 4.3.8 gezeigt. Aus dieser Darstellung sowie auch aus (4.3.19) geht hervor, daß einem konstanten Steuerausschlag δ_Θ eine konstante Beschleunigung Θ proportional ist. Daher spricht man von einer "Beschleunigungssteuerung". Um das dynamische Verhalten eines Systems mit Beschleunigungssteuerung zu beeinflussen, steht nur die Steuerbeschleunigung $M_{\delta\Theta} = (1/I_y)\partial M/\partial\delta_\Theta$ zur Verfügung, die so groß gewählt werden muß, daß eine ausreichend empfindliche Steuerbarkeit des Systems gewährleistet ist.

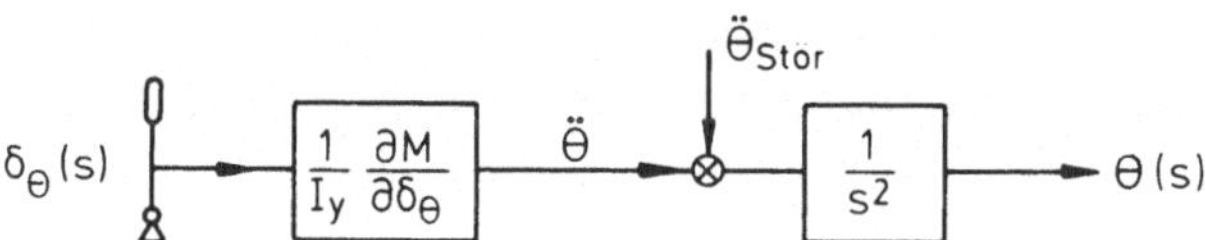

Bild 4.3.8. Blockschaltbild einer Beschleunigungssteuerung

Für sprungförmige Steuereingaben mit $K = M_{\delta\Theta}\delta_\Theta$ erhält man beim Fehlen von Störmomenten ($\ddot{\Theta}_{St\ddot{o}r} = 0$) als Lösung

$$\dot{\Theta} = \dot{\Theta}_0 + Kt ,$$

$$(4.3.21)$$

$$\Theta = \Theta_0 + \dot{\Theta}_0 t + Kt^2/2 .$$

Die mit diesen Beziehungen berechneten Winkelgeschwindigkeiten und Lageänderungen für einige typische Steuereingaben sind in Tabelle 4.3.3 zusammengestellt.

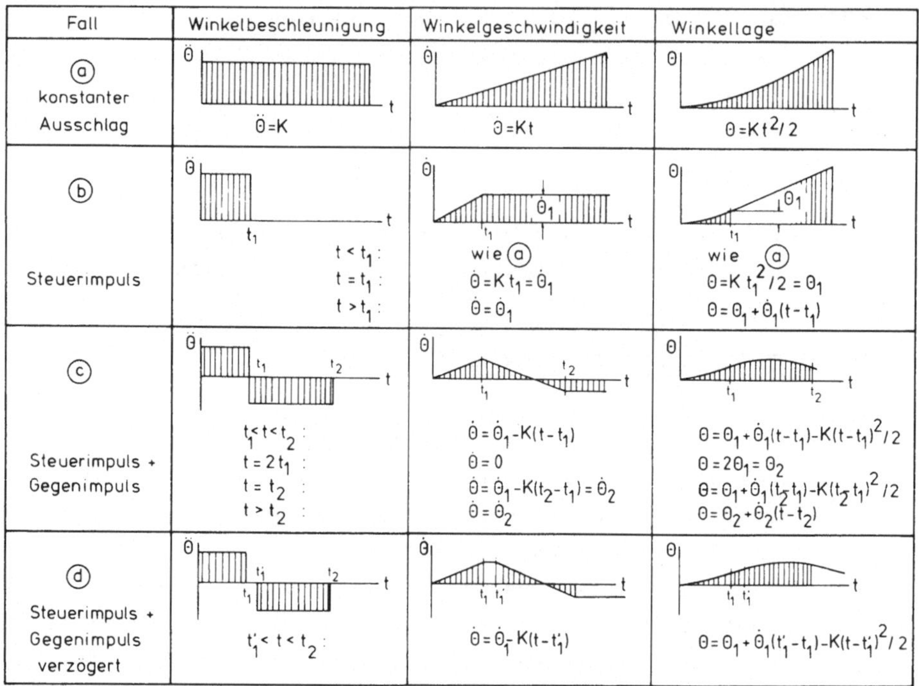

Fall	Winkelbeschleunigung	Winkelgeschwindigkeit	Winkellage
(a) konstanter Ausschlag	$\ddot\Theta = K$	$\dot\Theta = Kt$	$\Theta = Kt^2/2$
(b) Steuerimpuls	$t < t_1$: $t = t_1$: $t > t_1$:	wie (a) $\dot\Theta = Kt_1 = \dot\Theta_1$ $\dot\Theta = \dot\Theta_1$	wie (a) $\Theta = Kt_1^2/2 = \Theta_1$ $\Theta = \Theta_1 + \dot\Theta_1(t - t_1)$
(c) Steuerimpuls + Gegenimpuls	$t_1 < t < t_2$: $t = 2t_1$: $t = t_2$: $t > t_2$:	$\dot\Theta = \dot\Theta_1 - K(t - t_1)$ $\dot\Theta = 0$ $\dot\Theta = \dot\Theta_1 - K(t_2 - t_1) = \dot\Theta_2$ $\dot\Theta = \dot\Theta_2$	$\Theta = \Theta_1 + \dot\Theta_1(t - t_1) - K(t - t_1)^2/2$ $\Theta = 2\Theta_1 = \Theta_2$ $\Theta = \Theta_1 + \dot\Theta_1(t_2 - t_1) - K(t_2 - t_1)^2/2$ $\Theta = \Theta_2 + \dot\Theta_2(t - t_2)$
(d) Steuerimpuls + Gegenimpuls verzögert	$t_1' < t < t_2$:	$\dot\Theta = \dot\Theta_1 - K(t - t_1')$	$\Theta = \Theta_1 + \dot\Theta_1(t_1' - t_1) - K(t - t_1')^2/2$

Tabelle 4.3.3. Nickantwort bei impuls- und sprungförmigen Steuereingaben

Die bisherige Betrachtung der Beschleunigungssteuerung war nur mit der
Momentengleichung als dem wesentlichen Element dieser Steuerungsart
befaßt. Für die Gesamtbewegung ist darüber hinaus auch die X-Kraftgleichung zu berücksichtigen, da trotz des Fehlens von Dämpfungs-, Rück-
stell- und Geschwindigkeitsmomenten ($M_q = M_\Theta = M_u = 0$) eine Kopplung von
Nick- und Vorwärtsbewegung infolge des Θ-abhängigen Gewichtsterms in
der X-Kraftgleichung besteht. Dies macht das folgende, aus (4.3.17) für
die Beschleunigungssteuerung resultierende System deutlich (mit $X_{\delta\Theta} = 0$
und $M_{\delta\sigma} = 0$):

$$\begin{bmatrix} s - X_u & g \\ 0 & s^2 \end{bmatrix} \begin{bmatrix} u \\ \Theta \end{bmatrix} = \begin{bmatrix} 0 & X_{\delta\sigma} \\ M_{\delta\Theta} & 0 \end{bmatrix} \begin{bmatrix} \delta_\Theta \\ \delta_\sigma \end{bmatrix} . \qquad (4.3.22)$$

4.3.5 Geschwindigkeitssteuerung

Grundsätzliches Verhalten

Ergänzt man das soeben diskutierte Steuersystem durch eine der Winkelgeschwindigkeit proportionale Rückführung oder besitzt das Flugzeug

natürliche Dämpfungsmomente (Abschn. 3.1.4), so entsteht bei einer
Steuerauslenkung über das Rückführungs- bzw. Dämpfungsmoment ein Gegensignal, Bild 4.3.9. Dieses Gegensignal wächst bei konstanter Steuerauslenkung so lange an, bis es am Summierpunkt das Eingangssignal aufhebt.
Aus dieser Überlegung ergibt sich auf anschauliche Weise, daß mit der
Steuerauslenkung eine Drehgeschwindigkeit kommandiert wird. Man spricht
deshalb von einer "Geschwindigkeitssteuerung".

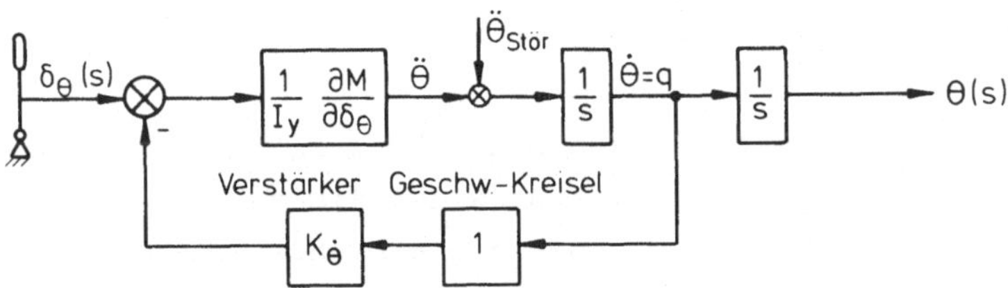

Bild 4.3.9. Blockschaltbild einer Geschwindigkeitssteuerung

Aus dem Aufbau des Blockschaltbildes folgt weiter, daß das über die
Rückführung künstlich erzeugte Moment gegeben ist durch

$$\Delta M(\dot{\Theta}) \;=\; \frac{\partial M}{\partial \delta_\Theta}\; \delta_\Theta(\dot{\Theta})$$

bzw. mit der Verstärkungsfaktor-Beziehung

$$\delta_\Theta(\dot{\Theta}) \;=\; -\,K_{\dot\Theta}\dot{\Theta}$$

durch

$$\Delta M(\dot{\Theta}) \;=\; -\,\frac{\partial M}{\partial \delta_\Theta}\,K_{\dot\Theta}\dot{\Theta}\;. \qquad\qquad (4.3.23)$$

Die Wirkung des künstlich aufgebrachten Momentes läßt sich unter Berücksichtigung von $q=\dot{\Theta}$ in Form des bereits früher definierten Nick-
dämpfungsderivativs $M_q = (1/I_y)\,\partial M/\partial q$ erfassen:

$$M_q \;=\; \frac{1}{I_y}\frac{\partial M}{\partial \dot{\Theta}} \;=\; -\,\frac{K_{\dot\Theta}}{I_y}\frac{\partial M}{\partial \delta_\Theta} \;=\; -\,K_{\dot\Theta}M_{\delta\Theta}\;. \qquad\qquad (4.3.24)$$

Dies bedeutet, daß das Dämpfungsderivativ, das in Systemen mit natürlicher Dämpfung stets vorhanden ist, bei Senkrechtstartern ohne Eigen-

dämpfung durch die Rückführung künstlich erzeugt wird. Durch Änderung des Verstärkungsfaktors $K_{\dot{\Theta}}$ kann die Dämpfung des Systems dem gewünschten Verhalten angepaßt werden. Außer der Dämpfung steht die Steuerbeschleunigung $M_{\delta\Theta} = (1/I_y)\partial M/\partial\delta_\Theta$ als zweite Größe für die flugeigenschaftsmäße Beeinflussung der Steuerung zur Verfügung.

Mit dem Dämpfungsderivativ nach (4.3.24) schreibt sich die Nickmomentengleichung für $\ddot{\Theta}_{Stör} = 0$ (vgl. hierzu auch (4.3.17) mit $M_u = M_\Theta = M_{\delta\sigma} = 0$):

$$(s^2 - sM_q)\Theta(s) = M_{\delta\Theta}\delta_\Theta(s) \ . \tag{4.3.25}$$

Auch aus dieser Form wird deutlich, weshalb die hier betrachtete Steuerungsart "Geschwindigkeitssteuerung" genannt wird. Sie zeigt, daß ein konstanter Steuerausschlag δ_Θ zu einer konstanten Drehgeschwindigkeit $\dot{\Theta}$ führt, d.h. es gilt bei sprungförmigem $\delta_\Theta(s) = 1/s$ nach Rücktransformation in den Zeitbereich:

$$\dot{\Theta}(t) = -\frac{M_{\delta\Theta}}{M_q}\left(1 - e^{M_q t}\right) = \frac{1}{K_{\dot{\Theta}}}\left(1 - e^{M_q t}\right) \ .$$

Dementsprechend besitzt die Geschwindigkeitssteuerung in bezug auf die Nicklage $\Theta = \int\dot{\Theta}dt$ integrierendes Verhalten, bei der ein konstanter Steuerausschlag eine fortlaufende Zunahme des Lagewinkels ergibt. Zur vollständigen Betrachtung der Dynamik einer Geschwindigkeitssteuerung ist die Momentengleichung allein nicht ausreichend. Hierbei ist vielmehr die Kopplung mit der X-Kraftgleichung entsprechend dem System (4.3.17) bei verschwindenden Nicklagederivativen $M_\Theta = X_\Theta = 0$ zu berücksichtigen.

Dynamische Stabilität

Die Stabilitätsbetrachtung eines Senkrechtstartflugzeugs mit Geschwindigkeitssteuerung kann nach der in Abschn. 4.3.2 beschriebenen Abspaltung der Vertikalbewegung auf der Basis der kubischen Gleichung des Schwebeflugs (4.3.18) und der zugeordneten Eigenwerte erfolgen. Bei der Geschwindigkeitssteuerung können die Θ-Derivative außer Betracht bleiben, so daß sich (4.3.18) reduziert auf:

$$s(s - X_u)(s - M_q) + g\,M_u = 0 \ . \tag{4.3.26}$$

Ausgangspunkt sei der Fall verschwindender M_u-Momente, d.h. $M_u = 0$. In diesem Fall lassen sich die Wurzeln von (4.3.26) unmittelbar angeben:

$$s_1^* = X_u \ ,$$

$$s_2^* = M_q \ , \qquad\qquad (4.3.27)$$

$$s_3^* = 0 \ .$$

Die beiden Wurzeln s_1^* und s_2^* kennzeichnen zwei aperiodisch verlaufende Bewegungsformen, die bei den üblicherweise negativen X_u- und M_q-Werten gedämpft sind. Die Wurzel s_3^* entspricht der bleibenden Lageabweichung infolge einer vorübergehenden Störung oder Steuereingabe. Die Rückführung der Nickgeschwindigkeit über den Verstärkungsfaktor $K_{\dot\Theta}$, die nach (4.3.24) zu dem künstlichen Nickdämpfungsderivativ

$$M_q = - K_{\dot\Theta} M_{\delta\Theta}$$

führt, ermöglicht die gewünschte Beeinflussung der Wurzel s_2^*. Diese Wurzel nimmt betragsmäßig um so größere Werte an, je höher die Verstärkung gewählt wird.

Nachdem der Ausgangsfall ($M_u = 0$) damit geklärt ist, sind nun die Einwirkungen von M_u auf die Stabilität zu betrachten. Dies erfolgt zweckmäßig mit Hilfe der Wurzelortskurvenmethode (vgl. z.B. [9, 11]), die eine allgemeingültige Behandlung des Problems ermöglicht. Schreibt man unter Verwendung von (4.3.27) die charakteristische Gleichung (4.3.26) in der Form

$$1 + M_u \ \frac{g}{s(s - s_1^*)(s - s_2^*)} = 0 \ , \qquad\qquad (4.3.28)$$

so kann man den Bezug zur Wurzelortskurvenmethode auf die im folgenden beschriebene Weise herstellen. Der in (4.3.28) auftretende Quotient läßt sich als die Übertragungsfunktion

$$F(s) = \frac{g}{s(s - s_1^*)(s - s_2^*)} \qquad\qquad (4.3.29)$$

eines fiktiven offenen Kreises auffassen. Die Größe M_u stellt dann den Verstärkungsfaktor beim Schließen des Kreises dar:

$$1 + M_u \ F(s) = 0 \ .$$

Entsprechend den Gesetzmäßigkeiten der Wurzelortskurvenmethode ist der
Verlauf der Wurzeln des geschlossenen Kreises (d.i. der Effekt von M_u)
durch die Pole (und gegebenenfalls auch durch die Nullstellen) von F(s)
bestimmt, deren Lage gemäß (4.3.27) bekannt ist.

Untersucht man als erstes die Einwirkungen negativer M_u-Werte, so erhält man den in Bild 4.3.10 dargestellten Zusammenhang. Stabilitätsmäßig entscheidend ist der an die positiv reelle Achse gebundene Ast
der Wurzelortskurve. Dies bedeutet, daß negative M_u-Werte stets zu
aperiodischer Instabilität führen, wobei der Betrag der Wurzel monoton
mit Zunahme der negativen M_u-Werte anwächst. Die beiden restlichen,
sich aus s_2^* und s_3^* entwickelten Wurzeln bleiben im stabilen Bereich.
Sie kennzeichnen zunächst aperiodische Bewegungsformen und später
- nach Übergang zu konjugiert komplexen Wertepaaren - eine Schwingung.

Die Auswirkungen positiver M_u-Werte sind in Bild 4.3.11 dargestellt.
Besonderes Merkmal ist hier die durch M_u hervorgerufene Schwingung.

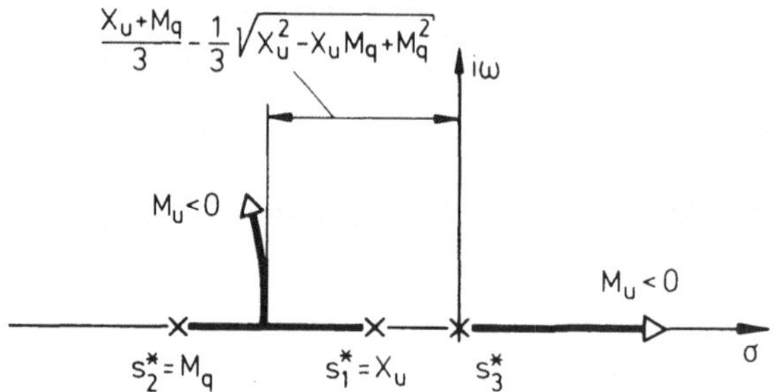

Bild 4.3.10. Einfluß negativer M_u-Werte auf die Eigenwerte bei einer Geschwindigkeitssteuerung

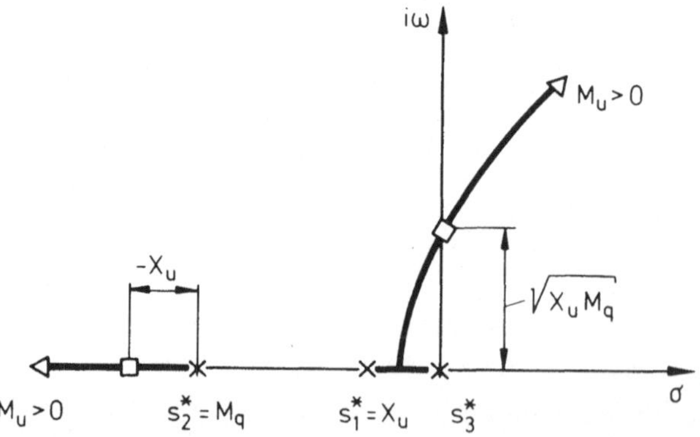

Bild 4.3.11. Einfluß positiver M_u-Werte auf die Eigenwerte bei einer
Geschwindigkeitssteuerung
□ Wurzeln an der Stabilitätsgrenze

Der zugehörige Wurzelortskurventeil verläuft anfänglich im stabilen
Bereich und geht später in den instabilen über. Die aperiodische Bewegungsform ist an die negativ reelle Achse gebunden und verbleibt somit
für beliebig große M_u-Werte im stabilen Bereich. Die an der Stabilitätsgrenze auftretenden Wurzeln errechnen sich mittels des Vieta'schen
Wurzelsatzes. Danach gilt für den Zusammenhang zwischen den Koeffizienten des hier zu betrachtenden Polynoms 3. Grades

$$s^3 + B s^2 + C s + D = 0$$

und den zugehörigen Wurzeln (vgl. hierzu auch (4.3.26):

$$-B = X_u + M_q = s_1 + s_2 + s_3 , \tag{4.3.30a}$$

$$C = X_u M_q = s_1 s_2 + s_3 (s_1 + s_2) , \tag{4.3.30b}$$

$$-D = - g M_u = s_1 s_2 s_3 . \tag{4.3.30c}$$

Bezeichnet man die Wurzeln an der Stabilitätsgrenze mit $s_{1,2} = \pm i\omega$, so
folgt wegen $s_1 + s_2 = 0$ aus (4.3.30a):

$$s_3 = X_u + M_q . \tag{4.3.31}$$

Weiter ergibt sich aus (4.3.30b), wenn man wiederum $s_1 + s_2 = 0$ und außerdem $s_1 = - s_2$ berücksichtigt:

$$s_1 = - s_2 = i \sqrt{X_u M_q} . \tag{4.3.32}$$

Die vorangegangene Darlegung zeigt, daß positive M_u-Werte in begrenztem Umfange stabilisierend sind bzw. nicht zur Instabilität führen. Die
obere Grenze der M_u-Werte, bis zu denen Stabilität vorliegt, errechnet
sich unter Berücksichtigung von (4.3.31) und (4.3.32) aus (4.3.30c).
Danach gilt für den stabilen M_u-Bereich unter der Voraussetzung $X_u < 0$
und $M_q < 0$:

$$0 < M_u < (X_u + M_q) X_u M_q / g . \tag{4.3.33}$$

Die untere Grenze $M_u = 0$ berücksichtigt die Ergebnisse der Wurzelortskurvenbetrachtung von Bild 4.3.10, wonach negative M_u-Werte unmittelbar
zur Instabilität führen.

Abschließend gibt Bild 4.3.12 einen Überblick quantitativer Art über
die Auswirkungen positiver M_u-Werte auf Frequenz und Dämpfung der
schwingungsförmigen Eigenbewegung.

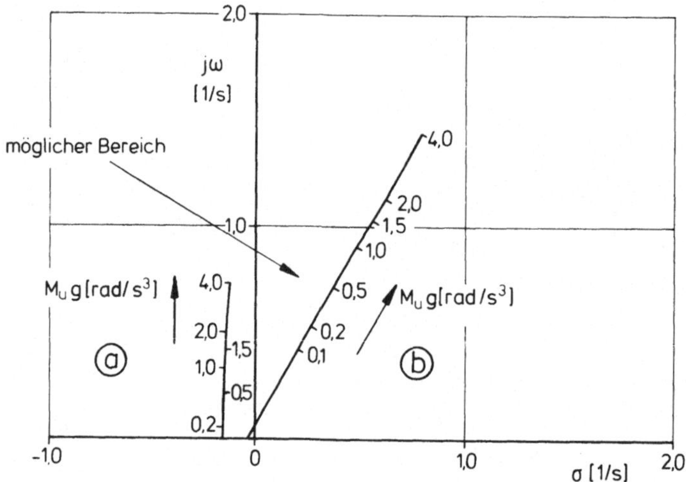

Bild 4.3.12. Typische Lage von Wurzeln bei positiven M_u-Werten, nach
[3]

(a) : $M_q = -8,0 \ s^{-1}$; $X_u = -0,3 \ s^{-1}$

(b) : $M_q = -0,1 \ s^{-1}$; $X_u = -0,01 \ s^{-1}$

Kopplung von Nick- und Vorwärtsbewegung

Nach Klärung des Zeitverhaltens der Bewegungsformen im Schwebeflug und
Bereitstellung der Stabilitätsaussagen stellt sich nun die Frage, in
welcher Weise die rotatorische Bewegung um die Nickachse mit der translatorischen Bewegung in Längsrichtung gekoppelt ist. Diese Frage wird
durch die Untersuchung der Eigenvektoren beantwortet, die den betrags-
und phasenmäßigen Zusammenhang zwischen den Bewegungskomponenten der
jeweils betrachteten Eigenbewegung angeben.

Den Zusammenhang zwischen zwei Komponenten eines Eigenvektors erhält
man aus (4.3.17), wenn man sich eine Komponente vorgibt und aus der
X-Kraft- oder der Momentengleichung die andere bestimmt. Wählt man hierzu die X-Kraftgleichung

$$(s - X_u)u + (g - s X_q)\Theta = 0 \ ,$$

4.3 Längsbewegung

so erhält man unter Vernachlässigung von X_q:

$$\left(\frac{u}{\Theta}\right)_{s_i} = -\left.\frac{g}{s - X_u}\right|_{s=s_i} = -\left.\frac{g}{s - s_1^*}\right|_{s=s_i} \qquad (4.3.34)$$

Dabei ist für s der jeweils betrachtete Eigenwert s_i einzusetzen
$(i = 1,2,3)$.

Die Beziehung (4.3.34) macht deutlich, daß das Verhältnis $|u/\Theta|$ einer
Eigenbewegung um so kleiner ist, je mehr der betreffende Eigenwert von
X_u abweicht, d.h. je weiter er von dem Eigenwert s_1^* des Ausgangsfalles
$M_u = 0$ entfernt ist. Dies bedeutet für die bei positiven M_u-Werten auftretende Schwingungsform (Bild 4.3.11), daß die Zunahme der Frequenz
mit einer Verstärkung der Rotationsbewegung in Θ einhergeht. Bemerkenswert ist der dem Eigenwert s_1^* zugeordnete Eigenvektor. Wegen $s_1^* = X_u$
gilt hier $(\Theta/u)_{s_1^*} = 0$. Dies bedeutet, daß keine rotatorische Bewegungs-
komponente vorhanden ist und somit nur eine translatorische Bewegung
entsteht.

4.3.6 Lagesteuerung

Grundsätzliches Verhalten

In Ergänzung zur Geschwindigkeitsrückführung wird bei der Lagesteuerung
auch die Nicklage zurückgeführt, Bild 4.3.13. Mit der Steuerauslenkung
wird nun eine Nicklage kommandiert, d.h. ein konstantes Eingangssignal
δ_Θ führt zu einem bestimmten Längsneigungswinkel Θ. Daraus resultiert
die Benennung "Lagesteuerung".

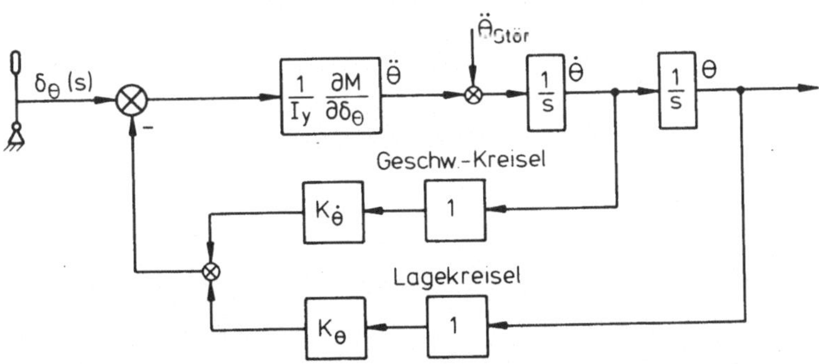

Bild 4.3.13. Blockschaltbild einer Lagesteuerung

Aus dem Aufbau des Blockschaltbildes von Bild 4.3.13 ergibt sich, daß
über die Θ-Rückführung mit $\delta_\Theta(\Theta) = -K_\Theta\Theta$ das folgende Nickmoment entsteht:

$$\Delta M(\Theta) = \frac{\partial M}{\partial \delta_\Theta}\,\delta_\Theta(\Theta) = -\frac{\partial M}{\partial \delta_\Theta}\,K_\Theta\Theta \ . \tag{4.3.35}$$

Dies läßt sich in den allgemeinen Bewegungsgleichungen (4.3.3) bzw.
(4.3.17) in Form des bereits früher definierten Nicklagederivativs
$M_\Theta = (1/I_y)\partial M/\partial \Theta$ erfassen:

$$M_\Theta = -\frac{K_\Theta}{I_y}\,\frac{\partial M}{\partial \delta_\Theta} = -K_\Theta M_{\delta\Theta} \ . \tag{4.3.36}$$

Mit diesem Derivativ ist nun die Momentengleichung (4.3.25) zu erweitern, so daß man unter Außerachtlassung der X-Kraftgleichung die folgende Beziehung als das wesentliche Element der Lagesteuerung erhält:

$$(s^2 - s\,M_q - M_\Theta)\Theta(s) = M_{\delta\Theta}\delta_\Theta(s) \ .$$

Für diesen Ausdruck läßt sich auch

$$(s^2 + 2\zeta\omega_n s + \omega_n^2)\Theta(s) = M_{\delta\Theta}\delta_\Theta(s) \tag{4.3.37}$$

schreiben wenn man die (ungedämpfte) Frequenz ω_n und das Dämpfungsmaß
ζ einführt, für die gilt

$$\omega_n^2 = -M_\Theta \ ,$$

$$2\zeta\omega_n = -M_q \ . \tag{4.3.38a}$$

Mit (4.3.24) und (4.3.36) ergibt sich für den Zusammenhang mit den
Rückführverstärkungen

$$\omega_n^2 = K_\Theta M_{\delta\Theta} \ ,$$

$$2\zeta\omega_n = K_{\dot\Theta}M_{\delta\Theta} \ . \tag{4.3.38b}$$

Daraus folgt, daß durch geeignete Wahl der Verstärkungsfaktoren K_Θ und
$K_{\dot\Theta}$ die gewünschten Werte von Frequenz und Dämpfung erreichbar sind.
Eine ergänzende Erläuterung hierzu gibt die in Bild 4.3.14 gezeigte
Übergangsfunktion der Nickantwort, die sich auf eine sprungförmige

Steuerbetätigung einstellt. Dort sind in Teil (a) für die Lagesteuerung
die Merkmale guten Antwortverhaltens kenntlich gemacht, die aus einem
ausreichend schnellen Aufbau und geringem Überschwingen bestehen und
durch entsprechende ω_n- und ζ-Werte erzielbar sind. Außerdem wird durch
die Darstellung der Übergangsfunktion auf anschauliche Weise deutlich,
insbesondere auch im Vergleich mit dem ebenfalls gezeigten Verlauf bei
einer Geschwindigkeitssteuerung (Teil (b)), weshalb man von einer Lagesteuerung spricht.

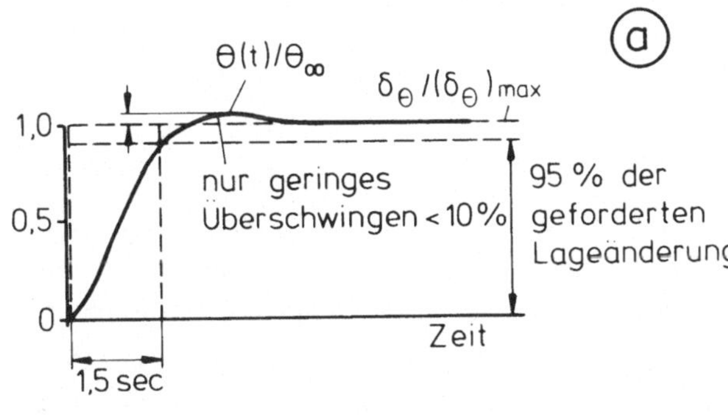

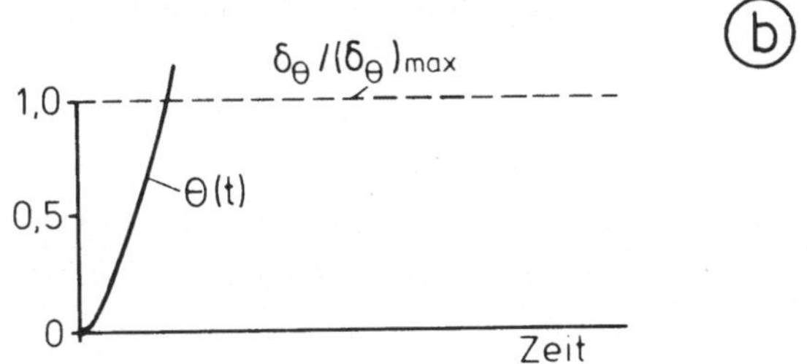

Bild 4.3.14. Lagewinkelverlauf bei sprungförmiger Steuerbetätigung

(a) Lagesteuerung (Zahlenwerte nach [8])
(b) Geschwindigkeitssteuerung

<u>Dynamische Stabilität</u>

Die Betrachtung der Stabilität muß auch bei einer Lagesteuerung die
Kopplungseffekte mit der X-Kraftgleichung berücksichtigen, kann dabei
jedoch ebenfalls die Abspaltung der Vertikalbewegung voraussetzen. Damit ist wiederum die kubische Gleichung des Schwebeflugs zu untersuchen,
wobei nun auch die Θ-Derivative zu berücksichtigen sind. Nach (4.3.18)
gilt dann

$$(s - X_u)(s^2 - M_q s - M_\Theta) + M_u(g - X_\Theta) = 0 \ .$$

Legt man auch hier die Konfiguration mit $M_u = 0$ als Ausgangsfall zugrunde, so lassen sich wiederum die Wurzeln in expliziter Form angeben:

$$s_1^* = X_u ,$$

$$s_{2,3}^* = M_q/2 \pm \sqrt{M_q^2/4 + M_\Theta} .$$

(4.3.39)

Wie bereits bei der Geschwindigkeitssteuerung ist eine der Wurzeln
durch $s_1^* = X_u$ bestimmt. Die beiden übrigen Wurzeln, die für negative M_q-
und M_Θ-Werte grundsätzlich im stabilen Bereich liegen, sind für

$$|M_\Theta| > M_q^2/4$$

konjugiert komplex und kennzeichnen somit eine Schwingung. Charakteristisches Merkmal dieser Schwingung ist die nur von M_q abhängige Dämpfung, während die (ungedämpfte) Frequenz ω_n ausschließlich durch M_Θ
bestimmt ist und monoton mit $|M_\Theta|$ anwächst, vgl. auch Bild 4.3.15. Es
liegen somit die gleichen Verhältnisse vor wie bei der vereinfachten
Betrachtung zu Anfang dieses Abschnitts (vgl. auch (4.3.37) und
(4.3.38a)). Aus (4.3.39) sowie auch aus der Darstellung von Bild 4.3.15
folgt weiter, daß bei positiven M_Θ-Werten unmittelbar eine aperiodisch
instabile Bewegungsform entsteht (Wurzeln auf der positiv reellen Halb-
achse). Dies entspricht anschaulich der Wirkung positiver M_Θ-Momente,
die nicht einer Störung entgegenwirken, sondern sie im Sinne statischer
Instabilität vergrößern.

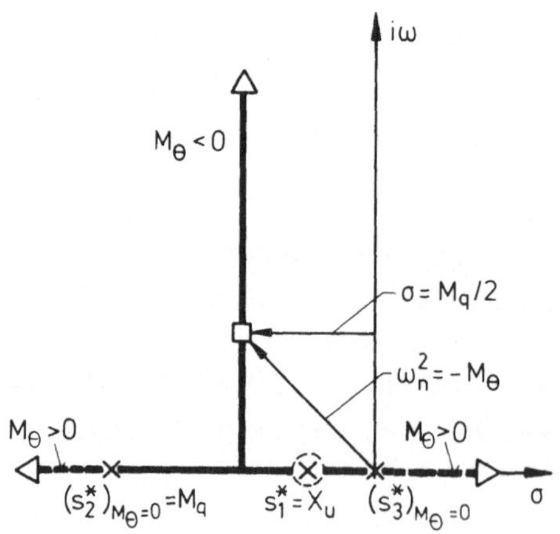

Bild 4.3.15. M_Θ-Wurzelort bei einer Lagesteuerung (Ausgangsfall $M_u = 0$)

Nach Betrachtung des Ausgangsfalles ($M_u = 0$) sind nun die Auswirkungen von M_u zu untersuchen. Wie bei der Geschwindigkeitssteuerung werde auch hier die Wurzelortskurvenmethode angewandt. Zu diesem Zweck wird die kubische Gleichung des Schwebeflugs unter Verwendung von (4.3.39) folgendermaßen umgeschrieben:

$$(s - s_1^*)(s - s_2^*)(s - s_3^*) + M_u(g - X_\Theta) = 0 \; .$$

Dies läßt sich mit der fiktiven Übertragungsfunktion

$$F(s) = \frac{g - X_\Theta}{(s - s_1^*)(s - s_2^*)(s - s_3^*)} \qquad (4.3.40)$$

dann in die für die Wurzelortskurvenmethode unmittelbar geeignete Form überführen:

$$1 + M_u F(s) = 0 \; .$$

In Bild 4.3.16 sind zusammenfassend die Ergebnisse gezeigt. Hauptmerkmal ist bei positiven M_u-Werten die zunächst stabile und dann instabile Schwingungsform sowie die zunehmend stabilere aperiodische Bewegungsform (durchgezogene Kurven), während negative M_u-Werte den umgekehrten Einfluß ausüben (gestrichelte Kurven). Dabei liegen die Kurven jeweils symmetrisch zur Geraden

$$\sigma = \frac{X_u + M_q}{3} \; ,$$

bei der gleichzeitig die minimale Frequenz der Schwingung erreicht wird, sofern die Bewegung hier nicht aperiodisch geworden ist. Die Wurzeln an den Stabilitätsgrenzen ergeben sich aus einer ähnlichen Betrachtung über den Zusammenhang mit den Koeffizienten der charakteristischen Gleichung, wie sie bei der Geschwindigkeitssteuerung durchgeführt wurde (vgl. (4.3.30) bis (4.3.32)). Bei positiven M_u-Werten erhält man hierfür:

$$s_1 = - s_2 = i\sqrt{- M_\Theta + X_u M_q} \; ,$$

$$(4.3.41)$$

$$s_3 = X_u + M_q \; .$$

Die Wurzeln an der Stabilitätsgrenze bei negativen M_u-Werten sind gegeben durch

$$2\,s_{1,2} = X_u + M_q \pm i\sqrt{-4M_\Theta - (M_q - X_u)^2}\;,$$

$$s_3 = 0 \tag{4.3.42}$$

Bemerkenswert ist die Ausweitung des Stabilitätsbereichs im Hinblick
auf M_u, die sich bei einer Lagesteuerung gegenüber einer Geschwindigkeitssteuerung ergibt. Mit (4.3.41) und (4.3.42) errechnet sich der
Stabilitätsbereich jeweils aus der Beziehung (mit D als dem absoluten
Term der charakteristischen Gleichung)

$$D = X_u M_\Theta + M_u(g - X_\Theta) = s_1 s_2 s_3$$

zu

$$-X_u M_\Theta < (g - X_\Theta)M_u < M_q M_\Theta - X_u M_q(X_u + M_q)\;. \tag{4.3.43}$$

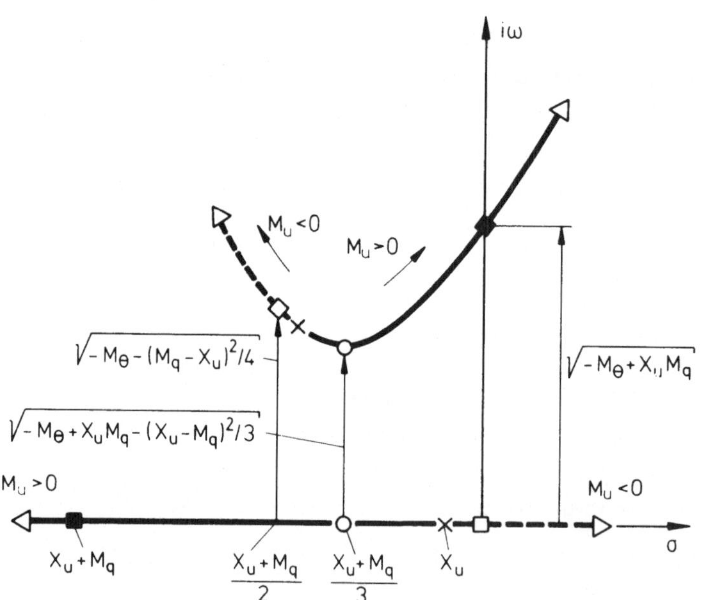

Bild 4.3.16. Einfluß von M_u auf die Eigenwerte eines Lagesteuerungssystems, nach [13]

x   Ausgangsfall $M_u = 0$

——— $M_u > 0$ (■ Wurzeln an der Stabilitätsgrenze)

---- $M_u < 0$ (□ Wurzeln an der Stabilitätsgrenze)

Daraus folgt, daß die aperiodische Instabilität, die bei den Geschwindigkeitssystemen infolge negativer M_u-Werte stets vorhanden ist, durch den Einfluß von M_Θ verhindert werden kann. Auch die für positive M_u-Werte maßgebende obere Grenze wird wegen $M_q M_\Theta > 0$ im Sinne einer Auswertung des Stabilitätsbereichs verschoben.

Kopplung von rotatorischer und translatorischer Bewegung

Die Betrachtung der Kopplung von Nick- und Vorwärtsbewegung kann analog zur Vorgehensweise bei den Geschwindigkeitssystemen erfolgen. Man erhält damit für die Verknüpfung von u und Θ:

$$\left(\frac{u}{\Theta}\right)_{s_i} = - \left.\frac{g - X_\Theta}{s - X_u}\right|_{s=s_i} . \qquad (4.3.44)$$

Dieser Ausdruck ist, von X_Θ abgesehen, in gleicher Weise aufgebaut wie die entsprechende Beziehung der Geschwindigkeitssysteme (4.3.34). Damit ergeben sich die Unterschiede über das geänderte Verhalten der Eigenwerte s_i. Qualitativ gilt dabei auch hier, daß die Anregung in u relativ zu Θ um so schwächer ist, je mehr s_i von X_u abweicht. Außerdem zeigt sich, daß für den Eigenwert $s_1^* = X_u$ des Ausgangsfalles ($M_u = 0$) bei einem Lagesystem ebenfalls nur eine translatorische Bewegung vorhanden ist.

Abschließend sei noch einmal die Entkopplung der Vertikalbewegung angesprochen. Wie in Abschn. 4.3.2 dargelegt, sind bei der Vertikalbewegung die Bewegungskomponenten u und Θ gleich Null, d.h. es liegt eine Entkopplung zur Vorwärts- und Nickbewegung vor. Ein ähnlicher Effekt, wenn auch nicht so weitgehend, besteht im umgekehrten Sinn in bezug auf die Eigenbewegungsformen, die aus der kubischen Gleichung des Schwebeflugs resultieren. Zunächst ist festzustellen, daß die Zuordnung von u und Θ ausschließlich durch die X-Kraft- und Nickmomentencharakteristik bestimmt ist, während Z-Kraftderivative keinerlei Einfluß haben. Dies zeigt sich in (4.3.44) für Lagesysteme wie auch in (4.3.34) für Geschwindigkeitssysteme daran, daß keine Z-Kraftderivative auftreten. Hierbei ist noch zu berücksichtigen, daß auch die Eigenwerte s_i nicht von der Z-Kraftcharakteristik abhängen, da die kubische Gleichung des Schwebeflugs keine diesbezüglichen Terme enthält. Somit besteht eine Entkopplung von der Z-Kraftcharakteristik insofern, als sie keine Rückwirkung auf die Eigenbewegung des Flugzeugs in u und Θ hat. Andererseits geht die Entkopplung jedoch nicht so weit, als daß die Anregung in w vollständig

unterbunden wird. Dies ergibt sich aus (4.3.6), wenn man zum Beispiel
die Zuordnung von w zu u betrachtet:

$$\left(\frac{w}{u}\right)_{s_i} = \left.\frac{Z_u + M_u(Z_q s + Z_\Theta)/(s^2 - M_q s - M_\Theta)}{s - Z_w}\right|_{s=s_i} . \qquad (4.3.45)$$

Daraus folgt, daß w normalerweise infolge einer Bewegung in u angeregt
wird, ohne dabei aber Rückwirkungen auf die Bewegung in u zu haben.
Gilt jedoch

$$Z_u = Z_q = Z_\Theta = 0 ,$$

so liegt eine vollständige Entkopplung vor. Die obigen Aussagen gelten
nicht nur bei einer Lagesteuerung, sondern auch bei einer Geschwindig-
keits- oder Beschleunigungssteuerung.

4.3.7 Statische Stabilität und Steuerbarkeit (Lage- und Geschwindigkeitsstabilität)

Grundsätzliche Betrachtung

In Analogie zur Längsbewegung konventioneller Flugzeuge kann man auch
für den Schwebeflugbereich die Begriffe statische Stabilität und Steuerbarkeit einführen, die das statische Momentenverhalten bei Auslenkungen
aus einem Gleichgewichtszustand beschreiben und bestimmte grundsätzliche
Aussagen über die dynamische Stabilität ermöglichen.

Bei konventionellen Flugzeugen ist die statische Stabilität durch den
absoluten Term der charakteristischen Gleichung der Längsbewegung definiert [4]. Überträgt man diese Vorstellung auf die Schwebeflugverhält-
nisse, so ist die kubische Gleichung (4.3.18)

$$(s - X_u)(s^2 - M_q s - M_\Theta) + M_u(g - X_\Theta) = 0$$

zu untersuchen. Der absolute Term D dieser Gleichung $(s^3 + Bs^2 + Cs + D = 0)$
ist unter Vernachlässigung von X_Θ gegeben durch

$$D = X_u M_\Theta + gM_u . \qquad (4.3.46)$$

In Analogie zum konventionellen Flugbereich sei das Flugzeug als statisch stabil bezeichnet, wenn der absolute Term der charakteristischen

Gleichung der Bedingung $D > 0$ genügt. Mit (4.3.46) lautet damit die Bedingung für statische Stabilität

$$X_u M_\Theta + g M_u > 0 \; . \qquad\qquad (4.3.47)$$

Diese Beziehung zeigt, daß die statische Stabilität von den beiden statischen Momenten M_Θ und M_u abhängt. Statische Stabilität bedeutet hierbei, daß die betrachteten Momente einer Auslenkung vom Gleichgewichtszustand entgegenwirken. Eine anschauliche Darstellung dazu zeigt Bild 4.3.17. Bei der im Teil a behandelten statischen Lagestabilität wird deutlich, daß das stabilisierende Moment $M_\Theta \Theta$ unmittelbar der Auslenkung entgegenwirkt. Demgegenüber tritt bei der statischen Geschwindigkeitsstabilität (Teil b) die stabilisierende Wirkung von M_u auf indirekte Weise ein. Hier führt nämlich das durch eine Geschwindigkeitsauslenkung u hervorgerufene Moment $M_u u$ zunächst zu einer Drehbewegung des Flugzeugs um die Nickachse. Dadurch wird der Schubvektor F geneigt, so daß eine translatorische Beschleunigung entsteht, die der ursprünglichen Geschwindigkeitsauslenkung entgegengerichtet ist.

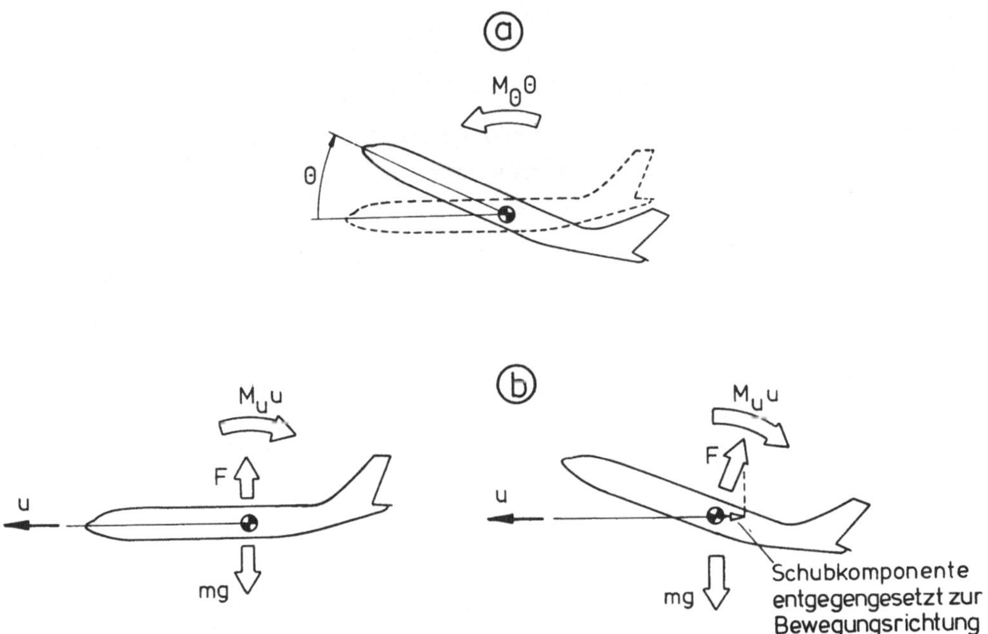

Bild 4.3.17. Statische Stabilität

ⓐ Lagestabilität ($M_\Theta < 0$)

ⓑ Geschwindigkeitsstabilität ($M_u > 0$)

Nach dieser mehr formalen Übertragung der statischen Stabilität auf die
Verhältnisse des Schwebeflugs sowie ihrer anschaulichen Interpretation
seien im folgenden weitere Aussagen zusammengestellt, die die inhalt-
liche Bedeutung der statischen Stabilität vertiefen, nämlich der Zusammenhang von statischer und dynamischer Stabilität sowie die Beziehung
zwischen statischer Stabilität und Steuerbarkeit. Auch hier besteht
wieder eine enge Analogie zu den Verhältnissen des aerodynamischen Flugbereichs.

Zusammenhang von statischer und dynamischer Stabilität

Geht man von einem stabilen Flugzeug aus, so hat der Übergang von statischer Stabilität zur Instabilität grundsätzlich zur Folge, daß das Flugzeug auch dynamisch instabil wird, d.h. beim Auftreten von Störungen
kehrt das Flugzeug nicht mehr selbständig in den Gleichgewichtszustand
zurück, sondern entfernt sich immer mehr davon. Dies ergibt sich aufgrund der Verknüpfung zwischen Wurzeln und Koeffizienten der charakteristischen Gleichung (Vieta'scher Wurzelsatz), wonach der absolute
Term D durch das Produkt der Wurzeln bestimmt ist:

$$D = - s_1 s_2 s_3 \ .$$

Das Vorhandensein von statischer Stabilität ($D > 0$) stellt demnach eine
notwendige Bedingung für dynamische Stabilität dar. Darüber hinaus bestehen noch weitergehende Zusammenhänge, die im folgenden dargelegt
werden. Betrachtet man zunächst den Fall ohne geschwindigkeitsabhängige
Nickmomente ($M_u = 0$), so gilt für die statische Stabilität nach (4.3.47)

$$X_u M_\Theta > 0 \ . \tag{4.3.48}$$

Dies ist für die folgenden beiden Kombinationen erfüllt:

$$\text{Kombination I :} \quad M_\Theta < 0 \ , \quad X_u < 0 \ ,$$
$$\text{Kombination II:} \quad M_\Theta > 0 \ , \quad X_u > 0 \ .$$

Zieht man nun die Untersuchung der dynamischen Stabilität bei einem
Lagesystem aus Abschn. 4.3.6 in Betracht, so zeigt sich für die Kombination I, daß statische Stabilität bei vorhandener Nickdämpfung $M_q < 0$
nicht nur notwendig, sondern hinreichend für dynamische Stabilität ist.
Jedoch ist bei $M_q > 0$, d.h. bei einem entdämpfenden Moment, das Flugzeug

instabil, wobei für $M_q^2 < 4|M_\Theta|$ die Instabilität in Form einer instabilen
Schwingung auftritt. Weiter zeigt sich für die Kombination I, daß statische Instabilität <u>stets</u> zu dynamischer Instabilität führt, und zwar
in Form von aperiodisch aufklingenden Bewegungen. Dies gilt nicht nur
infolge positiver M_Θ-Werte, sondern auch infolge positiver X_u-Werte.

Anders liegen der Verhältnisse bei der Kombination II. Hier liefert
(4.3.39) <u>stets</u> zwei positiv reelle Wurzeln, denen zwei aperiodisch instabile Eigenbewegungsformen entsprechen. Dies würde das statische Sta-
bilitätskriterium (4.3.48) nicht anzeigen. Jedoch existieren in diesem
Fall Besonderheiten im Zusammenhang von statischer Stabilität und Steuerbarkeit, die später noch behandelt werden.

Betrachtet man nun den Einfluß geschwindigkeitsabhängiger Nickmomente
($M_u \neq 0$), so zeigt sich grundsätzlich, daß positive M_u-Werte die statische Stabilität erhöhen, während bei negativen M_u-Werten der gegenteilige Effekt eintritt. Der Zusammenhang mit der dynamischen Stabilität
ergibt sich aus den Betrachtungen in Abschn. 4.3.5 und 4.3.6. Hier
seien die Verhältnisse für die obige Kombination I (mit $M_q < 0$) als
stabilem Ausgangsfall näher diskutiert. Für negative M_u-Werte, die den
Wert

$$M_{u1} = - (X_u/g)M_\Theta$$

unterschreiten, liegt statische Instabilität vor, die mit einer aperiodisch instabilen Bewegungsform kombiniert ist, vgl. hierzu auch
(4.3.43). Dies ist in Bild 4.3.18 erläutert. Die durch positive M_u-
Werte hervorgerufene Erhöhung der statischen Stabilität ist hinreichend
für die Vermeidung von aperiodisch instabilen Bewegungsformen. Allerdings ist dynamische Instabilität möglich, falls M_u den Wert (vgl. auch
(4.3.43))

$$M_{u2} = [M_q M_\Theta - X_u M_q (X_u + M_q)]/g$$

übersteigt. Dies äußert sich jedoch stets in einer instabilen Schwingungsform, Bild 4.3.18. Weiter folgt aus diesen Überlegungen für die
Kombination I (mit $M_q < 0$), daß im Bereich

$$M_{u1} < M_u < M_{u2}$$

statische Stabilität ein notwendiges und hinreichendes Kriterium für
dynamische Stabilität ist.

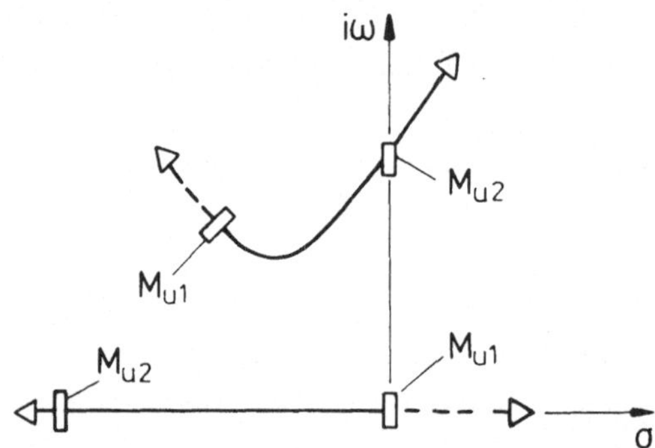

Bild 4.3.18. Einfluß von M_u auf die Zuordnung von statischer und dynamischer Stabilität (Kombination I)

———— statisch stabil

----- statisch instabil

Zusammenhang_von_statischer_Stabilität_und_Steuerbarkeit

Die für die statische Steuerbarkeit maßgebenden Kenngrößen im aerodynamisch getragenen Flug sind die Verläufe von Steuerkraft ("loses Ruder") und Steuerausschlag δ_Θ ("festes Ruder") in Abhängigkeit von der Geschwindigkeit. Sie stellen unmittelbar ein Maß für die statische Stabilität der Flugzeuge dar. Auch im Schwebeflug gelten ähnliche Zusammenhänge. Für den Gradienten $du/d\delta_\Theta$ als der stationären Zuordnung der Änderungen von u und δ_Θ erhält man aus (4.3.3) mit $X_\Theta = 0$ und $Z_{\delta\Theta} = 0$ (und für $s = 0$ als dem der stationären Änderung entsprechenden Wert):

$$\frac{du}{d\delta_\Theta} = - \frac{M_{\delta\Theta}g + X_{\delta\Theta}M_\Theta}{X_u M_\Theta + M_u g} \; . \tag{4.3.49}$$

Aus dieser Beziehung folgt, daß der Gradient $du/d\delta_\Theta$ ein Maß für die statische Stabilität darstellt. Setzt man die übliche Relation $|X_{\delta\Theta}M_\Theta| < |M_{\delta\Theta}g|$ voraus, so ist auch die Vorzeichenrelation zwischen den beiden Größen fest. Dementsprechend bezeichnet man unter Berücksichtigung der Tatsache, daß bei statischer Stabilität entsprechend (4.3.47) $X_u M_\Theta + gM_u > 0$ gilt, die folgende Relation als "stabilen Gradienten" (mit $M_{\delta\Theta} > 0$):

$$\frac{du}{d\delta_\Theta} < 0 \; .$$

Dies bedeutet, daß ein buglastiges Nicksteuermoment $M_{\delta\Theta}\delta_\Theta < 0$ zu einer Geschwindigkeitszunahme $du > 0$ führt, während bei einem hecklastigen Moment der umgekehrte Effekt eintritt.

Die Diskussion der grundsätzlichen Merkmale ist noch um einen bestimmten Punkt zu ergänzen. Dies betrifft den Zusammenhang zwischen den statischen Änderungen von u und Θ, wie er in bestehenden Flugeigenschaftsrichtlinien beschrieben wird, [3, 10], oder wie er auch durch die Festlegung von Θ/δ_Θ zusätzlich zu u/δ_Θ bestimmt ist, wobei letzteres für den Transitionsflug ebenfalls in [3, 10] gefordert wird. Hierbei stellt eine Festlegung des Vorzeichens von Θ/u implizit auch eine Aussage zur statischen Stabilität dar, die insbesondere für die obige Kombination II von Bedeutung ist. Für die Relation zwischen Θ und u erhält man unter Vernachlässigung von $X_{\delta\Theta}$ aus der X-Kraftgleichung $X_u u - g\Theta = 0$:

$$\Theta/u = X_u/g \; .$$

Fordert man, daß ein negativer Nickwinkel $\Theta < 0$ mit einer positiven Geschwindigkeit $u > 0$ verknüpft ist, so muß gelten $X_u < 0$. Eine solche Festlegung betrifft unmittelbar die obige Kombination II, die damit als unzulässig erklärt wird, während dies bei alleiniger Betrachtung des Koeffizienten D als dem statischen Stabilitätsmaß nicht erkennbar ist. Für nicht vernachlässigbare Werte von $X_{\delta\Theta}$ ist eine gesonderte Betrachtung erforderlich.

4.3.8 Ausgeführte Steuersysteme

Beim Entwurf eines Steuersystems muß außer der Betrachtung der gewünschten statischen Bedingungen (z.B. Zuordnung zwischen Knüppelstellung und Lagewinkel oder etwa Erzielung ausreichender Steuermomente, vgl. Kap. 7) und des grundsätzlichen dynamischen Verhaltens entsprechend den vorherigen Abschnitten auch die Untersuchung des Gesamtsystems unter Einschluß des Eigenverhaltens der verschiedenen Komponenten wie Stellmotore, Kreisel usw. vorgenommen werden. Dies sei zunächst am Beispiel des Steuersystems der VJ 101 C-X1 gezeigt, das schematisch mit seinen wesentlichen Elementen in Bild 4.3.19 für den Schwebeflug dargestellt ist. Der Übersicht wegen wurden alle Funktionen der Steuerungsanlage, die nicht den Schwebeflug betreffen, fortgelassen. Die mit großen Buchstaben gekennzeichneten Blöcke stellen die erwähnten Komponenten des Steuersystems dar, deren dynamisches Verhalten durch die in Tabelle 4.3.4 zusammengestellten Übertragungsfunktionen wiedergegeben ist.

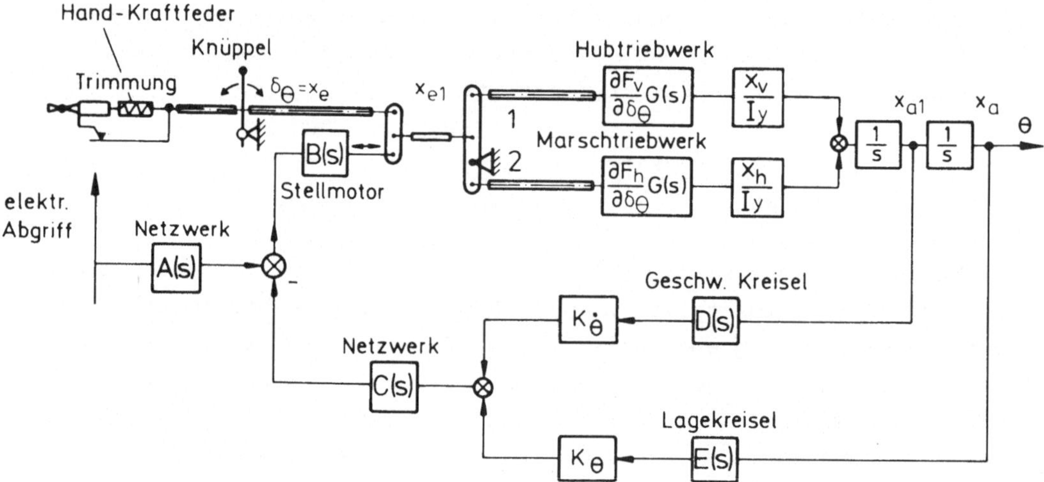

Bild 4.3.19. Schematischer Aufbau des Nicksteuersystems der VJ 101 C
(nur Schwebeflugfunktion)

Komponente	Übertragungsfunktion	Beispielwerte
Stellmotor	$B(s) = \dfrac{b}{s} \dfrac{1 + T_1 s}{(1 + T_2 s)}$	$T_1 = 0{,}3$ s $T_2 \approx 0$
Geschwindig-keitskreisel	$D(s) = \dfrac{d}{1 + (2\zeta/\omega_0)s + s^2/\omega_0^2}$	$\zeta = 0{,}4$ $\omega_0 = 75$ rad/s
Netzwerke	$A(s), C(s) = \dfrac{1 + T_1 s}{1 + \alpha T_1 s}$	Voreilnetzwerk $T_1 = 1{,}0$ s $\alpha = 0{,}1$
Triebwerk	$G(s) = \dfrac{1}{1 + T_f s}$	$T_f = 0{,}15$ s

Tabelle 4.3.4. Übertragungsfunktionen einzelner Komponenten eines VTOL-Steuersystems im Schwebeflug

Für die Übertragungsfunktionen einzelner Zwischenstufen in dieser Steuerung entsprechend Bild 4.3.19 gilt

$$x_{e1} = x_e + x_e A(s)B(s) - x_{a1}D(s)K_{\dot\Theta}C(s)B(s) - x_a E(s)K_\Theta C(s)B(s) \; ,$$

$$x_{a1} = x_{e1}\left(\frac{dF_v}{d\delta_\Theta} G(s) \frac{x_v}{I_y} + \frac{dF_h}{d\delta_\Theta} G(s) \frac{x_h}{I_y}\right) \frac{1}{s} = x_{e1} M_{\delta\Theta} \frac{G(s)}{s} \; ,$$

$$x_a = x_{a1}/s \; .$$

4.3 Längsbewegung

Daraus erhält man für die Übertragungsfunktion des gesamten Steuersystems mit $\Theta(s)/\delta_\Theta(s) = x_a(s)/x_e(s)$:

$$\frac{\Theta(s)}{\delta_\Theta(s)} = \frac{[1 + A(s)B(s)]M_{\delta\Theta}G(s)}{s^2 + C(s)B(s)[sD(s)K_{\dot\Theta} + E(s)K_\Theta]M_{\delta\Theta}G(s)} \; . \qquad (4.3.50)$$

Berücksichtigt man nun die Ausdrücke aus Tabelle 4.3.4, so erhält man unter der Annahme, daß wegen der hohen Eigendynamik der Kreisel für den hier interessierenden Frequenzbereich $D(s) \approx d$ und $E(s) \approx e$ gesetzt werden kann, für die Übertragungsfunktion:

$$\frac{\Theta(s)}{\delta_\Theta(s)} = \frac{M_{\delta\Theta}[s(1+0,1s) + b(1+s)(1+0,3s)]}{s^3(1+0,1s)(1+0,15s) + bM_{\delta\Theta}(1+s)(1+0,3s)(sdK_{\dot\Theta}+eK_\Theta)} \; . \qquad (4.3.51a)$$

Darin sind die Größen $M_{\delta\Theta}$, b, $dK_{\dot\Theta}$ und eK_Θ noch zu bestimmen. Das die Lagerückführung insgesamt kennzeichnende Produkt eK_Θ errechnet sich aus der Forderung, daß der asymptotische Grenzwert nach einem sprungförmigen Steuerausschlag z.B. durch

$$\lim_{t\to\infty} \frac{\Theta}{\delta_\Theta} = 1$$

gegeben sein soll. Aus dem entsprechenden Grenzwert im Laplace-Bereich $(s \to 0)$ folgt dann

$$\frac{\Theta}{\delta_\Theta} = 1 = \frac{1}{eK_\Theta} \quad \text{bzw.} \quad eK_\Theta = 1 \; .$$

Der Wert des Nicksteuermomentes $M_{\delta\Theta}$ ergibt sich aus der benötigten Steuerbeschleunigung. Für einen vollen Knüppelausschlag von $\delta_\Theta = 16,6^\circ$ ($=0,29$ rad) betrug die erreichte Winkelbeschleunigung $\ddot\Theta = 0,58$ rad/s^2. Aus der Grenzwertbildung von (4.3.51a) bei sprungförmigem δ_Θ liefern diese Werte

$$M_{\delta\Theta} = 2,0 \; s^{-2}$$

Die beiden betragsmäßig größten Wurzeln des Nennerpolynoms von (4.3.51a) entsprechen für die hier interessierenden Werte von b und $dK_{\dot\Theta}$ einem Frequenzniveau, das außer Betracht bleiben kann. Damit läßt sich der Nenner näherungsweise auf ein Polynom 3. Grades reduzieren. Berücksich-

tigt man die obigen Zahlenwerte von eK_Θ und $M_{\delta\Theta}$, so erhält man für die
Übertragungsfunktion (4.3.15a)

$$\frac{\Theta(s)}{\delta_\Theta(s)} = \frac{1 + (1,3+1/b)s + (0,3+0,1/b)s^2}{1 + (1,3+dK_{\dot\Theta})s + (0,3+1,3dK_{\dot\Theta})s^2 + (0,5/b+0,3dK_{\dot\Theta})s^3} \qquad (4.3.51b)$$

Mit den noch nicht festgelegten Größen b und $dK_{\dot\Theta}$ lassen sich nun weitere Verbesserungen hinsichtlich Zeitverhalten und Folgsamkeit der Steuerung erreichen. In der folgenden Tabelle 4.3.5 sind vier Beispiele wiedergegeben. Ergänzend hierzu zeigt Bild 4.3.20 den Phasen- und Amplitu-
denverlauf in logarithmischer Darstellung. Es gibt einen Einblick in
die Dynamik und Folgsamkeit des betrachteten Nicksteuerungssystems und
läßt den Einfluß verschiedener Aufschaltungen erkennen.

Beispiel	b	$dK_{\dot\Theta}[s]$	Übertragungsfunktion
I	1	1	$\dfrac{1 + 2,3s + 0,4s^2}{(1 + 1,62s)(1 + 0,68s + 0,50s^2)}$
II	1	0,5	$\dfrac{1 + 2,3s + 0,4s^2}{(1 + 1,45s)(1 + 0,35s + 0,45s^2)}$
III	2	1	$\dfrac{1 + 1,8s + 0,35s^2}{(1 + 1,46s)(1 + 0,84s + 0,38s^2)}$
IV	2	0,5	$\dfrac{1 + 1,8s + 0,35s^2}{(1 + 1,30s)(1 + 0,50s + 0,31s^2)}$

Tabelle 4.3.5. Übertragungsfunktion für verschiedene Werte von b und $dK_{\dot\Theta}$

Der schematische Aufbau der Schwebeflugsteuerungen der Do 31 entspricht
im wesentlichen dem der VJ 101 C. Bild 4.3.21 zeigt das Blockschaltbild der Nicksteuerung. Auch hier wird dem mechanischen Steuerkommando
über einen elektrischen Abgriff und einen Stellmotor ein Signal für
die Beeinflussung von Lage- und Geschwindigkeitsverhalten überlagert.
Zur Erzielung möglichst hoher Anfangsbeschleunigungen und aus Sicherheitsgründen hat der Pilot über das Gestänge einen direkten Zugriff zum
Steuermomentenerzeuger (Heckdüse). Parallel dazu wirkt eine Knüppel-
verstellung als Führungsgröße für den Regler. Wie in der Nickachse wird
auch in der Rollachse von der Knüppelstellung eine Sollage kommandiert,

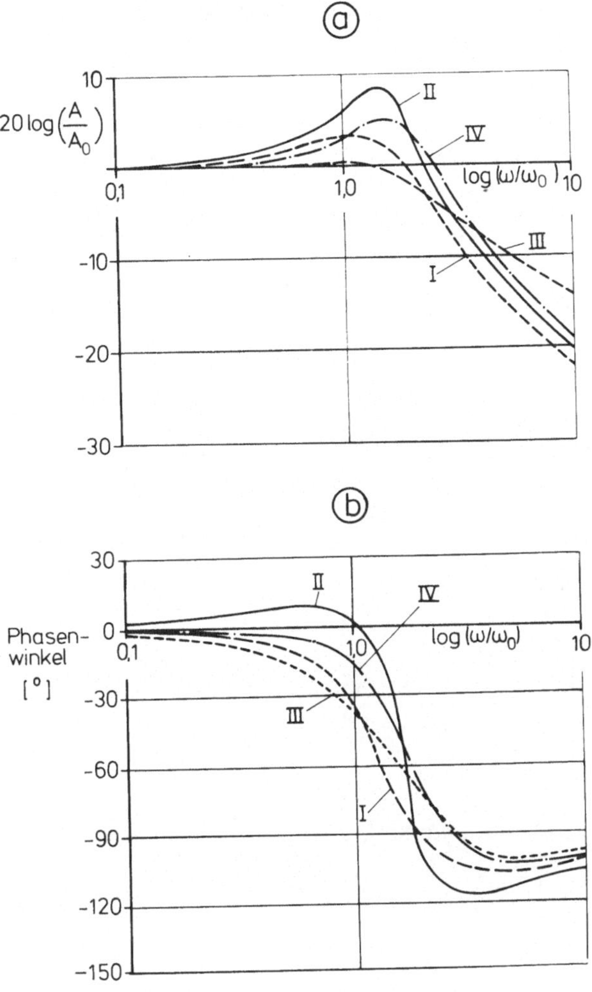

Bild 4.3.20. Amplituden- und Phasenverlauf für verschiedene Aufschaltungen von b und dK_Θ (Beispiele I bis IV nach Tabelle 4.3.5)

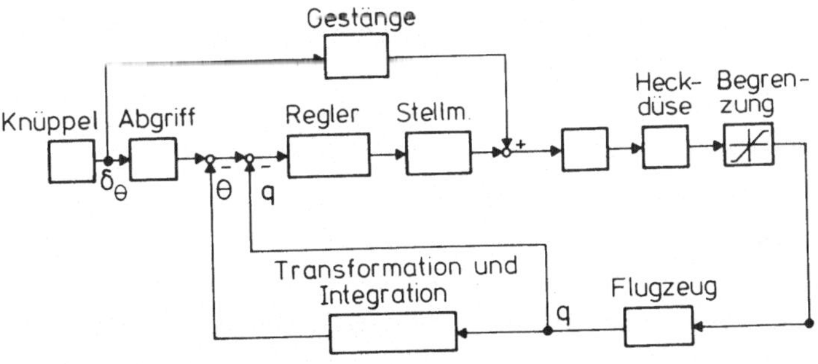

Bild 4.3.21. Blockschaltbild des Nicksteuersystems der Do 31 (nur Schwebeflugfunktion), nach [17]

während in der Gierachse über die Pedalstellung eine Soll-Winkelge-
schwindigkeit vorgegeben wird. Die genaue Zuordnung der Knüppelstellung
zur Nicklage ist in Bild 4.3.22 dargestellt. Zur Erleichterung der
Steuerung während der Landetransition dient eine Nicklagenvorwahlein-
richtung, die es dem Piloten gestattet, vor einer geplanten Konfigurationsänderung die zugehörige Nicklage mit einem Schalter vorzuwählen
und im geeigneten Augenblick über einen Druckschalter am Steuerknüppel
auszulösen.

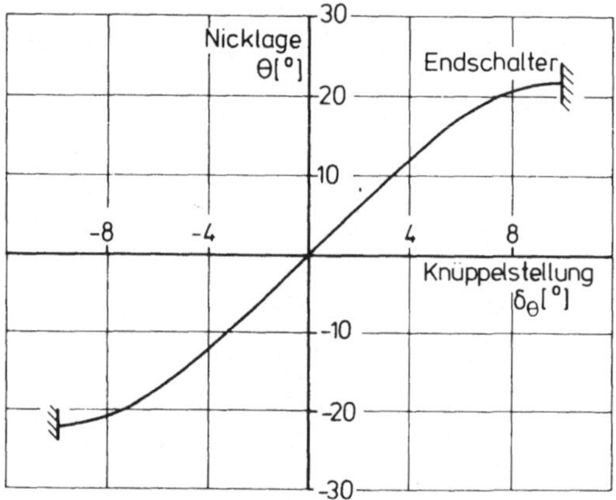

Bild 4.3.22. Zuordnung von Nicklage und Knüppelstellung bei der Do 31,
nach [17]

Die Steuerung der VAK 191 B ist schematisch in Bild 4.3.23 wiedergegeben. Dies ist ein Beispiel für ein Steuersystem mit elektrischer Signalübertragung (Fly-by-wire), das gegenüber den mechanischen Systemen
gerade für Senkrechtstartflugzeuge mit ihren komplexen Steuerungen bedeutende Vorteile aufweist. Die Zuverlässigkeit der Signalübertragung
wird durch die dreifache Ausführung des elektrischen Systems sowie durch
die doppelte Ausführung des Hydrauliksystems gewährleistet. Eine vorhandene mechanische Verbindung zwischen dem Steuerknüppel und den Steuer-
ventilen der Ruderstellmotore ist normalerweise nicht im Eingriff, kann
jedoch vom Pilot eingekuppelt werden, wenn die gesamte elektrische
Signalverbindung ausfallen sollte. Wie aus dem Bild 4.3.23 außerdem zu
erkennen ist, sind auch hier die Steuerdüsen mit den aerodynamischen
Rudern gekoppelt. Ferner wird ein Steuer- und Stabilisierungssystem verwendet, das dem Flugzeug in der Schwebeflug- und Transitionsphase die
gewünschten dynamischen Eigenschaften gibt.

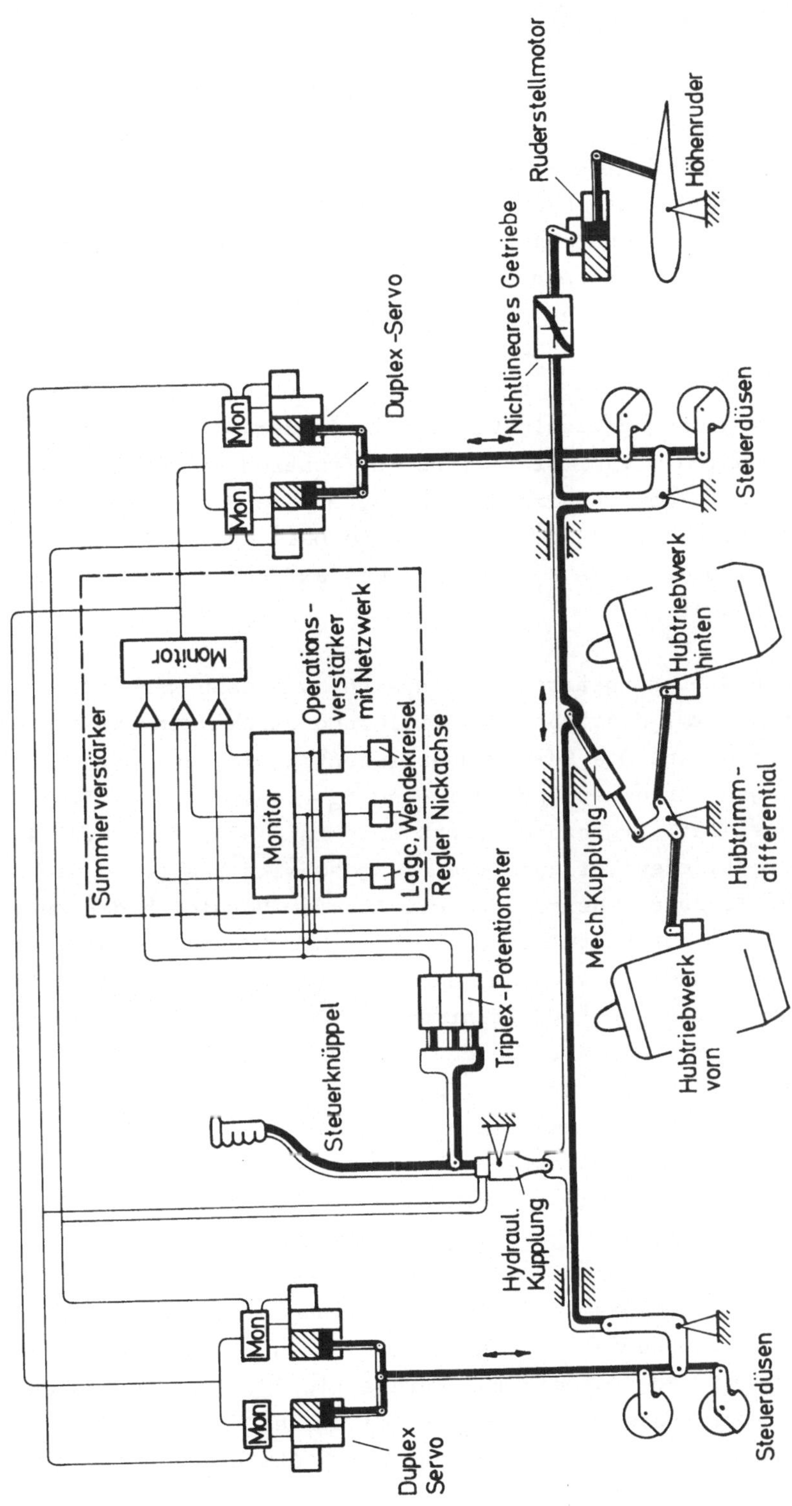

Bild 4.3.23. Nicksteuerung der VAK 191 B, nach [15], vgl. auch [12] (MON: Monitor)

4.3.9 Einfluß von Dämpfung und Stabilisierung auf die verfügbare Steuerwirksamkeit

Im Schwebeflug wird die Leistung zum Erzeugen der Steuermomente vom Antriebssystem aufgebracht. Da das Antriebssystem bereits die Vertikalkraft zum Ausgleich des Flugzeuggewichts liefern muß, ist man bestrebt, die zusätzliche Leistung für die Steuerung möglichst klein zu halten. Daher ist mit begrenzten Steuermomenten zu rechnen. Unter Berücksichtigung solcher Begrenzungen können die Rückführmomente zur Dämpfung und Stabilisierung die erreichbaren Drehgeschwindigkeits- und Nicklagewerte schmälern. Dieser Effekt beruht darauf, daß die Geschwindigkeits- und Lagerückführungen Momente erzeugen, die der Drehgeschwindigkeit bzw. Winkeländerung entgegengerichtet sind. Die daraus resultierenden positiven Auswirkungen (Stabilität) sind in früheren Abschnitten diskutiert worden. Im folgenden wird die angesprochene Frage der erzielbaren Drehgeschwindigkeits- und Nicklagewerte bei begrenzter Steuerwirksamkeit am Beispiel des Antwortverhaltens auf sprungförmige Steuerbetätigungen behandelt.

Die verschiedenen Steuerungsarten lassen sich, wie oben gezeigt, in ihrer einfachsten Form, d.h. ohne Modifizierung durch Netzwerke, analytisch leicht darstellen. Die Bewegungsdifferentialgleichungen und ihre jeweiligen Lösungen für einen Sprungeingang $\delta_\Theta = \text{const}$ sind in Tabelle 4.3.6 zusammengestellt. Ergänzend hierzu sind in den Bildern 4.3.24 und 4.3.25 die zeitlichen Verläufe von Drehgeschwindigkeit und Nicklage für realistische T_1- und ζ-Werte gezeigt. Aus dem Vergleich der Kurven geht hervor, daß bei der Beschleunigungssteuerung Drehgeschwindigkeit und Nicklage unvermindert anwachsen, während sie bei Geschwindigkeits- und Lagesteuerung infolge der Rückführmomente jeweils bestimmten Grenzwerten zustreben. Die Grenzwerte werden mit zunehmender Rückführaufschaltung verringert. Dieses Ergebnis bedeutet, daß bei gleicher installierter Steuerbeschleunigung die Antwort des Systems auf Steuereingaben mit verstärkter Rückführaufschaltung kleiner wird. Hierbei ist, wie oben erwähnt, zu bedenken, daß die Steuerbeschleunigung im Schwebeflug durch das Antriebssystem geliefert wird und somit der verfügbare Maximalwert engen Grenzen unterliegt. Daraus ergibt sich, daß es auch mit Rücksicht auf die Folgsamkeit einer Steuerung nicht wünschenswert sein kann, die Rückführungen zu hart aufzuschalten. Andererseits gibt es Möglichkeiten, die Folgsamkeit für kurzzeitige Steuereingaben durch Voreilnetzwerke zu verbessern, von denen bei ausgeführten Steuersystemen weitgehend Gebrauch gemacht wird, vgl. auch Abschn. 4.3.8 und Bild 4.3.19.

Beschleunigungs-steuerung	Geschwindigkeits-steuerung	Lagesteuerung
$\ddot{\Theta} = M_{\delta\Theta}\delta_\Theta$	$\ddot{\Theta} - M_q\dot{\Theta} = M_{\delta\Theta}\delta_\Theta$	$\ddot{\Theta} - M_q\dot{\Theta} - M_\Theta\Theta = M_{\delta\Theta}\delta_\Theta$
$\dot{\Theta} = M_{\delta\Theta}\delta_\Theta t$	$\dot{\Theta} = M_{\delta\Theta}\delta_\Theta T_1 \left(1 - e^{-t/T_1}\right)$	$\dot{\Theta} = (M_{\delta\Theta}\delta_\Theta/\omega)\, e^{-t/(2T_1)} \sin\omega t$
$\Theta = M_{\delta\Theta}\delta_\Theta t^2/2$	$\Theta = M_{\delta\Theta}\delta_\Theta T_1^2 \left[t/T_1 - \left(1 - e^{-t/T_1}\right)\right]$	$\Theta = 4M_{\delta\Theta}\delta_\Theta \zeta^2 T_1^2 \left[1 - e^{-t/(2T_1)}\left(\cos\omega t + \dfrac{\zeta}{\sqrt{1-\zeta^2}}\sin\omega t\right)\right]$
$T_1 = -\dfrac{1}{M_q}$	$\zeta = -\dfrac{M_q}{2\sqrt{-M_\Theta}}$	$\omega = \dfrac{\sqrt{1-\zeta^2}}{2\zeta T_1}$

Tabelle 4.3.6. Verhalten verschiedener Steuersysteme bei sprungförmiger Steuerbetätigung

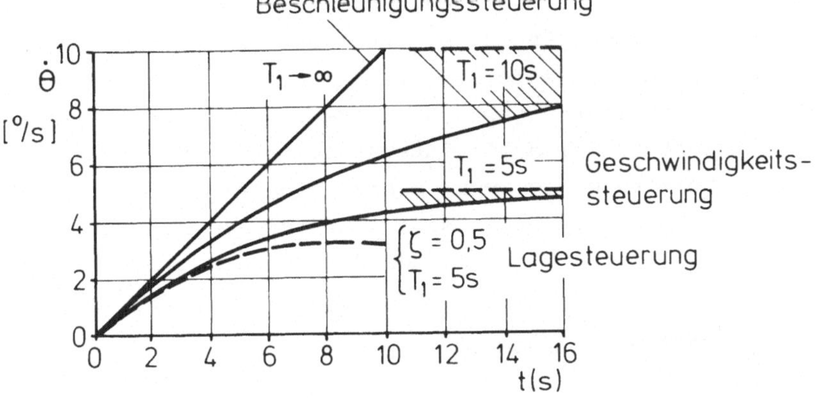

Bild 4.3.24. Nickgeschwindigkeitsantwort verschiedener Steuersysteme auf einen Einheitssprung $M_{\delta\Theta}\delta_\Theta = 1\ °/s^2$

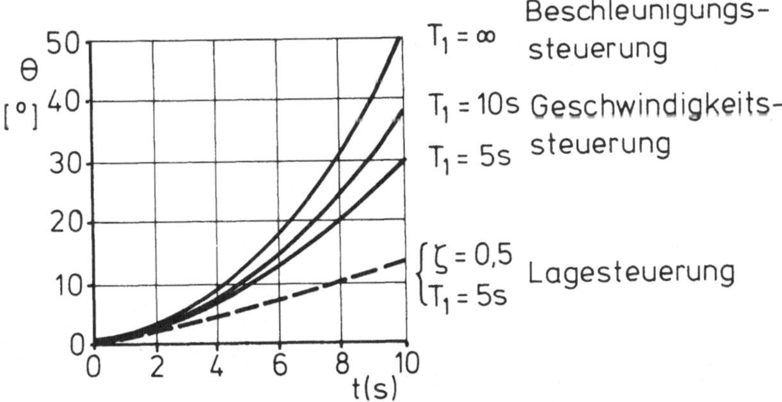

Bild 4.3.25. Nicklageantwort verschiedener Steuersysteme auf einen Einheitssprung $M_{\delta\Theta}\delta_\Theta = 1\ °/s^2$

4.3.10 Kopplung zwischen Momenten- und Hubsteuerung (Minussteuerung)
Grundsätzliche Wirkungsweise

Die zum Erzeugen der Steuermomente benötigte Leistung muß von den vorhandenen Triebwerken aufgebracht werden, so daß sie nicht mehr für die Erzeugung von Hubschub zur Verfügung steht. Der zusätzlich zu installierende Schub für die Steuermomente ist bei der Aufstellung der Schubbilanz zu berücksichtigen (vgl. hierzu auch Kap. 8). Er bewirkt eine entsprechende Erhöhung der direkten Flugkosten und damit eine Minderung der Wirtschaftlichkeit.

Bei einer reinen Momentensteuerung, die häufig auch als "Plus-Minus"-Steuerung bezeichnet wird, besteht als Vorteil eine klare Trennung zwischen Momenten- und Hubsteuerung. Die verfügbaren Steuermomente sind ausreichend groß zu wählen, so daß auch sehr selten auftretende große Störungen angesteuert werden können. Die aus Schwebeflugversuchen nach [16] gewonnene Verteilung der aufgebrachten Nicksteuermomente, Bild 4.3.26, zeigt die zu erwartende große Häufigkeit bei kleinen Steuermomenten und demonstriert zugleich die äußerst geringe Ausnutzung der installierten großen Momentenwerte, vgl. hierzu auch [14]. Es liegt deshalb bei der Auslegung der Steuerung nahe, nur für denjenigen Teil eine reine Momentensteuerung vorzusehen, in dem die Steuermomente mit großer

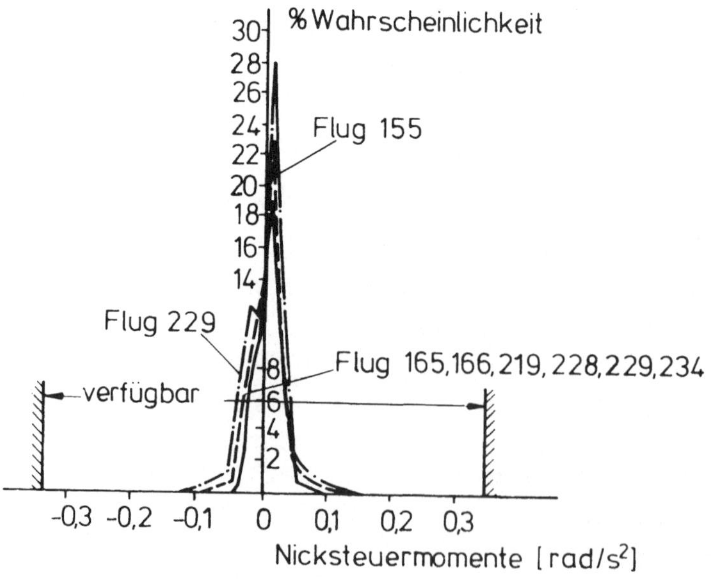

Bild 4.3.26. Häufigkeitsverteilung der benötigten Nicksteuermomente, Flugversuchsergebnisse mit dem Do-31-Schwebegestell, nach [16]

Häufigkeit benötigt werden. Beim relativ selten vorkommenden Bedarf
nach größeren Werten sind dann die Steuermomente unter Inanspruchnahme
des Hubschubes aufzubringen. Dieses von S. Günter vorgeschlagene und
bei der VJ 101 C realisierte Prinzip wird als "Minussteuerung" bezeichnet.

Die selten vorkommenden größeren Steuereingaben führen dann kurzzeitig
zu einer geringfügigen negativen Vertikalbeschleunigung. d.h. ein Unterschreiten der Schwebeflugbedingung $F = mg$ (daher die Bezeichnung
"Minussteuerung"). Dieser Austausch zwischen Steuerschub zum Erzeugen
der Winkelbeschleunigungen und erforderlichem Hubschub zum Vertikalflug
ist jedoch nur dann möglich, wenn die den Hubschub erzeugenden, exzentrisch angeordneten Antriebssysteme (Hubtriebwerke, Hubbläser oder
Luftschrauben) zugleich über Schubmodulation auch die Momentensteuerungen übernehmen können.

Das Verhalten der beschriebenen Steuerungen sei an einem VTOL-Flugzeug
mit symmetrisch in Längsrichtung angeordneten Hubtriebwerken ($x_v = x_h$)
für die Nickbewegung erläutert, Bild 4.3.27. Zur Behandlung der grundsätzlichen Problematik kann man von den Verhältnissen bei einer Beschleunigungssteuerung ausgehen, die einen einfachen analytischen Zugang zu der vorliegenden Fragestellung ermöglicht.

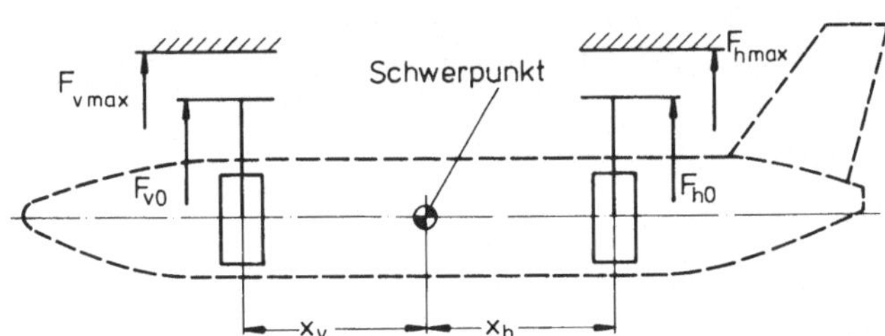

Bild 4.3.27. Nicksteuerung durch Schubmodulation

Das durch den Index "0" gekennzeichnete stationäre Gleichgewicht im
Schwebeflug ist gegeben durch

$$F_{v0} + F_{h0} = mg \ . \qquad\qquad (4.3.52)$$

Um eine positive Steuerbeschleunigung zu erzielen, wird zunächst der
Schub F_h um den gleichen Betrag erniedrigt, wie F_v erhöht wird. Solange
hierbei $F_v \leqq F_{vmax}$ gilt, arbeitet man mit einer reinen Momentensteuerung.

Ein größeres Steuermoment kann dann nur noch dadurch erreicht werden,
daß man F_h weiter absenkt, während F_v wegen $F_v = F_{vmax}$ nicht mehr erhöht
werden kann und daher konstant bleibt. Um ein lineares Anwachsen der
Steuermomente zu erreichen, muß F_h bei gleicher Betätigung des Steuer-
knüppels um den doppelten Wert vermindert werden. Dies wird bei der
VJ 101 C durch eine kinematisch in geeigneter Weise ausgeführte Verstellung der Schubhebel bewirkt, die schematisch in Bild 4.3.28 dargestellt ist. Sobald der Schubhebel eines Triebwerks den Anschlag bei
maximalem Schub erreicht hat, vergrößert sich der wirksame Hebelarm für
die Schubverstellung des Gegentriebwerks auf die doppelte Länge. Damit
bleibt die erzielte Drehbeschleunigung auch im Bereich der Minussteuerung proportional zum Knüppelausschlag.

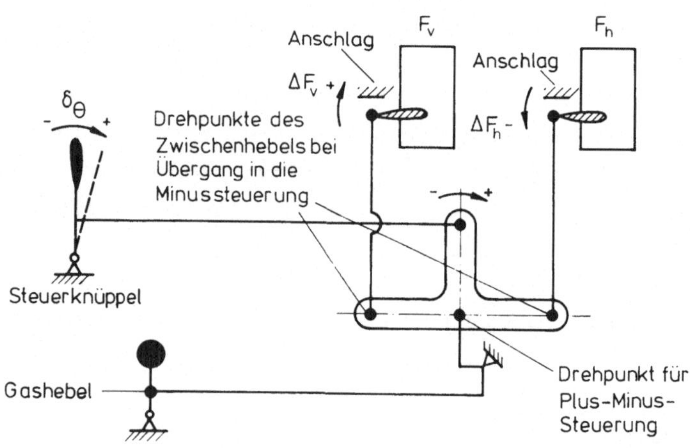

Bild 4.3.28. Kinematik der Minussteuerung der VJ 101 C (schematisch)

Verfügbare Vertikalbeschleunigung beim Schweben

Die erreichbare Nickbeschleunigung ergibt sich für das in Bild 4.3.27
betrachtete Flugzeug mit $x_{vh} = x_v = x_h$ zu

$$\ddot{\Theta} = \frac{M}{I_y} = \frac{x_{vh}}{mi_y^2} (F_v - F_h) \; .$$

Mit $F_v = F_{v0} + \Delta F_v$ und $F_h = F_{h0} + \Delta F_h$ wird daraus wegen $F_{v0} = F_{h0}$

$$\ddot{\Theta} = \frac{x_{vh}}{i_y^2} \left(\frac{\Delta F_v}{m} - \frac{\Delta F_h}{m} \right) \; . \tag{4.3.53}$$

Die Grenze der reinen Momentensteuerung ist erreicht, wenn bei positiver Nickbeschleunigung ($\ddot{\Theta} > 0$) am vorderen Triebwerk $\Delta F_v = \Delta F_{vmax} = F_{vmax} - F_{v0}$ oder bei negativer Nickbeschleunigung ($\ddot{\Theta} < 0$) am hinteren Triebwerk $\Delta F_h = \Delta F_{hmax} = F_{hmax} - F_{h0}$ gilt.

Die Vertikalbeschleunigung bei Nicksteuereingaben beträgt

$$\ddot{H} = \frac{\Delta F_v + \Delta F_h}{m} \qquad (4.3.54a)$$

und ist im Bereich der reinen Momentensteuerung gleich Null. Nach Erreichen der Schubgrenze F_{vmax} oder F_{hmax} und weiterer Vergrößerung des Steuerausschlages tritt eine negative Vertikalbeschleunigung auf. Sie errechnet sich für das betrachtete schubsymmetrische Beispielflugzeug bei positiver Winkelbeschleunigung mit $F_v = F_{vmax}$ und $\Delta F_v = \Delta F_{vmax} = \Delta F_{hmax}$ aus (4.3.54a) zu

$$\ddot{H} = - \frac{|\Delta F_h| - \Delta F_{hmax}}{m} \; . \qquad (4.3.54b)$$

Die Änderung der Winkellage erfolgt, wie in Abschn. 4.3.4 erläutert, in zwei Steuerzyklen mit gegensinnigen Steuerausschlägen gleich großer Beträge. Dies ist in Bild 4.3.29 für den Fall einer positiven Lageänderung bei stufenweiser Vergrößerung der Nickbeschleunigung dargestellt.

$\|\Delta\ddot{\Theta}\|$ [rad/s²]	Triebwerk, vorn Phase I	II	Triebwerk, hinten Phase I	II	$\ddot{H}$ [m/s²]	
0	$\frac{\Delta F_v}{mg}$		$\frac{\Delta F_h}{mg}$		0	Plus-Minus-Steuerung
0,1	0,0125	−0,0125	−0,0125	0,0125	0	
0,2	0,025	−0,025	−0,025	0,025	0	
0,3	0,025	−0,050	−0,050	0,025	−0,245	Minus-steuerung
0,4	0,025	−0,075	−0,075	0,025	−0,490	
	t=0 t₁ 2t₁		t=0 t₁ 2t₁			

Bild 4.3.29. Steuerzyklen einer Minussteuerung in Form einer Beschleunigungssteuerung ($x_{vh} = 2{,}04$ m; $i_y = 2{,}24$ m; $F_{vmax} + F_{hmax} = 1{,}05$ mg)

Daraus ist ersichtlich, daß im Bereich $-0{,}2$ rad/s$^2 \leq \ddot{\theta} \leq 0{,}2$ rad/s^2 die
Steuerung als reine Momentensteuerung arbeitet. Erst in den Fällen, in
denen betragsmäßig größere Steuerbeschleunigungen benötigt werden, erfolgt der Übergang zur Minussteuerung, bei der kurzzeitig negative Ver-
tikalbeschleunigungen auftreten. Ergänzend hierzu zeigt Bild 4.3.30 den
Schubverlauf des vorderen und hinteren Triebwerks sowie die erzielbare
Nickbeschleunigung in Abhängigkeit vom Steuerausschlag. Das Bild macht
deutlich, wie trotz Erreichung der Schubgrenze am vorderen Triebwerk
die lineare Abhängigkeit zwischen $\ddot{\theta}$ und δ_θ erhalten bleibt.

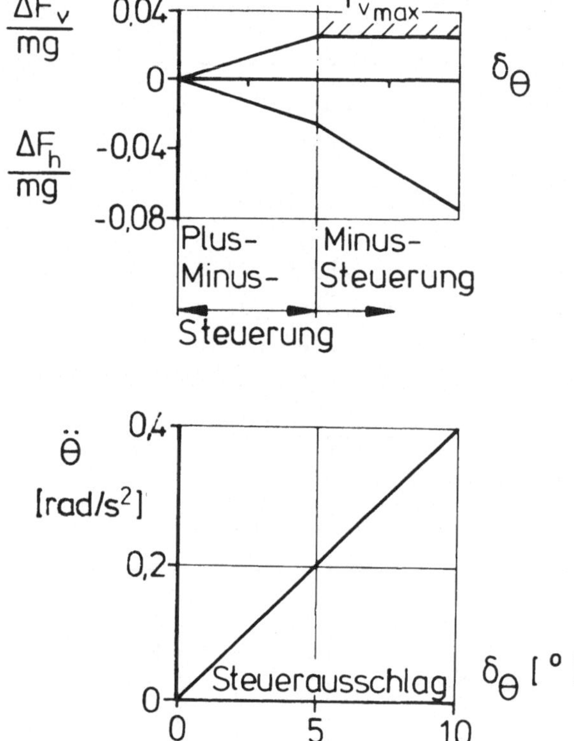

Bild 4.3.30. Schub und Beschleunigungsverlauf in Abhängigkeit vom Steuerausschlag bei einer Minussteuerung im Schwebeflug (Daten wie Bild
4.3.29)

<u>Verfügbare Vertikalbeschleunigung im senkrechten Steigflug</u>

Im senkrechten Steigflug sind die Verhältnisse ungünstiger, da beide
Triebwerksgruppen mit erhöhtem bzw. maximalem Schub arbeiten. Um aus
einem Steigflug mit maximalem Schub durch eine kommandierte Nicklageänderung eine Bahnkrümmung zum Einleiten eines Übergangsflugs zu errei-

chen, arbeitet die Steuerung stets als Minussteuerung, die allerdings
für das erforderliche Nickmanöver nur kurzzeitig wirksam ist. Mit der
folgenden Betrachtung soll für das bereits oben beschriebene Beispielflugzeug gezeigt werden, welchen Einfluß die Anwendung der Minussteuerung auf die Durchführung des Vertikalstarts hat.

Im vorliegenden Fall muß das Flugzeug in eine negative Nicklage gebracht werden, damit der Schubvektor eine Komponente in x-Richtung aufweist und eine Translationsbeschleunigung nach vorn möglich wird. Die
hierfür aufzubringende Nickwinkelbeschleunigung erfolgt wiederum in
zwei Steuerzyklen (Bild 4.3.31), bei denen der Zusammenhang zwischen
Winkelbeschleunigung und erforderlicher Schubänderung gegeben ist durch
$(x_{vh} = x_v = x_h)$:

$$\ddot{\Theta} = \frac{x_{vh}}{i_y^2} \frac{\Delta F_v}{m} \, , \qquad\qquad (4.3.55a)$$

bzw.

$$-\ddot{\Theta} = \frac{x_{vh}}{i_y^2} \frac{\Delta F_h}{m} \, . \qquad\qquad (4.3.55b)$$

Damit erhält man nach Abschn. 4.3.4, Tabelle 4.3.3 für die Lageänderung
unter Berücksichtigung der Ausgangsnicklage $\Theta(0) = 0$ und der halben Steu-
ergesamtzeit t_1:

$$\frac{\Theta}{\ddot{\Theta}\, t_1^2} = \frac{1}{2}\left(\frac{t}{t_1}\right)^2 \qquad\qquad \text{für} \quad 0 \leq t \leq t_1 \qquad (4.3.56a)$$

bzw.

$$\frac{\Theta}{\ddot{\Theta}\, t_1^2} = \frac{t}{t_1}\left(2 - \frac{t}{2t_1}\right) - 1 \qquad\qquad \text{für } t_1 \leq t \leq 2t_1 \, . \qquad (4.3.56b)$$

Für die weitere Berechnung des Steigvorgangs sei vorausgesetzt, daß
eine Nicklageänderung von $\Theta = 0$ auf $\Theta = -10^{\circ}$ in einer Steuerzykluszeit
von $2t_1 = 1,5$ s durchzuführen ist. Dem entspricht nach (4.3.56a,b) eine
Nickbeschleunigung von $\ddot{\Theta} = \pm\, 0,31$ rad/s^2. Die hierzu erforderliche Schubänderung beträgt mit den Daten des betrachteten Beispielflugzeugs
$(x_{vh} = 2,04$ m; $i_y = 2,24$ m) nach (4.3.55a,b):

$$\frac{\Delta F_v}{mg} = -\, 0,078 \quad \text{bzw.} \quad \frac{\Delta F_h}{mg} = -\, 0,078 \, .$$

Die daraus resultierende Abnahme der Vertikalbeschleunigung ergibt sich
zu $\ddot{H} = -0,76 \text{ m/s}^2$.

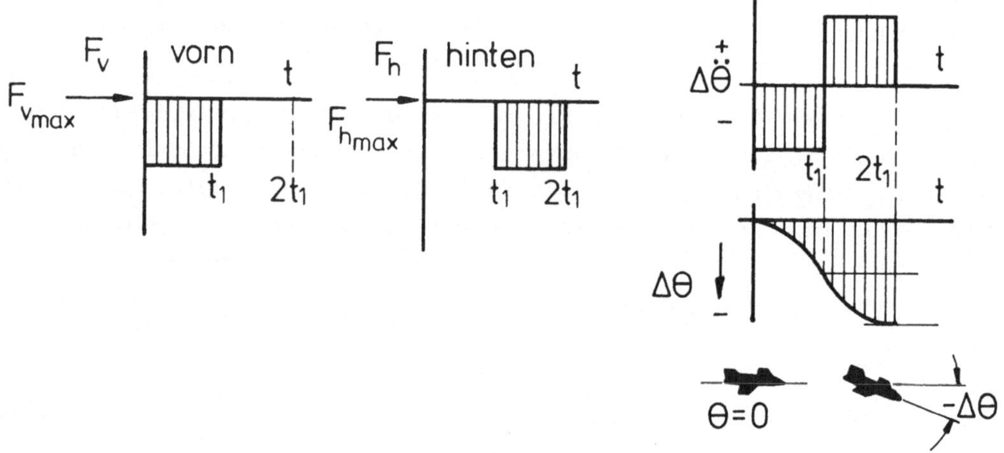

Bild 4.3.31. Steuerzyklen für eine Nicklageänderung im Steigflug unter
voller Inanspruchnahme der Minussteuerung

Bei der Ermittlung der Beschleunigung muß außerdem noch ein Effekt berücksichtigt werden, der auf der mit der Nicklageänderung verbundenen
Neigung des Schubvektors beruht und der darin besteht, daß als Vertikalschub nur mehr die Kosinuskomponente $F_{max}\cos\Theta$ wirksam ist. Die daraus resultierende Beschleunigungsverringerung wird deshalb auch als
"Kosinusverlust" bezeichnet. Für diesen, durch den Index "cos" gekennzeichneten Effekt gilt

$$\ddot{H}_{cos} = \frac{F_{vmax} + F_{hmax}}{m} \cos\Theta - g \ .$$
(4.3.57)

Berücksichtigt man nun diesen Effekt bei dem betrachteten Beispielflugzeug sowie die auf Grund der Minussteuerung entstehende Verringerung
von $\ddot{H} = -0,76 \text{ m/s}^2$, so erhält man für die tatsächlich verfügbare Vertikalbeschleunigung $\ddot{H}_{ges}$ während des Nicksteuerungsmanövers die in Tabelle 4.3.7 zusammengestellten Werte (mit $F_{vmax} + F_{hmax} = 1,05$ mg). Der
zugehörige zeitliche Verlauf der Steigbahn ist in Bild 4.3.32 gezeigt,
wobei hier vorausgesetzt wurde, daß das beschriebene Nicksteuermanöver
4 s nach Beginn des ungestörten Steigflugs mit einer Anfangsbeschleuni-
gung von $\ddot{H} = 0,49 \text{ m/s}^2$ einsetzt. Aus dieser Darstellung geht hervor, daß
trotz kurzzeitigen Eingreifens der Minussteuerung der vertikale Höhen-
gewinn nur geringfügig abgemindert wird. Als Maß für den Verlust an
Steighöhe kann der Unterschied zwischen der im ungestörten Flug er-

reichbaren Höhe und dem Wert des betrachteten Nicksteuermanövers angesehen werden, wie er im unteren Bildteil von 4.3.32 durch Schraffur
gekennzeichnet ist.

t [s]	0	0,375	0,75	1,025	1,50
Θ [°]	0	-1,25	-5	-8,75	-10
$\ddot{H}_{\cos}$ [m/s²]	0,49	0,49	0,45	0,37	0,33
$\ddot{H}_{ges} = \ddot{H}_{\cos} + \ddot{H}$ [m/s²]	-0,27	-0,27	-0,31	-0,39	-0,43

Tabelle 4.3.7. Effektiv verfügbare Vertikalbeschleunigung während eines
Nickmanövers mit Minussteuerung im Steigflug

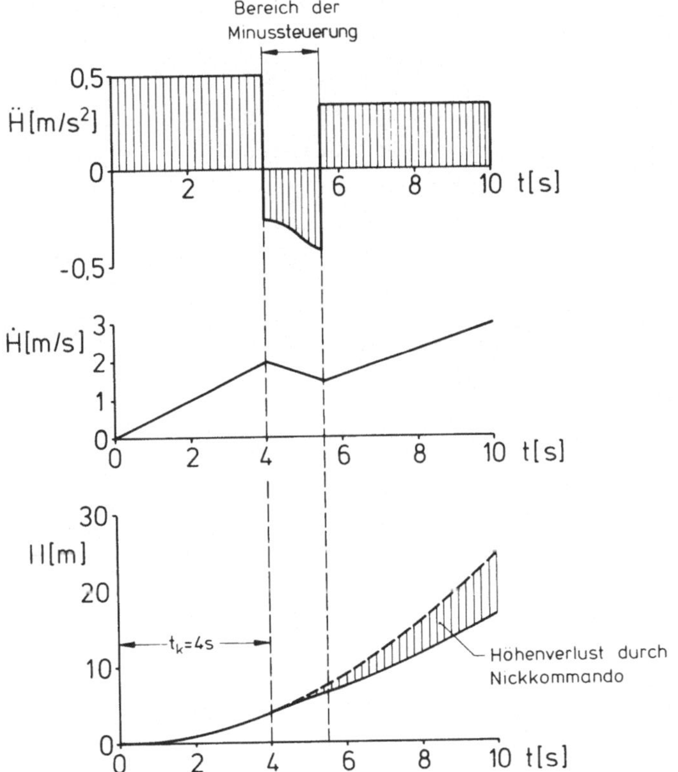

Bild 4.3.32. Zeitlicher Verlauf eines Steigfluges mit Nicksteuermanöver
zum Einleiten einer Transition ($\Delta\Theta = -10°$; $F_{max} = 1,05$ mg), nach [8]

Beginn des Manövers: $t_k = 4$ s
Dauer des Manövers : $\Delta t = 1,5$ s

Die Auswirkungen der Minussteuerung und des Kosinusverlustes auf die
Steigflugleistungen lassen sich mit der im folgenden beschriebenen Vergleichsbetrachtung weiter verdeutlichen. Hierzu definiert man eine
effektive Beschleunigung $\ddot{H}_{eff}$, mit der es möglich ist, in der gleichen
Zeit t diejenige Höhe H zu erreichen, die bei dem betrachteten Steigflug mit dem Nicksteuerungsmanöver erzielt wird. Im Beispiel von Bild
4.3.32 ergibt dies mit $H = \ddot{H}_{eff}t^2/2$ für H = 16,5 m und t = 10 s einen
Zahlenwert von $\ddot{H}_{eff} = 0,33$ m/s^2. Überträgt man nun diese Vorstellung
generell auf den Steigflug und variiert den Zeitpunkt t_K, zu dem das
Steuerkommando für das Nickmanöver zur Änderung der Lage von $\Theta = 0$ auf
$\Theta = -10^{\circ}$ gegeben wird, so erhält man die in Bild 4.3.33 dargestellten
Ergebnisse. Dabei ist zu beachten, daß infolge des geänderten Lagewinkels ein erheblicher Anteil der Beschleunigungsverringerung durch
den Kosinusverlust entsteht, der - unabhängig vom Steuerungssystem -
auch für andere Steuerungsarten gilt. Zu Lasten der Minussteuerung geht
also nur der Anteil, der sich aus der kurzzeitigen Schubminderung während des Nicksteuerungsmanövers ergibt. Nach Bild 4.3.33 wird dieser
Verlust bei einer Lageänderung von -10°, die vier bis fünf Sekunden nach
Startbeginn erfolgt, einer effektiven Schubminderung von etwa einem
Prozent des Abfluggewichts entsprechen. Die vorangegangene Betrachtung
macht deutlich, daß die Steigflugleistungen nur unerheblich beeinträchtigt werden. Dieses Ergebnis wurde durch die Flugversuche der VJ 101 C
voll bestätigt.

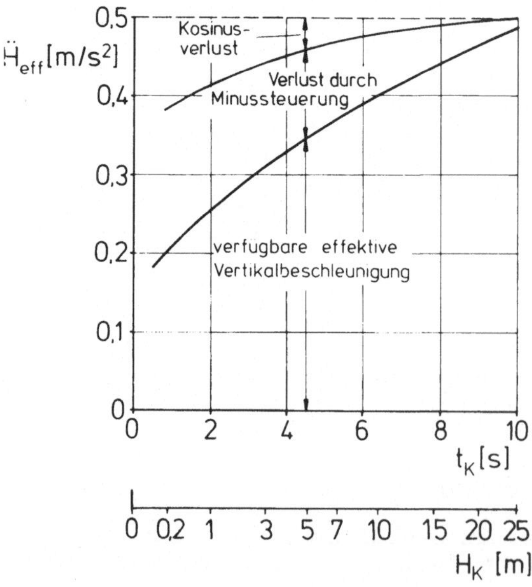

Bild 4.3.33. Effektive Vertikalbeschleunigung in Abhängigkeit vom Beginn des Nicksteuermanövers bei einem Steigflug von 10 Sekunden Dauer
(Daten wie Bild 4.3.32), nach [8]

Zur weiteren Verdeutlichung wird im folgenden noch eine Beziehung zur
Bewertung des Kosinusverlustes entwickelt. Sie bestimmt sich wiederum
aus einer Vergleichsbetrachtung, bei der nun angenommen wird, daß der
Steigflug bis zum Zeitpunkt $t = t_K + t_1$ mit $\Theta = 0$ erfolgt und daß hier
eine sprungförmige Änderung im Nickwinkel Θ eintritt, mit dem der Steigflug dann weitergeführt wird (mit t_1 als der halben Steuerzeit entsprechend Bild 4.3.31). Hierbei wird weiter vorausgesetzt, daß zur Erzeugung der Nickwinkeländerung kein Beschleunigungsverlust eintritt. Mit
der beschriebenen Überlegung erhält man bei gegebener Zeit t für die
erreichbare Höhe ($F_{max} = F_{vmax} + F_{hmax}$):

$$H = \left(\frac{F_{max}}{m} - g\right) \frac{t_K + t_1}{2} (2t - t_K - t_1) + \left(\frac{F_{max}}{m} \cos\Theta - g\right) \frac{(t - t_K - t_1)^2}{2} \quad .$$

Definiert man nun die effektive Beschleunigung durch $H = (\ddot{H}_{cos})_{eff} t^2/2$,
so erhält man

$$(\ddot{H}_{cos})_{eff} = 2 \left(\frac{F_{max}}{m} - g\right) \frac{t_K + t_1}{t} \left(1 - \frac{t_K + t_1}{2t}\right) + \left(\frac{F_{max}}{m} \cos\Theta - g\right) \left(1 - \frac{t_K + t_1}{t}\right)^2 \quad . \quad (4.3.58)$$

Bei dem betrachteten Steigflug mit Nicksteuerungsmanöver entsteht, wie
oben ausgeführt, eine Beschleunigungskomponente in x-Richtung, die eine
Krümmung der Aufstiegsbahn zur Folge hat. Dies ist in Bild 4.3.34 für

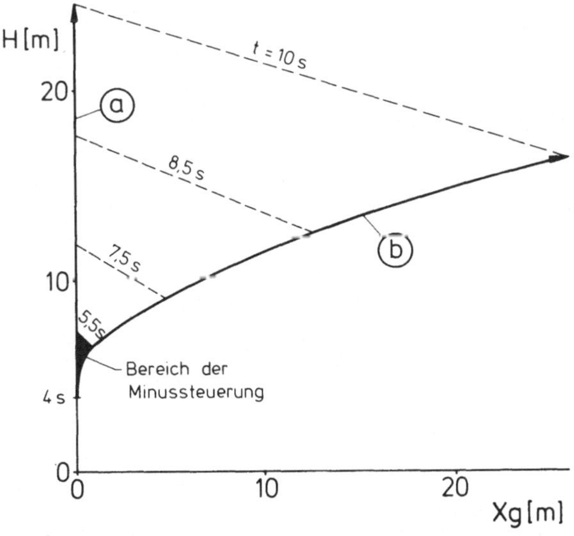

Bild 4.3.34. Gekrümmte Aufstiegsbahn bei Einleiten des Nicksteuermanövers nach $t_k = 4$ s

den bereits behandelten Fall erläutert, in dem das Nicksteuerungsmanöver zum Zeitpunkt $t_K = 4$ s nach dem Start erfolgt. Der gekrümmte Teil
der Aufstiegsbahn stellt das erste Stück einer möglichen Transitionsbahn in den aerodynamisch getragenen Flug dar. Die gestrichelten Linien
verbinden die Punkte, die zu gleicher Zeit bei der gekrümmten Aufstiegsbahn (Linie b) und einem senkrechten Steigflug ohne Nicksteuerungsmanöver (Linie a) erreicht werden. Der Bahnbereich, in dem die
Minussteuerung wirksam ist, tritt im Rahmen der Gesamtbewegung nur wenig in Erscheinung.

4.3.11 Steuerung der Translationsbewegung

Grundsätzliche Betrachtung

Das Manöver zum örtlichen Versetzen in Längs- und Seitenrichtung, das
als Translationsbewegung bezeichnet wird, stellt eine wichtige Flugaufgabe in der Schwebeflugkonfiguration dar. Hierfür kommen grundsätzlich
zwei Möglichkeiten in Betracht, Bild 4.3.35. Die in Bildteil a dargestellte Methode erfordert eine Drehbewegung des gesamten Flugzeugs,
damit der Schubvektor eine Komponente in der gewünschten Translations-
richtung aufweist, die dann das Versetzungsmanöver ermöglicht. Bei der
in Bildteil b gezeigten Methode wird nur der resultierende Schubvektor
geschwenkt. Im folgenden wird die unter a dargestellte Möglichkeit betrachtet, der aus praktischer Sicht und bei den bisher entwickelten

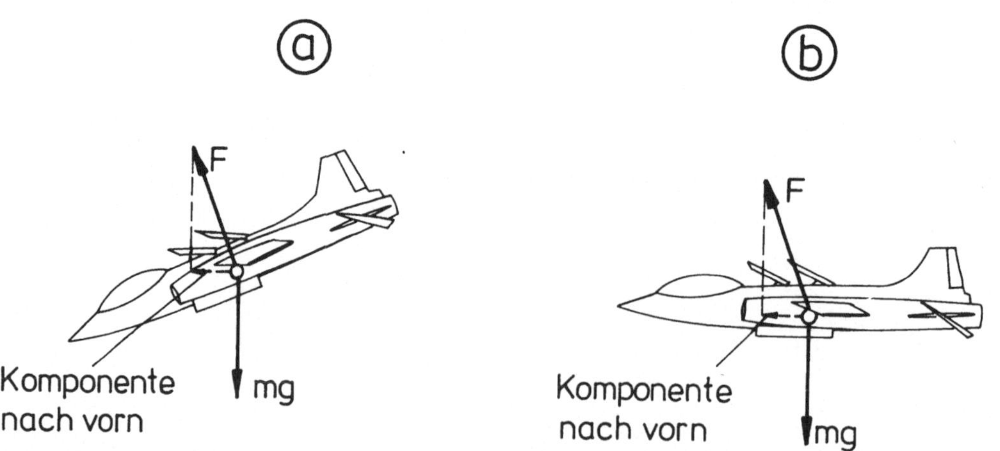

Bild 4.3.35. Möglichkeiten zur Durchführung von Translationsbewegungen
ⓐ Neigung des gesamten Flugzeugs
ⓑ Neigung des Schubvektors

Senkrechtstartflugzeugen die größere Bedeutung zukommt. In diesem Zusammenhang sei darauf hingewiesen, daß das Versetzungsmanöver im Schwebeflug nicht zu verwechseln ist mit der Translationsbewegung im Übergangsflug vom Schweben zum aerodynamisch getragenen Flug, für die die Drehung nur des Schubvektors die wichtigste Methode darstellt (vgl. hierzu auch Kap. 6).

Die Steuerung der Nicklage erfolgt mit der Nicksteuergröße δ_Θ. Für das Übertragungsverhalten in der Nickachse erhält man aus (4.3.17)

$$\frac{\Theta}{\delta_\Theta} = \frac{(s - X_u)M_{\delta\Theta} + M_u X_{\delta\Theta}}{s^3 - (X_u + M_q)s^2 + (X_u M_q - M_\Theta)s + X_u M_\Theta + (g - X_\Theta)M_u} \ . \qquad (4.3.59a)$$

Die zugehörige Translationsbewegung in der geodätischen (erdfesten) Richtung x_g ergibt sich aus der Übertragungsfunktion zwischen u und δ_Θ unter Berücksichtigung der Integrationsstufe zwischen u und x_g entsprechend der im Laplace-Bereich gültigen Beziehung $x_g = u/s$ zu ($X_q = 0$):

$$\frac{x_g}{\delta_\Theta} = \frac{1}{s} \frac{(s^2 - M_q s - M_\Theta)X_{\delta\Theta} - (g - X_\Theta)M_{\delta\Theta}}{s^3 - (X_u + M_q)s^2 + (X_u M_q - M_\Theta)s + X_u M_\Theta + (g - X_\Theta)M_u} \ . \qquad (4.3.59b)$$

Den Übertragungsfunktionen (4.3.59a,b) liegt ein Flugzeug mit Lagesteuerung zugrunde. Die Beziehungen können auch auf Geschwindigkeits- und Beschleunigungssysteme angewandt werden, wenn man die dafür nicht-zutreffenden Derivative jeweils außer Betracht läßt.

Translationsmanöver_über_Grund

Als typisches Translationsmanöver wird eine Bewegung betrachtet, bei der der Pilot aus einem stationären Schwebeflugzustand heraus eine geradlinige Versetzung über Grund durchführt, die wieder mit einem stationären Schwebeflugzustand endet. Ein solches Translationsmanöver erfordert eine bestimmte Folge von Nicksteuereingaben. Dies läßt sich in besonders anschaulicher Weise an einer Beschleunigungssteuerung zeigen, die deshalb im weiteren vorausgesetzt wird. Bild 4.3.36 gibt hierzu eine graphische Erläuterung. Wie aus dieser Darstellung hervorgeht,

läßt sich das betrachtete Manöver in die folgenden vier Bewegungsphasen
unterteilen:

Phase I   : Drehbeschleunigung mit anschließender
             Drehverzögerung auf die maximale negative
             Lage $-\Theta_{max}$ Translations-
                                                                            beschleunigung

Phase II : Drehbeschleunigung mit anschließender
             Drehverzögerung in Gegenrichtung auf die
             Lage $\Theta = 0$

Phase III: Drehbeschleunigung mit anschließender
             Drehverzögerung auf die maximale positive
             Lage Θ_{max} Translations-
                                                                            verzögerung

Phase IV : Drehbeschleunigung mit anschließender
             Drehverzögerung in Gegenrichtung auf die
             Lage $\Theta = 0$

Die analytische Behandlung des Problems ist mit (4.3.59a,b) möglich,
wenn man die für die Beschleunigungssteuerung nichtzutreffenden Derivative außer Betracht läßt. Setzt man im Hinblick auf die hier vorzunehmende Grundsatzbetrachtung weiter voraus, daß auch $X_u = 0$ und $X_{\delta\Theta} = 0$
gilt, so reduzieren sich die Bewegungsgleichungen auf

$$\frac{\Theta}{\delta_\Theta} = \frac{M_{\delta\Theta}}{s^2} \, , \tag{4.3.60a}$$

$$\frac{x_g}{\delta_\Theta} = - g \, \frac{M_{\delta\Theta}}{s^4} = - g \, \frac{\Theta/\delta_\Theta}{s^2} \, . \tag{4.3.60b}$$

Mit diesen Beziehungen errechnen sich unter Hinzufügung von Anfangsbedingungen die Zeitantworten auf die nach Bild 4.3.36 zu betrachtenden
sprungförmigen Steuerbetätigungen $\delta_{\Theta\nu} = const$ zu

$$\Theta = \Theta_\nu + \dot{\Theta}_\nu (t - t_\nu) + M_{\delta\Theta} \delta_{\Theta\nu} (t - t_\nu)^2 / 2 \, , \tag{4.3.61}$$

$$x_g = x_{g\nu} + \dot{x}_{g\nu} (t - t_\nu) - g\Theta_\nu \frac{(t - t_\nu)^2}{2} - g\dot{\Theta}_\nu \frac{(t - t_\nu)^3}{6} - gM_{\delta\Theta}\delta_{\Theta\nu} \frac{(t - t_\nu)^4}{24} \, .$$

Die mit dem Index "ν" gekennzeichneten Größen stellen darin die Anfangs-
werte zu Beginn der jeweiligen Steuereingabe $\delta_{\Theta\nu}$ mit $M_{\delta\Theta}\delta_{\Theta\nu} = \pm K$ dar.

So gilt z.B. zum Zeitpunkt

$$t = 0: \quad \Theta_0 = \dot{\Theta}_0 = x_{g0} = \dot{x}_{g0} = 0 \; .$$

oder zum Zeitpunkt

$$t = t_1: \quad \dot{\Theta}_1 = -Kt_1, \quad \Theta_1 = -Kt_1^2/2, \quad \dot{x}_{g1} = gKt_1^3/6 \quad \text{und} \quad x_{g1} = gKt_1^4/24 \; .$$

Betrachtet man ein Translationsmanöver, das entsprechend der Darstellung
von Bild 4.3.36 aus acht Teilintervallen mit jeweils gleicher Länge τ
besteht, so berechnet sich mit (4.3.61) der gesamte Translationsweg zu

$$x_g = 8\tau^4 gK \; .$$

Zum Beispiel ergibt sich für $\tau = 1$ s und $K = 0,4$ rad/s^2 ein Wert von
$x_g = 31,4$ m.

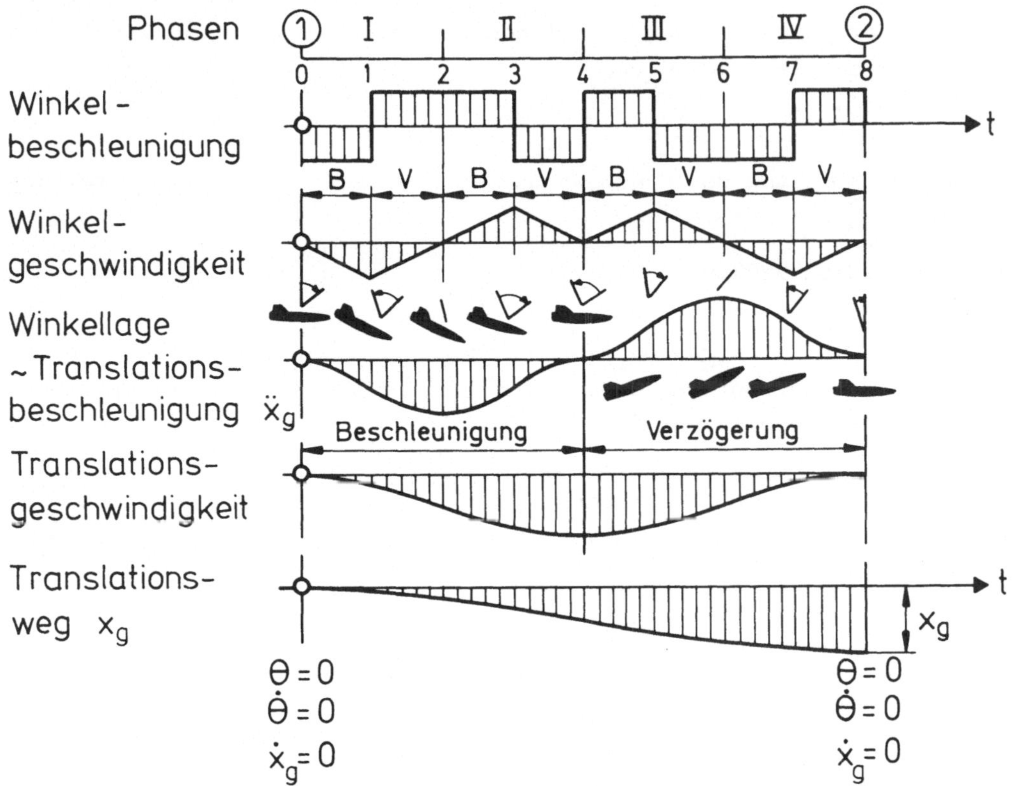

Bild 4.3.36. Translationsmanöver über Grund bei einer Beschleunigungssteuerung

4.4 Seitenbewegung

4.4.1 Vorbemerkung

Die Bewegungsgleichungen und Übertragungsfunktionen der Seitenbewegung
sind in möglichst allgemeiner Form in (4.2.25) und (4.2.26) sowie in
Tabelle 4.2.2 zusammengestellt. Ähnlich wie bei der Längsbewegung ist
auch hier normalerweise ein Teil der Kraft- bzw. Momentenkomponenten
unbedeutend, so daß wiederum Vereinfachungen möglich sind, die einer
deutlicheren Darstellung der grundsätzlichen Zusammenhänge zugute kommen. Dies ermöglicht eine zur Längsbewegung weitgehend analoge Betrachtungsweise, so daß in vielfacher Hinsicht die in Abschn. 4.3 be-
reitgestellten Ergebnisse übertragen werden können. Damit kann die
Betrachtung der Seitenbewegung entsprechend kürzer gehalten werden.

Ähnliche Überlegungen gelten auch für die Steuersysteme zur Verbesserung des Eigenverhaltens der Seitenbewegung, so daß eine gesonderte
Betrachtung der Steuersysteme hier ebenfalls entfallen kann. Die im
Rahmen der Längsbewegung erhaltenen Ergebnisse stehen stellvertretend
auch für die Seitenbewegung.

4.4.2 Entkopplung der Gierbewegung von der Roll- und der Lateralbewe-gung

Bewegungsgleichungen

Wie bei der Längsbewegung ist auch bei der Seitenbewegung die Bewegung
in einem Freiheitsgrad weitgehend oder sogar vollständig von den beiden
übrigen Freiheitsgraden entkoppelt. Dieses Merkmal der Seitenbewegung
sei als erstes betrachtet.

Ausgangspunkt sind die folgenden, in vielen Fällen für das Schweben
oder den Flug mit geringen Translationsgeschwindigkeiten zutreffenden
Voraussetzungen:

$$
\begin{aligned}
Y_p &= 0 , \\
Y_r &= 0 , \\
I_{xz} &= 0 , \\
L_r &= 0 , \\
N_p &= 0 .
\end{aligned}
\qquad (4.4.1)
$$

Weiter seien Roll- und Giersteuergröße (δ_Φ und δ_Ψ) jeweils nur in ihren Achsen wirksam, so daß gilt

$$
\begin{aligned}
Y_{\delta\Phi} &= 0 \ , \\
N_{\delta\Phi} &= 0 \ , \\
Y_{\delta\Psi} &= 0 \ , \\
L_{\delta\Psi} &= 0 \ .
\end{aligned}
\tag{4.4.2}
$$

Damit schreiben sich die Bewegungsgleichungen (4.2.25) der Seitenbewegung unter Außerachtlassung der Böeneffekte in der folgenden Form:

$$
\begin{bmatrix} s - Y_v & -g - Y_\Phi & 0 \\ -L_v & s^2 - L_p s - L_\Phi & 0 \\ -N_v & 0 & s - N_r \end{bmatrix} \begin{bmatrix} v \\ \Phi \\ r \end{bmatrix} = \begin{bmatrix} 0 & 0 \\ L_{\delta\Phi} & 0 \\ 0 & N_{\delta\Psi} \end{bmatrix} \begin{bmatrix} \delta_\Phi \\ \delta_\Psi \end{bmatrix} \ .
\tag{4.4.3}
$$

Die diesem System zugeordnete charakteristische Gleichung, ein Polynom 4. Grades, ist in gleicher Weise aufgebaut wie bei der Längsbewegung (vgl. hierzu (4.3.4)) und lautet

$$
(s - N_r)[(s - Y_v)(s^2 - L_p s - L_\Phi) - L_v(Y_\Phi + g)] = 0 \ .
\tag{4.4.4}
$$

<u>Eigenbewegungsform um die Gierachse</u>

Aus (4.4.4) folgt unmittelbar, daß die Wurzel

$$
s_G = N_r
\tag{4.4.5}
$$

abgespalten und die durch sie bestimmte Eigenbewegung für sich allein betrachtet werden kann. Dieser Wurzel, die wegen des üblicherweise negativen Wertes von N_r einem gedämpften Bewegungsvorgang entspricht, ist eine Bewegung in der Gierachse zugeordnet, die deshalb als "Gierbewegung" bezeichnet sei. Hier besteht demnach eine Analogie zur Vertikalbewegung $s_V = Z_w$ der Längsbewegung, die sich nur in ihrem translatorischen Bewegungscharakter von dem rotatorischen der Gierbewegung unterscheidet. Auch die Gierbewegung ist entkoppelt von den beiden übrigen Freiheitsgraden (v und Φ). Dies folgt aus der Zuordnung von v

und Φ zu r, für die sich aus der Giermomenten- und Seitenkraftgleichung von (4.4.3) ergibt:

$$\left(\frac{v}{r}\right)_{s_G} = \frac{s - N_r}{N_v}\bigg|_{s=s_G} = 0 \; ,$$

$$\left(\frac{\Phi}{r}\right)_{s_G} = \frac{s - N_r}{N_v(Y_\Phi + g)/(s - Y_v)}\bigg|_{s=s_G} = 0 \; . \tag{4.4.6}$$

Diese Beziehungen machen deutlich, daß die Gierbewegung eine Ein-Frei-
heitsgrad-Eigenbewegungsform darstellt. Aus (4.4.3) folgt unter der
hier gemachten Annahme $Y_{\delta\Psi} = L_{\delta\Psi} = 0$ weiter, daß auch steuerungsmäßig
eine Entkopplung vorliegt. Damit kann die Bewegung um die Gierachse
entkoppelt und allein gesteuert werden, für deren Übertragungsverhalten
nach (4.4.3) gilt:

$$\frac{r}{\delta_\Psi} = \frac{N_{\delta\Psi}}{s - N_r} \; . \tag{4.4.7a}$$

Die Gierwinkeländerung als Integration $\Psi = \int r\,dt$ ist dann gegeben durch

$$\frac{\Psi}{\delta_\Psi} = \frac{N_{\delta\Psi}}{s(s - N_r)} \; . \tag{4.4.7b}$$

Die Art dieser Steuerung entspricht der in Abschn. 4.3.5 behandelten
Geschwindigkeitssteuerung, wonach ein konstanter Steuerausschlag zu
einer Drehgeschwindigkeit führt.

4.4.3 Roll- und Lateralbewegung

Kubische Gleichung der Seitenbewegung im Schwebeflug

Die Bewegung in der Rollachse und in seitlicher Richtung (Lateralbewe-
gung) ist durch das nach Abspaltung der Gierbewegung übrig bleibende
Polynom in (4.4.4) bestimmt. Dieses Polynom 3. Grades sei als "kubische
Gleichung der Seitenbewegung im Schwebeflug" bezeichnet. Hierfür gilt

$$(s - Y_v)(s^2 - L_p s - L_\Phi) - L_v(g + Y_\Phi) = 0 \; . \tag{4.4.8}$$

Diese Gleichung ist der entsprechenden Beziehung (4.3.18) der Längsbewegung in weitgehendem Maße ähnlich. Es betrifft sowohl den Aufbau der

Gleichung wie auch den Einfluß, den die einzelnen Terme ausüben, wenn
man von der folgenden Zuordnung ausgeht:

$$Y_v \rightarrow X_u \, ,$$
$$L_p \rightarrow M_q \, ,$$
$$L_\Phi \rightarrow M_\Theta \, ,$$
$$L_v \rightarrow -M_u \, ,$$
$$Y_\Phi \rightarrow -X_\Theta \, .$$

Die Zuordnung geht häufig noch weiter, da einzelne Kraft- und Momentenkomponenten auch in ihrer numerischen Größe einander entsprechen. So
gilt zum Beispiel in vielen Fällen

$$X_u = Y_v \, ,$$

d.h. der Widerstand infolge Vorwärtsgeschwindigkeit ist gleich der Seitenkraft infolge Seitengeschwindigkeit. Eine entsprechende Übereinstimmung kann zwischen Rollmomenten, die durch Seitengeschwindigkeiten her-
vorgerufen werden, und den Nickmomenten infolge von Vorwärtsgeschwindigkeiten bestehen, so daß unter Berücksichtigung der Vorzeichendefini-
tion von L und v bzw. M und u gilt

$$I_x L_v = -I_y M_u \, .$$

Ursache für diese Art der Übereinstimmung sind Kräfte, die an Triebwerkseinläufen oder Rotoren infolge einer u- oder v-Bewegung entstehen.
Aus der Tatsache, daß die beschriebenen Momente und Kräfte numerisch
gleich sind, folgt jedoch nicht, daß dann auch die Wurzeln der charakteristischen Gleichungen übereinstimmen müssen, da die Trägheitsmomente
unterschiedlich sind, d.h. es gilt $I_x \neq I_y$ und damit auch

$$|L_v| \neq |M_u| \, .$$

Die bis ins einzelne gehende Analogie zwischen Seiten- und Längsbewegung erlaubt es, die Ergebnisse aus Abschn. 4.3 weitgehend zu übernehmen und die Betrachtung der Seitenbewegung kürzer zu halten. Daher
sollen im folgenden nur die Hauptmerkmale dargelegt werden. Auch hierbei liegt der Vorgehensweise eine Untergliederung nach Steuerungsarten
zugrunde, bei der jedoch die Beschleunigungssteuerung wegen ihrer geringeren Bedeutung ausgeklammert bleibt.

Geschwindigkeitssteuerung

Bei einer Geschwindigkeitssteuerung sind die Φ-Derivative nicht vorhanden, so daß für die kubische Gleichung (4.4.8) gilt:

$$s(s - Y_v)(s - L_p) - gL_v = 0 \ . \tag{4.4.9}$$

Setzt man zunächst als Ausgangsfall $L_v = 0$ voraus, so sind die Wurzeln durch

$$
\begin{aligned}
s_1^* &= Y_v \ , \\
s_2^* &= L_p \ , \\
s_3^* &= 0
\end{aligned}
\tag{4.4.10}
$$

gegeben. Die beiden durch s_1^* und s_2^* gekennzeichneten Eigenbewegungen stellen aperiodisch verlaufende Bewegungsvorgänge dar, die wegen des üblicherweise negativen Vorzeichens von Y_v und L_p gedämpft sind.

Der Einfluß von L_v läßt sich - mit den bekannten Verhältnissen für $L_v = 0$ als Ausgangsfall - auf die gleiche Weise unter Anwendung der Wurzelortskurvenmethode darlegen, wie in Bild 4.3.10 und 4.3.11 für M_u gezeigt. Danach ergibt sich der in Bild 4.4.1 dargestellte Zusammenhang. Hauptergebnis ist, daß positive L_v-Werte

$$L_v > 0 \tag{4.4.11a}$$

unmittelbar zu aperiodischer Instabilität führen, während bei negativen L_v-Werten eine Schwingung entsteht, die für

$$L_v < (Y_v + L_p) Y_v L_p \tag{4.4.11b}$$

instabil ist. Die Wurzeln an der durch die rechte Seite von (4.4.11b) gekennzeichneten Stabilitätsgrenze, die sich in Analogie zur Vorgehensweise wie bei (4.3.30a,b,c) berechnen, sind gegeben durch (vgl. hierzu auch die Darstellung von Bild 4.4.1):

$$
\begin{aligned}
s_1 &= - s_2 = i\sqrt{Y_v L_p} \\
s_3 &= Y_v + L_p \ .
\end{aligned}
\tag{4.4.12}
$$

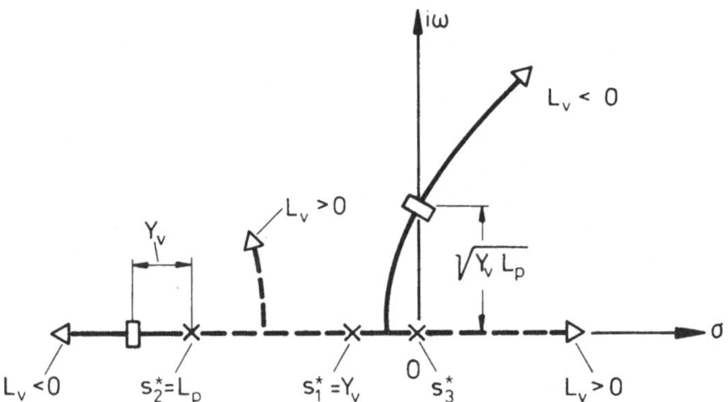

Bild 4.4.1. Wurzeln der Roll- und der Lateralbewegung bei einer Geschwindigkeitssteuerung

☐ Wurzeln an der Stabilitätsgrenze für negative L_v-Werte

<u>Lagesteuerung</u>

Eine Lagesteuerung in der Rollachse hat ein Rückstellmoment L_Φ zur Voraussetzung, d.h. ein konstanter Steuerausschlag entspricht einer Winkellage des Flugzeugs. Damit gilt die unter (4.4.8) aufgeführte Form
der charakteristischen Gleichung:

$$(s - Y_v)(s^2 - L_p s - L_\Phi) - L_v(g + Y_\Phi) = 0 \ .$$

Betrachtet man auch hier wieder als Ausgangsfall $L_v = 0$, so gilt für die
Wurzeln

$$s^*_1 = Y_v \ ,$$

$$s^*_{2,3} = L_p/2 \pm \sqrt{L_p^2/4 + L_\Phi} \ .$$

(4.4.13)

Der erste Eigenwert, s^*_1, entspricht der auch bei der Geschwindigkeits-
steuerung vorhandenen, aperiodischen Bewegungsform. Die beiden übrigen
Eigenwerte sind für $-L_\Phi > L_p^2/4$ konjugiert komplex und stellen damit eine
oszillatorische Bewegungsform mit konstanter Dämpfung $L_p/2$ dar. Die
Darstellung von Bild 4.4.2 macht diesen Sachverhalt auf anschauliche
Weise deutlich.

Das Seitengeschwindigkeitsmoment L_v ergibt eine Beeinflussung, die sich
zusammenfassend auf die in Bild 4.4.3 dargestellte Weise erläutern läßt,
wobei die nach (4.4.13) bekannten Wurzeln den Ausgangspunkt bilden.

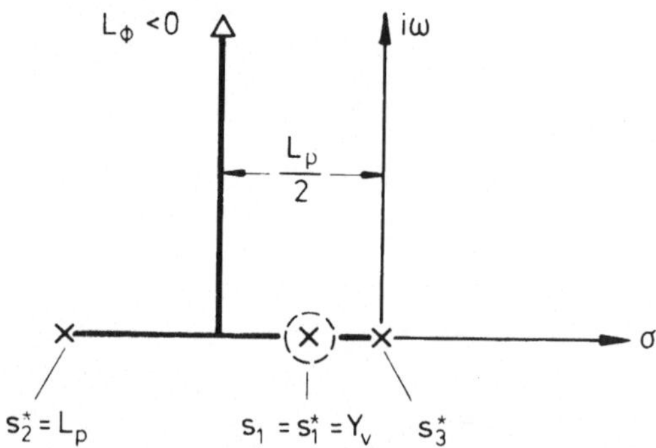

Bild 4.4.2. L_Φ-Wurzelort bei einer Lagesteuerung

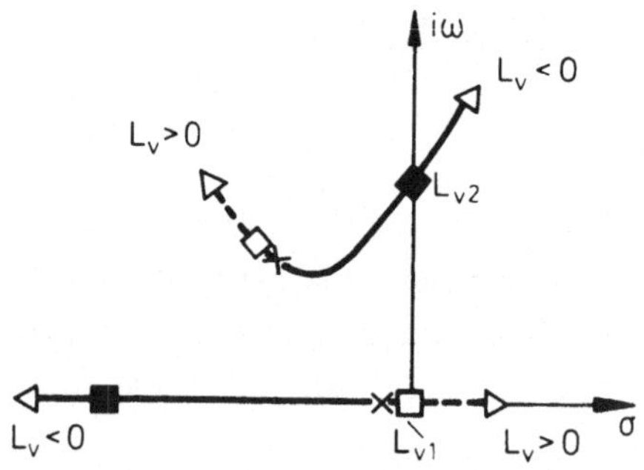

Bild 4.4.3. Einfluß von L_v auf die Seitenstabilität bei einer Lagesteuerung

x   Ausgangsfall $L_v = 0$

———— $L_v < 0$ (■ Wurzeln an der Stabilitätsgrenze)

---- $L_v > 0$ (□ Wurzeln an der Stabilitätsgrenze)

Positive L_v-Werte führen für

$$L_v > L_{v1} = - \frac{Y_v L_\Phi}{g - Y_\Phi} \tag{4.4.14}$$

zu aperiodischer Instabilität. Die Wurzeln an der Stabilitätsgrenze
($L_v = L_{v1}$) sind gegeben durch

$$2s_{1,2} = Y_v + L_p \pm i \sqrt{4L_\Phi + (L_p - Y_v)^2} \; ,$$

$$s_3 = 0 \; . \tag{4.4.15}$$

Negative L_v-Werte ergeben für

$$L_v < L_{v2} = L_p \; \frac{L_\Phi - Y_v (Y_v + L_p)}{g - Y_\Phi} \tag{4.4.16}$$

eine instabile Schwingung. Hier gilt für die Wurzeln an der Stabilitätsgrenze $(L_v = L_{v2})$:

$$s_1 = - s_2 = i\sqrt{-L_\Phi + Y_v L_p} \; , \tag{4.4.17}$$

$$s_3 = Y_v + L_p \; .$$

Aus (4.4.14) und (4.4.16) folgt, daß der Stabilitätsbereich, der sich im Vergleich zu den Geschwindigkeitssystemen ausweitet, gegeben ist durch

$$L_{v2} < L_v < L_{v1} \; . \tag{4.4.18}$$

Kopplung von rotatorischer und translatorischer Bewegung

Die den Kopplungsgrad zwischen Roll- und Lateralbewegung beschreibende Beziehung für die Eigenvektoren bestimmt sich aus der Seitenkraftgleichung von (4.4.3) zu

$$\left(\frac{v}{\Phi}\right)_{s_i} = \left.\frac{g + Y_\Phi}{s - Y_v}\right|_{s=s_i} \; . \tag{4.4.19}$$

Dieser Ausdruck zeigt, daß die Anregung in der translatorischen Bewegung v relativ zur rotatorischen Bewegung Φ um die Rollachse um so geringer ist, je stärker die Eigenwerte von Y_v abweichen. Der Eigenwert $s_1^* = Y_v$, der im Ausgangsfall $L_v = 0$ jeweils bei Geschwindigkeits- und Lagesteuerung auftritt ((4.4.10) und (4.4.13)), kennzeichnet eine Bewegungsform, die keine rotatorische Komponente um die Rollachse besitzt.

Die Anregung der Giergeschwindigkeit durch die Eigenbewegungsformen, die der kubischen Gleichung der Seitenbewegung zugeordnet sind, kann man mit den Beziehungen (4.4.6) beschreiben. Danach gilt

$$\left(\frac{r}{v}\right)_{s_i} = \left.\frac{N_v}{s - N_r}\right|_{s=s_i} \; . \tag{4.4.20}$$

Diese Beziehung sagt aus, daß die Anregung in r proportional zu N_v ist. Verschwindet das Derivativ N_v, so haben die der kubischen Gleichung zugeordneten Eigenbewegungsformen keinerlei Rückwirkung mehr auf den Gier-Freiheitsgrad. Damit liegt eine vollständige Entkopplung vor, da – wie in Abschn. 4.4.2 erläutert – auch die mit "Gierbewegung" bezeichnete Eigenbewegungsform von der Roll- und der Lateralbewegung entkoppelt ist.

Voraussetzungen_für_die_Vernachlässigung_des_Deviationsmomentes

In der auf (4.4.3) basierenden Betrachtung war das Deviationsmoment I_{xz} als Null vorausgesetzt worden. Die Frage stellt sich, unter welchen Bedingungen diese Voraussetzung gerechtfertigt ist. Berücksichtigt man I_{xz}, so erweitern sich nach (4.2.25) die Bewegungsgleichungen (4.4.3) mit den sonst gleichen Voraussetzungen (4.4.1) und (4.4.2) auf:

$$\begin{bmatrix} s - Y_v & -g - Y_\Phi & 0 \\ -L_v & s^2 - L_p s - L_\Phi & -(I_{xz}/I_x)s \\ -N_v & -(I_{xz}/I_z)s^2 & s - N_r \end{bmatrix} \begin{bmatrix} v \\ \Phi \\ r \end{bmatrix} = \begin{bmatrix} 0 & 0 \\ L_{\delta\Phi} & 0 \\ 0 & N_{\delta\Psi} \end{bmatrix} \begin{bmatrix} \delta_\Phi \\ \delta_\Psi \end{bmatrix} . \qquad (4.4.21)$$

Die charakteristische Gleichung hierzu schreibt sich

$$(s - N_r)[(s - Y_v)(s^2 - L_p s - L_\Phi) - L_v(g + Y_\Phi)] - \frac{I_{xz}^2}{I_x I_z} s^4 + Y_v \frac{I_{xz}^2}{I_x I_z} s^3 - (g + Y_\Phi)N_v \frac{I_{xz}}{I_x} s = 0 .$$

$$(4.4.22)$$

Die Bedingung für die Vernachlässigbarkeit des Deviationsmomentes ist erfüllt, wenn in den jeweiligen Polynomkoeffizienten die I_{xz}-Anteile unbedeutend sind. Dies setzt nach (4.4.22) voraus

$$\frac{I_{xz}^2}{I_x I_z} \ll 1 , \qquad (4.4.23a)$$

$$\left| Y_v \frac{I_{xz}^2}{I_x I_z} \right| \ll |Y_v + L_p + N_r| , \qquad (4.4.23b)$$

$$|(g + Y_\Phi)N_v I_{xz}/I_x| \ll |L_\Phi(Y_v + N_r) - Y_v L_p N_r - L_v(g + Y_\Phi)| . \qquad (4.4.23c)$$

Die Relation (4.4.23a) ist üblicherweise erfüllt. Damit kann auch
(4.4.23b) als gegeben angesehen werden, da Y_v, L_p und N_r im Normalfall
negativ sind und sich deshalb nicht gegenseitig aufheben. Auch die
letzte Relation (4.4.23c) kann man wegen der normalerweise nur kleinen
N_v-Werte als gegeben ansehen.

Steuerung_der_seitlichen_Translationsbewegung

Die Translationsbewegung in Seitenrichtung dient dazu, eine seitliche
Versetzung über Grund zu erreichen. Diese Bewegung ist durch einen
Rollwinkel möglich, so daß der Schub eine Komponente in seitlicher
Richtung aufweist. In Abschn. 4.3.11 sind die grundsätzlichen Zusammenhänge für die Bewegung in Längsrichtung sowie die Steuer- und Bewe-
gungsabfolge für ein Translationsmanöver über Grund mit definierten
Randbedingungen behandelt worden. Die dabei entwickelten Aussagen gelten sinngemäß auch für eine Bewegung in Seitenrichtung, so daß auf eine
gesonderte Betrachtung verzichtet werden kann.

4.5 Sonderprobleme im Schwebeflug

4.5.1 Allgemeines

Im Schwebeflug können Probleme spezifischer Art auftreten, die im aerodynamisch getragenen Flug keine Rolle spielen. Sie werden entscheidend
durch die Tatsache bestimmt, daß das Antriebssystem voll den Auftrieb
ersetzen und somit das Gewicht kompensieren muß. Dementsprechend verstärkt sich der Einfluß insgesamt, der sich aus dem Antriebssystem auf
Kräfte und Momente ergibt. Bei den hier zu behandelnden Sonderproblemen
geht es erstens um die Frage, mit welchen Auswirkungen der Triebwerkskreiselmomente auf die Schwebeflugdynamik zu rechnen ist. Hierbei spielt
die Größe des Antriebssystems insofern eine Rolle, als der Triebwerks-
gesamtdrall mit Vergrößerung der Triebwerksanlage oder -anzahl anwächst.
Zweitens ist zu untersuchen, welche Auswirkungen ein Triebwerksausfall
bei exzentrisch angeordneten Triebwerken hat. Außer der dabei auftretenden translatorischen Bewegung in vertikaler Richtung können sehr
hohe Drehbeschleunigungen und Lageabweichungen in kurzer Zeit auftreten.
Zum Schwebeflugbereich kann man auch die als "Bodeneffekt" bezeichneten
Besonderheiten der Kraft- und Momentencharakteristik hinzurechnen. Wegen ihrer großen Bedeutung werden sie jedoch in einem eigenen Kapitel
behandelt.

4.5.2 Einfluß der Triebwerkskreiselmomente

Der Einfluß der Triebwerkskreiselmomente sei an einem vereinfachten Modell betrachtet, um die grundsätzlichen Zusammenhänge deutlicher darstellen zu können. Ausgehend von den allgemeinen Momentengleichungen (4.2.10), sei folgendes vorausgesetzt:

- keine aerodynamischen Momente, Impuls- oder Steuermomente

- Linearisierung bezüglich p, q und r zulässig

- Deviationsmoment $I_{xz} = 0$

- Schubschwenkwinkel $\sigma_i = 90^o$

Damit schreibt sich unter Wegfall der Giermomentengleichung für die Momentendynamik

$$\dot{p} - \frac{\Sigma(I_{Ti}\omega_{Ti})}{I_x}\, q = 0\ ,$$

$$\dot{q} + \frac{\Sigma(I_{Ti}\omega_{Ti})}{I_y}\, p = 0\ . \tag{4.5.1}$$

Die Lösung dieses Systems stellt eine ungedämpfte, gekoppelte Nick-Roll-Schwingung dar, für die gilt

$$q = -\,q_0\,\sin\omega t\ ,$$

$$p = p_0\,\cos\omega t\ . \tag{4.5.2}$$

Amplitudenverhältnis und Frequenz sind gegeben durch

$$\frac{q_0}{p_0} = \sqrt{\frac{I_x}{I_y}} \tag{4.5.3}$$

und

$$\omega = \frac{\Sigma(I_{Ti}\omega_{Ti})}{\sqrt{I_x I_y}}\ . \tag{4.5.4a}$$

Die Schwingungsdauer $T = 2\pi/\omega$ beträgt damit

$$T = \frac{2\pi}{\Sigma I_{Ti}\omega_{Ti}}\,\sqrt{I_x I_y}\ . \tag{4.5.4b}$$

Im allgemeinen ist die Schwingungsdauer dieser Koppelschwingung relativ
groß, so daß sie vom Piloten leicht ausgesteuert werden kann. Darüber
hinaus muß das Flugzeug überdies in der Schwebeflugphase durch ständige
Steuerkorrekturen stabilisiert werden.

Am Beispiel des Senkrechtstartflugzeugs VJ 101 C-X1 sei die Größenordnung des beschriebenen Effekts erläutert. Hierzu ist in Bild 4.5.1 die
Schwingungsdauer der gekoppelten Nick-Roll-Schwingung in Abhängigkeit
vom Triebwerksdrall dargestellt. Daraus geht hervor, daß die Schwingungsdauer der Koppelschwingung im Arbeitsbereich der Triebwerke etwa
zwischen 20 und 30 Sekunden liegt.

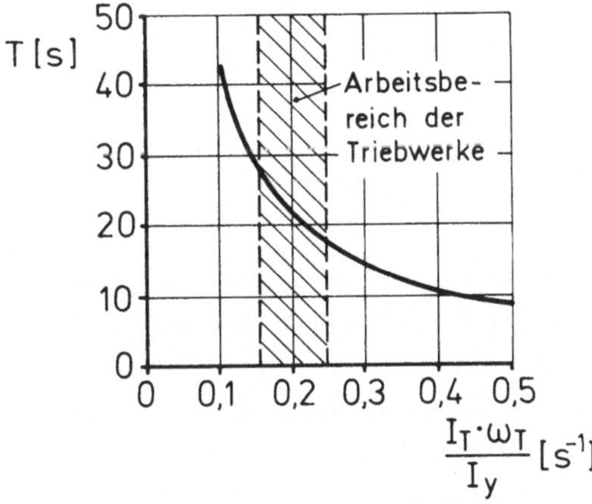

$$\frac{I_T \cdot \omega_T}{I_y} \; [s^{-1}]$$

Bild 4.5.1. Schwingungsdauer der gekoppelten Nick-Roll-Schwingung infolge von Triebwerkskreiselmomenten, nach [6]
$\sqrt{I_x/I_y} = 0,68$

4.5.3 Triebwerksausfall im Schwebeflug bei exzentrisch angeordneten Triebwerken

Der Ausfall eines Triebwerks im Schwebeflug ist unter zweierlei Gesichtspunkten von Bedeutung. Dies gilt erstens für die Frage, ob bzw.
inwieweit die Schubreserve der verbleibenden Triebwerke ausreicht, den
Schwebeflugzustand noch zu erhalten. Damit geht es also um eine Frage,
die das Kräftegleichgewicht betrifft. Die hier bestehenden Möglichkeiten werden im Rahmen der Auslegungsprobleme in Kap. 8 behandelt. Der
zweite Gesichtspunkt betrifft die Auswirkungen auf die Momentendynamik,
die beim Ausfall exzentrisch angeordneter Triebwerke entstehen und die
innerhalb kürzester Zeit zu sehr großen Winkeländerungen führen können.
Die hiermit zusammenhängenden Fragen sind Gegenstand der folgenden Betrachtung.

Im Schwebeflug sind die Abweichungen aus der Horizontallage sowie die
daraus resultierenden Winkelgeschwindigkeiten im allgemeinen sehr gering. Größere Werte treten nur in extremen Situationen auf, z.B. nach
Ausfall eines exzentrisch angeordneten Triebwerks. Bei den hier ent-
stehenden großen Winkelgeschwindigkeiten ergeben die Kreiselmomente
starke Änderungen des Bewegungsablaufs. Dies sei an dem Beispielflugzeug VJ 101 A, dem Projekt-Vorläufer der VJ 101 C, erläutert. Bei diesem Flugzeug waren vier exzentrisch angeordnete, schwenkbare Triebwerke entsprechend der Darstellung von Bild 4.5.2 vorgesehen. Für die
folgende Betrachtung sei angenommen, daß das Triebwerk 1 ausfällt. Der
Schub wird hierbei nicht sprungförmig auf den Wert Null zurückgehen,
sondern eine stetige Abnahme aufweisen, für die man das folgende Zeitverhalten voraussetzen kann (mit F_{10} als stationärem Wert):

$$\frac{F_1}{F_{10}} = \begin{cases} (1 - Kt)^2 & \text{für} \quad 0 \leq t \leq 1/K \\ 0 & \text{für} \quad t > 1/K \end{cases}$$

Die daraus resultierenden Auswirkungen auf die Flugzeugdynamik sind in
Bild 4.5.3 für die drei Lagewinkel dargestellt, die mit dem vollständigen nichtlinearen System der Bewegungsgleichungen berechnet wurden. Das
Bild macht deutlich, daß sehr große Lageänderungen innerhalb kürzester
Zeit auftreten. Außerdem ist in Bild 4.5.3 das Ergebnis einer linearisierten Betrachtung in jeweils einem Freiheitsgrad gezeigt, für die
gilt:

$$\dot{p} = (F_1 - F_{20})y_v/I_x \; ,$$

$$\dot{q} = (F_1 - F_{30})x_v/I_y \; ,$$

$$\dot{r} = 0 \; .$$

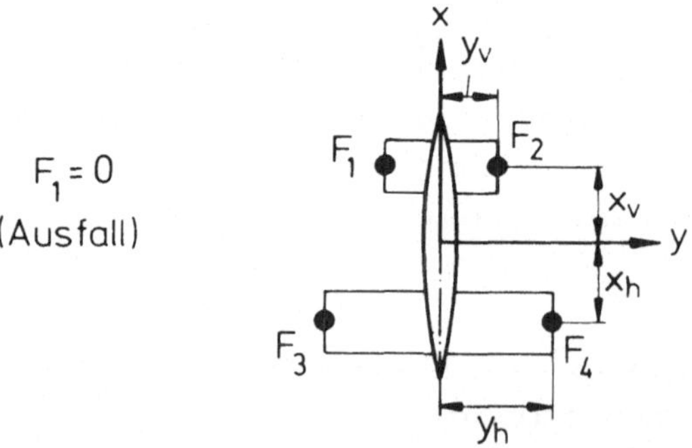

Bild 4.5.2. Anordnung der Triebwerke des betrachteten Beispielflugzeugs
Schwebeflug: $F_{10} = F_{20} = F_{30} = F_{40}$
$x_v = x_h = 2,0$ m; $y_v = 1,39$ m; $y_h = 2,88$ m

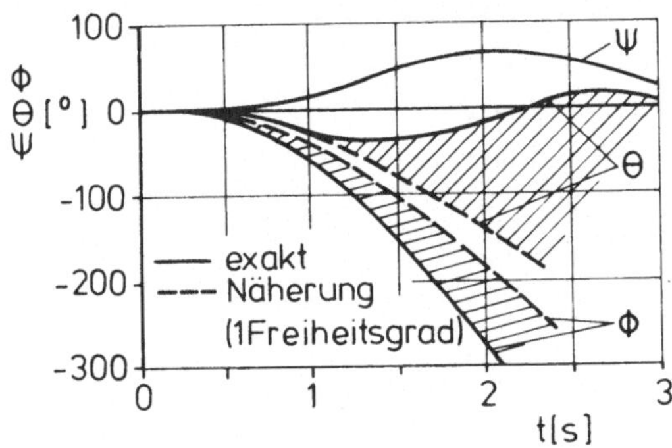

Bild 4.5.3. Bewegungsablauf als Folge eines Triebwerksausfalls, nach [5]

Daten: $i_x = 1,32$ m; $i_y = 1,88$ m; $i_z = 2,23$ m

Triebwerksausfall: $F_1/F_{10} = (1 - Kt)^2$ für $0 < t \leq 0,2$; $K = 5$ s^{-1}

$\qquad\qquad\qquad F_1 = 0$ $\qquad\qquad$ für $t > 0,2$ s

Der Vergleich mit der exakten numerischen Lösung zeigt, daß die linearisierte Betrachtung für die Behandlung solcher Fälle unzureichend
ist.

In Bild 4.5.3 wurden die Lageänderungen nach dem Triebwerksausfall zur
Klärung der Frage betrachtet, wieviel Zeit dem Piloten zum Verlassen
des Flugzeugs in einem solchen Notfall verbleibt, wenn keine Ausfallautomatik vorhanden ist. Um einen Einblick in die Möglichkeiten der-

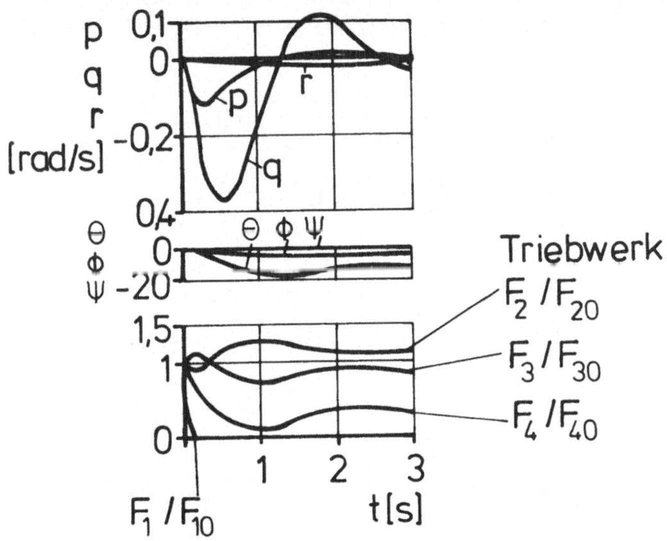

Bild 4.5.4. Regelung der Flugzeuglage mit Ausfallautomatik (Flugzeug-
daten wie bei Bild 4.5.2 und 4.5.3), nach [5]

artiger Systeme zu geben, sind in Bild 4.5.4 die Ergebnisse einer Rechnung zu einem automatischen Momentenausgleich dargestellt. Dieses Beispiel, das für einen Regler ohne Zeitverzögerung gilt, zeigt, daß die
Winkeländerungen klein gehalten werden können und in erträglichen Grenzen bleiben.

Literatur

1   AGARD: V/STOL Handling, I - Ctriteria and Discussion. Rep. Nr. 577,
    Teil I, 1970.

2   Bedford, A.W.: The Hawker P 1127 V/STOL Strike Fighter. Journal
    Royal Aeron. Soc., Band 66, S. 743-750, 1962.

3   Chalk, C.R.; Key, D.L.; Kroll, J., Jr.; Wasserman, R.; Radford,
    R.C.: Background Information and User Guide for MIL-F-83300. Air
    Force Flight Dynamics Laboratory, Wright-Patterson Air Force Base,
    Ohio, AFFDL-TR-70-88, 1971.

4   Etkin, B.: Dynamics of Atmospheric Flight. New York, London, Sidney,
    Toronto: John Wiley & Sons 1972.

5   Hafer, X.: Untersuchungen über das Verhalten eines VTOL-Flugzeugs im
    Schwebeflug bei Ausfall eines exzentrisch angeordneten Triebwerks.
    Jahrbuch 1960 der WGL, S. 227-232, 1960.

6   Hafer, X.: Zur Flugmechanik der Senkrechtstarter. Arbeits- und For-
    schungsgemeinschaft "Graf Zeppelin", 64. Stuttgarter Luftfahrtge-
    spräch, 1963.

7   Hafer, X.; Franke, H.: A Contribution to the Problem of VTOL-Control
    by Thrust Modulation. AIAA Simulation for Aerospace Flight Confer-
    ence, Columbus, Ohio, Conference-Proceedings, S. 70-77, 1963.

8   Hafer, X.: VTOL Control Systems, Especially Control by Thrust Mod-
    ulation. AGARDograph 89, S. 449-473, 1964.

9   McRuer, D.; Ashkenas, I.; Graham, D.: Aircraft Dynamics and Auto-
    matic Control. Princeton: Princeton University Press 1973.

10 MIL-F-83300 - Military Specification - Flying Qualities of Piloted
    V/STOL Aircraft. 1970.

11 Oppelt, W.: Kleines Handbuch technischer Regelvorgänge. Weinheim:
    Verlag Chemie 1964.

12 Riccius, R.; Sobotta, W.: VAK 191 B Experimental Program for a
    V/STOL Strike Recce Aircraft. AGARD-CP-126, S. 6-1 - 6-18, 1973.

13 Sachs, G.: Der Einfluß geschwindigkeitsabhängiger Nickmomente auf
    die Längsstabilität. Zeitschrift für Flugwissenschaften 22, Heft 3,
    S. 74-83, 1974.

14 Schäffler, J.; Alscher, H.; Steinmetz, G.; Sinacori, J.B.: Control-
    Power Usage for Maneuvering in Hover of the VJ 101 Aircraft. Jour-
    nal of Aircraft, Band 4, S. 445-451, 1967.

15 Schmidtlein, H.: Simulation der VAK 191 B. VFW-Fokker, Bremen,
    VFW/Epd - Reg. Nr. 189.

16 Schweizer, G.; Seelmann, H.: The Control Moment Distribution for
    the Do 31 Hovering Rig. AGARD Rep. Nr. 522, 1965.

17 Wünnenberg, H.: Stabilität und Steuerbarkeit von VSTOL-Flugzeugen
    nach Verfahren und Ergebnissen aus der Do 31-Flugerprobung. For-
    schungsbericht aus der Wehrtechnik, BMVg-FBWT 72-25, 1972.

5 Bodeneinflüsse

5.1 Grundsätzliche Betrachtungen

Der aus der konventionellen Flugtechnik bekannte Begriff "Bodeneinfluß",
unter dem man dort die Beeinflussung des tragenden Wirbelsystems durch
den Boden versteht, findet nur bei den Senkrechtstartern mit Propellern
oder Rotoren eine Entsprechung, da auch hier ähnliche Effekte vorhanden
sind. So verringert der Bodeneinfluß die für die Schuberzeugung erforderliche Leistung und hat auch eine Erhöhung des Strahlauftriebs zur
Folge. Bei Antrieben mit heißen Gasstrahlen hoher Geschwindigkeit treten Bodeneffekte auf, die völlig andersgeartete physikalische Ursachen
haben. Der harte, angenähert senkrecht auf den Boden auftreffende Strahl
induziert Sekundärströmungen, die die Kräfte und Momente am Flugzeug um
so stärker beeinflussen, je geringer der Bodenabstand der Triebwerksdüsen ist (induzierter Bodeneffekt). Die heißen Triebwerksstrahlen hei-
zen außerdem die Umgebungsluft auf. Gelangt die erwärmte Luft in die
Triebwerkseinläufe, so wird sich der Schub der entsprechenden Triebwerke
vermindern (thermischer Bodeneffekt). Wie noch gezeigt wird, ist die
Wahl der geometrischen Anordnung der Triebwerke und der übrigen Bauteile wie Flügel und Einläufe von beachtlichem Einfluß auf die Größe
dieser Effekte.

Neben diesen Einflüssen auf das Flugzeug bzw. die Triebwerke können die
Strahlen der Hubtriebwerke oder anderer VTOL-Antriebe die sichere Führung des Senkrechtstarters in Bodennähe durch Aufwirbeln von Staub,
Steinen oder Schnee gefährden. Gegebenenfalls kann die Bodenoberfläche
zerstört werden (Bodenerosion).

Als weiterer Effekt der sich auf dem Boden ausbreitenden Triebwerksstrahlen (Bodenstrahl) entstehen nach außen gerichtete Geschwindigkeits-
felder, die bei hohen Strahlgeschwindigkeiten und -temperaturen die Umgebung gefährden und zumindest einen Aufenthalt von Personen auf der
Startplattform verbieten.

Im folgenden werden die oben geschilderten Bodeneinflüsse näher erläutert und an Hand von Versuchsergebnissen in ihren quantitativen Relationen dargestellt. Außerdem werden Auswirkungen der Bodeneffekte auf das flugmechanische Verhalten von Senkrechtstartern betrachtet.

5.2 Bodeneffekte bei Hubtriebwerken

Bei heißen Strahlen hoher Energie spielen die Bodeneffekte häufig eine entwurfsentscheidende Rolle. Die verschiedenen Erscheinungsformen seien deshalb im folgenden ausführlich behandelt. Im übrigen sei auf das einschlägige Schrifttum verwiesen, vgl. z.B. [11, 13, 23, 31, 32, 41 - 43].

5.2.1 Induzierter Bodeneffekt

Strömungsverhältnisse im freien Hubstrahl

Die grundsätzlichen Zusammenhänge für den induzierten Bodeneffekt bei Hubtriebwerksstrahlen seien zunächst am Einzelstrahl erläutert und später auch für mehrstrahlige Anordnungen betrachtet.

Bild 5.2.1 zeigt schematisch die Ausbreitung eines vertikal auf den Boden gerichteten turbulenten Gasstrahls. Der Strahlkern kennzeichnet den Bereich unveränderter Maximalgeschwindigkeit in der Strahlachse. Die Kernlänge hängt, wie noch im einzelnen gezeigt wird, von den Zustandsgrößen in der Düse ab. Zwischen dem Strahlkern und der Strahlgrenze liegt ein Gebiet turbulenter Vermischung des Strahls mit der Außenströmung (turbulente Mischzone). Mit zunehmendem Abstand von der Düse weitet sich der Strahl aus, wobei in dem stromabwärts vom Strahlkern liegenden Gebiet gleichzeitig die Maximalgeschwindigkeit zurückgeht. Der Boden hat bei nicht zu kleinen Abständen keine meßbare Rückwirkung auf den Strahlzerfall, mit Ausnahme des hier zunächst nicht betrachteten Umlenkgebiets in unmittelbarer Bodennähe (Bodenstrahl). Die Strahlausbildung entspricht bei den größeren Bodenabständen damit den Verhältnissen des Freistrahls. In aufgeheizten Düsenstrahlen, wie sie z.B. bei Hubtriebwerken vorkommen, kann man durch Messung der Temperaturverteilung auch einen Temperaturkern feststellen, der ähnlich wie der oben beschriebene Kern der Geschwindigkeitsverteilung verläuft, jedoch etwas kürzer ist. Von besonderem Interesse ist der Einfluß der Zustandsgrößen in der Düse auf die Länge des Strahlkerns und die Ge-

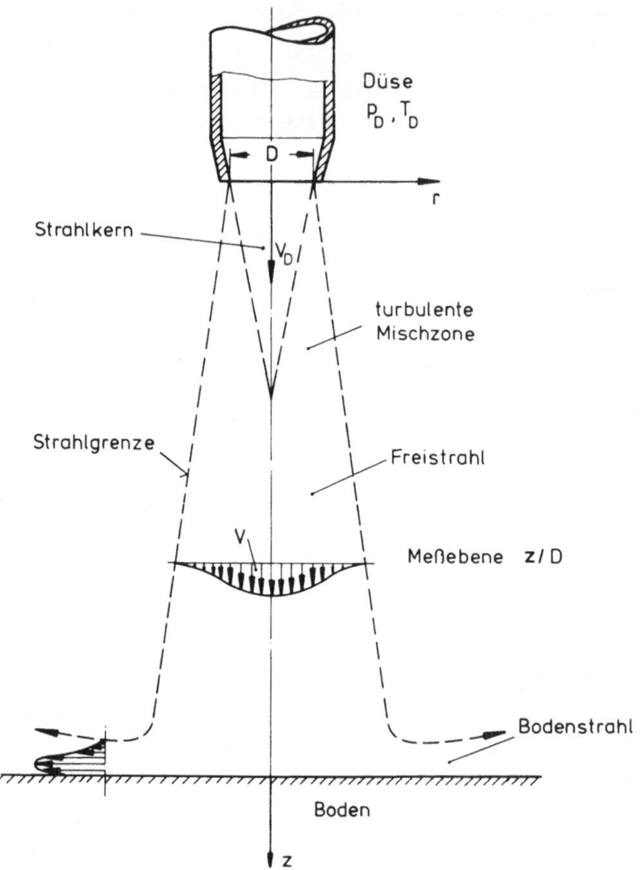

Bild 5.2.1. Ausbreitung eines vertikal auf den Boden gerichteten Gasstrahls

schwindigkeitsabnahme in der Strahlachse. Dies ist in Bild 5.2.2 aus
Meßergebnissen nach [36] gezeigt. Statt des Geschwindigkeitsverhält-
nisses wird meist die Wurzel des Staudruckverhältnisses $(q/q_D)^{1/2}$ aufgetragen, wobei q_D den Staudruck in der Düse kennzeichnet. Der Verlauf
dieses Wertes entspricht bei doppellogarithmischer Darstellung einer Geraden. Dieses Ergebnis folgt auch aus einer einfachen Impulsbetrachtung,
nach der die Geschwindigkeit auf der Strahlachse außerhalb des Strahlkerns reziprok mit dem Abstand abnimmt, vgl. z.B. [2]. In [36] wurden
die Einflüsse des Druckverhältnisses p_D/p und des Temperaturverhält-
nisses T_D/T bei verschiedenen Bodenabständen auf die Geschwindigkeitsabnahme längs der Strahlachse untersucht. Bild 5.2.2 zeigt, daß eine
Druck- bzw. Machzahlerhöhung die Länge des Strahlkerns vergrößert und
ohne Einfluß auf die Geschwindigkeitsabnahme auf der Strahlachse im

weiteren Bereich ist. Eine Temperaturerhöhung bewirkt dagegen eine Ver-
kürzung des Strahlkerns und eine stärkere Geschwindigkeitsabnahme im
weiteren Verlauf. Bei den hier betrachteten größeren Bodenabständen
($H/D \gg 5$) konnte kein systematischer Einfluß des Bodenabstands auf die
Geschwindigkeit in der Strahlachse festgestellt werden. Diese Ergebnisse werden durch Untersuchungen anderer Autoren voll bestätigt, vgl.
[2, 3, 5, 14, 16, 20, 21, 28, 38].

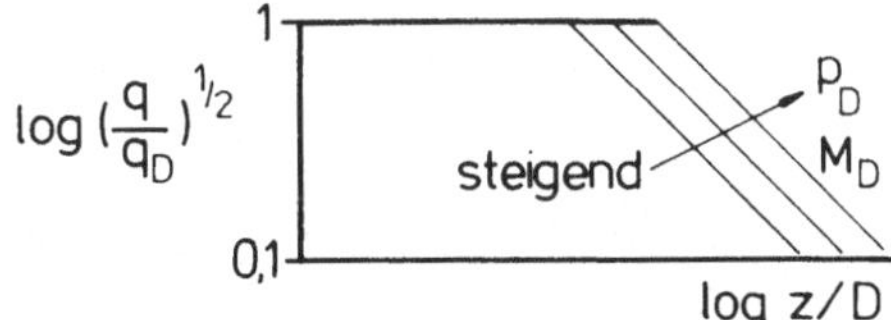

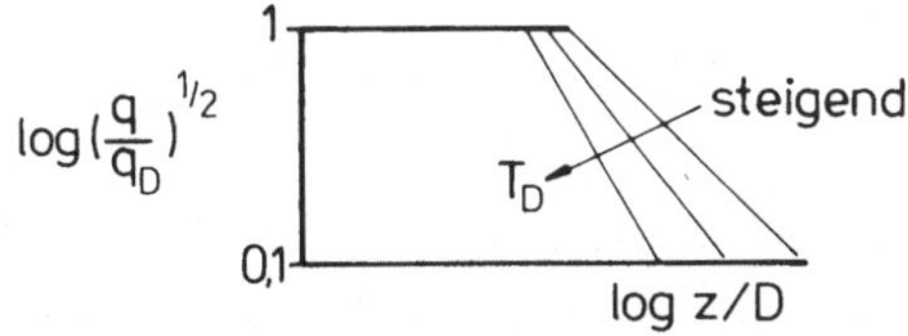

Bild 5.2.2. Einfluß von Druck, Temperatur und Machzahl auf den Geschwindigkeitsverlauf in der Strahlachse, nach [36]

Für die Beurteilung der durch den Strahl induzierten Einflüsse auf Flügel oder Rumpf eines Senkrechtstarters ist die Tatsache von Bedeutung,
daß der Strahl von den Seiten her ruhende Luftmassen mitreißt, so daß
die geförderte Menge stromabwärts etwa proportional mit der Lauflänge
zunimmt, vgl. z.B. [28]. Dies macht das aus [28] übertragene Strom-
linienbild eines turbulenten Freistrahls auf anschauliche Weise deutlich, Bild 5.2.3. Zur Beschreibung des genannten Effekts wird ein Verfahren angewandt, bei dem die induzierende Wirkung des Strahls durch
ein potentialtheoretisches Modell mit Hilfe einer Senkenstrecke auf der
Strahlachse simuliert wird. Eine nähere Betrachtung hierzu erfolgt in
Kap. 6.

Strahlinduzierte Vertikalkräfte bei zentralem Hubstrahl in Bodennähe

Während die Geschwindigkeit auf der Strahlachse beim Vorhandensein eines Bodens wenig beeinflußt wird, zeigen sich jedoch bei der Zulauf-

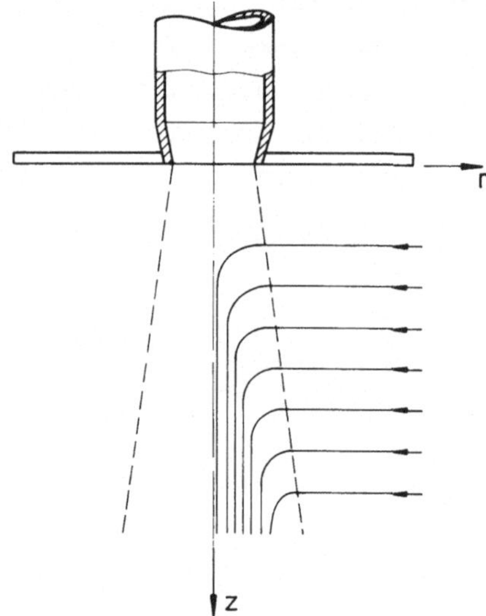

Bild 5.2.3. Zulaufströmung eines Freistrahls ohne Boden, nach [28]

strömung stärkere Auswirkungen. Dies ist in Bild 5.2.4 schematisch an
Hand des Stromlinienbildes der Zulaufströmung für einen Strahl mit Boden veranschaulicht. Wie dort angedeutet ist, wird die Zulaufströmung
auch von dem in radialer Richtung verlaufenden Bodenstrahl in größerem
Maße beeinflußt, wobei dieser Anteil mit Annäherung der Düse an den Boden anwächst. Infolge der Zulaufströmung entstehen stärkere Unterdrücke
an den Flugzeugteilen in der Umgebung der Hubtriebwerksdüse, die zu
einer erheblichen Minderung des Hubschubs führen. Über diesen Effekt,

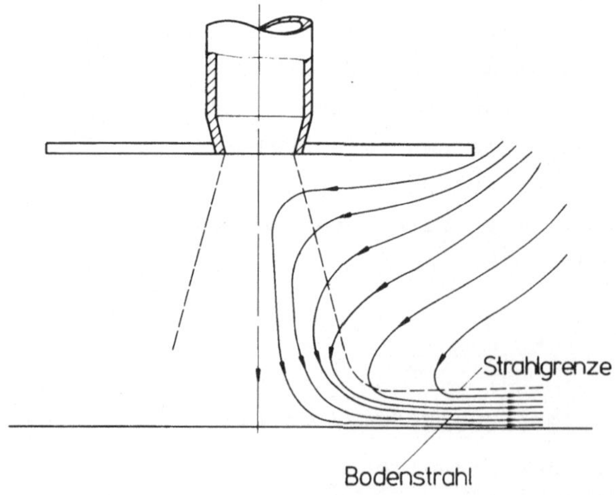

Bild 5.2.4. Zulaufströmung eines Freistrahls mit Boden

der als "aerodynamischer Bodeneffekt" oder "strahlinduzierter Auftriebsverlust" bezeichnet wird, sind in der Literatur eine größere Zahl
von Arbeiten erschienen (vgl. z.B. [1, 9, 15, 37, 41, 45]), aus denen
auszugsweise einige wichtige Ergebnisse wiedergegeben werden. Interessant ist in diesem Zusammenhang besonders das Ergebnis von Druckvertei-
lungsmessungen an Prinzipmodellen, z.B. an einer in der Düsenaustrittsebene konzentrisch angeordneten Kreisplatte mit Druckröhrchen an der
Unterseite. Bild 5.2.5 zeigt die nach dieser Methode in [36] gewonnenen
Druckverteilungen bei verschiedenen Bodenabständen. Das Bild macht deutlich, daß bei kleinen Bodenabständen sehr hohe Unterdrücke im Außenbereich der Platte entstehen, die aus der starken Umströmung des Plattenrandes durch die vom Strahl und insbesondere vom Bodenstrahl angesaugte
Sekundärluft resultieren. Demgegenüber ist bei größeren Bodenabständen
die Druckverteilung im Außenbereich der Platte relativ konstant, und
die Stromlinien der Sekundärströmung verlaufen hier weitgehend parallel
zur Plattenebene. Dieses Ergebnis entspricht den Stromlinienmodellen
nach Bild 5.2.3 und 5.2.4 für die Sekundärströmung ohne und mit Boden
zur Veranschaulichung der induzierten Effekte.

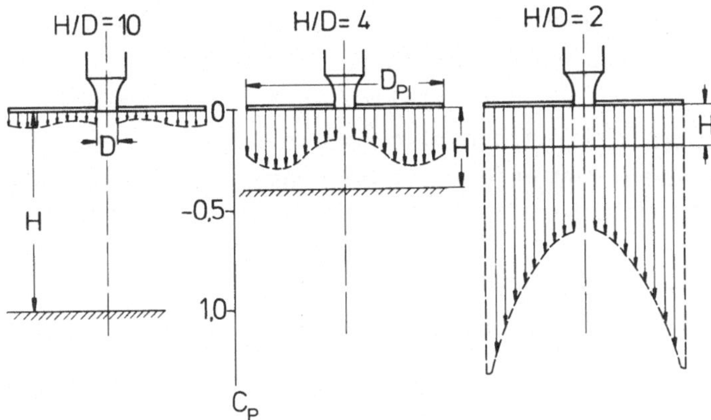

Bild 5.2.5. Druckverteilung an einer Plattenunterseite in der Düsenaustrittsebene infolge induzierter Strömung bei verschiedenen Bodenabständen, nach [36]

Integriert man die an verschieden großen Platten gewonnenen Druckverteilungen über der Plattenfläche auf, so erhält man für den induzierten
Auftrieb ΔA, bezogen auf den gleichfalls gemessenen Schub der Düse F_0,
das in Bild 5.2.6 aufgetragene Ergebnis. Man erkennt den großen Einfluß
des Flächenverhältnisses von Düse zu Platte, das durch den Parameter
S_D/S_{Pl} gekennzeichnet ist. Die Untersuchungen nach [36] wurden mit ver-

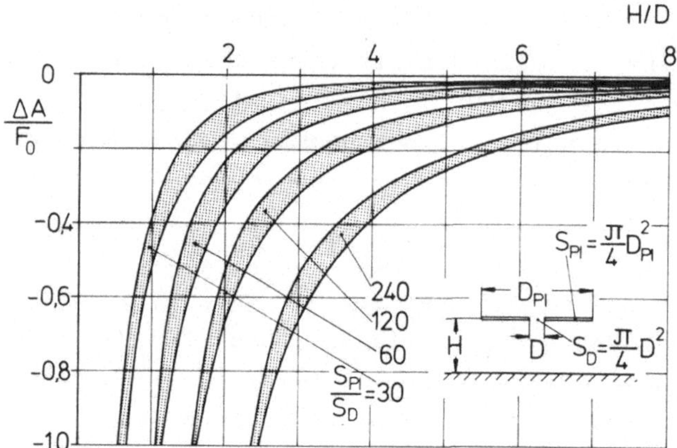

Bild 5.2.6. Induzierter Abtrieb, bezogen auf den Bruttoschub des Strahls, in Abhängigkeit vom Bodenabstand für verschiedene Kreisplattengrößen in der Düsenaustrittsebene (der schraffierte Bereich umfaßt jeweils verschiedene Ruhezustände in der Düse), nach [36]

schiedenen Düsenformen sowie bei unterschiedlichen Druckverhältnissen und Temperaturen in der Düse durchgeführt. Es konnte keine klare Abhängigkeit des induzierten Abtriebs von diesen Parametern festgestellt werden. Die für einen Druckbereich $1,1 < p_D/p < 4,4$ und einen Temperaturbereich $1 < T_D/T < 2,8$ erhaltenen Werte von $\Delta A/F_0$ sind in Bild 5.2.6 für die jeweiligen Flächenverhältnisse dargestellt. In Anlehnung an einen entsprechenden Vorschlag in [45] lassen sich die in Bild 5.2.6 gezeigten Ergebnisse in einem engen Kurvenfeld zusammenfassen, wenn man den Bodenabstand statt auf den Düsendurchmesser D auf den von der Plattenfläche abhängigen Parameter $\sqrt{D_{Pl} - D}$ bezieht, Bild 5.2.7. Auf diese Weise wird eine allgemeine Anwendung der Meßergebnisse nach [36] zur Abschätzung des bodeninduzierten Abtriebs auch bei relativ großen Werten S_{Pl}/S_D ermöglicht.

In [45] wird vorgeschlagen, den induzierten Bodeneffekt für beliebige Konfigurationen allgemeingültig darzustellen. Dabei wird ein mittlerer "Plattendurchmesser"

$$\bar{D}_{Pl} = \frac{1}{\pi} \int_0^{2\pi} r(\Theta)\,d\Theta \tag{5.2.1}$$

definiert, wobei $r(\Theta)$ die Länge der Verbindungslinie vom Mittelpunkt der Düse zu den Begrenzungen der die Düse umgebenden Fläche (Flügel, Rumpf etc.) und Θ den Winkel zur Kennzeichnung der Lage von r darstellen. Im Falle einer Kreisplatte gilt $\bar{D}_{Pl} = D_{Pl}$. Trägt man nun den auf

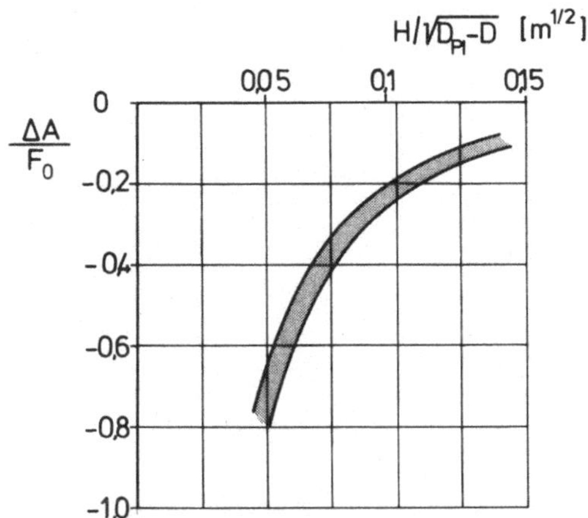

Bild 5.2.7. Induzierter Abtrieb, bezogen auf den Bruttoschub des Strahls, in Abhängigkeit vom reduzierten Bodenabstand (der schraffierte Bereich umfaßt alle Mittelwerte der Ergebnisse aus Bild 5.2.6)

den Schwebeschub bezogenen induzierten Abtrieb über dem auf die Differenz $\overline{D}_{Pl} - D$ bezogenen Bodenabstand auf, so fallen alle in [45] betrachteten Versuchsergebnisse an unterschiedlichen Düsen-Rumpf-Flügel-Konfigurationen in den in Bild 5.2.8 dargestellten schmalen Bereich. Eingetragen ist auch die in [45] aufgeführte, empirisch ermittelte Beziehung

$$\frac{\Delta A}{F_0} = -0,012 \left(\frac{H}{\overline{D}_{Pl} - D}\right)^{-2,3} \qquad (5.2.2)$$

für die Abhängigkeit des induzierten Auftriebs, die eine Kurve etwa in der Mitte des schraffierten Bereichs ergibt. Ähnlich lautende empirische Formeln werden z.B. auch in [22] angegeben. Für $\sqrt{S_{Pl}/S_D} = D_{Pl}/D$ kann man (5.2.2) auch folgendermaßen als Funktion von dem üblicherweise verwendeten relativen Bodenabstand H/D schreiben

$$\frac{\Delta A}{F_0} = -0,012 \left(\sqrt{\frac{S_{Pl}}{S_D}} - 1\right)^{2,3} \left(\frac{H}{D}\right)^{-2,3}. \qquad (5.2.3)$$

Bezieht man die Ergebnisse aus [36] nach Bild 5.2.6 ebenfalls auf den Parameter $H/(\overline{D}_{Pl} - D)$, so folgt, daß sich nur die an der kleinsten Platte ($S_{Pl}/S_D = 30$) gewonnenen Ergebnisse in den schraffierten Bereich nach Bild 5.2.8 einfügen, während dies bei den Werten für größere Platten nicht mehr der Fall ist.

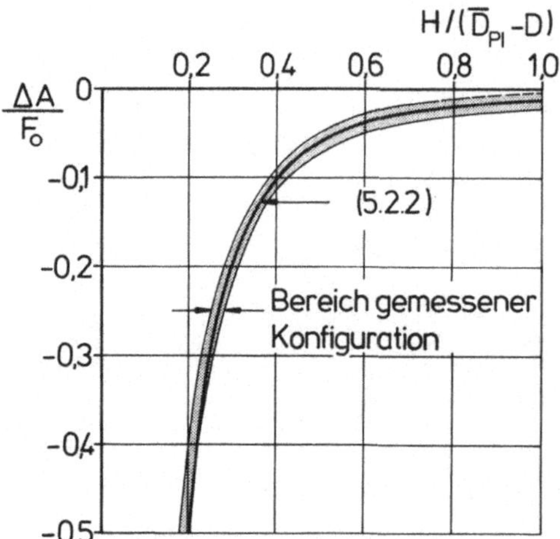

Bild 5.2.8. Induzierter Abtrieb, bezogen auf den Bruttoschub des Strahls,
in Abhängigkeit vom reduzierten Bodenabstand bei unterschiedlichen Düsen-
Rumpf-Konfigurationen, nach [45]

Die in Modellversuchen ermittelten induzierten Strahlabtriebe werden
durch Versuchsergebnisse mit Originaltriebwerken sehr gut bestätigt.
Dies zeigen nach [45] z.B. die an einem Versuchsstand der Firma Northrop
mit einem Triebwerk General Electric J 85 gewonnenen Ergebnisse im Vergleich zu (5.2.3), Bild 5.2.9. Entsprechendes gilt nach NASA-Untersuchungen an der X-14A für den Vergleich zwischen Großversuch und Modellversuch sowie der empirischen Beziehung (5.2.3), Bild 5.2.10. Als Durchmesser wurde hier der Effektivwert $D_{eff} = 2\sqrt{S_D/\pi}$ gewählt, wobei S_D die
Summe der beiden nebeneinanderliegenden Düsenflächen darstellt.

Strahlinduzierte Vertikalkräfte bei Mehrfachstrahlen in Bodennähe

Treten mehrere Hubstrahlen nebeneinander aus, so ergibt sich nur im
Außenbereich ein Bild der Sekundärströmung, das dem des Einzelstrahls
entspricht, während zwischen den Hubstrahlen aus der Vereinigung der
inneren Bodenstrahlen aufwärts gerichtete Strömungen mit relativ hohen
Geschwindigkeiten entstehen. Diese erzeugen an den in ihrem Einflußbereich befindlichen Flugzeugflächen (Rumpf, Flügel) Auftriebskräfte, die
dem schubmindernden Effekt der äußeren Sekundärströmung entgegenwirken
und diesen in günstigen Fällen aufheben oder sogar übertreffen können.

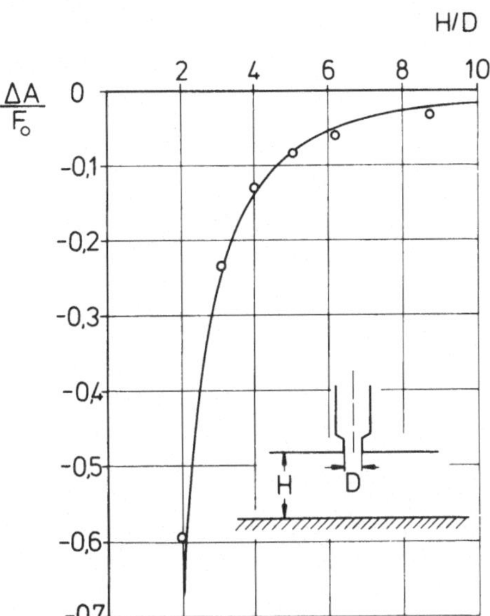

Bild 5.2.9. Induzierter Abtrieb, bezogen auf den Bruttoschub, in Abhängigkeit vom Bodenabstand (Hubtriebwerk General Electric J 85), nach [45]

o   Meßergebnisse nach [45]

─── Näherungsformel (5.2.3)

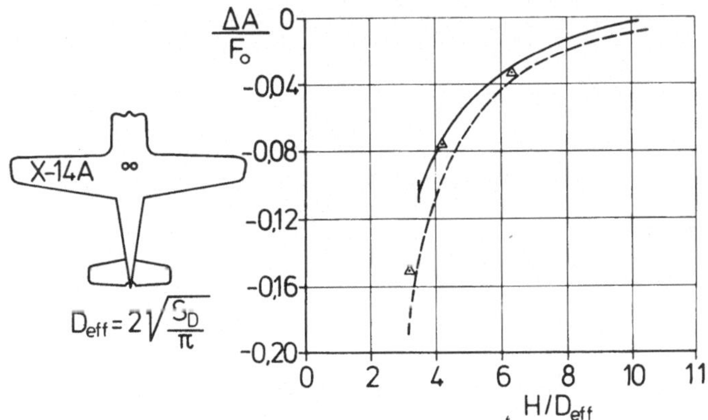

Bild 5.2.10. Induzierter Abtrieb der X-14A, bezogen auf den Bruttoschub der Hubtriebwerke, in Abhängigkeit vom Bodenabstand; Vergleich von Modell- und Großversuch, nach [45]

─ ─ ─ Großversuch

Δ   Modellversuch

─── Näherungsformel (5.2.3)

Bild 5.2.11 gibt schematisch den Verlauf der induzierten Strömung für
Zweidüsenanordnungen wieder. Bildteil a zeigt bei freistehenden Düsen
die Aufwärtsbewegung der Strahlen zwischen den Düsen und die Ausbildung
von Wirbelkernen. Fügt man zwischen und neben den Düsen Blenden ein,
die die Anwesenheit von Rumpf oder Flügel simulieren, so bilden sich
induzierte Strömungen und als Folge davon Unter- und Überdruckgebiete
an den Blenden aus, wie in Bildteil b schematisch dargestellt ist.

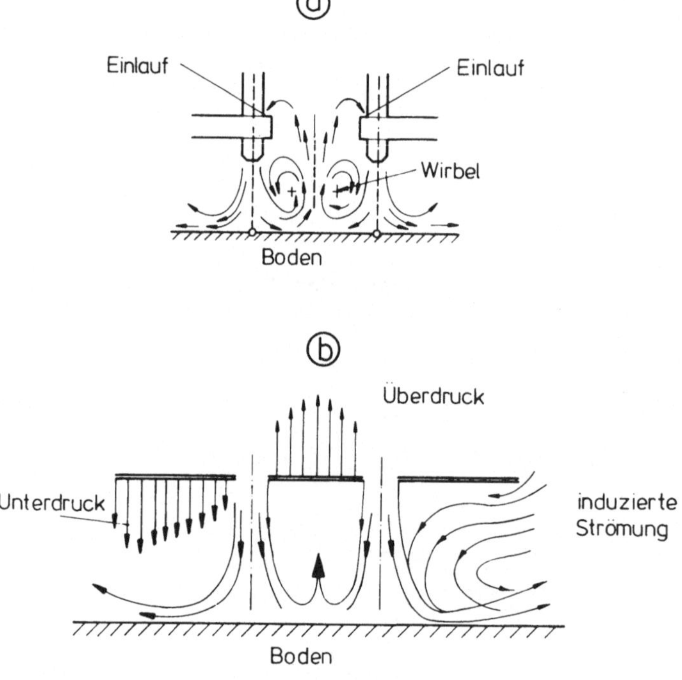

Bild 5.2.11. Strömungsverlauf bei nebeneinander angeordneten Düsen

ⓐ Düsen ohne Blenden, nach [4]
ⓑ Düsen mit Blenden (Flügel, Rumpf), nach [45]

Die Größenordnung der strahlinduzierten Vertikalkräfte sei unter Verwendung vorhandener Meßergebnisse von Windkanalmodellen mit Strahlsimulation beschrieben. Bild 5.2.12 zeigt zunächst den Einfluß der Aufteilung eines zentralen Strahls in vier rechteckförmig angeordnete Ein-
zelstrahlen an einem Deltaflügel-Rumpf-Prinzipmodell unter Konstanthaltung der Düsenfläche. Die Strahlaufteilung bewirkt eine erhebliche
Reduzierung des induzierten Strahlabtriebs und bestätigt die vorher
gemachte, prinzipielle Aussage über diesen Effekt, vgl. auch Bild 5.2.11.

Gleichzeitig wird in Bild 5.2.12 der Einfluß der Flügelhochlage gezeigt. Erwartungsgemäß ist der induzierte Abtrieb bei der Tiefdeckeranordnung, bei der der Flügel in der Düsenaustrittsebene liegt, am größten.
Die Verminderung des Abtriebs durch Hochlegen des Flügels um eine Rumpf-
höhe hat etwa die gleiche Größenordnung wie der Einfluß der Strahlaufteilung.

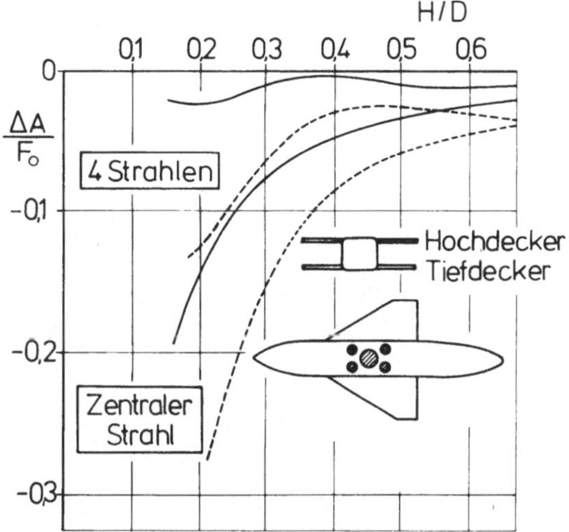

Bild 5.2.12. Induzierter Abtrieb, bezogen auf den Bruttoschub, in Abhängigkeit vom Bodenabstand; Vergleich von unterschiedlichen Düsenauftei-
lungen und Flügelhochlagen, nach [45]

——— Hochdecker

---- Tiefdecker

Bei den Entwicklungsarbeiten der deutschen Senkrechtstarter wurde dem
Problem der Strahlinduktion besondere Beachtung geschenkt. Die für die
VJ 101 C gewählte dezentrale Anordnung der Triebwerke zeigt besonders
günstige Ergebnisse bezüglich des Strahlabtriebs. Bild 5.2.13 läßt erkennen, daß beim Stand am Boden kein nennenswerter induzierter Abtrieb
vorhanden ist. Mit wachsendem Bodenabstand tritt sogar eine induzierte
Auftriebserhöhung von 2 - 3% des Schwebeschubs auf. Diese Ergebnisse
gelten für einen Schwebezustand mit horizontaler Flugzeuglage. Bei Lageänderungen reduziert sich der positive Effekt und ist bei $\Theta = 10^{\circ}$ nicht
mehr vorhanden. Ein interessantes Ergebnis für die Beeinflussung des
aerodynamischen Bodeneffekts durch Variation der Geometrie ist in Bild
5.2.14 aus Windkanalmessungen zu einer Dornier-Projektstudie nach [40]
gezeigt. Hier ergibt sich für bestimmte Seitenabstände der Hubtrieb-
werksgondeln am Flügel ein Überwiegen des positiven Effektes, d.h. eine
Auftriebssteigerung.

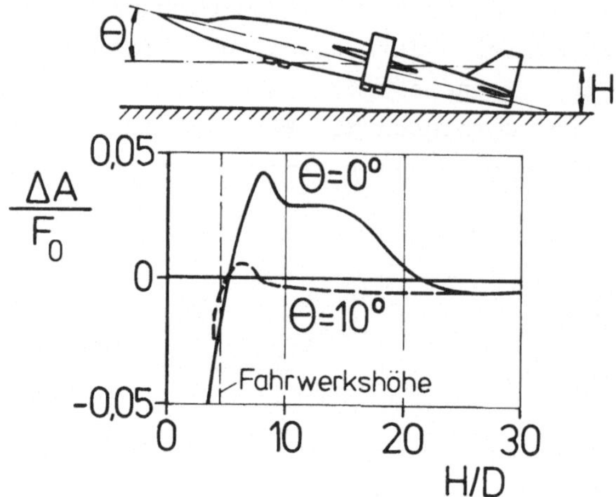

Bild 5.2.13. Induzierter Abtrieb der VJ 101 C-X1, bezogen auf den Bruttoschub, in Abhängigkeit vom Bodenabstand und der Längsneigung, nach
[30]

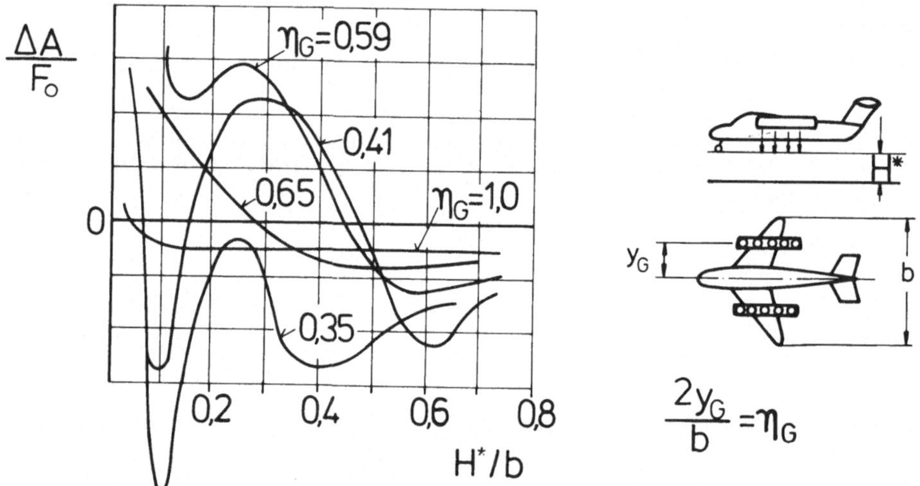

Bild 5.2.14. Induzierter Abtrieb, bezogen auf den Bruttoschub, in Abhängigkeit vom Bodenabstand des Fahrwerks für verschiedene Seitenabstände
der Gondeln, nach [40]

Bei der Do 31 hat man der Gondellage bei $\eta_G = 1$ wegen des gleichmäßigen
Verlaufs des induzierten Abtriebs über dem Bodenabstand und seines geringen Betrags den Vorzug gegeben. Allerdings waren bei dieser Entscheidung auch andere, konstruktionsbedingte Gründe maßgebend. Bild
5.2.15 zeigt die Ergebnisse über den strahlinduzierten Auftrieb bei der
Do 31 E3 nach [20], wobei die Kurve a etwa die aus Bild 5.2.14 für den

Fall bekannten Werte bestätigt, daß nur die Hubtriebwerke in Betrieb sind. Die Marsch-Hub-Triebwerke allein liefern bei voll geschwenkten Düsen einen relativ hohen induzierten Abtrieb (Kurve b), der sich jedoch im Zusammenwirken mit den Hubtriebwerksstrahlen stark vermindert (Kurve c).

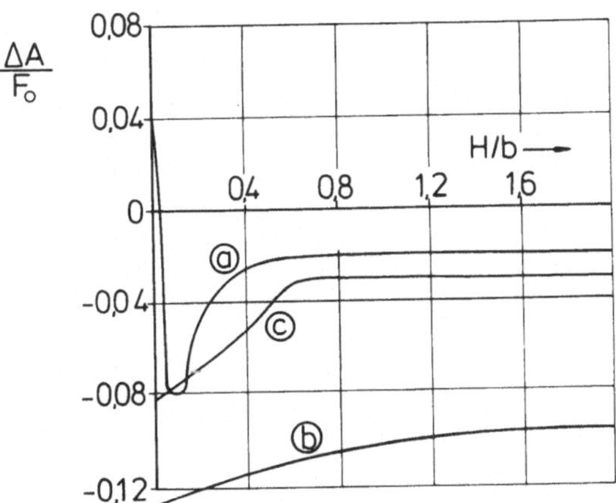

Bild 5.2.15. Induzierter Abtrieb der Do 31-E3, bezogen auf den Bruttoschub, in Abhängigkeit vom Bodenabstand H/b, nach [20]

ⓐ   Hubtriebwerke allein
ⓑ   Marschtriebwerke allein
ⓒ   alle Triebwerke

Strahlinduzierte Nickmomente

Neben dem induzierten Auftrieb spielt für die Schwebephase eines Senkrechtstarters in Bodennähe auch das strahlinduzierte Moment eine Rolle. Die Triebwerke sind so angeordnet, daß der resultierende Schubvektor während des Abhebens und des Schwebens bei Horizontallage des Flugzeugs durch den Schwerpunkt geht. Treten zusätzlich freie Momente durch induzierte Effekte auf, so sind sie durch entsprechende Steuermomente auszutrimmen. Da die Steuermomente vom Antriebssystem aufzubringen sind, müssen sie bei der Leistungsbilanz berücksichtigt werden, um sicherzustellen, daß stets eine ausreichende Vertikalschubreserve vorhanden ist, vgl. Kap. 4 und 8. In Bild 5.2.16 sind die strahlinduzierten Momente für eine Anordnung der Düsen in Dreiecksform (Bildteil a, VJ 101 C) sowie für eine Anordnung in Reihe (Bildteil b, Do 31 E3) dargestellt. In beiden Fällen treten kopflastige Momente auf, die bei der Do 31 E3 wesentlich stärker ausgeprägt sind. In Bildteil b ist weiterhin gezeigt, daß die Flugzeuglage einen großen Einfluß ausüben kann. Mit positiver

Anstellung und damit geringerem Bodenabstand des Leitwerks nehmen im
Bereich kleiner Bodenabstände die induzierten kopflastigen Momente
stark zu. Dies ist ein Effekt, der für das Stabilisierungsverhalten
positiv ist, da die Momente einer Nickwinkelstörung entgegenwirken.

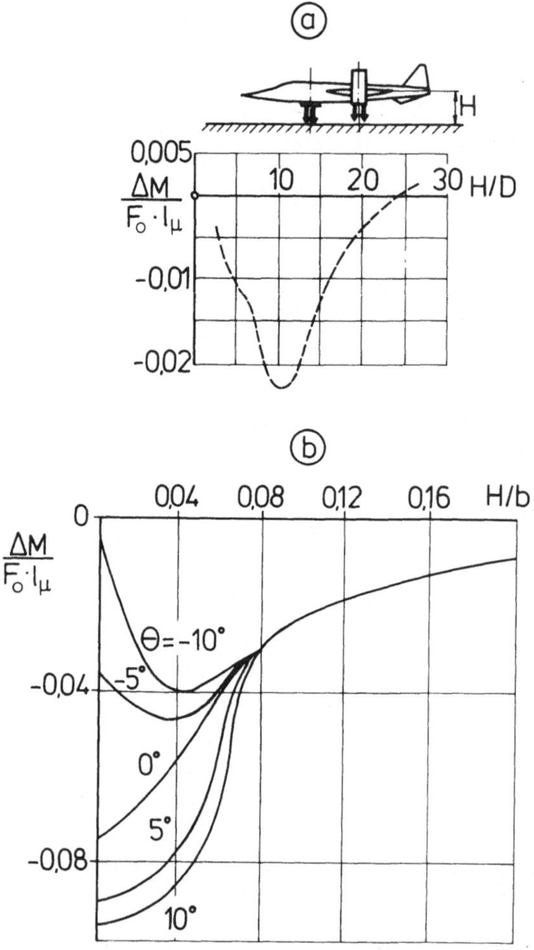

Bild 5.2.16. Strahlinduzierte Nickmomente für unterschiedliche Triebwerksanordnungen in Abhängigkeit vom Bodenabstand und der Längsneigung

ⓐ   VJ 101 C-X1
ⓑ   Do 31-E3, nach [20]

Strahlinduzierte Rollmomente

Da auch die VTOL-Flugzeugkonfigurationen bezüglich der x-z Ebene symmetrisch sind, treten induzierte Rollmomente im Schwebeflug nur auf, wenn
die Symmetrie durch andere Effekte gestört wird, z.B. also durch Wind-

einfluß (Seitenwind, Schiebeflug) oder durch Schräglage des Flugzeugs
gegenüber dem Boden (Hängewinkel). Der letztgenannte Fall soll an einigen Beispielergebnissen diskutiert werden.

Bild 5.2.17 zeigt zunächst das Strömungsbild zweier unter einem Winkel
von $\Phi = 6°$ schräg gestellter Strahlen, das aufgrund von Versuchen nach
[4] gewonnen wurde. Während sich bei horizontaler Lage der Düsen normalerweise zwei symmetrische Wirbel ausbilden, vgl. Bild 5.2.11, löst
sich bei Neigung der Düsen einer der Wirbel auf und die in ihm enthaltene Masse ist nun teilweise in den verbleibenden, in seitlicher Richtung verschobenen Wirbel übergegangen. Die Folge dieser unsymmetrischen
Strömung für die strahlinduzierten Effekte bei einer mehrstrahligen

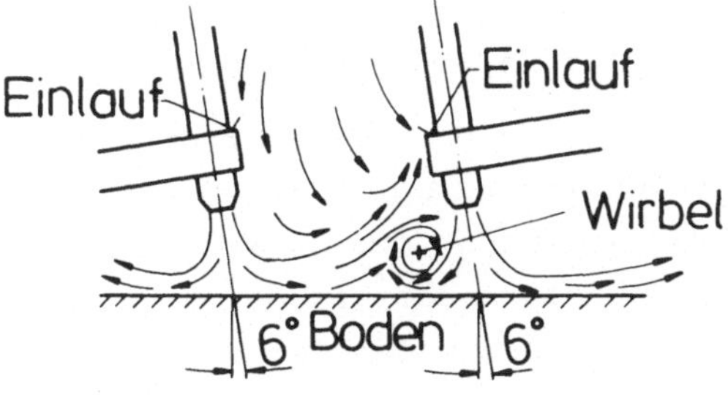

Bild 5.2.17. Strömungsbild zweier Düsen mit einem Hängewinkel von 6°
gegenüber dem Boden, nach [4]

VTOL-Anordnung besteht darin, daß die näher am Boden befindliche Flügelseite bei kleinen Bodenabständen einen stärkeren strahlinduzierten Abtrieb aufweist als die andere Flügelseite. Das daraus resultierende
Rollmoment wirkt im Sinne einer Vergrößerung des Hängewinkels und entspricht damit einem instabilen Verhalten. In Bild 5.2.18 sind Windka-
nalergebnisse für eine der Do 31 ähnliche Konfiguration nach [40] wiedergegeben, die die Größe der instabilen Rollmomente als Funktion des
Hängewinkels Φ für verschiedene Werte des auf die Spannweite bezogenen
Bodenabstands H/b zeigen. Wie zu erwarten, nimmt das strahlinduzierte
instabile Rollmoment mit wachsendem Bodenabstand ab. Bei diesen Versuchen wurden Hub- und Marschtriebwerksdüsen mit gleichen überkritischen
Druckverhältnissen betrieben. Durch Wahl unterschiedlicher Druckver-
hältnisse konnten die instabilen Rollmomente weitgehend bis zu stabilen
Werten hin verändert werden.

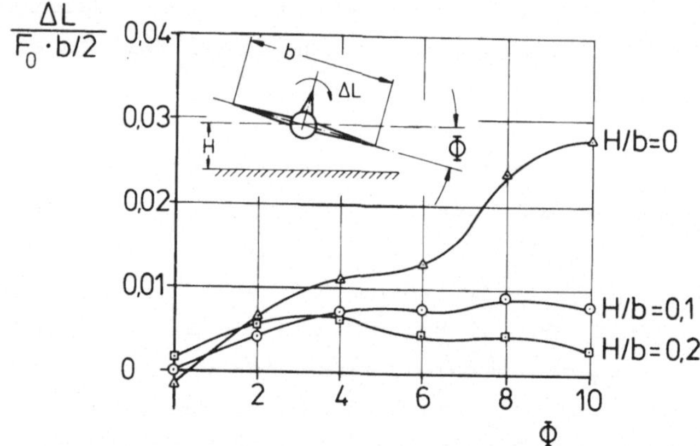

Bild 5.2.18. Induzierte Rollmomente eines VTOL-Modells in Abhängigkeit vom Hängewinkel bei verschiedenen Bodenabständen, nach [40]

Möglichkeiten zur Reduzierung der induzierten Bodeneffekte

Im vorherigen Teil dieses Abschnitts wurde an Hand einiger Meßergebnisse gezeigt, daß die induzierten Bodeneffekte durch Wahl geeigneter Konfigurationen wie der entsprechenden Anordnung der Hubtriebwerke oder durch Änderung der Flügellage und -größe stark beeinflußt werden können. Eine weitere Möglichkeit, die bei nebeneinanderliegenden Düsen angewendet werden kann, besteht darin, die Strahlrichtung nach außen zu ändern. Für das in Bild 5.2.19 gezeigte Beispiel gelingt es auf diese Weise, bei einer Änderung der Strahlrichtung von $4,5^\circ$ nach innen auf 5° nach außen den Strahlabtrieb fast auf den halben Wert zu reduzieren.

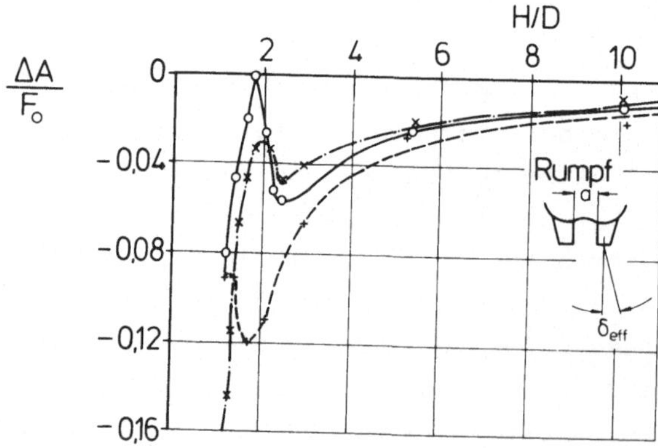

Bild 5.2.19. Verminderung des induzierten Abtriebs eines Zweidüsensystems durch seitliche Schwenkung der Düsen, nach [22]

	δ_{eff}	a/D
+	-4,5	0,56
o	0,5	0,65
x	5,5	0,73

Auch die Anbringung von Seitenplatten bei zentral im Rumpf angeordneten Hubtriebwerken ist mit Erfolg versucht worden.

Bei der Flugerprobung eines vorhandenen Senkrechtstarters sind nachträgliche Konfigurationsänderungen zur Verbesserung des Bodeneffekts nur in seltenen Fällen bei Experimentalgeräten möglich. Ein Beispiel hierfür ist die X-14, vgl. Bild 1.2.5. Durch Änderung der Fahrwerkshöhe wurde hier während der Erprobung der Bodenabstand, bezogen auf den Düsendurchmesser, im Bereich $1,2 < H/D < 2,6$ verändert [6]. Im allgemeinen sind derartige konstruktive Änderungen nicht mehr durchführbar, so daß dann Verbesserungen nur durch geeignete Einbauten am Boden möglich sind. Da sich gezeigt hatte, daß der Bodenstrahl bei kleinen Bodenabständen wesentlich zur Erhöhung des induzierten Bodeneffekts beiträgt, liegt es nahe, Einbauten am Boden vorzunehmen, die die ungestörte Ausbreitung des Bodenstrahls verhindern.

Ein Lösungsvorschlag besteht darin, am Boden durch parallel angeordnete Stege etwa in der Höhe eines halben Düsendurchmessers schmale Kanäle zu bilden, die die Richtung des Bodenstrahls beeinflussen. Bild 5.2.20 zeigt nach [45] die beachtliche Wirksamkeit dieser Maßnahmen für eine Anordnung mit extrem starkem induziertem Abtrieb.

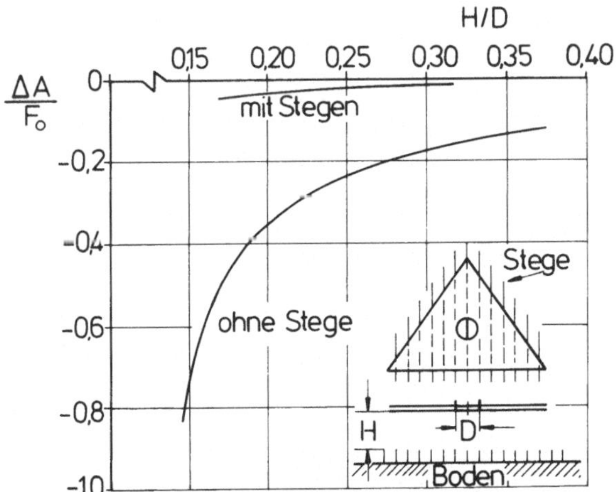

Bild 5.2.20. Verminderung des induzierten Abtriebs durch Bodenstege ($\sqrt{S_D/S_{Pl}} = 0,11$), nach [45]

Eine andere Möglichkeit wurde im Rahmen der Arbeiten des Entwicklungsrings-Süd im Windkanal mit Erfolg erprobt [30]. Hier wurde in geringem
Abstand über dem Boden eine Lochplatte angebracht, die ähnlich wie die
oben erwähnten Kanäle die Aufgabe hatte, die induzierende Wirkung des
Bodenstrahls zu verhindern. Bild 5.2.21 zeigt die Ergebnisse für ein
Modell mit zentralem Hubstrahl. Danach ist der volle Effekt bereits bei
einem Bodenabstand der Lochplatte von $h = D/2$ vorhanden. Eine weitere
Vergrößerung des Bodenabstands der Lochplatte brachte keine Änderung
des für $h = D/2$ gemessenen Ergebnisses.

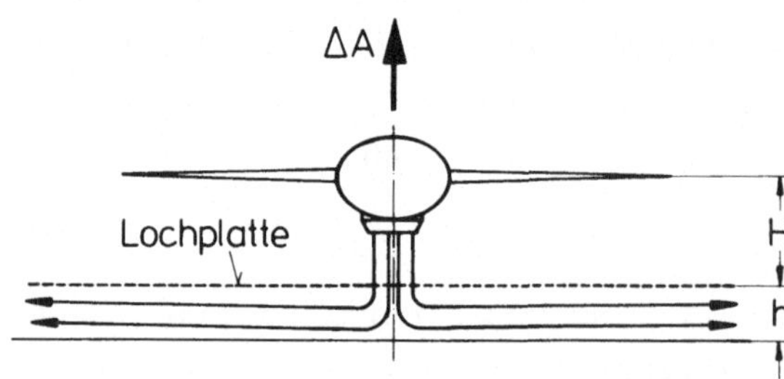

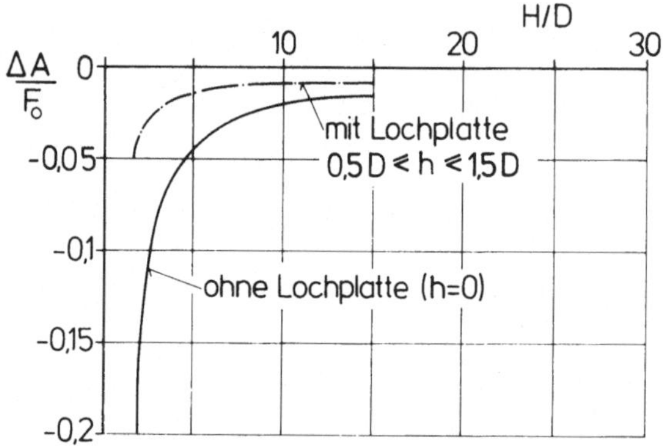

Bild 5.2.21. Verminderung des induzierten Abtriebs mittels einer Lochplatte, nach [30]

Will man die Bodeneffekte vollständig vermeiden, so sind sehr aufwendige Baumaßnahmen erforderlich. Z.B. kann man für die am Boden auftreffenden Triebwerksstrahlen Ablenkgitter mit entsprechenden Ablenk-
kanälen installieren. Bild 5.2.22 zeigt eine solche Einrichtung, die
für die Standerprobung der VJ 101 C und dabei insbesondere für die
Nachbrennerversion VJ 101 C-X2 verwendet worden ist.

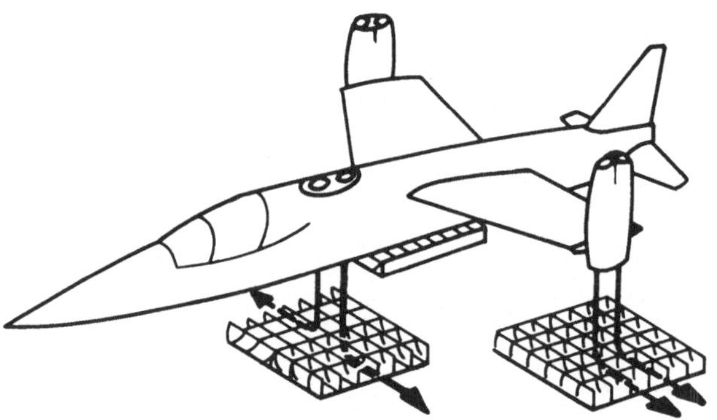

Bild 5.2.22. Ablenkplatte zur Verminderung von Bodeneffekten für die
VJ 101 C-X1

5.2.2 Thermische Bodeneffekte

Überblick

Bei Senkrechtstartern mit heißen Hubstrahlen kann der Hubschub dadurch
beträchtlich reduziert werden, daß der Triebwerkseinlauf erwärmte Luft
ansaugt oder daß in bestimmten Fällen sogar heiße Gase direkt in den
Einlauf gelangen. Den Vorgang des Wiederansaugens heißer Triebwerks-
gase nennt man Rezirkulation. Gelangen heiße Gase durch Aufwärtsströmung
infolge ihres geringeren spezifischen Gewichts auf dem Umweg über eine
Mischung mit der Umgebungslust in den Einlauf, so spricht man von Fernfeldrezirkulation. Erreichen die Gase in Form von Aufstromfontänen
durch das Zusammentreffen mehrerer heißer Strahlen auf direktem Wege
den Einlauf, dann liegt eine Nahfeldrezirkulation vor. Beide Rezirkulationsarten können durch Windeinflüsse noch verstärkt werden.

Die prinzipielle Wirkungsweise der Fernfeldrezirkulation ist in Bild
5.2.23, Teil a für einen zentralen Triebwerksstrahl dargestellt. Der
auf den Boden auftreffende Strahl verzweigt sich hier in einen radial
nach außen gerichteten Bodenstrahl relativ hoher Geschwindigkeit. Infolge des archimedischen Auftriebs tritt eine Ablösung des Bodenstrahls
ein, und es folgt eine aufwärts gerichtete Strömung heißer Gase, die
sich mit der kalten Umgebungsluft mischt und durch die Senkenwirkung
des Einlaufs angesaugt wird. Durch Windeinfluß kann der Effekt noch
verstärkt werden, indem der Bodenstrahl auf der dem Wind zugewandten
Seite früher zum Ablösen neigt. Die aufgewärmte Luft gerät auf kürzerem
Weg in den Einlauf (vgl. hierzu Teil b von Bild 5.2.23) und liefert auf
Grund ihrer höheren Temperaturen größere Schubverluste.

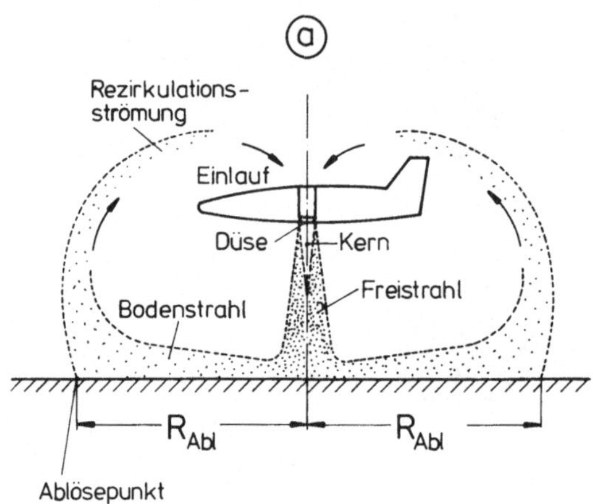

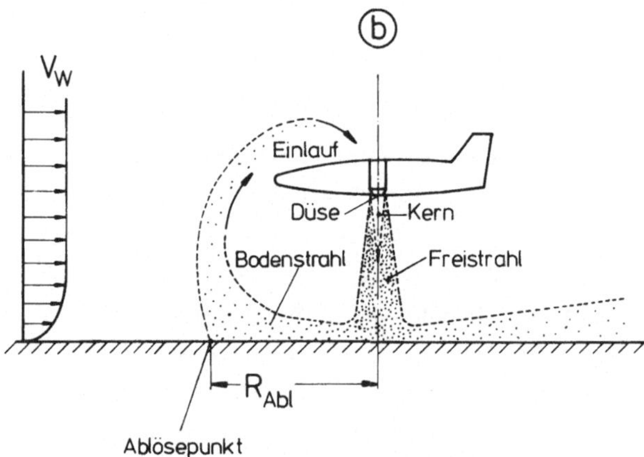

Bild 5.2.23. Schematische Darstellung der Rezirkulation bei einem zentralen Triebwerk (Fernfeldrezirkulation)

(a) ohne Wind
(b) mit Wind

Bei VTOL-Konfigurationen mit mehreren Hubtriebwerken tritt zusätzlich ein weiterer thermischer Bodeneffekt auf, indem durch das Aufeinandertreffen mehrerer gegeneinander strömender Bodenstrahlen Aufstromfontänen entstehen, die den Einlauf auf direktem Wege treffen, Bild 5.2.24. Wegen der dadurch bedingten erheblichen Zunahme der Einlauftemperatur und durch die mit den Aufstromfontänen verknüpfte starke Ungleichförmigkeit der Einlaufströmung liefert die Nahfeldrezirkulation nicht nur höhere Schubverluste, sondern sie kann zu Abreißerscheinungen in den ersten Verdichterstufen der Hubtriebwerke führen und damit die Flugsicherheit in Bodennähe beeinträchtigen.

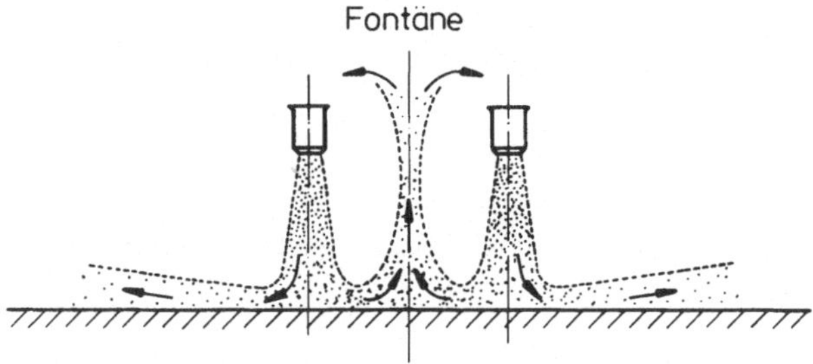

Bild 5.2.24. Schematische Darstellung der Rezirkulation bei Doppeltrieb-
werken infolge von Aufstromfontänen (Nahfeldrezirkulation)

Neben den durch beide Rezirkulationsarten auftretenden Hubschubverlu-
sten können auch Änderungen in den Nick- und Rollmomenten entstehen,
die insbesondere bei böigem Wetter die Steuerbarkeit des VTOL-Flugzeugs
in Bodennähe negativ beeinflussen

Zur Beurteilung der Auswirkungen von Rezirkulationseffekten sind in
Bild 5.2.25 die Schubverluste für unterschiedliche VTOL-Triebwerksarten
infolge einer Temperaturerhöhung dargestellt. Dieser Einfluß kann exakt

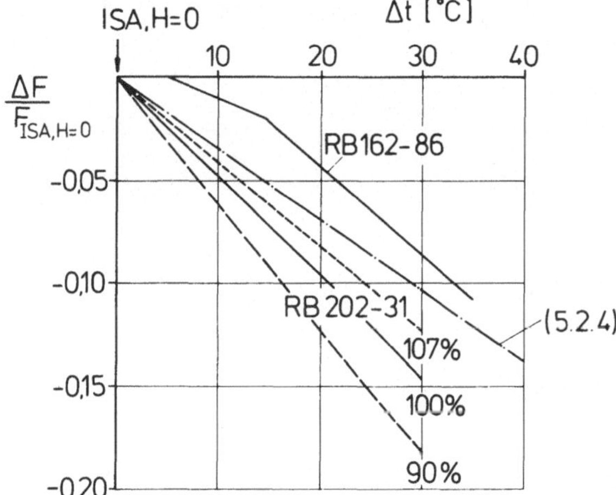

Bild 5.2.25. Schubabnahme bei Hubtriebwerken durch Erhöhung der Einlauftemperatur

nur über eine Berechnung des thermodynamischen Kreisprozesses eines
Triebwerks bestimmt werden. Die Angaben in Bild 5.2.25 wurden auf diese
Weise vom Triebwerkshersteller ermittelt. Eine Abschätzung ist unter
der sehr vereinfachenden Annahme möglich, daß die Schubverluste nur
eine Folge des durch die Temperaturerhöhung verringerten Massendurch-

flusses sind. Unter dieser Annahme folgt

$$\frac{F}{F_{ISA}} = \frac{\dot{m}_L}{(\dot{m}_L)_{ISA}} = \frac{\rho}{\rho_{ISA}} = \frac{T_{ISA}}{T} = \frac{1}{1 + \Delta t/T_{ISA}} \approx 1 - \frac{\Delta t}{T_{ISA}} \ . \qquad (5.2.4)$$

Die (5.2.4) entsprechende Gerade ist in Bild 5.2.25 eingetragen und
zeigt die Brauchbarkeit dieser Näherung.

Im folgenden werden die für die verschiedenen Arten der Rezirkulation
maßgebenden Effekte erläutert und die Größe ihres Einflusses an Hand
von Beispielergebnissen dargestellt.

Rezirkulation bei Einzeltriebwerken

Die Temperaturverteilung eines Hubtriebwerksstrahls auf der Strahlachse
zeigt ein Verhalten ähnlich der in Abschn. 5.2.1 dargestellten Geschwindigkeitsverteilung, wie von verschiedenen Autoren übereinstimmend festgestellt wurde, vgl. [24, 36]. Danach bleibt der Temperaturverlauf im
Bereich des Temperaturstrahlkerns, der je nach Zustand in der Düse die
fünf- bis sechsfache Länge des Düsendurchmessers besitzt, konstant und
fällt dann etwa umgekehrt proportional zur Entfernung von der Düse ab.
Wie Bild 5.2.26 zeigt, ist ein Einfluß des Bodenabstands auf den Temperaturverlauf in der Strahlmitte nicht feststellbar.

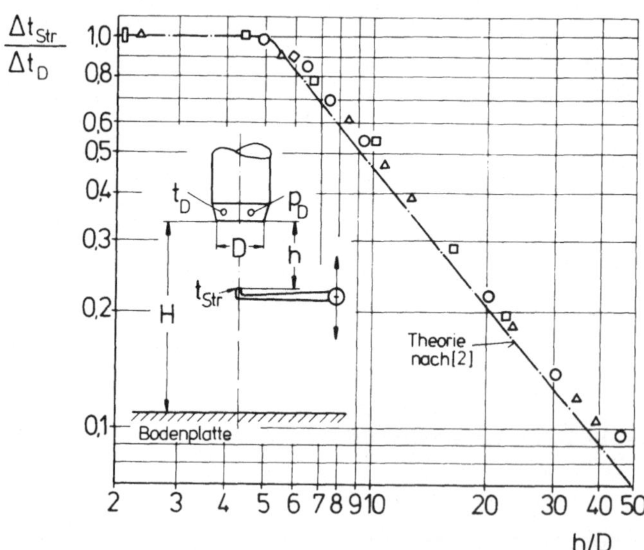

Bild 5.2.26. Temperaturverlauf im Triebwerksstrahl bei verschiedenen
Bodenabständen, nach [36]

$P_D/p = 2,2$

$T_D/T = 3,1$

H/D	5	8	15	25	40	∞
	⬚	▽	◇	□	△	○

Bei Verringerung des Bodenabstands gelangt jedoch zunehmend heißere
Luft in den Bodenstrahl und damit wird schließlich die Temperatur am
Einlauf des Triebwerks ansteigen. Dieser Effekt wurde bei Versuchen
nach [35] für verschiedene Bodenabstände und Vorkammertemperaturen untersucht. Bild 5.2.27 zeigt die Meßschriebe für eine Temperatur von
300°C. Bei diesen Versuchen wurde die Temperatur im Einlauf zunächst
ohne Boden und danach mit darunter gefahrenem Boden über eine längere
Versuchszeit gemessen. Die Senkenwirkung des Einlaufs wurde durch Ab-
saugen der Luftmasse simuliert, wobei für das Massenverhältnis ein Wert
von $\dot{m}_E/\dot{m}_D = 1$ gewählt wurde. Die gemessenen Erhöhungen der Einlauftempe-
raturen sind in Bild 5.2.28 als Funktion des Bodenabstands bei einer
Temperatur in der Düse von 300°C dargestellt.

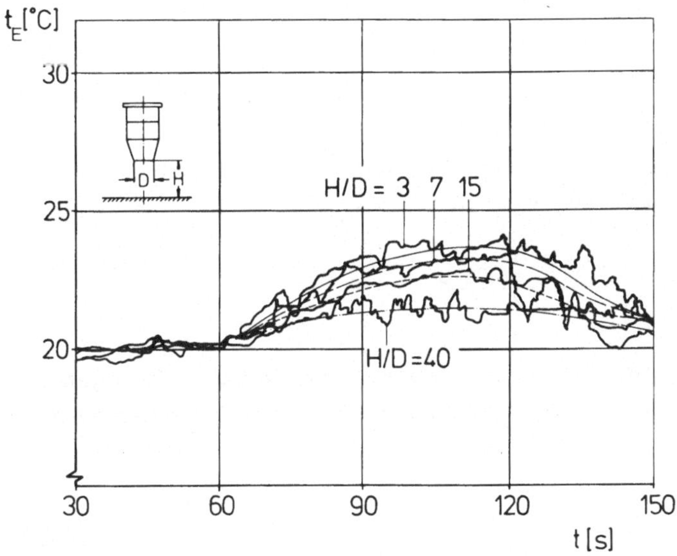

Bild 5.2.27. Zeitlicher Verlauf der Temperatur im Einlauf eines Modelltriebwerks für verschiedene Bodenabstände bei Fernfeldrezirkulation,
nach [35]

$t_D = 300°C;\ \dot{m}_E/\dot{m}_D = 1;\ \dot{m}_D = 0,1\ kg/s$

Der für die Rezirkulation verantwortliche Strömungsvorgang wurde eingehend in [10] behandelt. Danach ist der sich radial ausbreitende heiße
Bodenstrahl (vgl. Bild 5.2.23, Teil a) bestrebt, sich infolge des archimedischen Auftriebs vom Boden abzulösen, indem sich an der Unterseite
ein Unterdruck ausbildet. An der Stelle, wo das Verhältnis dieses Un-
terdrucks zum Maximum des örtlichen Staudrucks einen bestimmten Wert
überschreitet, löst der Bodenstrahl ab und gelangt über die Rezirkula-

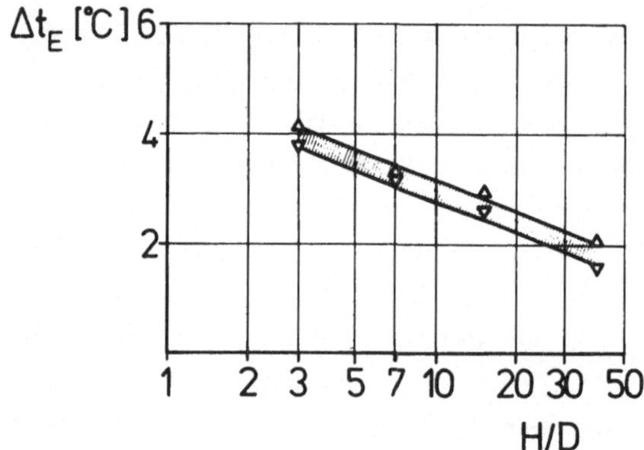

Bild 5.2.28. Mittlere Erhöhung der Einlauftemperatur eines Modelltriebwerks in Abhängigkeit vom Bodenabstand bei Fernfeldrezirkulation, nach [37]

$t_D = 300^\circ C; \quad \dot{m}_E/\dot{m}_D = 1; \quad \dot{m}_D = 0,1 \; kg/s$

tionsströmung in den Triebwerkseinlauf. Für die Ermittlung des Ablösepunktes wird nach [10] ein aus Ähnlichkeitsgesetzen abgeleiteter Modellparameter definiert, der im folgenden beschrieben wird. Ausgangspunkt hierzu ist die Grashofzahl, für die gilt

$$Gr = \frac{l^3 \, \rho^2 \, g \, \Delta T \, \beta}{\eta^2} \, . \tag{5.2.5}$$

Diese läßt sich aufspalten, indem man den auf das Volumen bezogenen archimedischen Auftrieb $A_a = g\rho\Delta T\beta$ und die gleichermaßen bezogene Zähigkeitskraft $f = \eta u/l^2$ einführt:

$$Gr = \frac{u \, l \, \rho}{\eta} \, \frac{g \, \rho \, \Delta T \, \beta}{\eta \, u/l^2} = Re \, \frac{A_a}{f} \, . \tag{5.2.6}$$

Maßgebend für die Ausbreitung des erhitzten Bodenstrahls ist der Quotient aus Strahlimpuls und archimedischer Auftriebskraft, multipliziert mit dem Temperaturverhältnis. In [10] wird hierfür angesetzt:

$$\frac{\rho \, v_D^2/l}{g \, \rho \, \Delta T_D \, \beta} \left(\frac{T}{T_D}\right)^n \, .$$

Führt man als charakteristische Länge l den Düsendurchmesser D ein, so wird mit $\beta \approx 1/T$:

$$\frac{v_D^2}{g \, D} \, \frac{T}{\Delta T_D} \left(\frac{T}{T_D}\right)^n \, . \tag{5.2.7}$$

Für den Ablöseradius des aufgeheizten Wandstrahls gilt dann die aus
[10] entnommene halbempirische Beziehung, die entsprechend (5.2.7) im
wesentlichen aus einem Vergleich der Impulskraft mit dem archimedischen
Auftrieb folgt:

$$\frac{R_{Abl}}{D} = 0,62 \sqrt{\frac{V_D^2}{g\ D}\ \frac{T}{\Delta T_D}\ \left(\frac{T}{T_D}\right)^{1/2}} \ . \tag{5.2.8}$$

Wie in Bild 5.2.29 (aus [26]) zu ersehen ist, lassen sich die unterschiedlichen Versuchsergebnisse recht gut durch (5.2.8) darstellen. Die
eingezeichnete Gerade entspricht dem Faktor 0,62.

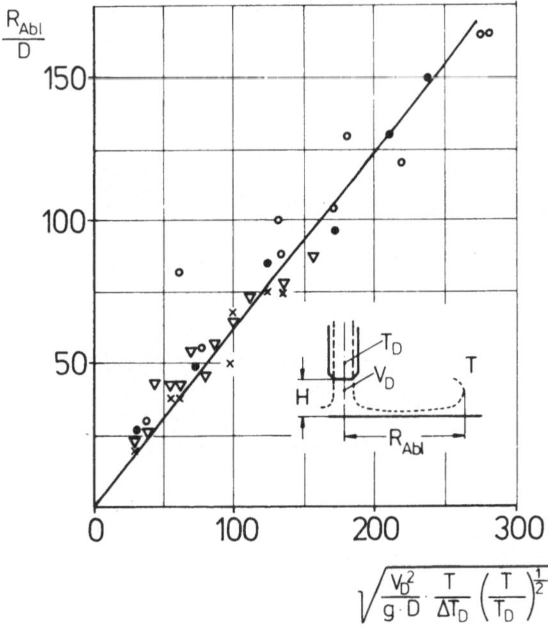

Bild 5.2.29. Experimentell ermittelte Ablöseradien des Bodenstrahls
ohne Wind, nach [26], Meßdaten aus [1]

	D[mm]	H/D
●	25,4	11
o	25,4	2,3
▽	50,8	6
*	50,8	12

Bei Anströmungen durch Wind wird der Bodenstrahl schon vorher vom Boden
abgehoben, vgl. Bild 5.2.23, Teil b. In [10] wird angegeben, daß die
Ablösung bei Windanströmung dort eintritt, wo das Verhältnis von Windgeschwindigkeit V_W zur maximalen örtlichen Bodenstrahlgeschwindigkeit

u_{max} den kritischen Wert $V_W/u_{max} = 39$ überschreitet. Zur Überprüfung
dieser wichtigen Angabe für die Berechnung des Ablöseradius bei Windanströmung wurden in [29] eingehende experimentelle Untersuchungen an
einem kombinierten Strahldüsen-Einlaufmodell bei Strahltemperaturen bis
1 000°C durchgeführt. Ferner enthält diese Arbeit interessante Ansätze
für die Berechnung der Bodenstrahlablösung mit Windanströmung sowie der
dabei auftretenden Rezirkulationstemperaturen. Bild 5.2.30 zeigt die
berechneten und durch Versuche bestätigten Temperaturerhöhungen im Einlauf als Funktion der Windgeschwindigkeit bei verschiedenen Temperaturen in der Düse für einen bezogenen Bodenabstand $H/D = 3$. Der Kurvenverlauf macht die nach den einführenden Betrachtungen zu erwartende Steigerung der Rezirkulationstemperaturen mit der Windgeschwindigkeit deutlich. Die Extrapolation der Ergebnisse für den Fall ohne Wind ergibt
Temperaturen, die recht gut mit den in [35] unter gleichen Bedingungen
gemessenen Werten (Bild 5.2.27) übereinstimmen.

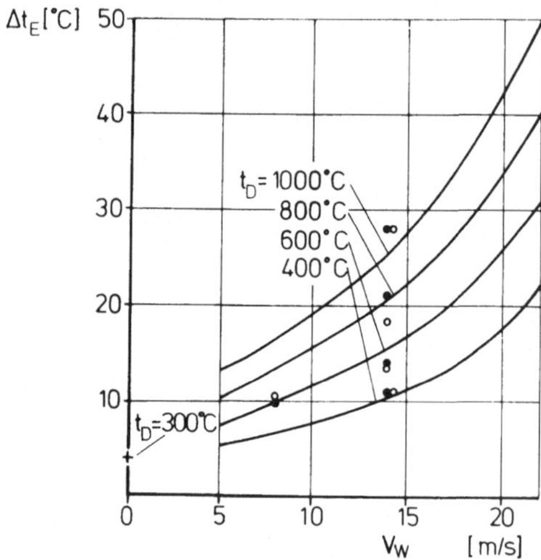

Bild 5.2.30. Berechnete und gemessene Temperaturerhöhungen im Trieb-
werkseinlauf in Abhängigkeit von der Windgeschwindigkeit V_W und der
Strahltemperatur t_D ($H/D = 3$), nach [29]
+ Messung ohne Wind, nach [35]

Rezirkulation bei Mehrfachstrahlen

Wie in der Übersicht aufgeführt, treten bei Mehrfachstrahlen zusätzlich
Nahfeldrezirkulationseffekte auf, die wesentlich höhere Einlauftempe-
raturen erwarten lassen. Besonders typisch für diese Art der Rezirkulation sind die starken kurzzeitigen Schwankungen der Temperaturspitzen,
wie sie in Bild 5.2.31 aus Versuchen nach [37] für eine simulierte

Doppeltriebwerks-Modellanordnung zu erkennen sind. Die hier verwendete
Spiegelungsmethode, bei der statt des zweiten Triebwerks eine in der
Symmetrieebene angebrachte Wand benutzt wird, gibt zwar das typische
Verhalten einer Zweitriebwerksanordnung gut wieder, liefert allerdings
zu hohe Temperaturen. Der für eine Temperaturverminderung der Aufstromfontänen vorteilhafte Mischungsprozeß der heißen Strahlen mit der umgebenden kalten Luft wird im Bereich der Wand unterbunden, abgesehen von
dem fälschenden Einfluß einer in Wirklichkeit nicht vorhandenen Wand-
grenzschicht.

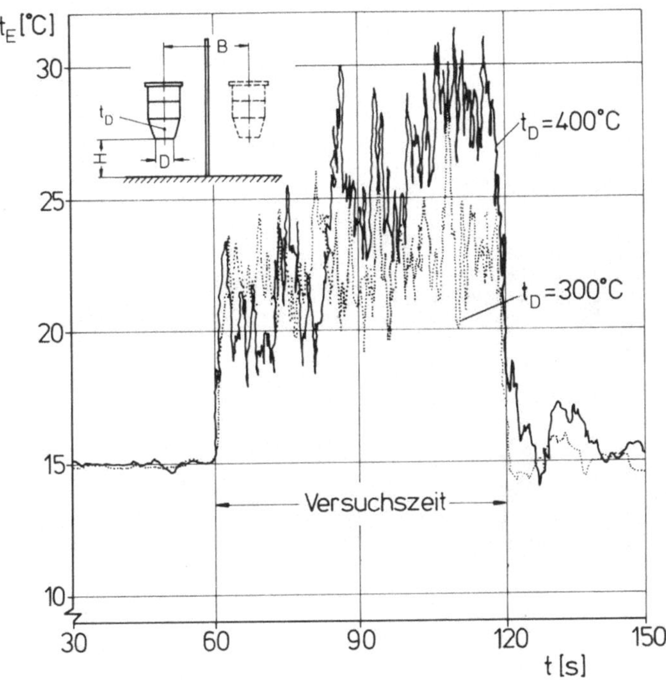

Bild 5.2.31. Zeitlicher Temperaturverlauf im Einlauf eines Modelltriebwerks mit Simulation eines zweiten Triebwerks durch eine Zwischenwand
bei verschiedenen Strahltemperaturen, nach [35]

$M_D = 1$; $B/D = 12$; $H/D = 7$; $\dot{m}_E/\dot{m}_D = 2$; $\dot{m}_D = 0,1$ kg/s

Die Ergebnisse von Rezirkulationsmessungen an einem Zweitriebwerksmo-
dell nach [37] sind in Bild 5.2.32 dargestellt. Es kann auf Grund dieser Untersuchungen festgestellt werden, daß besonders im Bereich kleinerer Bodenabstände die Nahfeldrezirkulation den entscheidenden Einfluß
ausübt, während sie bei großen Bodenabständen verschwindet und hier nur
noch der Wärmestrom der Fernfeldrezirkulation wirksam ist. Dies ist
ebenfalls aus Bild 5.2.32 zu ersehen. Die strömungsphysikalischen Unter-

schiede der beiden Rezirkulationsarten wirken sich auch auf die Über-
tragungsgesetze zwischen Modell- und Großversuch aus. Während für die
Fernfeldrezirkulation der den archimedischen Auftrieb berücksichtigende
Ausdruck von (5.2.8) die Bedingungen der Maßstabsübertragung festlegt,
gilt dies für die Nahfeldrezirkulation nicht. Hier genügt es für die
Übertragbarkeit, wenn das Verhältnis der Temperaturdifferenzen von
Strahl und Umgebung für Modell- und Großversuch konstant gehalten wird.
Dies wird durch Ergebnisse nach [26] bestätigt, die gute Übereinstim-
mung in der auf die Düsentemperaturerhöhung bezogenen Einlauftempera-
turerhöhung zwischen Modell- und Großversuch unter Einbeziehung opera-
tioneller Bewegungszustände wie Vertikallandung, Vertikalstart und
Transition zeigen, Bild 5.2.33.

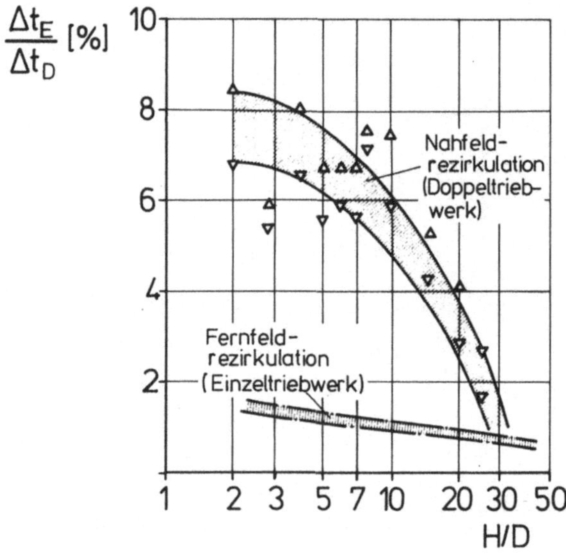

Bild 5.2.32. Vergleich gemessener Einlauftemperaturerhöhungen durch
Nahfeld- und Fernfeldrezirkulation in Abhängigkeit vom Bodenabstand,
nach [35]

$t_D = 300\,^{\circ}C$; $M_D = 1$; $B/D = 12$; $\dot{m}_D = 0{,}1$ kg/s

Möglichkeiten zur Verringerung der Rezirkulation

Die in Abschn. 5.2.1 beschriebenen bodenseitigen Möglichkeiten zur Reduzierung der induzierten Bodeneffekte sind auch dafür geeignet, die
Rezirkulation heißer Gase in den Einlauf zu verringern. Dies gilt insbesondere für die Fernfeldrezirkulation. Bei heißen Aufstromfontänen
erfordert eine vollständige Unterbindung der Rezirkulationseffekte
einen höheren Aufwand und ist daher nur durch ähnliche Einrichtungen
wie die in Bild 5.2.22 dargestellten Ablenkgitter zu erreichen.

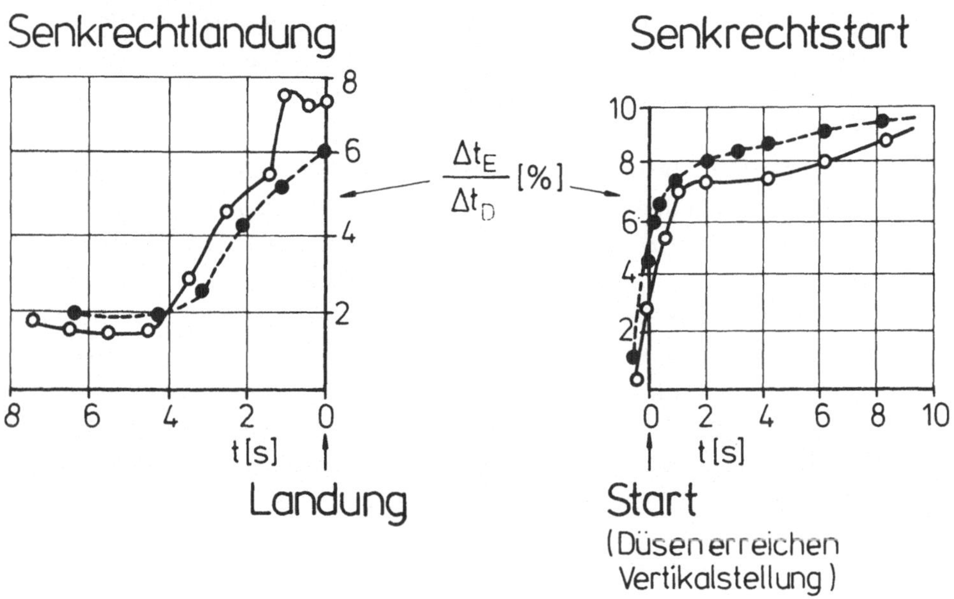

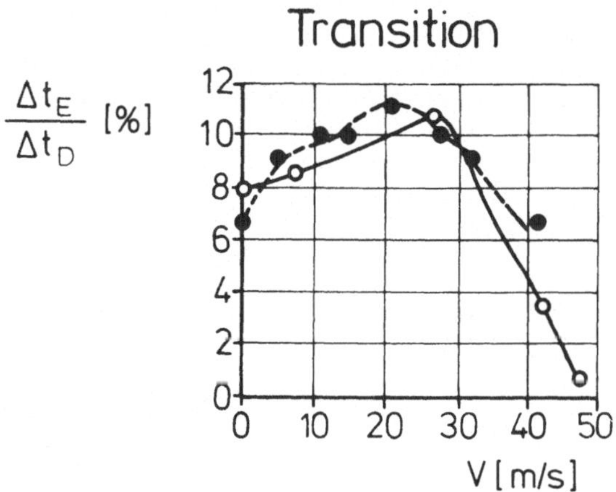

Bild 5.2.33. Vergleich der mittleren Einlauftemperaturerhöhung der P 1127 bei Vertikalstart, -landung und Transition für Modell- und Großversuch, nach [26]
(die angegebenen Zeiten und Geschwindigkeiten beziehen sich auf den Großversuch; Δt_D bezieht sich auf die vorderen Triebwerksdüsen)

—●—●— Modell

—○—○— Flugversuch

Bei der Do 31 hat man sich mit dem Problem einer Vermeidung der Heißgasrezirkulation intensiv befaßt, vgl. [13, 17]. Die Untersuchungen
zeigen, daß die Düsenstellung einen starken Einfluß auf die Temperaturerhöhung im Marschtriebwerkseinlauf ausübt. Wie in Bild 5.2.34 dargestellt ist, liefern beim alleinigen Betrieb der Marschtriebwerke die
etwas nach vorn blasenden Düsen ($\delta_{MTW} \approx 100^{\circ}$) erwartungsgemäß die größten Übertemperaturen (Kurve 1), während eine Verkleinerung des Schwenkwinkels auf 80° die Einlauftemperatur ganz wesentlich verringert. Eine
weitere Möglichkeit zur Verringerung der Einlauftemperatur bei diesem
Flugzeug besteht u.a. darin, die vorderen Düsen des Pegasus-Triebwerks,
die einen relativ kalten Strahl liefern, nach rückwärts blasen zu lassen. Kurve 2 in Bild 5.2.34 zeigt die dadurch mögliche starke Verminderung der Temperatur beim alleinigen Betrieb der Marschtriebwerke, die
auch beim Zuschalten der Hubtriebwerke nutzbar bleibt.

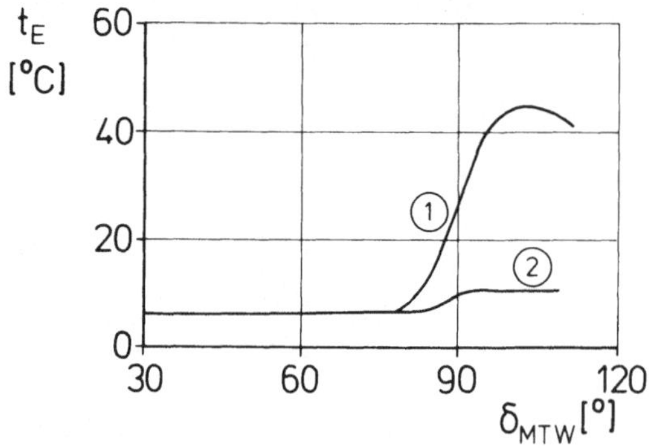

Bild 5.2.34. Beeinflussung der Einlauftemperatur am Marschtriebwerk der
Do 31 durch Schwenkung der Düsen gegeneinander, nach [17]

① alle Düsen in Normalstellung
② vordere Düsen 30° nach rückwärts blasend

Problematisch ist die Rezirkulation besonders dann, wenn für den Senkrechtstart Triebwerke mit Nachverbrennung verwendet werden wie bei der
VJ 101 C-X2. Wegen der erheblich höheren Strahltemperatur erwies sich
hier als sicherstes Mittel zur Vermeidung schädlicher Rezirkulationseffekte, die mit Nachbrennern ausgerüsteten Gondeltriebwerke in horizontaler Stellung anzulassen und dann in die vertikale Lage zu schwenken. Erst im letzten Teil des Schwenkvorgangs brachte der Pilot den
Schubhebel auf Startstellung. Der Senkrechtstart erfolgte dann nach
einer Rollstrecke von wenigen Metern, ohne daß eine Beeinträchtigung
durch Rezirkulationseffekte eintrat, vgl. auch [27, 30]. Diese Startart
wird auch beim Harrier während des Abflugs von unvorbereitetem Boden
angewendet.

5.2.3 Bodenerosion

Allgemeines

Als Bodenerosion bezeichnet man im Zusammenhang mit dem Betrieb von
Senkrechtstartern in Bodennähe, d.h. insbesondere bei Senkrechtstart
und -landung, die Veränderung der Bodenoberfläche unter der Einwirkung
heißer Strahlen bei hoher Strahlflächenbelastung. Zur Diskussion der
Ursachen der Bodenerosion sei zunächst die Strahlausbreitung über dem
Boden und der Verlauf maßgeblicher Größen wie Druck, Temperatur und
Geschwindigkeit in Abhängigkeit von der radialen Entfernung zur Strahlachse betrachtet. Als Folge von Zähigkeit und turbulenten Mischungs-
vorgängen ergeben sich für die Ausbreitung des Bodenstrahls grundlegend
andere Verhältnisse als nach den Resultaten potentialtheoretischer Betrachtungsweise. Wie in Bild 5.2.35 schematisch dargestellt ist, erreicht der Druck seinen Maximalwert im Staupunkt und fällt relativ
schnell auf den Wert der Umgebung ab. Die Temperatur behält ihren Maximalwert über einen radialen Abstand vom 1- bis 2-fachen des Düsendurchmessers annähernd bei und nimmt erst danach merklich ab. Die Geschwindigkeit besitzt in einem Abstand von etwa dem 1,5-fachen des Düsendurchmessers ein Maximum und geht dann relativ schnell zurück.

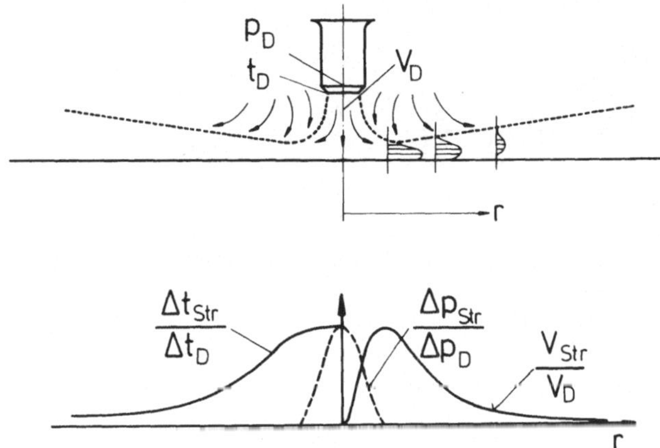

Bild 5.2.35. Ausbreitung eines Bodenstrahls und Verlauf der Größen T_{Str},
V_{Str} und p_{Str} in Abhängigkeit von der radialen Entfernung, nach [39]

Erosion bei unvorbereitetem Boden

Das Maß der Bodenerosion hängt sehr wesentlich von der Bodenbeschaffen-
heit ab. Da die Benutzung unvorbereiteter Start- und Landeplätze für
vielfältige Einsatzmöglichkeiten von Senkrechtstartern in Frage kommt,

ist es wichtig zu wissen, welche Auswirkungen die Hubtriebwerksstrahlen
auf verschiedene Bodenarten haben. Hierbei spielt die Einwirkungsdauer
eine wichtige Rolle. Dies ist in Bild 5.2.36 erläutert, das das abge-
tragene Bodenvolumen in Abhängigkeit von der Einwirkungsdauer zeigt,
vgl. auch [39]. Nach Aufheizung und Austrocknung beginnt der Boden sich
zu verändern, der Strahl dringt in die entstandenen Spalte ein und verursacht die Loslösung kleiner Erdpartikel, die zu einer starken Staub-
entwicklung führt. Im weiteren Verlauf setzt die Erosion voll ein, bis
schließlich erhebliche Abtragungen bis zu einer Tiefe von 20 cm bei
einem Durchmesser von etwa 3 m entstehen. Sehr wesentlich ist bei diesem Prozeß der Austrocknungsvorgang infolge der hohen Strahltemperatur.
Untersuchungen haben gezeigt, daß Grasboden normaler Feuchtigkeit kalten Strahlen bis zu einem Druck von etwa 50 kN/m^2 widerstehen kann.

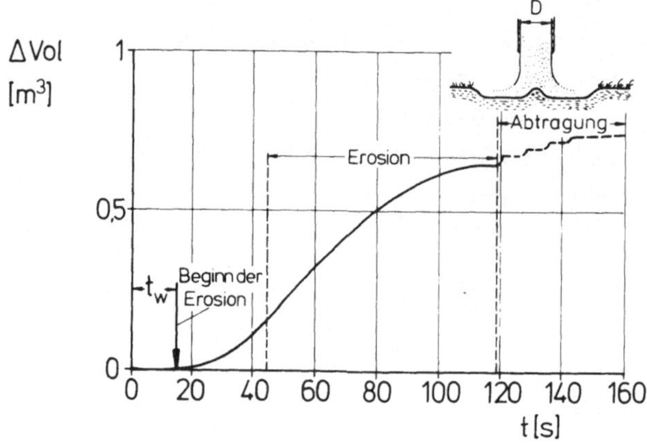

Bild 5.2.36. Zeitlicher Verlauf der Erosion bei feuchtem, bewachsenem
Boden infolge eines senkrecht auftreffenden, heißen Triebwerksstrahls,
nach [39]

$t_{Str} = 540\,^{\circ}C; \quad q_{Str} = 50\,000 \ N/m^2; \quad H/D = 2$

In [17] wird über Bodenerosionsuntersuchungen berichtet, die im Zusammenhang mit der Erprobung der Do 31 standen. Hierfür wurde ein Boden-
erosionsprüfstand entwickelt, mit dem sowohl auf natürlichen, bewachsenen Böden als auch auf künstlich erstellten Flächen wie Beton, Asphalt
und chemisch präparierten Böden Untersuchungen durchgeführt wurden.
Charakterisierend für den Grad der Belastung natürlich bewachsener Böden ist der dynamische Druck an der Oberfläche. Hierbei wurde festgestellt, daß unabhängig von der geometrischen Anordnung des Triebwerks
und der Intensität des austretenden Strahls die Erosion bei gleichem
maximalem dynamischem Druck am Boden stets zu gleichen Zeit an der

Stelle der maximalen Wandstrahlgeschwindigkeit (vgl. Bild 5.2.35) in
einer Entfernung zur Strahlachse von etwa dem 1,5-fachen des Düsendurchmessers eintrat. Damit lassen sich alle Ergebnisse in einem Dia-
gramm darstellen, Bild 5.2.37. Aufgetragen ist die in Bild 5.2.36 definierte "Widerstandszeit" t_W der unterschiedlichen, bewachsenen Böden
als Funktion des dynamischen Drucks im Wandstrahl. Die mit eingetragene Kurve aus [39] (gestrichelte Linie), die ebenfalls für trockene
Böden gilt, fügt sich in die Ergebnisse der Dornier-Untersuchungen gut
ein. Weitere ergänzende Versuchsergebnisse sind in [12] angegeben.

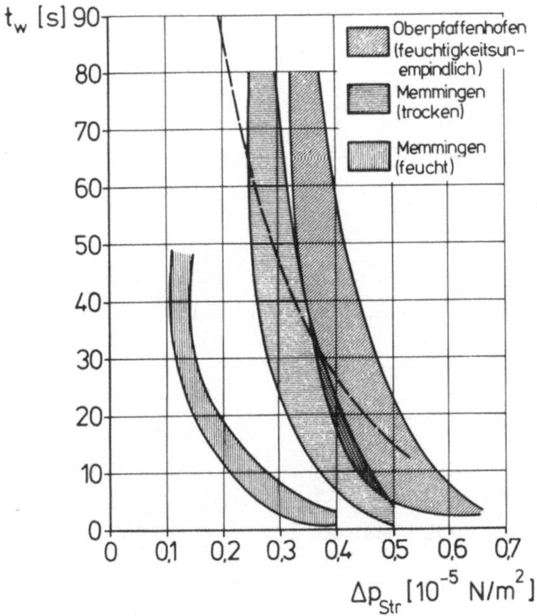

Bild 5.2.37. Widerstandsverhalten verschiedener Grasböden in Abhängigkeit vom Druck des Bodenstrahls, nach [17]
---- Ergebnis aus [39] für H/D = 2,0; $t_{Str} = 540^{\circ}$C

Bei der Bewertung der Ergebnisse für die praktische Anwendung bei Senkrechtstart und -landung auf bewachsenem Boden ist zu beachten, daß der
Strahldruck während des Anlassens und Warmlaufens der Hubtriebwerke
relativ gering ist und die Maximalwerte nur in den kurzen Phasen des
Abhebens und Landens erreicht werden.

Bodenerosion bei künstlich erstellten Start- und Landeflächen

Die Benutzung normaler Betonbahnen für Start und Landung mit strahlge-
triebenen Senkrechtstartern ist nicht unproblematisch und die dabei

möglichen Schwierigkeiten wurden anfangs unterschätzt. Verschiedene Untersuchungen zeigten [8, 39], daß die Merkmale des Erosionsverlaufs bei Beton völlig anders sind als bei natürlichem Boden mit Bewuchs. Die Erosion bei Betonböden fängt einige Sekunden nach Beginn der Beaufschlagung an unterschiedlichen, nicht vorhersehbaren Stellen im Bereich der maximalen Bodenstrahlgeschwindigkeit an und setzt sich danach mit dem Abplatzen mehr oder weniger großer Flächenteile fort. Dabei werden die losgelösten Teile häufig unter einem sehr steilen Winkel vom Boden hochgeschleudert, so daß sie Zelle und Triebwerk gefährden können.

Als wichtige Größe für die beschriebenen Erosionsformen ist die Strahltemperatur anzusehen. Infolge der Temperaturzunahme verdampft das im Beton enthaltene Wasser. Gleichzeitig treten an der Oberfläche starke Schubspannungen auf, denen Schwingungen überlagert sind, die vom Strahl dem Boden aufgeprägt werden. Für die Dauerbeanspruchung durch heiße Triebwerksstrahlen sind besondere Betonarten geeignet wie z.B. Hochofenzement mit Ziegelsplittzuschlag, vgl. hierzu auch [17]. Die zeitliche Beanspruchung im Rahmen normaler Senkrechtstarts und -landungen an beliebigen Stellen einer Betonbahn führt nach den Erfahrungen mit der Do 31 nicht zu wesentlichen Schädigungen.

Versuche mit glasfaserverstärkten Kunststoffplatten nach [8], die von einer mobilen Einheit in relativ kurzer Zeit auf einem unvorbereiteten Boden aufgebracht werden können, hatten nicht den gewünschten Erfolg. Obwohl die Widerstandsfähigkeit des Materials gegenüber den hohen Temperaturen vielversprechend war, traten Probleme durch Rißbildung infolge des hohen Raddruckes des Flugzeugs und Bodenhaftungsschwierigkeiten beim Überfliegen des Plattenrandes in einer Höhe von etwa 10 m auf. Auch die in [17] beschriebenen Untersuchungen mit Kunststoffplatten hatten nicht in vollem Umfang das gewünschte Ergebnis. Erfolgreicher waren Arbeiten, die im Anschluß an die in [8] dargestellten Untersuchungen mit vorgefertigten glasfaserverstärkten Kunststoffplatten durchgeführt wurden. Die Platten wurden bei Bodenabständen von $H/D = 4$ bis 6 jeweils drei Sekunden vom Strahl der Marschtriebwerke der VJ 101 C-X2 bei eingeschaltetem Nachbrenner beaufschlagt, davon eine Sekunde mit voller Nachbrennerleistung. Trotz der hohen Oberflächentemperaturen von über 1 000 °C widerstanden die Platten dieser Beanspruchung. Es entstand innerhalb eines kreisförmigen Gebiets mit einem Radius von ungefähr 1,5 m ein geringfügiger Abbrand von etwa 1 mm.

Zusammenfassend läßt sich feststellen, daß die Bodenerosion bei Senkrechtstartern mit Einkreis-Hubtriebwerken zwar ein schwieriges, aber durchaus lösbares Problem darstellt. Eine wesentliche Verbesserung der Verhältnisse ist nur durch Verringerung von Strahlgeschwindigkeit und -temperatur bei Verwendung von Zweikreistriebwerken mit hohem Nebenstromverhältnis oder Hubbläsern zu erwarten. Eine weitere Verbesserungsmöglichkeit durch Vergrößerung des Bodenabstandes der Triebwerksdüse verspricht nur dann Erfolg, wenn die Abstände so groß gewählt werden, daß der Strahl- bzw. Temperaturkern nicht mehr den Boden erreicht. Eine derartige Anordnung der Triebwerke ist jedoch kaum in der Praxis realisierbar.

5.3 Bodeneffekte bei Senkrechtstartern mit Propellern

5.3.1 Allgemeines

Propeller oder Rotoren liefern einen kalten Strahl relativ kleiner Energie. Im Vergleich zu den in Abschn. 5.2 betrachteten Strahltriebwerken stellen die Luftschrauben eine Antriebsart dar, deren Strahlgeschwindigkeiten um mehr als eine Größenordnung kleiner sind, vgl. Bild 2.1.3. Da nach [21] die auf die Strahlgeschwindigkeit bezogenen Zulaufgeschwindigkeiten infolge der turbulenten Mischungsvorgänge am Strahlrand etwa die gleiche Größe für Hoch- und Niedergeschwindigkeitsstrahlen besitzen, sind die absoluten Beträge der Sekundärströmung derart klein, daß ihre induzierende Wirkung vernachlässigt werden kann. Hinzu kommt noch, daß sich Rotoren oder Luftschrauben schon aus funktionsbedingten Gründen stets in beträchtlichem Abstand von Flügel oder Rumpf eines Flugzeugs befinden. Induzierte Effekte, die - wie in Abschn. 5.2.1 beschrieben - als Folge von Sekundärströmungen an Flügel und Rumpf Abtriebskräfte erzeugen, können hier außer Betracht bleiben. Gleiches gilt für die weiteren in Abschn. 5.2 beschriebenen Effekte durch Rezirkulation und Bodenerosion. Jedoch können Beeinträchtigungen für den Piloten durch Aufwirbelung von Staub oder Schnee beim bodennahen Flug über entsprechendem Terrain entstehen, wie sie auch bei Hubschraubern gelegentlich zu beobachten sind. Weiterhin tritt bei Hubpropellern ein positiver Bodeneffekt auf, der auf einer Verringerung der induzierten Anstellwinkel der Propellerblätter infolge des Bodens beruht und damit in seiner physikalischen Ursache dem Bodeneffekt konventionell startender und landender Flugzeuge ähnlich ist. Dieser Effekt sei im folgenden an einem freifahrenden Hubpropeller betrachtet.

5.3.2 Hubpropeller in Bodennähe

Ansätze und Verfahren zur Berechnung des Bodeneffekts von Hubpropellern sind im Schrifttum nur vereinzelt zu finden, vgl. z.B. [7, 18, 33]. Die Arbeit [18] enthält interessante Ansätze und zeigt trotz beträchtlicher Vereinfachungen sehr gute Ergebnisse im Vergleich mit experimentellen Untersuchungen. Hierbei wird angenommen, daß der Hubpropeller aus einer sehr großen Anzahl von Blättern besteht, so daß der Abstand zwischen den aufeinanderfolgenden, spiralförmigen Wirbeln sehr klein ist und somit der gesamte Nachlauf unterhalb des Propellers mit Wirbeln ausgefüllt ist. Dieses Bild stimmt durchaus mit der Beobachtung bei Sichtbarmachung des Nachlaufs überein, vgl. [44]. Unter einer solchen Annahme sei der Nachlauf in horizontale, kreisförmige Wirbelringe aufgeteilt, wobei sich dann Längswirbellinien entlang der Stromröhre des Propellers erstrecken. Die Längswirbel tragen zur Rotation des Nachlaufs bei, während die Ringwirbel für die Abwärtsbewegung der Luft verantwortlich sind.

Befindet sich der Propeller im Abstand H über dem Boden, so läßt sich der Bodeneinfluß, wie üblich, dadurch erfassen, daß spiegelbildlich zu dem vorhandenen Propeller ein zweiter eingeführt wird, der eine Wirbelfläche gleicher Stärke, jedoch entgegengesetzter Drehrichtung aufweist. Diese induziert an dem ersten Propeller Aufwärtsgeschwindigkeiten, die ihrerseits die induzierten Anstellwinkel an den einzelnen Propellerblättern gegenüber dem Fall ohne Boden reduzieren und als Folge davon eine Schuberhöhung bei konstanter Leistung bzw. einen verringerten Leistungsbedarf bei konstantem Schub bewirken. Bild 5.3.1 zeigt den

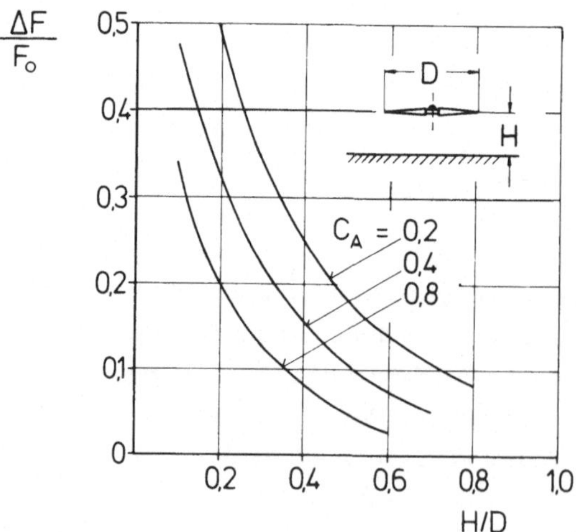

Bild 5.3.1. Schuberhöhung eines Hubpropellers in Abhängigkeit vom Bodenabstand bei verschiedenen Blattauftriebsbeiwerten, nach [34]

Schub eines Propellers in Bodennähe, bezogen auf den Wert ohne Boden,
bei konstant gehaltener Leistung und verschiedenen mittleren Auftriebs-
beiwerten der Propellerblätter nach [34] unter Zugrundelegung der Arbeiten aus [33]. Dieses Ergebnis wird durch entsprechende Auswertungen
des Verfahrens nach [18] bestätigt, bei denen statt des mittleren Auftriebsbeiwerts das Drehmoment als Parameter gewählt wird.

Bei Mantelpropellern, die für gute Schwebeschubleistung ausgelegt sind,
wirkt sich die Annäherung an den Boden meist ungünstig aus, wie Bild
5.3.2 nach Messungen aus [25] zeigt (Kurve a). Nach [9] entsteht wegen
der relativ hohen Belastung der Blätter im Betrieb außerhalb des Bodeneinflußbereichs durch die Verringerung des induzierten Anstellwinkels
infolge des Bodeneffekts eine Tendenz dahingehend, daß die Blätter mit
einem schlechteren Wirkungsgrad arbeiten oder die Strömung sogar abreißt.
Eine solche Tendenz läßt sich verkleinern oder umkehren, wenn die Belastung der Blätter reduziert wird, Kurve b in Bild 5.3.2. Dies bedeutet, daß die Verbesserung hinsichtlich des Bodeneffekts auf Kosten geringerer Schwebeflugleistungen außerhalb des Bodeneinflußbereichs geht.

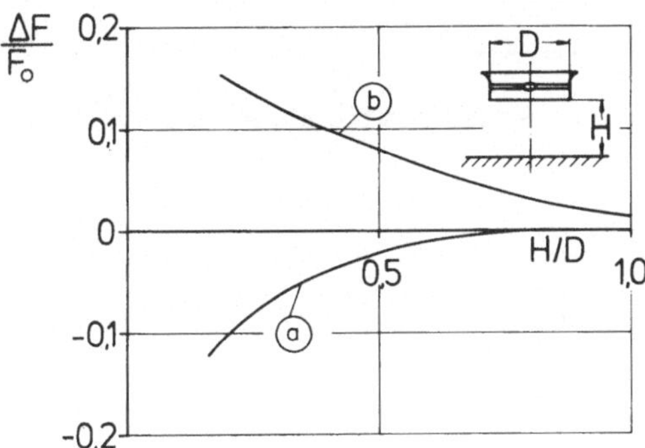

Bild 5.3.2. Bodeneinfluß auf den Schub eines Mantelpropellers, nach [25]

ⓐ Blätter für hohe Schwebeflugleistung optimiert

ⓑ Blätter mit reduzierter Belastung

5.3.3 Mehrpropelleranordnungen in Bodennähe

Bei Senkrechtstartern mit mehreren Propellern wird die für einen einzelnen Hubpropeller beschriebene Schubsteigerung bei kleinen Bodenabständen durch Druckkräfte verstärkt, die auf der Rumpfunterseite durch
die Aufstromfontänen der sich in Rumpfmitte treffenden Bodenstrahlen
entstehen. Dieser Effekt ist schematisch in Bild 5.3.3 dargestellt.
Die aus Windkanalmessungen gewonnenen Vergrößerungen der Vertikalkräfte
sind in Bild 5.3.4 für verschiedene Senkrechtstartkonfigurationen gezeigt. Bei einem Vergleich mit Bild 5.3.1 ist zu beachten, daß H^* nicht

wie H den Propellerabstand vom Boden darstellt, sondern den Abstand des
Rumpfes. Überträgt man die Ergebnisse des Einzelrotors von Bild 5.3.1,
so dürfte der induzierte Bodeneffekt beim niedrigstmöglichen Bodenabstand (Bodenberührung des Fahrwerks) nur noch einen geringen Anteil an
der Vertikalkrafterhöhung haben. Der größte Anteil ergibt sich aus den
Druckkräften der Aufstromfontänen am Rumpf. Sie liefern bei der X-18
mit einem nahezu ebenen Rumpfboden den stärksten Auftriebszuwachs. Für
das Modell mit 4 Propellern am Flügel, dessen Rumpfboden ähnlich wie
bei der VC 400 rund ausgebildet ist, zeigt Bild 5.3.4 durch Vergleich
der Meßergebnisse mit und ohne Rumpf, daß hier der Beitrag des Rumpfes
zum Bodenauftrieb relativ gering ist, der überdies für alle betrachteten
Bodenabstände etwa konstant ist.

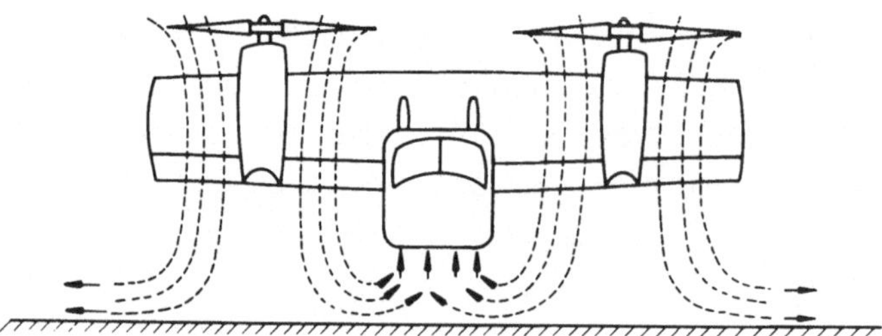

Bild 5.3.3. Schematische Darstellung der Aufstromfontänen bei Anordnungen mit mehreren Luftschrauben

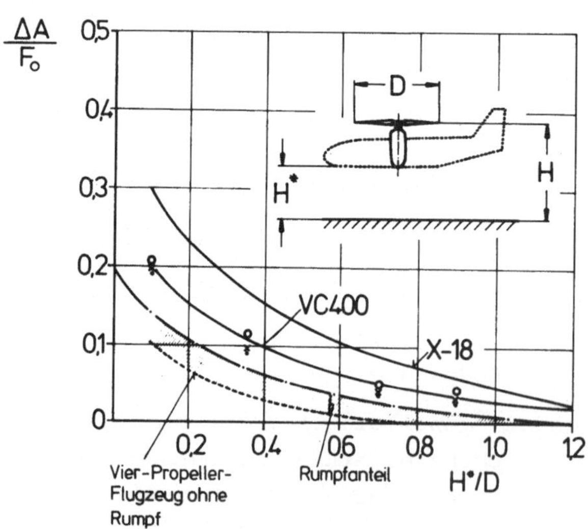

Bild 5.3.4. Bodeneinfluß bei verschiedenen Propeller-Senkrechtstartern,
X-18 und Vier-Propeller-Flugzeug nach [9], VC 400 nach [19]

Drehzahlen der Luft-schrauben [U/min]	●	x	o
	430	340	260

5.4 Flugmechanische Auswirkungen der Bodeneffekte

5.4.1 Einfluß des Bodeneffekts auf die Vertikallandung

Die in den vorangegangenen Abschnitten behandelten zusätzlichen Vertikalkräfte infolge des Bodeneffekts beeinflussen die vertikale Bewegung eines Senkrechtstarters. Daher ist eine Erweiterung der Betrachtung von Abschn. 4.3.2 erforderlich, die diesen Einfluß berücksichtigt. Hierbei interessiert im Hinblick auf eine Verringerung der verfügbaren Vertikalkraft insbesondere die Frage, welche maximale Sinkgeschwindigkeit bei einer Vertikallandung aus einer gegebenen Ausgangshöhe gerade noch auf den Wert $\dot{H} = 0$ am Boden abgebremst werden kann. Dies sei für einen Senkrechtstarter mit Strahlantrieb näher untersucht, bei dem der Einfluß der in den vorangegangenen Abschnitten behandelten Bodeneffekte auf die Vertikalkraft durch ein Potenzgesetz von der Form

$$\frac{\Delta A}{F} = a_1 (H + \Delta H_D)^n \tag{5.4.1}$$

wiedergegeben werden kann. Die Größe ΔH_D kennzeichnet darin den Abstand zwischen Düsenaustrittsebene und Fahrwerk, da die Höhe H des Fahrwerks für das zu behandelnde Problem maßgeblich ist. Um die durch (5.4.1) beschriebene zusätzliche Kraft ist nun die Betrachtung der Vertikalbewegung von Abschn. 4.3.2 ohne Bodeneffekt zu erweitern. Geht man von (4.3.7b) aus und berücksichtigt die für Strahltriebwerke gültige Beziehung $Z_w \approx 0$, so erhält man mit $Z_{\delta F} \delta_F = F/m - g$ für die Bewegungsgleichung im Zeitbereich:

$$\ddot{H} - (F/m)\, a_1 (H + \Delta H_D)^n - (F/m - g) = 0 \ . \tag{5.4.2}$$

Mit

$$\ddot{H} = \dot{H} d\dot{H}/dH = (1/2) d\dot{H}^2/dH$$

läßt sich (5.4.2) überführen in

$$\frac{1}{2} \frac{d\dot{H}^2}{dH} - \frac{F}{m} a_1 (H + \Delta H_D)^n - \left(\frac{F}{m} - g\right) = 0 \ . \tag{5.4.3}$$

Die Integration dieser Differentialgleichung ergibt mit der Anfangsbedingung $\dot{H}(H_0) = \dot{H}_0$ die folgende Beziehung $(n \neq -1)$:

$$\dot{H} = \sqrt{\dot{H}_0^2 - 2 \frac{F}{m} a_1 \frac{(H_0 + \Delta H_D)^{n+1} - (H + \Delta H_D)^{n+1}}{n+1} + 2\left(\frac{F}{m} - g\right)(H - H_0)} \ . \tag{5.4.4}$$

Wählt man als Vergleichsfall das Abbremsmanöver ohne Bodeneffekt, bei dem die Anfangsgeschwindigkeit $\dot{H}_0$ beim Erreichen des Boden ($H = 0$) gerade auf $\dot{H} = 0$ zurückgeführt werden kann, so erhält man aus (5.4.4) mit $a_1 = 0$ das bereits aus Abschn. 4.3.2 bekannte Ergebnis (vgl. auch Bild 4.3.3):

$$\dot{H}_0^2 = 2(F/m - g)H_0 \ .\tag{5.4.5}$$

Dieser Vergleichsfall ist zur Verdeutlichung des interessierenden Problems besonders geeignet, da für eine Anfangssinkgeschwindigkeit $\dot{H}_0$ nach (5.4.5) die Beziehung (5.4.4) unmittelbar die durch den Bodeneffekt bedingte Abweichung $\Delta\dot{H}_{mB}$ in der Höhe $H = 0$ liefert:

$$\Delta\dot{H}_{mB} = \sqrt{-2 \ \frac{F}{m} \ a_1 \ \frac{(H_0 + \Delta H_D)^{n+1} - \Delta H_D^{n+1}}{n + 1}} \ .\tag{5.4.6}$$

Bild 5.4.1 zeigt eine Auswertung von (5.4.6) für einen Senkrechtstarter mit zentralem Hubtriebwerk, für den der induzierte Abtrieb durch (5.2.3) bei guter Übereinstimmung mit Meßergebnissen wiedergegeben wird. Für den Faktor a_1 (vgl. auch (5.4.1)) ist hierbei ein Zahlenwert von $a_1 = -0{,}35 D^{2,3}$ vorausgesetzt. Die Darstellung von Bild 5.4.1 macht deutlich, daß der induzierte Bodeneffekt zu beträchtlichen Sinkgeschwindigkeiten beim Aufsetzen führen kann. Weiter geht aus den Kurvenverläufen hervor, daß der Düsenabstand ΔH_D ein wichtiger Faktor zur Verminderung ungünstiger Bodeneffekte ist. Dies läßt sich konstruktiv durch die Fahrwerkshöhe beeinflussen. Eine solche Möglichkeit wurde bei der X-14A mit unterschiedlich hohen Fahrwerken untersucht [6]. Eine beträchtliche Erhöhung der Sinkgeschwindigkeit des senkrecht landenden Flugzeugs kann auch infolge von Heißgasrezirkulation entstehen, wie z.B. bei der Flugerprobung der VJ 101 C-X2 [27] und der Do 31 [46] festgestellt wurde.

Während strahlgetriebene Senkrechtstarter mit ungünstiger zentraler Triebwerkslage durch den induzierten Bodeneffekt mit erhöhter Sinkgeschwindigkeit aufsetzen, verstärkt der Bodeneffekt bei propellergetriebenen Senkrechtstartern die Abbremsung der Vertikalbewegung wegen der Zunahme der Vertikalkraft mit Annäherung an den Boden. Bei zu kleiner Sinkgeschwindigkeit kann hierbei jedoch ein ungewolltes Wiederabheben auftreten. Im Zusammenwirken mit dem Zeitverhalten des Triebwerks könnte es hier durch den Piloten zu induzierten Höhenschwingungen kommen, wenn der Pilot nicht - wie üblich - den Schubhebel kurz vor dem Aufsetzen auf Null stellt.

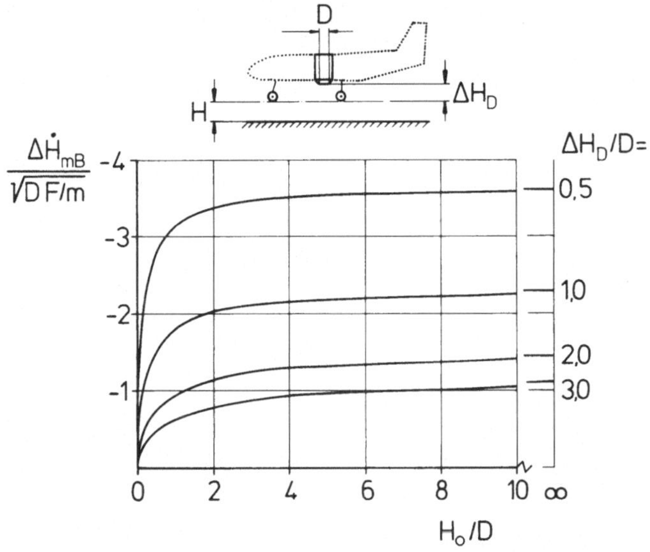

Bild 5.4.1. Zusätzliche Sinkgeschwindigkeit infolge Bodeneinfluß beim
Landen, n = -2,3

5.4.2 Rollbewegungen in Bodennähe

Wie in Abschn. 5.2.1 dargelegt, können im Einflußbereich des Bodeneffekts Rollmomente entstehen, die eine vorhandene Auslenkung zu vergrößern suchen und daher eine instabile Wirkung ausüben (vgl. auch Bild
5.2.18). Für die daraus resultierende Beeinflussung der Flugzeugdynamik
ist es wichtig zu wissen, mit welcher Art von dynamischer Instabilität
zu rechnen ist und ob das Zeitverhalten solcher Bewegungen kritisch
sein kann. Diese Frage sei an Hand einer vereinfachten Ein-Freiheitsgrad-Betrachtung um die Rollachse untersucht.

Ausgangspunkt hierzu ist die Annahme eines linear mit dem Hängewinkel
anwachsenden Rollmoments $L(\Phi) = (\partial L/\partial \Phi)\Phi$, das unter Außerachtlassung von
Dämpfungsmomenten zu der folgenden Bewegungsgleichung um die Rollachse
führt:

$$I_x \ddot{\Phi} - \frac{\partial L}{\partial \Phi} \Phi = 0 \ . \tag{5.4.7}$$

Die Lösung dieser Differentialgleichung ergibt sich unter Berücksichti-
gung des positiven Wertes von $\partial L/\partial \Phi$ mit den Anfangsbedingungen $\Phi(0) = \Phi_0$
und $\dot{\Phi}(0) = 0$ unter Einführung des dimensionsbehafteten Rollmomenten-
derivativs $L_\Phi = (1/I_x)\partial L/\partial \Phi$ zu

$$\Phi(t) = \Phi_0 \cosh \sqrt{L_\Phi}\ t \ . \tag{5.4.8a}$$

Dieser Ausdruck kennzeichnet eine instabile Bewegungsform, die aperiodisch aufklingt. Aus (5.4.8a) erhält man für die hier interessierende Frage nach der Zeit zur Vergrößerung des Hängewinkels

$$t = \frac{\text{ar cosh } \Phi/\Phi_0}{\sqrt{L_\Phi}} \; . \qquad\qquad (5.4.8b)$$

Als Maß zur Beurteilung der Schnelligkeit eines instabilen Vorgangs wird häufig die Verdopplungszeit t_{200} verwendet, die das Zeitintervall bis zum Verdoppeln (200%) einer vorhandenen Auslenkung angibt. Mit $\Phi/\Phi_0 = 2$ bzw. ar cosh $2 = 1{,}32$ erhält man aus (5.4.8b):

$$t_{200} = 1{,}32/\sqrt{L_\Phi} \; . \qquad\qquad (5.4.9)$$

Ein Einblick in die numerisch mögliche Größenordnung gibt das folgende Zahlenbeispiel, dem Daten für die Do 31 zugrunde liegen. Aus Angaben über strahlinduzierte Rollmomente in [42] für Bodenabstände $H/b = 0$ und $H/b = 0{,}25$ erhält man durch Extrapolation den folgenden Ansatz für das induzierte Rollmoment im Höhenbereich $0 < H/b < 0{,}7$:

$$\frac{\partial}{\partial \Phi} \left(\frac{L}{F_0 b/2} \right) = 0{,}107 \left(1 - 1{,}4 \, \frac{H}{b} \right) \; . \qquad\qquad (5.4.10a)$$

Damit schreibt sich für das auf das Trägheitsmoment $I_x = m i_x^2$ bezogene Rollmomentenderivativ L_Φ unter Berücksichtigung des Kräftegleichgewichts $F_0 = mg$:

$$L_\Phi = \frac{1}{I_x} \frac{\partial L}{\partial \Phi} = 0{,}107 \left(1 - 1{,}4 \, \frac{H}{b} \right) \frac{gb}{2i_x^2} \; . \qquad\qquad (5.4.10b)$$

Die Zahlenrechnung ergibt dann für die Verdopplungszeit mit $i_x^2 = 20 \text{ m}^2$ und $b/2 = 8{,}57$ m den folgenden Ausdruck (t_{200} in Sekunden):

$$t_{200} = \frac{1{,}97}{\sqrt{1 - 1{,}4 \; H/b}} \; . \qquad\qquad (5.4.11)$$

Die Auswertung dieser Beziehung in Bild 5.4.2 zeigt, daß die Verdopplungszeit bei sehr geringen Bodenabständen relativ kleine Werte annehmen kann.

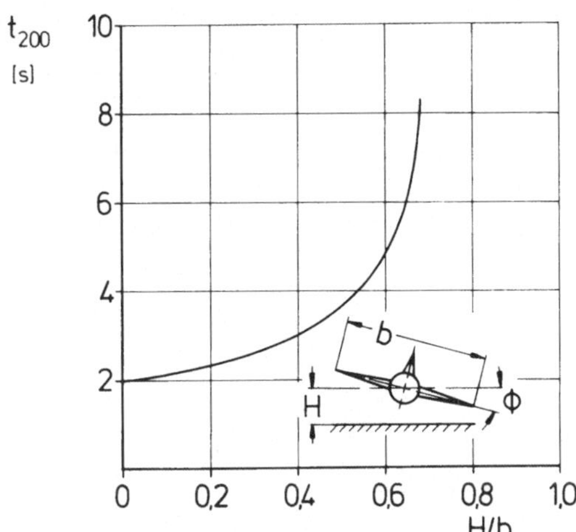

Bild 5.4.2. Instabile Rollbewegung infolge eines Hängewinkels in Bodennähe
Rollmomente nach Bild 5.2.18; Beispiel Do 31: $i_x^2 = 20$ m^2; b = 17,1 m

5.4.3 Einfluß der Rezirkulation auf das Flugverhalten

Fernfeldrezirkulation ist bei Windstille für das Flugverhalten in Bodennähe unkritisch. Die dabei auftretenden Schubverminderungen sind
relativ klein und zudem normalerweise in der Schubbilanz berücksichtigt.
Jedoch können schwierigere Flugzustände infolge böigen Windes und ein-
seitiger Beaufschlagung außenliegender Triebwerke auftreten, die durch
den relativ nahe am Flugzeug ablösenden Bodenstrahl verursacht wird.
Auch Hindernisse am Boden können den Bodenstrahl nach oben umlenken,
der so auf das Flugzeug auftreffen kann.

Als besonders interessantes Beispiel sei ein in [27] geschilderter Zwi-
schenfall bei der Flugerprobung der VJ 101 C-X2 mit gezündeten Nachbrennern der Marschtriebwerke erwähnt. Das Flugzeug startete von einer
Plattform mit Strahlablenkern vertikal auf eine Höhe von 8 - 10 m und
näherte sich nach kurzem Flug der Plattform aus seitlicher Richtung.
Der heiße Bodenstrahl wurde an der Plattform nach oben umgelenkt und
erreichte so die Einläufe einer Triebwerksgondel. Der Pilot konnte zunächst die entstehende Drehbewegung unterbinden, jedoch reduzierte die
sich ausbreitende heiße Gaswolke den Schub aller Triebwerke derart
stark, daß das Flugzeug hart aufsetzte und einige kleinere Schäden da-
vontrug. Bild 5.4.3 zeigt den Zusammenhang zwischen den Temperaturerhöhungen in den Einläufen, die durch Rezirkulation zunächst am linken
Gondeltriebwerk 2 einsetzen und etwa zwei Sekunden später auch am vor-

deren Rumpftriebwerk 3 auftreten. Die heftigen Winkelgeschwindigkeiten
sind weitgehend Reaktionen des Stabilisierungssystems auf die Störungen. Das gezeigte Beispiel macht deutlich, wie stark sich Rezirkulationseffekte auf die Flugbewegung in Bodennähe auswirken können.

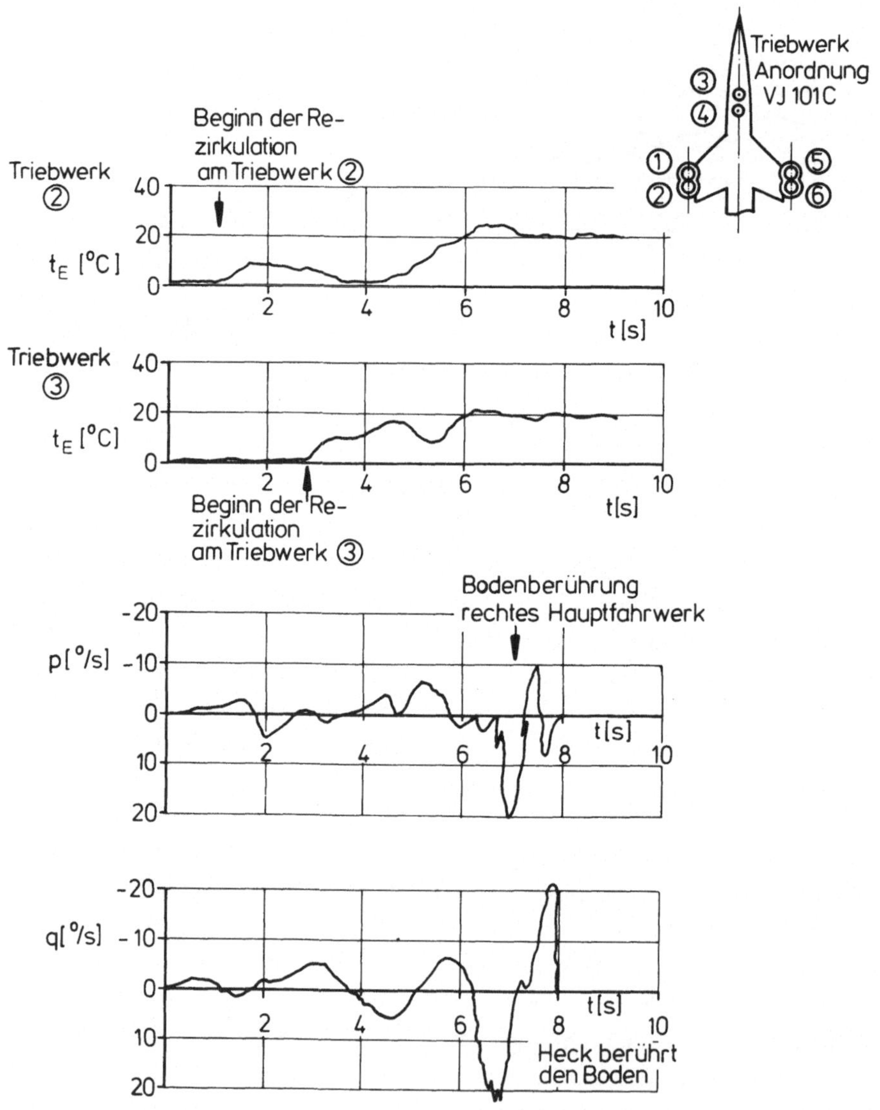

Bild 5.4.3. Reaktion eines Senkrechtstarters auf starke Heißgasrezirkulation (Beispiel: VJ 101 C-X2 mit Nachverbrennung)

Literatur

1　Abbott, W.: Studies of Flow Fields Created by Vertical and Inclined Jets when Stationary or Moving over a Horizontal Surface. N.G.T.E. Memo Nr. 391, 1964.

2　Abramovitsch, G.N.: Angewandte Gasdynamik. Berlin: VEB Verlag Technik 1958.

3　Abramovich, G.N.: The Theory of Turbulent Jets. Cambridge, Mass.: MIT Press, Mass. Institute of Techn., 1963.

4　Adarkar, D.B.; Hall, G.R.: The "Fountain Effect" and VTOL Exhaust Ingestion. AIAA 6th Aerospace Sciences Meeting, New York, 22.-24. Jan. 1968.

5　Bakke, P.: An Experimental Investigation of a Wall Jet. Journal of Fluid Mechanics, Band 2, S. 467-472, 1957.

6　Bell Aircraft Corporation: Summary of V/STOL. Rep. Nr. 2-59-945001, 1959.

7　Betz, A.: Die Hubschraube in Bodennähe. ZAMM, Band 17, S. 68-72, 1937.

8　Brinkmann, H.: Herstellung und Erprobung einer US-Kunststoffplatte für Senkrechtstarteinsatz. EWR-Bericht Nr. 11/66, 1966.

9　Campbell, J.P.: Ground Proximity Effects Associated with V/STOL Aircraft. Eighth Anglo-American Aeronautical Conference, S. 95-127, 1961.

10　Cox, M.; Abbott, W.: Studies of the Flow Fields Created by Single Vertical Jets Directed Downwards upon a Horizontal Surface. N.G.T.E. Memo Nr. 390, 1964.

11　Davenport, E.E.; Spreeman, K.P.: Thrust Characteristics of Multiple Lifting Jets in Ground Proximity. NASA TN D-513, 1960.

12　Dent, J.M.: Overcoming Ground Erosion Effects in the Operation of Jet Lift Aircraft. AGARD Rep. Nr. 516, 1965.

13　Dick, P.; Kühl, P.: Heißgasrezirkulation beim V/STOL-Strahltransportflugzeug Do 31 und ihre Bedeutung für zukünftige V/STOL-Entwicklungen. BMVg-FBWT 72-29, 1972.

14　Förthmann, E.: Über die turbulente Strahlausbreitung. Ing. Arch., Band V, 1, S. 42-54, 1934.

15　Gentry, G.L.; Margason, R.J.: Jet Induced Lift Losses on VTOL Configurations Hovering In and Out of Ground Effect. NASA TN D-3166, 1966.

16　Glauert, M.B.: The Wall Jet. Journal of Fluid Mechanics, Band 1, S. 625-643, 1956.

17　Hoffert, H.; Riemann: Entwicklung des Transportflugzeugs Do 31 und die Herstellung und Erprobung von zwei Experimentalflugzeugen. Dornier-Bericht GE 51-481/69, 1969.

18 Knight, M.; Hefner, R.A.: Analysis of Ground Effect on the Lifting
    Airscrew. NACA Techn. Notes Nr. 835, 1941.

19 Koch, W.: Windkanalmessungen am Gesamtmodell der VC 400 im großen
    Windkanal der Eidgenössischen Flugzeugwerke in Emmen. VFW-Bericht
    M-45-66, 1966.

20 Kruse, H.; Matecki, R.; Wünnenberg, H.: V/STOL-Strahltransporter
    Do 31. Dornier-Bericht 68/6, 1968.

21 Liem, K.: Strömungsvorgänge beim freien Hubstrahler. Luftfahrttech-
    nik, Band 8, S. 198-207, 1962.

22 Louisse, J.; Marshall, F.J.: Prediction of Ground-Effects for VTOL
    Aircraft with Twin Lifting Jets. Journal of Aircraft, Band 13,
    S. 123-127, 1976.

23 Mack, K.W.: Der Bodeneffekt als Entwicklungsgrundlage von Schwebe-
    geräten. Luftfahrttechnik, Band 6, S. 5-21, 1960

24 Pabst, O.E.: Die Ausbreitung heißer Strahlen in bewegter Luft.
    Luftfahrttechnik, Band 6, S. 271-279, 1960.

25 Parlett, L.P.: Experimental Investigations of Some of the Parameters
    Related to the Stability and Control of Aerial Vehicles Supported
    by Ducted Fan. NASA TN D-616, 1961.

26 Penrose, C.J.: The Requirements for an Evolution of a Test Rig for
    Exhaust Gas Recirculation Studies of V/STOL Aircraft. Sixth European
    Rotorcraft and Powered Lift Aircraft Forum, 1980.

27 Richartz, O.: V/STOL Accidents or Incidents. AGARD-CP-76, S. 18-1 -
    18-7, 1970.

28 Schlichting, H.: Grenzschichttheorie. Karlsruhe: Verlag G. Braun,
    1951.

29 Schwantes, E.: Die Rezirkulationsströmung eines VTOL-Hubtriebwerks.
    DLR-FB 72-50, 1972.

30 Schwärzler, K.: Die Entwicklung von Senkrechtstartflugzeugen mit
    Turbinenstrahltriebwerken in Deutschland. Jahrbuch 1963 der WGLR,
    S. 26-50, 1963.

31 Seibold, W.: Über die von Hubstrahlen an Senkrechtstartern erzeug-
    ten Sekundärkräfte. Jahrbuch 1962 der WGLR, S. 257-275, 1962.

32 Spreeman, K.P.; Sherman, J.R.: Effects of Ground Proximity on the
    Thrust of a Simple Downward-Directed Jet Beneath a Flat Surface.
    NACA TN 4407, 1958.

33 Stepniewski, W.Z.: Introduction to Helicopter Aerodynamics. Morton,
    Pa.: Rotorcraft Publishing Committee 1958.

34 Stepniewski, W.Z.: Basic Aerodynamics of Convertible Rotor/Propeller
    Aircraft. AGARDograph 126, S. 149-236, 1968.

35 Strauber, M.: Untersuchungen zum Temperatureinfluß auf induzierte
    Strahleffekte. DFG-Zwischenbericht Ha 514/3, 1969.

36   Strauber, M.: Untersuchungen zum Temperatureinfluß auf induzierte
     Strahleffekte - Teil II: Mischung eines Heiß-Luftstrahls in ruhen-
     der Umgebung unter dem Einfluß des Bodens. Jahresbericht zum DFG-
     Vorhaben Ha 514/3/19/26, 1971.

37   Strauber, M.: Untersuchungen zum Temperatureinfluß auf induzierte
     Strahleffekte - Teil III: Rezirkulation von Heißgasen bei Modell-
     versuchen. Bericht des Inst. f. Flugtechnik der TH Darmstadt 1/72,
     1972.

38   Tollmien, W.: Berechnung turbulenter Ausbreitungsvorgänge. ZAMM,
     Band 6, S. 468-478, 1926.

39   Vesigot, J.P.; Gire, E.: Terrain de Décollage ou Atterrissage pour
     Avion V/STOL. AGARDograph 46, S. 335-370, 1960.

40   Welte, D.: Do P 389-Strahlinterferenzeinfluß. Dornier Aktenvermerk
     EA-389, 1964.

41   Welte, D.: Ergebnisse und Erfahrungen zur aerodynamischen Strahl-
     interferenz beim VTOL-Strahltransportflugzeug Do 31 und ihre Anwen-
     dung auf zukünftige V/STOL-Entwicklungen. BMVg-FBWT 72-22, 1972.

42   Welte, D.: Die Bedeutung der aerodynamischen Strahlinterferenz bei
     der Entwicklung und Erprobung des V/STOL-Transportflugzeugs Do 31.
     Vortrag 72-106, DGLR-Jahrestagung, 1972.

43   Welte, D.: Prediction of Aerodynamic Interference Effects with Jet-
     Lift and Fan-Lift VTOL Aircraft. AGARD-CP-143, S. 23-1 - 23-9, 1974.

44   Werle, H.; Armand, C.: Mesures et Visualisations Instationaires sur
     le Rotor. ONERA TP Nr. 777, 1969.

45   Williams, J.: Turbo-Jet/Turbo-Fan Aircraft. AGARDograph 126, S. 291-
     347, 1968.

46   Wünnenberg, H.: Stabilität und Steuerbarkeit von V/STOL-Flugzeugen
     nach Verfahren und Ergebnissen aus der Do 31-Flugerprobung.
     BMVg-FBWT 72-25, 1972.

6 Transition (Übergangsflug)

6.1 Allgemeines

Als Transition oder Übergangsflug bezeichnet man denjenigen Flugvorgang, mit dem ein Senkrechtstartflugzeug den Übergang vom Schwebeflug in den aerodynamisch getragenen Flug (und umgekehrt) vollzieht. Kennzeichnende Merkmale der Transition sind:

- Beschleunigter Bewegungsvorgang

- Übergang vom schubgestützten zum aerodynamisch getragenen Flug

- Änderung der Flugzeugkonfiguration.

Die Beschleunigung als Merkmal der Transition ist erforderlich, um das Senkrechtstartflugzeug vom Schwebeflugzustand auf eine für den aerodynamisch getragenen Flug notwendige Geschwindigkeit zu bringen, die die obere Grenze des Transitionsbereichs bildet. Sie sei in Anlehnung an die Bezeichnungsweise des AGARD Rep. Nr. 577 und der Flugeigenschaftsforderungen MIL-F-83300 als "Konversionsgeschwindigkeit" V_{con} (conversion speed) bezeichnet [1, 4, 28], die angibt, daß die Umwandlung ("conversion") der Konfiguration abgeschlossen ist. Da sowohl beim Start wie auch bei der Landung der Übergang vom hubgestützten zum aerodynamisch getragenen Flug bzw. umgekehrt erforderlich ist, muß das Flugzeug eine Transition in beiden Richtungen durchführen können. Man spricht daher auch von Start- und Landetransition.

Die Tatsache, daß das untere Geschwindigkeitsende der Transition einem hubgestützten Flug (Schwebeflug) und das obere Ende einem aerodynamisch getragenen Flug entspricht, macht deutlich, daß während des Übergangsflugs eine Umverteilung der das Flugzeug tragenden Schubkräfte und aerodynamischen Kräfte erfolgt. Anders als im Schwebeflug beeinflussen in der Transition auch die aerodynamischen Kräfte und Momente die Dynamik des Flugzeugs, wobei sie in ihrer Wirksamkeit mit Zunahme der Fluggeschwindigkeit mehr und mehr anwachsen.

Verbunden mit der in der Transition stattfindenden Umverteilung der Kräfte ändert sich die Konfiguration des Flugzeugs. Die Konfigurationsänderung in der Transition stellt daher ein charakteristisches Merkmal eines Senkrechtstartflugzeugs dar. Einen Überblick hierzu gibt Bild 6.1.1, in dem typische Arten der Konfigurationsänderungen, gekennzeichnet durch die Methode des Übergangs vom hubgestützten zum aerodynamisch getragenen Flug, zusammengestellt sind. Die unterschiedlichen Methoden der Transition sind am Beispiel von Senkrechtstartern mit Strahlantrieb verdeutlicht. Diese Transitionsmethoden sind gleichermaßen auch für andere Antriebsarten anwendbar und in vielen Experimentalflugzeugen erfolgreich erprobt worden, vgl. Kap. 1 und 2. Die letzte Spalte von Bild 6.1.1 weist auf die entsprechenden Anwendungsmöglichkeiten hin.

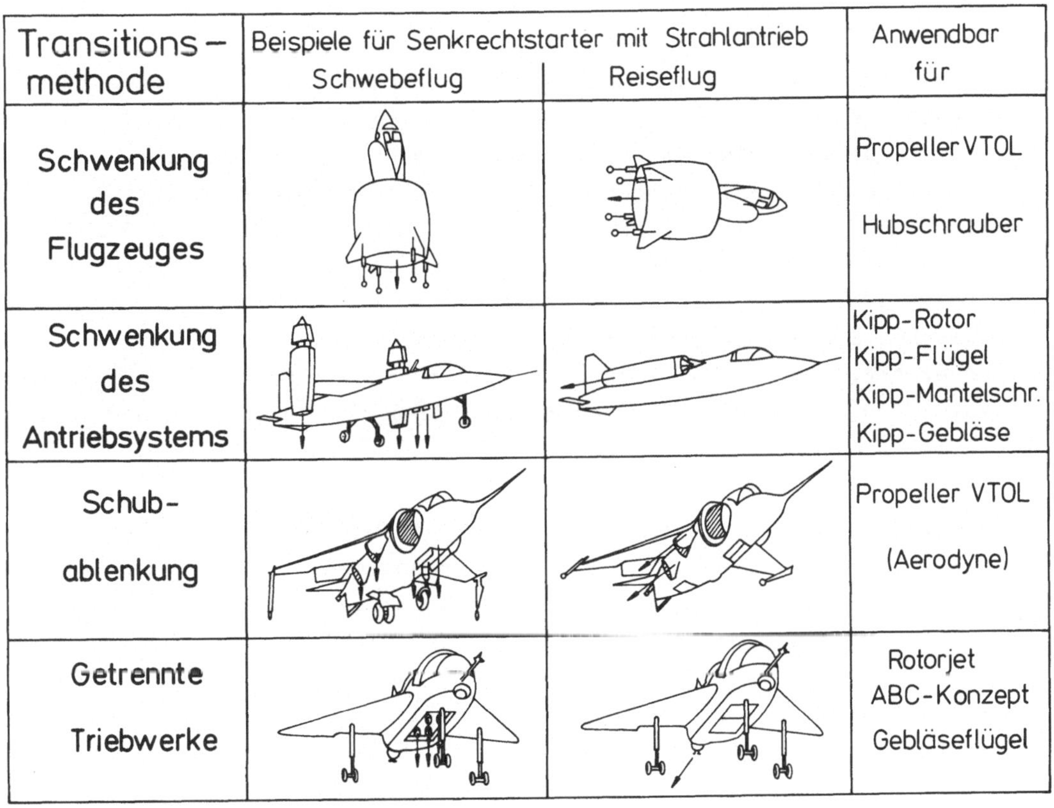

Transitions-methode	Beispiele für Senkrechtstarter mit Strahlantrieb		Anwendbar für
	Schwebeflug	Reiseflug	
Schwenkung des Flugzeuges			Propeller VTOL Hubschrauber
Schwenkung des Antriebsystems			Kipp-Rotor Kipp-Flügel Kipp-Mantelschr. Kipp-Gebläse
Schub-ablenkung			Propeller VTOL (Aerodyne)
Getrennte Triebwerke			Rotorjet ABC-Konzept Gebläseflügel

Bild 6.1.1. Transitionsmethoden verschiedener Senkrechtstartsysteme (ABC: Advancing Blade Concept)

6.2 Transition von Senkrechtstartern mit Strahlantrieb

6.2.1 Strahlinterferenz

Vorbemerkung

In der Transitionsphase verursachen die Strahlen der zur Vertikalkrafterzeugung benötigten Triebwerke als Folge der durch die Fluggeschwindigkeit bedingten Queranströmung einschneidende Interferenzeffekte, die
die aerodynamischen Kräfte und Momente des Flugzeugs verändern und damit sowohl die Flugleistungen als auch das Stabilitäts- und Steuerverhalten in starkem Maße beeinflussen können.

Strahlausbreitung

Zur Einführung in die physikalischen Zusammenhänge ist es zweckmäßig,
zunächst einen einzelnen, schräg zur Flugrichtung austretenden Strahl
hoher Geschwindigkeit zu betrachten. Gegenüber dem in ein ruhendes Gas
austretenden Strahl, Abschn. 5.2.1, werden nun die Verhältnisse wesentlich unübersichtlicher, da sich die Strahlachse krümmt und der Strahl-
querschnitt mit fortschreitendem Abstand von der Düse stark verformt.
Analytische Lösungen dieses komplizierten turbulenten Mischvorgangs
zwischen Strahl und Querströmung sind nicht bekannt. Ansätze analyti-
scher Art, z.B. nach [42] und [49], die von den Erhaltungssätzen der
Masse und des Impulses ausgehen, benötigen zur Bestimmung der Lösung
zusätzlich experimentelle Daten.

Im Schrifttum ist jedoch eine Reihe von einfachen empirischen Ansätzen
enthalten [2, 26, 41, 47], die die vorhandenen umfangreichen Versuchsergebnisse recht gut wiedergeben und damit geeignet sind, Voraussagen
für den zu erwartenden Strahlverlauf bei einem neuen Projekt zu machen.

Auf Grund der vorliegenden experimentellen Ergebnisse ist bekannt, daß
sich der querangeströmte Strahl - ähnlich wie in ruhender Luft - mit
Zunahme der Lauflänge verbreitert. Zusätzlich tritt die schon erwähnte
Deformation des Strahlquerschnitts ein, die schließlich zur Bildung
eines gegensinnig drehenden Wirbelpaares führt, dessen Stärke mit wachsendem Abstand zunimmt, Bild 6.2.1. Dabei liegen die Wirbelachsen höher,
d.h. näher an der Flugzeugzelle, als die mittlere Strahlachse, die als
Verbindungslinie der örtlichen Gesamtdruckmaxima im Strahl definiert
wird.

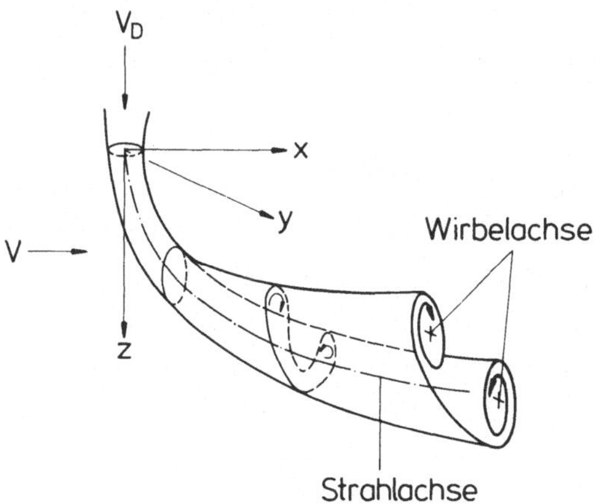

Bild 6.2.1. Verformung eines querangeströmten Strahls, nach [2]

Für den geometrischen Verlauf der Strahlachse werden von verschiedenen
Verfassern empirische Formeln angegeben, vgl. z.B. [2]. Davon sei die
folgende, den Strahlneigungswinkel σ enthaltene Beziehung wiedergegeben, die einen einfachen Aufbau bei gleichzeitig guter Übereinstimmung
mit Meßergebnissen aufweist (vgl. zur Bezeichnungsweise Bild 6.2.2):

$$\frac{x}{D} = 2,3 \left(\frac{V}{V_D}\right)^3 \left(\frac{z}{D}\right)^3 + \frac{z}{D} \cot\sigma \ . \tag{6.2.1}$$

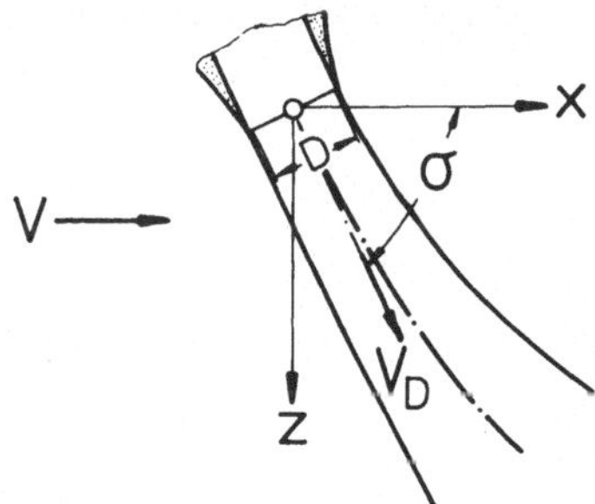

Bild 6.2.2. Bezeichnungen zur Bestimmung des Strahlachsenverlaufs, nach
[2]

Die Interferenzwirkung zwischen Strahl und Flugzeug wird um so größer,
je stärker der Strahl infolge der Queranströmung abgelenkt wird, da
dann der induzierende Einfluß der Strahlrandwirbel zunimmt. Da sich
nach (6.2.1) die Ablenkung mit Verminderung der Strahlgeschwindigkeit
verstärkt, sind bei der Verwendung von Hubtriebwerken mit hohem Neben-

stromverhältnis und entsprechend verringerter Strahlgeschwindigkeit am Düsenaustritt die stärksten Interferenzeffekte zu erwarten. Für senkrechten Strahlaustritt ($\sigma = 90^\circ$) ist der Strahlverlauf eines Einkreis-Hubtriebwerks ($V_D = 600$ m/s) und eines Zweikreis-Hubtriebwerks ($V_D = 200$ m/s) bei einer relativ hohen Anströmgeschwindigkeit von $V = 100$ m/s unter Verwendung von (6.2.1) in Bild 6.2.3 dargestellt. Zugleich sind Meßergebnisse aus [18] eingetragen, die die Gültigkeit der Beziehung (6.2.1) gut bestätigen. Versuche nach [17] zeigen auch im Bereich größerer Abstände gute Übereinstimmung mit der angegebenen empirischen Formel.

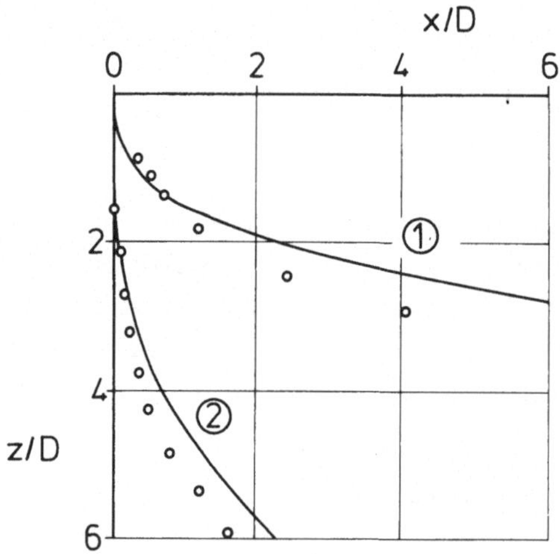

Bild 6.2.3. Verlauf der Strahlachse zweier senkrecht zur Anströmung austretender Triebwerksstrahlen bei $V = 100$ m/s

① V_D = 200 m/s
② V_D = 600 m/s
────── Empirischer Ansatz nach (6.2.1)
o   Meßergebnisse nach [18]

Treten, in Strömungsrichtung gesehen, mehrere Strahlen hintereinander aus, so wird die Ausbreitung des zweiten Strahls (und weiterer Strahlen) durch die Verdrängungswirkung des stromaufwärts davor liegenden Strahls beeinflußt. Bild 6.2.4, das schematisch den Verlauf zweier hintereinander liegender Triebwerksstrahlen zeigt, läßt erkennen, daß sich infolge der verminderten Ablenkung des stromabwärts liegenden Strahls eine Überschneidung ergibt. Die in [2] mitgeteilten Ansätze zur Berechnung hintereinander liegender Strahlen enthalten folgende, durch Versuche nach [7] bestätigte Annahmen:

- Der stromabwärts liegende Strahl beeinflußt nicht den vorderen Strahl
  und verhält sich wie ein Einzelstrahl in reduzierter Anströmgeschwindigkeit.

- Der Verlauf des Strahls nach der Überschneidung wird durch die Neigung des hinteren Strahls bestimmt, wobei die Energie des Strahls
  nach der Überschneidung gleich der Summe der Energie beider Strahlen
  ist.

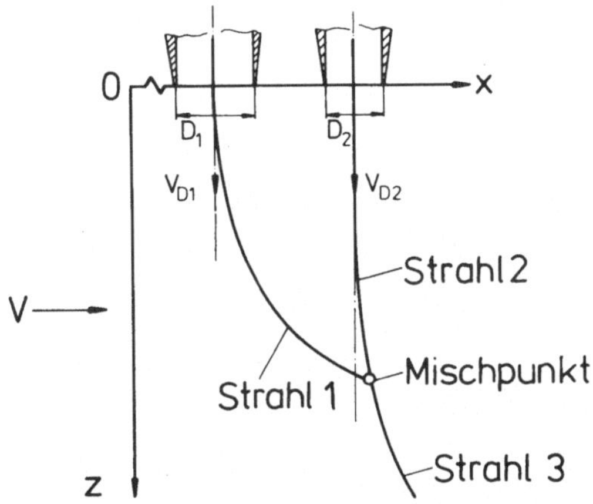

Bild 6.2.4. Gegenseitige Beeinflussung zweier hintereinander angeordneter Strahlen, nach [2]

Strahlinduzierter Abtrieb

Die Anwendung moderner numerischer Berechnungsverfahren, vgl. z.B. [15,
19, 21, 43], ermöglicht es, bei Einsatz schneller Rechner ausreichend
hoher Speicherkapazität die strahlinduzierten Kräfte und Momente unter
Berücksichtigung der beschriebenen Strahlverformung zu ermitteln. Hierbei kann man meist davon ausgehen, daß das durch die induzierende Wirkung des Strahls an der Flugzeugzelle veränderte Geschwindigkeitsfeld
nur eine geringe Rückwirkung auf den Strahl selbst hat und daher vernachlässigt werden kann ("Einweginterferenz"). Das Panelmodell, das
für die Berechnung der Strömungsverhältnisse um die Zelle und der Strahlen verwendet wird, besteht aus zwei Teilen, dem Verdrängungsmodell und
dem Auftriebsmodell, Bild 6.2.5. Beim Verdrängungsmodell werden Rumpf-
und Flügeloberfläche in eine Anzahl von Rechteckelementen unterteilt,
die mit jeweils konstanten Quellen noch unbekannter Stärke belegt werden. Die Quellstärken ermitteln sich aus der Erfüllung der kinemati-
schen Strömungsbedingung, die in jedem Punkt der Rumpfoberfläche tan-
gentiale Geschwindigkeitsrichtungen fordert. Das Auftriebsmodell verwendet in der Flügelfläche Wirbelverteilungen, die aus gebundenen und

freien Wirbeln bestehen. Die Wirbelstärke wird aus der Kutta-Bedingung
ermittelt, die besagt, daß die Geschwindigkeiten an der Flügelhinter-
kante für Ober- und Unterseite gleich sein müssen.

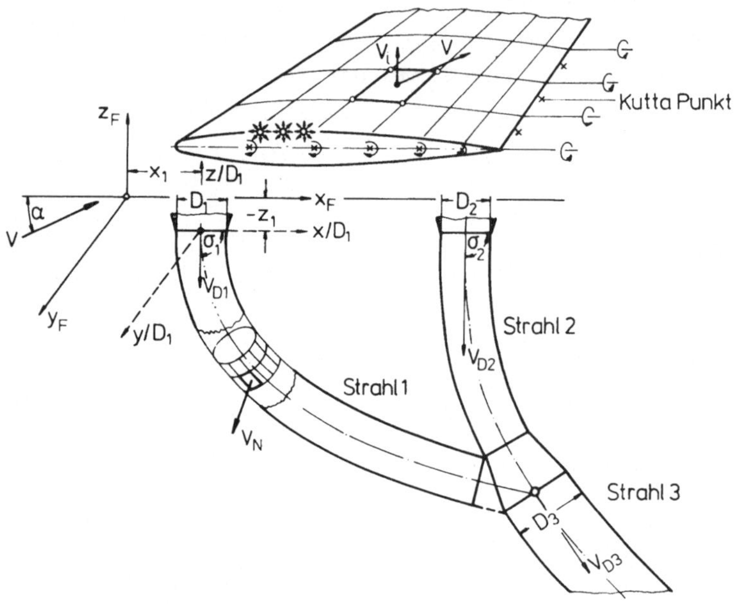

Bild 6.2.5. Panelmodell zur Berechnung der Strömungsverhältnisse an der
Flugzeugzelle infolge Strahlinterferenz, nach [2]

Anders als bei der Bedingung für verschwindende Normalgeschwindigkeit
an der Zelle berücksichtigt das Strahlpanelmodell am Strahlrand Normal-
geschwindigkeiten, die von Null verschieden sind. Sie lassen sich durch
entsprechende Quellverteilungen darstellen und simulieren das Mitreißen
von Umgebungsluft in den Strahl sowie die zusätzliche Saug- und Verdrängungswirkung infolge der Queranströmung. Die strahlinduzierten Zu-
satzgeschwindigkeiten erhält man nach Lösung der Integralgleichungen an
den Strahlgrenzen. Unter Berücksichtigung dieser strahlinduzierten Geschwindigkeiten liefert schließlich das oben erwähnte Panelverfahren
die Druckverteilung an der Flugzeugzelle mit Strahl, wie ausführlich in
[2] beschrieben ist.

Das Ergebnis einer solchen, sehr aufwendigen Berechnung für die VAK 191 B
nach [2] ist in den folgenden Bildern 6.2.6 bis 6.2.8 dargestellt. Bild
6.2.6 zeigt zunächst die Flugzeug- und Strahlgeometrie sowie die Unterteilung der Flugzeugoberfläche in Flächenelemente, wobei der Flügel
durch 288 Elemente, der Rumpf einschließlich Außentank durch 375, die

vier Haupttriebwerkssstrahlen durch 810 und die beiden Hubtriebwerkssstrah-
len durch 270 Elemente dargestellt sind. Bild 6.2.7 zeigt den Strahleinfluß auf die Druckverteilung an einem Flügel- und einem Rumpfschnitt
bei einem Anstellwinkel von 0°. Daraus ist ersichtlich, daß das Strö-
mungsfeld von Flügel und Rumpf in stärkerem Maße durch die Induktion
der Triebwerksstrahlen beeinflußt wird. Die Integration der Druckverteilung über den Flächenelementen liefert Auftrieb und Nickmoment. Bild
6.2.8 gibt hierzu den Verlauf des Auftriebsbeiwerts in Abhängigkeit vom
Anstellwinkel wieder, wobei auch noch der Einfluß der Strahlinduktion
für die einzelnen Triebwerksgruppen dargestellt ist. Die theoretisch
gewonnenen Ergebnisse werden durch Windkanalversuche mit Strahlsimulation weitgehend bestätigt, vgl. [38].

Über Berechnungen der Druckverteilung an einem Flugzeugrumpf unter der
Wirkung austretender Hubstrahlen, allerdings unter Vernachlässigung der
Strahlverformung, wird in [39] berichtet.

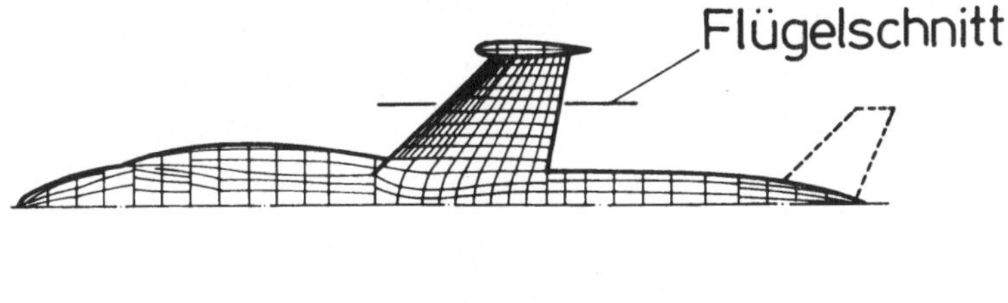

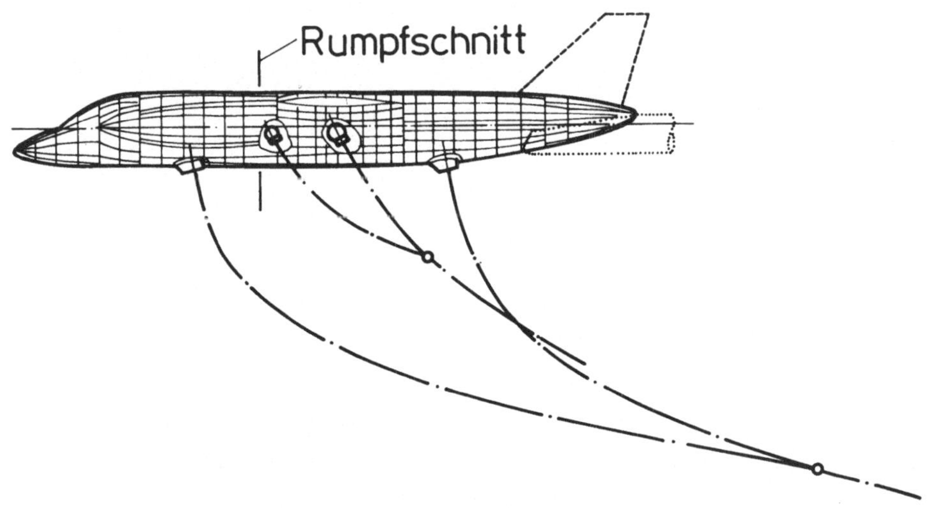

Bild 6.2.6. Panelaufteilung für die VAK 191 B, nach [2]

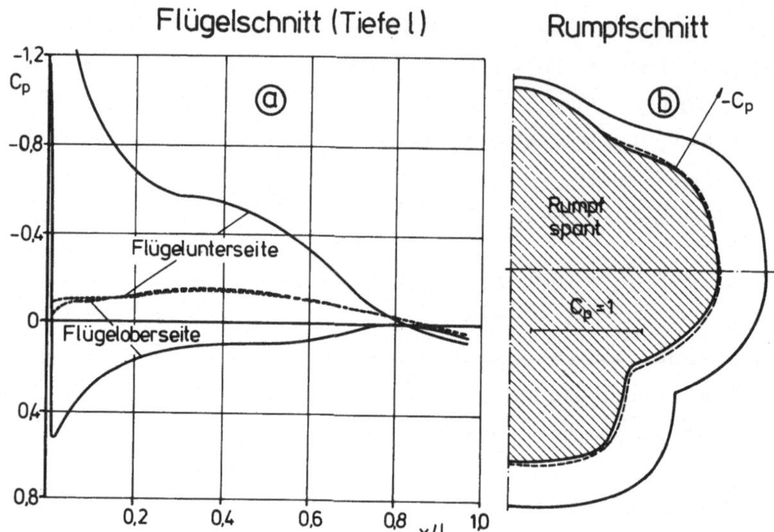

Bild 6.2.7. Druckverteilung $C_p = \Delta p/q$ infolge Strahleinfluß an einem Flügel- bzw. Rumpfschnitt der VAK 191 B (zur Lage der Schnitte vgl. Bild 6.2.6), $\alpha = 0$, nach [2]

ⓐ Flügeldruckverteilung

ⓑ Rumpfdruckverteilung, über dem Rumpfspant aufgetragen

——— mit Strahl

---- ohne Strahl

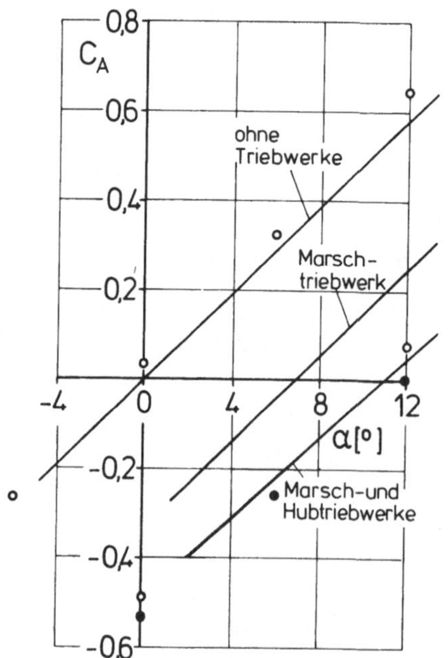

——— Rechnung nach [2], $\sigma = 60°$

o   Messung nach [38], auf $\sigma = 60°$
     interpoliert

•   Messung nach [38], $\sigma = 90°$

Bild 6.2.8. Einfluß der Strahlinduktion auf den Auftriebsanstieg der VAK 191 B, Vergleich zwischen Theorie und Messung

Einfachere Berechnungsverfahren

In der Projektphase eines Senkrechtstarters wird man nach einfacheren
Methoden suchen, um eine erste Abschätzung für die induzierten Strahleffekte zu erhalten. Auch Ergebnisse aus Windkanalversuchen stehen zu
diesem Zeitpunkt noch nicht zur Verfügung. Hier bietet es sich an, zunächst die Strahlverformung zu vernachlässigen und die Saugwirkung der
Triebwerksstrahlen statt mit Hilfe der in Bild 6.2.5 dargestellten Sen-
kenfläche auf dem Strahlmantel näherungsweise unter Annahme einer Senkenstrecke auf der Strahlachse zu bestimmen, wobei die "Schluckfähig-
keit" der Senkenstrecke in Beziehung zum Massendurchsatz der Triebwerke
gesetzt werden kann. Die Ergiebigkeit einer Senkenstrecke der Länge
$z_2 - z_1$ betrage (vgl. hierzu z.B. [37]

$$E = \int_{z_1}^{z_2} q(\zeta)d\zeta \ . \tag{6.2.2}$$

Bild 6.2.9 stellt die Lage der Triebwerksdüse dar, deren Koordinaten
zum flugzeugfesten System mit x_S, y_S und z_1 bezeichnet sind.

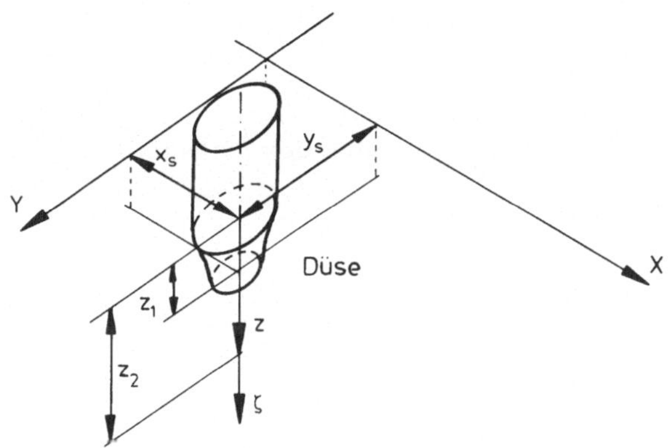

Bild 6.2.9. Koordinaten zur Beschreibung der Lage der Düse

Das Geschwindigkeitspotential der räumlichen Senkenströmung ist nach
[37] gegeben durch

$$\Phi = \frac{1}{4\pi} \int_{z_1}^{z_2} \frac{q(\zeta)d\zeta}{\sqrt{(x-x_S)^2 + (y-y_S)^2 + (z-\zeta)^2}} \ . \tag{6.2.3}$$

Die Ableitung dieser Beziehung liefert die induzierte Abwindverteilung

$$w(x,y,z) = \frac{\partial \Phi}{\partial z} \; .$$

$$(6.2.4)$$

Zunächst sei der induzierte Abtrieb am Flugzeug im Schwebeflug betrachtet. Man erhält aus der Impulsänderung im Bereich der Grundfläche des Flugzeugs, die als "flüssige Fläche" angenommen wird, mit dem Volumendurchsatz dQ

$$\Delta A \big|_{V=0} = - \rho \int_S w \; dQ$$

oder mit dQ = w dS

$$\Delta A \big|_{V=0} = - \rho \int_S w^2 dS \; .$$

$$(6.2.5)$$

Statt der oben beschriebenen Impulsbetrachtung kann man auch eine andere Vorgehensweise anwenden. Hierbei bestimmt man den Abtrieb über den Druckunterschied, der sich am Flügel als Begrenzungsfläche oberhalb der vorhandenen Senken ergibt. In der Potentialtheorie verwirklicht man solche Begrenzungsflächen mit Hilfe des Spiegelungsprinzips (vgl. hierzu auch [31]).

Für das Gesamtpotential gilt mit n als der Anzahl der tatsächlich vorhandenen Senken

$$\Phi_{ges} = \sum_{i=1}^{n} \left(\Phi_i(x,y,z) + \overline{\Phi}_i(x,y,z) \right) \; ,$$

$$(6.2.6)$$

wobei $\overline{\Phi}_i(x,y,z)$ das Potential der gespiegelten Senken darstellt. Aus dem Potential erhält man durch partielle Ableitung die Geschwindigkeitskomponenten $u = \partial \Phi/\partial x$ und $v = \partial \Phi/\partial y$ an der Flügelfläche. Für den Abtrieb an der Begrenzungsfläche ergibt sich dann unter Anwendung der Bernoulli-Gleichung

$$\Delta A = - \frac{\rho}{2} \int_S (u^2 + v^2) dS \; ,$$

$$(6.2.7)$$

da voraussetzungsgemäß w an der Begrenzungsfläche gleich Null ist.

Die Impulsbetrachtung hat den Vorteil, daß sie sich auch zur Abschätzung des induzierten Abtriebs bei Vorwärtsgeschwindigkeiten eignet,

also im Transitionsbereich. Die vom Strahl induzierte mittlere Abwärtsgeschwindigkeit

$$\overline{w} = \frac{1}{S} \iint w \; dxdy$$

liefert einen mittleren Zusatzanstellwinkel $\Delta\alpha = -\,\overline{w}/V$ und daraus einen
Zusatzabtrieb

$$\Delta A = -\, C_{A\alpha} \; \Delta\alpha \; S \; \frac{\rho}{2} \, V^2 = -\, C_{A\alpha} \; \frac{\rho}{2} \; S \; \overline{w} \; V \; . \qquad (6.2.8)$$

Bezieht man dies auf den Schwebeschub $F_0 = mg$, so erhält man für den gesamten Abtrieb in der Transitionsphase durch Überlagerung der Anteile
nach (6.2.5) und (6.2.8):

$$\frac{\Delta A}{F_0} = -\, \frac{\rho}{mg} \left(\int_S w^2 dS + \frac{C_{A\alpha}}{2} \; S \; \overline{w} \; V \right) . \qquad (6.2.9)$$

Im folgenden wird Beziehung (6.2.9) für das Beispielflugzeug VJ 101 C-X1
ausgewertet. Die Länge der Senkenstrecke wird hierbei mit $z_2 - z_1 = 3D$
vorausgesetzt. Die Gesamtergiebigkeit einer Senkenstrecke entspricht
dem Luftdurchsatz $\dot{m}_L/\rho_{Str}$ jedes der sechs gleich starken Hubtriebwerke.

Bild 6.2.10 zeigt im oberen Bildteil a die nach (6.2.4) unter Berücksichtigung der beschriebenen Festlegungen ermittelten Abwindgeschwin-
digkeiten in den einzelnen Schnitten $y = const$ des Flugzeugs. Zur Ermittlung des induzierten Abtriebs im Schwebeflug wurde die Integration
entsprechend (6.2.5) über der schraffierten Fläche (Bildteil b) durchgeführt. Bei der Bestimmung des mittleren induzierten Anstellwinkels
wurde die Abwärtsgeschwindigkeit über dem Flügel integriert. Bild 6.2.11
zeigt als Resultat dieser Näherungsrechnung den Abtrieb als Funktion
der Fluggeschwindigkeit sowie Ergebnisse einer Windkanalmessung mit
Strahlsimulation. Aus dem Vergleich geht hervor, daß die Größe des induzierten Strahleffekts im gesamten Transitionsbereich gut wiedergegeben wird.

Da bei der VJ 101 C die Gondel während der Transition kontinuierlich
geschwenkt und die Hubtriebwerke entsprechend gedrosselt werden, ist
die Strahlinduktion bei verschiedenen Schwenkwinkeln zu untersuchen.
Bild 6.2.12 zeigt im Bildteil a, wie der strahlinduzierte Abtrieb mit
abnehmendem Gondelwinkel σ verringert wird. Berücksichtigt man die Abhängigkeit des Gondelschwenkwinkels von der Fluggeschwindigkeit (Bild-

teil b), die durch das Schwenkprogramm der Starttransition festgelegt ist, so erhält man die in Bildteil a strichpunktiert dargestellte Abhängigkeit des induzierten Strahlabtriebs von der Fluggeschwindigkeit. Der maximale Abtrieb beträgt danach nur 6% des Schubs und ist damit im Vergleich zu anderen Projekten außerordentlich gering.

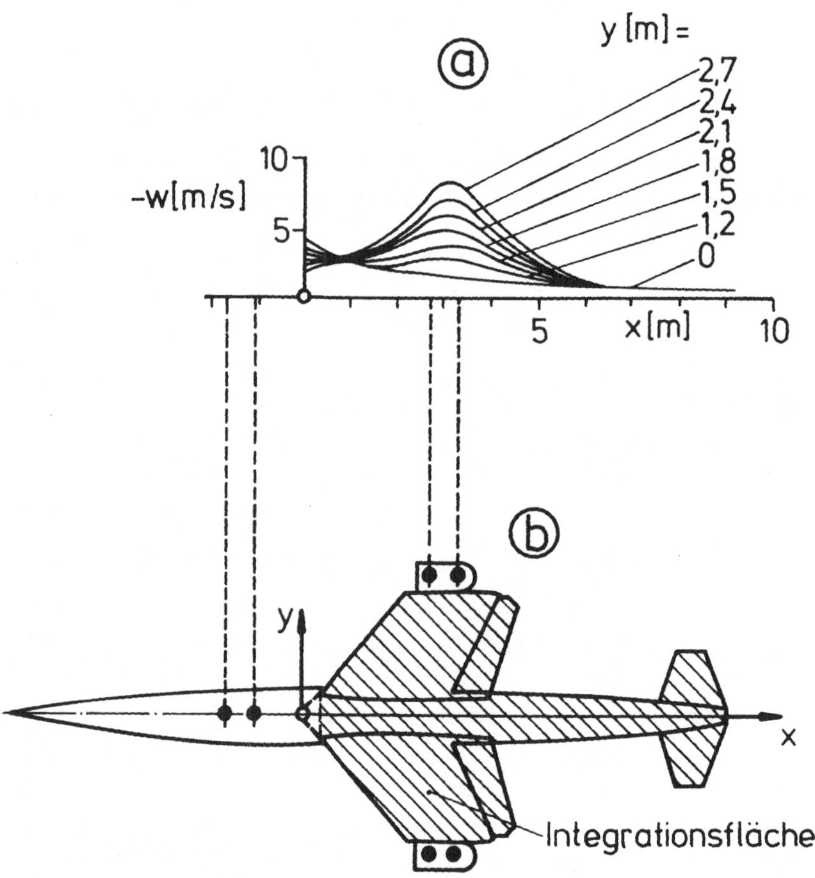

Bild 6.2.10. Abwärtsgeschwindigkeiten infolge senkrecht austretender Strahlen bei der VJ 101 C-X1

a   Verteilung der Abwärtsgeschwindigkeiten
b   Integrationsfläche

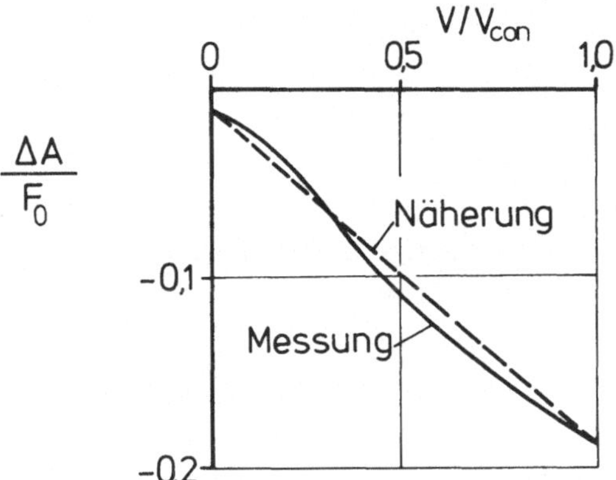

Bild 6.2.11. Strahlinduzierter Abtrieb bei der VJ 101 C-X1, $\sigma = 90°$

ⓐ

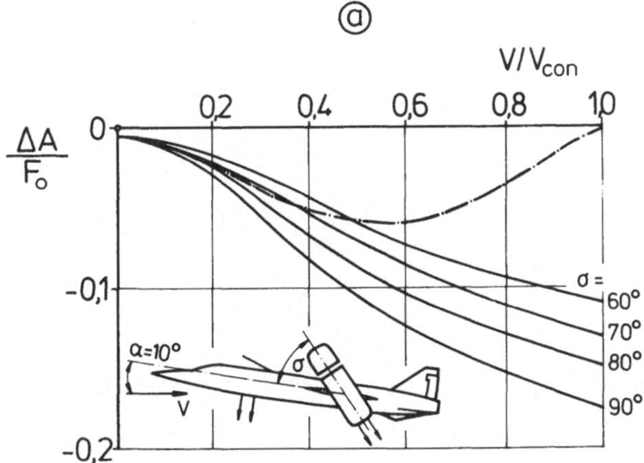

ⓑ

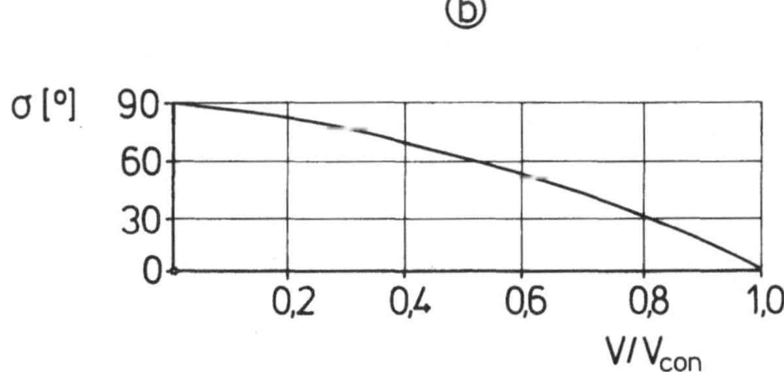

Bild 6.2.12. Strahlinduzierter Abtrieb der VJ 101 C-X1 bei verschiedenen Schwenkwinkeln

ⓐ ──── Abtrieb bei $\sigma = \text{const}$
    −·−· Abtrieb bei $\sigma = f(V/V_{con})$ nach b
ⓑ Schwenkprogramm $\sigma = f(V/V_{con})$

Beispiele für unterschiedliche Konfigurationen

Die Auswirkungen der Strahlinduktion sind in starkem Maße konfigura-
tionsabhängig. Wie an den ausführlich behandelten Beispielen gezeigt
wurde, ist die Neigung des Strahls ein wichtiger Parameter. Vertikal
nach unten blasende Strahlen ergeben dabei den stärksten Interferenz-
effekt. Dies wird zunächst durch die Ergebnisse an zwei Senkrechtstartern gezeigt, Bild 6.2.13. Die der Mirage III V ähnliche Konfiguration
mit acht im Rumpfbereich konzentrierten, vertikal nach unten austretenden Hubtriebwerksstrahlen weist am Transitionsende einen Abtrieb von
der Größenordnung des halben Hubschubes auf. Ein Projekt des EWR aus
dem Jahre 1963 mit fünf Hubtriebwerken in der Symmetrieebene des Flugzeugs und zwei Marsch-Hub-Triebwerken zeigt insgesamt etwas günstigere
Verhältnisse beim induzierten Abtrieb [24]. In der Transition werden
hier alle Düsen auf 60° geschwenkt. Am Transitionsende ergibt sich hierbei eine Hubschubminderung um etwa 30%, die zur Erhaltung des Vertikal-
kraftgleichgewichts einen Ausgleich über den aerodynamischen Auftrieb
durch eine relativ starke zusätzliche Anstellung des Flugzeugs erfordert.

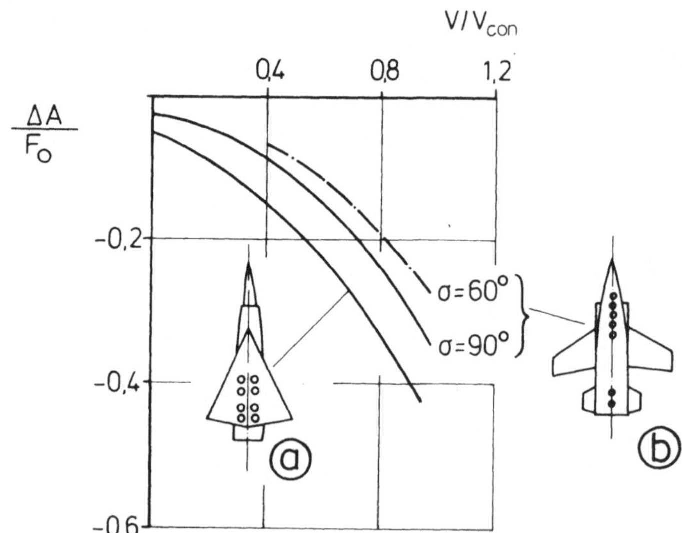

Bild 6.2.13. Strahlinduzierter Abtrieb von V/STOL-Projekten mit gleichen Werten $\sqrt{S_D/S} = 0,2$

ⓐ   Delta-Projekt ähnlich Mirage III V nach [30]
ⓑ   EWR-Projekt 320 nach [24]

Weitere Einblicke in die Konfigurationsabhängigkeit der Strahlinduktion
liefern Untersuchungen nach [47]. Neben dem induzierten Auftrieb ist
auch das strahlinduzierte Nickmoment von Bedeutung, durch dessen Aus-
trimmung je nach Art der Steuerung weitere Auftriebsverluste entstehen
können. Hierzu ist ein Beispiel in Bild 6.2.14 dargestellt, das Strahl-
auftrieb (Bildteil a) und Strahlnickmoment (Bildteil b) für ein Modell
mit ähnlicher Strahlanordnung wie beim Harrier zeigt. Die Ordinaten-
werte der Momentenkurven lassen sich als ein auf den Düsendurchmesser
D_{eff} bezogener Abstand interpretieren, um den der Schwerpunkt zum Austrimmen des induzierten Nickmomentes im Schwebeflug mit $F_0 = mg$ nach
vorn verschoben werden müßte. Im Unterschied zu Bild 6.2.13 sind hier
die Werte des Schwebeflugs abgezogen, so daß alle Kurven bei $V = 0$ den
Wert Null ergeben. Den Einfluß verschiedener Strahlaufteilungen auf die
induzierten Effekte zeigt Bild 6.2.15 für eine Tiefdeckeranordnung.
Durch Aufteilung des zentralen Strahls in vier rechteckförmig angeordnete Einzeldüsen unter Beibehaltung des Flächenverhältnisses $\sqrt{S_D/S} = 0,16$
wird der induzierte Strahlabtrieb fast verdoppelt. Auch das induzierte
Moment wird größer. Überraschend ist das Ergebnis einer Aufteilung in
zwei hintereinander liegende Strahlen gleichen Flächenverhältnisses.
Bezüglich des Auftriebs zeigt sich keine Änderung, während das induzierte Moment stark reduziert wird. Für kleine Vorwärtsgeschwindigkeiten
sind die Momente gering und können auch in kopflastiger Richtung wirken.

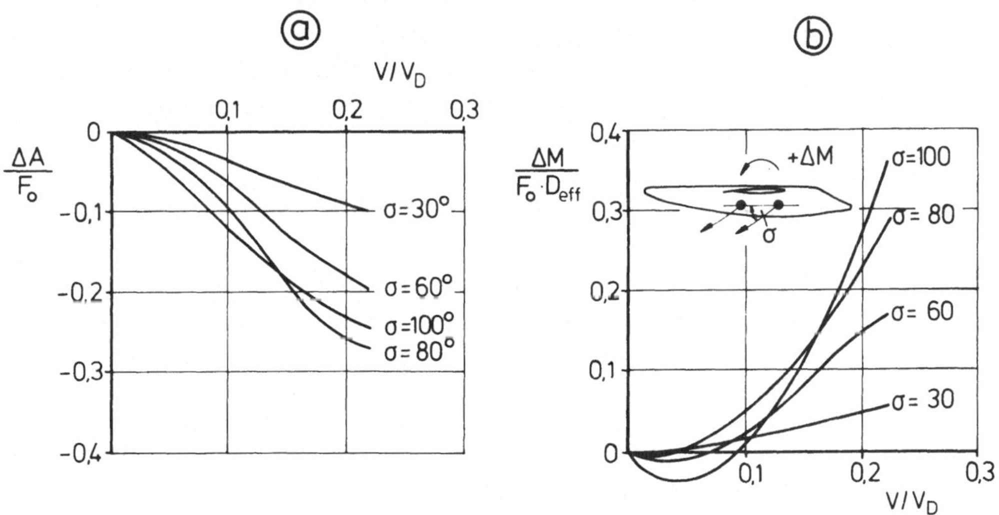

Bild 6.2.14. Strahlinduzierte Effekte bei verschiedenen Strahlwinkeln
($D_{eff} = 2\sqrt{S_D/\pi}$), nach [47]

ⓐ Auftrieb
ⓑ Nickmoment (Bezugspunkt: Schubmittelpunkt)

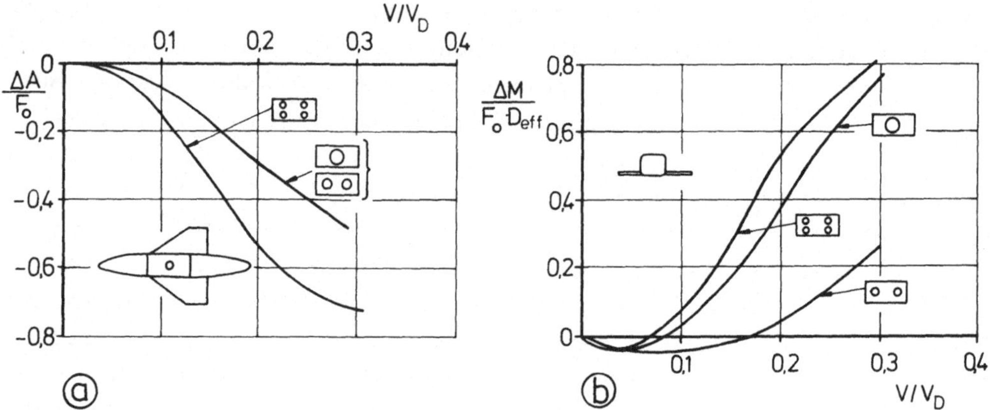

Bild 6.2.15. Strahlinduzierte Effekte bei unterschiedlicher Strahlaufteilung (Tiefdecker, $\sqrt{S_D/S} = 0,16$), nach [47]

ⓐ Auftrieb
ⓑ Nickmoment (Bezugspunkt: Schubmittelpunkt)

Die beschriebenen Effekte hängen mit der in Bild 6.2.4 gezeigten Strahlverformung bei hintereinander angeordneten Strahlen zusammen. Die relative Größe des strahlinduzierten Abtriebs kann man durch den zu seinem Ausgleich erforderlichen Flugzeuganstellwinkel veranschaulichen. So wäre nach Bild 6.2.15 z.B. für $V/V_D = 0,2$ bei der zentralen Düse ein Anstellwinkel von 8° und bei der vierstrahligen Düsenanordnung ein solcher von 16° erforderlich, um den strahlinduzierten Auftriebsverlust auszugleichen.

Bild 6.2.16 schließlich läßt erkennen, daß ein Hochlegen des Flügels eine beträchtliche Verminderung der strahlinduzierten Effekte bewirkt. Zu beachten ist auch der bedeutende Einfluß des Rumpfes insbesondere bei dem induzierten Nickmoment.

Gegenüber den gezeigten induzierten Strahleffekten auf Auftrieb und Nickmoment sind die Einflüsse von Konfigurationsänderungen ohne Schubanteil auf die aerodynamischen Beiwerte wesentlich geringer, wie z.B. in Bild 6.2.17 an den aus Windkanalmessungen gewonnenen Auftriebs- und Momentenbeiwerten der VJ 101 C für verschiedene Gondelstellungen zu ersehen ist.

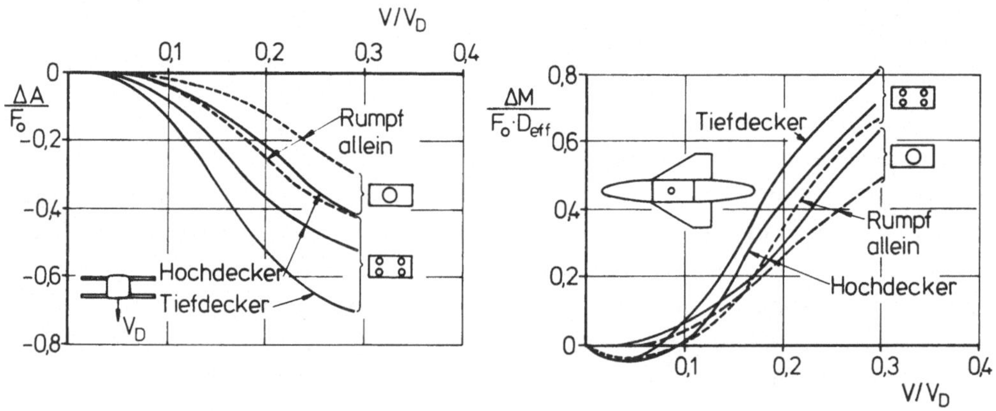

Bild 6.2.16. Strahlinduzierte Effekte für den Fall ohne Flügel sowie bei unterschiedlicher Flügellage ($D_{eff} = 2\sqrt{S_D/\pi}$), nach [47]

(a) Auftrieb

(b) Nickmoment (Bezugspunkt: Schubmittelpunkt)

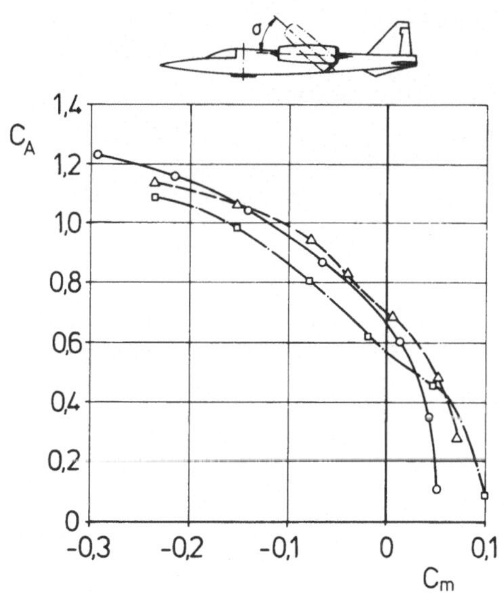

Bild 6.2.17. Aerodynamische Beiwerte der VJ 101 C bei verschiedenen Gondelstellungen nach Modellmessungen im Maßstab 1:3

σ	0	45°	90°
	o	Δ	□

6.2.2 Verhalten der Triebwerkseinläufe

Grundsätzliche Betrachtung

Die Aufgabe der Einläufe von Senkrechtstartflugzeugen, die Triebwerke
möglichst verlustfrei mit der benötigten Luft in allen Flugphasen zu
versorgen, führt bei den verschiedenen Triebwerksarten zu sehr unterschiedlichen technischen Lösungen. Dabei ist zu beachten, daß Hubtriebwerkseinläufe meist senkrecht zur Flugzeugachse angeordnet und vorwiegend im Schwebeflug und bei geringen Translationsgeschwindigkeiten in
Betrieb sind, während die Marschtriebwerkseinläufe zusätzlich auch im
Reiseflug mit hohem Druckrückgewinn arbeiten müssen. Besonders erschwert wird die Aufgabe der Marschtriebwerkseinläufe, wenn - wie bei
der VJ 101 C - im Reiseflug Überschallgeschwindigkeiten erreicht und
die Marschtriebwerke im Schwebeflug als Hubtriebwerke verwendet werden.
Die Probleme der VTOL-Strahltriebwerkseinläufe werden ausführlich in
[22, 23, 45] und von Einläufen für Flügelbläsern in [36] behandelt. Ein
wesentlicher Fortschritt in der Gestaltung von Triebwerkseinläufen, die
auch bei großen Anströmwinkeln einwandfrei arbeiten, beruht auf einem
Patent von S. Günter aus dem Jahre 1958 [9].

Eine wichtige Größe für die Beurteilung der Einlaufströmung ist der Gesamtdruckverlust im Verdichtereintritt, der in stärkerem Maße durch die
Gestaltung des Triebwerkseinlaufs beeinflußt werden kann. Der Gesamtdruckverlust ist folgendermaßen definiert

$$\lambda = \frac{p_0 - \overline{p}_{0E}}{\overline{q}_E} \ . \qquad\qquad (6.2.10)$$

Diese Größe kennzeichnet die Differenz zwischen dem Gesamtdruck p_0 der
freien Strömung und dem Mittelwert $\overline{p}_{0E}$ in der Verdichtereintrittsebene,
und zwar bezogen auf den mittleren Staudruck $\overline{q}_E$ in der Eintrittsebene.
Für ein senkrecht zum Einlauf angeströmtes Hubtriebwerk ist bei Zunahme
der Horizontalfluggeschwindigkeit mit einem starken Anwachsen von λ zu
rechnen. Dies ist in Bild 6.2.18 an Hand von Ergebnissen aus Modell-
und Großtriebwerksversuchen gezeigt, die aus [22] entnommen sind. Variiert wurde dabei die Einlaufkontur, gekennzeichnet durch die im Bild
erläuterten Parameter R/D und x/D. Am günstigsten ist ein möglichst
großer Radius der Einlaufkontur, der dicht vor der Eintrittsebene an-
setzen sollte. Bildteil a zeigt, wie durch Konturverbesserungen die
Zunahme der Einlaufverluste mit wachsender Anströmgeschwindigkeit wesentlich verringert werden kann. Aus Bildteil b ist zu ersehen, daß bei

Zulassung eines noch vertretbaren Gesamtdruckverlustes (z.B. $\lambda = 0,2$)
die Horizontalfluggeschwindigkeit mit zunehmenden Werten R/D beträchtlich größer gewählt und damit der Transitionsbereich bezüglich der
Funktion des Hubtriebwerkseinlaufs erweitert werden kann. Diese Tatsa-
chen waren bei der Entwicklung der VJ 101 C aus eigenen Versuchen der
beteiligten Firmen bekannt und wurden beim Entwurf der Hub- und Marschtriebwerkseinläufe berücksichtigt [9]. Eine nähere Erläuterung hierzu
folgt in der weiteren Betrachtung.

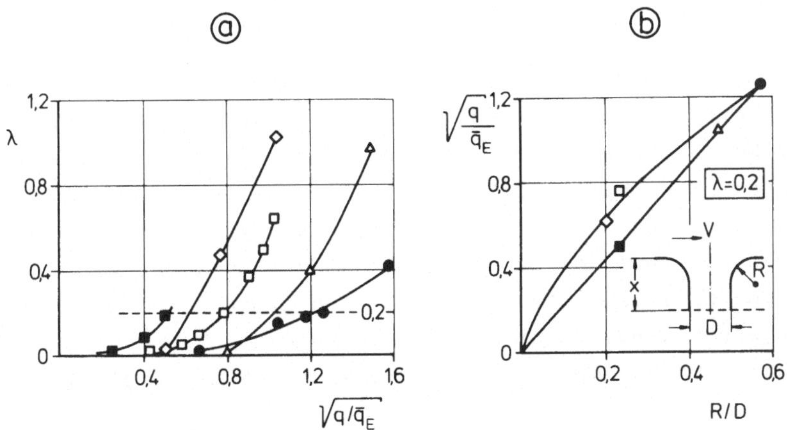

Bild 6.2.18. Einfluß des Einlaufradius auf den Druckrückgewinn in der
Verdichtereintrittsebene

ⓐ Abhängigkeit des Druckrückgewinns von der bezogenen Anströmgeschwindigkeit

ⓑ zulässige Vergrößerung der bezogenen Anströmgeschwindigkeit infolge
   Zunahme des bezogenen Einlaufradius bei $\lambda = 0,2$

	R/D	x/D	Quelle
●	0,57	0,5	Hubtriebwerksgondel mit 5 Trieb-werken J 85, Großausführung
■	0,23	1,0	Großausführung, nach [46]
□	0,21	0,24	Modell der Konfiguration von [46]
◊	0,20	0,5	Modellmessungen nach [44]
△	0,47	0,5	Modellmessungen nach [44]

<u>Ungleichförmigkeiten der Einlaufströmung</u>

Je nach Art der Triebwerksanordnung treten in der Transition eine Reihe
von Problemen auf, die vorwiegend durch Ungleichförmigkeiten in der
Einlaufströmung der Hub- oder der Marschtriebwerke bedingt sind.

Die Einlaufströmung weist bei annähernd senkrechter Stellung der Triebwerksachse relativ zur Anströmrichtung mit zunehmender Anströmgeschwin-

digkeit Ungleichförmigkeiten auf, die nur bis zu einem gewissen Grad
vom Triebwerk ohne Störungen akzeptiert werden können (z.B. entsteht
eine Neigung zum "Pumpen", d.h. Strömungsablösung). Bei Hubtriebwerken,
die zugleich mittels Schubmodulation Steuerungsaufgaben zu übernehmen
haben, ist diese Empfindlichkeit gegen ungleichförmige Druckverteilungen im Einlauf noch stärker ausgeprägt. Dies ergibt sich daraus, daß
die Verdichterschaufeln beim Beschleunigen höhere Anstellwinkel erreichen und somit die Strömung eher zum Abreißen neigt als im stationären
Betrieb.

Ein Beispiel für die Auswirkungen von Ungleichförmigkeiten der Einlaufströmung auf das Betriebsverhalten ist in Bild 6.2.19 dargestellt, das
Ergebnisse einer bei Rolls Royce durchgeführten systematischen Versuchs-
reihe an einem Einkreis-Hubtriebwerk zeigt [23]. Die dabei untersuchten
unterschiedlichen Störungstypen der Einlaufgeschwindigkeit sind im oberen Bildteil angegeben. Aus der Darstellung ist ersichtlich, wie stark
der Arbeitsbereich des Triebwerks durch Ungleichförmigkeiten der Einlaufströmung eingeengt wird. Schon bei der Störung vom Typ 2 liegt die
Pumpgrenze im oberen Drehzahlbereich sehr nahe an der Arbeitslinie.

Zur Kennzeichnung der Ungleichförmigkeiten im Einlauf sind verschiedene
Verfahren bekannt. Eine einfache Methode besteht darin, die maximalen
und minimalen Gesamtdruckunterschiede im Einlauf ($p_{0E,max} - \bar{p}_{0E}$ und
$p_{0E,min} - \bar{p}_{0E}$) zu bestimmen und auf den mittleren Einlaufstaudruck $\bar{q}_E$ zu
beziehen, d.h. die Ausdrücke

$$D_{max} = \frac{p_{0E,max} - \bar{p}_{0E}}{\bar{q}_E} \quad ,$$

$$ \tag{6.2.11} $$

$$D_{min} = \frac{p_{0E,min} - \bar{p}_{0E}}{\bar{q}_E}$$

zu betrachten.

Die nach (6.2.11) bestimmten Ungleichförmigkeiten sind für das Beispiel
von Bild 6.2.19 in Tabelle 6.2.1 zusammengestellt. Während die Werte
für D_{max} keinen ausgeprägten Zusammenhang mit dem Triebwerksverhalten
erkennen lassen, ist dies bei D_{min} eher der Fall. Daher wird die Größe
D_{min} im folgenden zur Bewertung der Ungleichförmigkeiten während der
Transition verwendet.

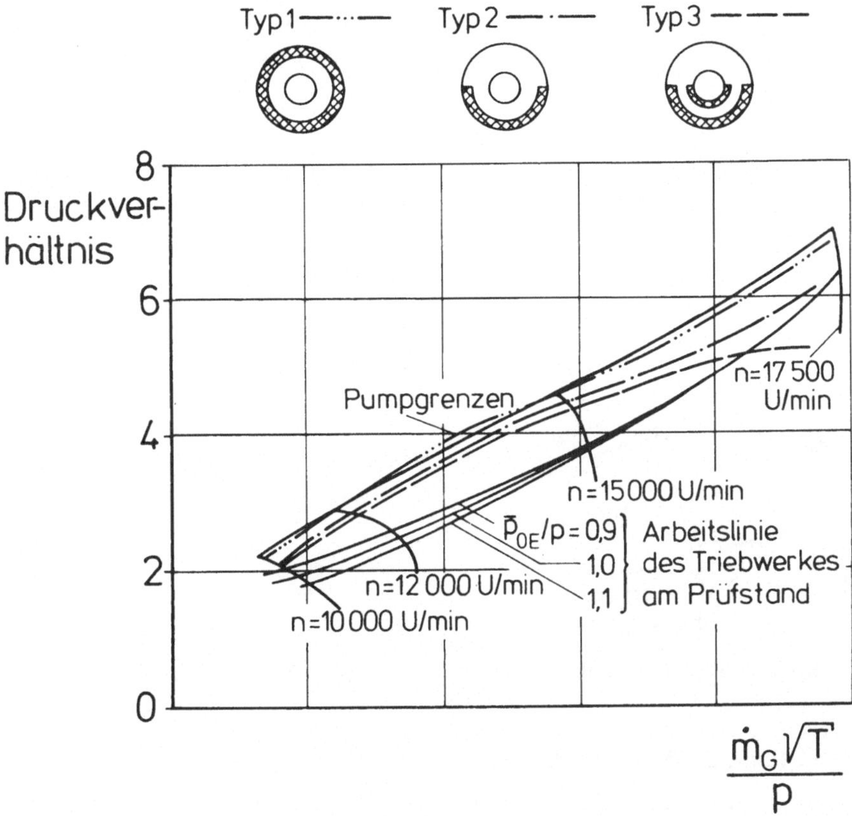

Bild 6.2.19. Einfluß von Ungleichförmigkeiten in der Verdichtereintrittsebene auf das Triebwerkskennfeld

Störung	I	II	III
D_{max}	0,53	0,22	0,31
D_{min}	-0,81	-1,07	-1,78

Tabelle 6.2.1. Druckungleichförmigkeiten im Einlauf

Druckgefälle zwischen Einlauf und Düsenende

Im Hinblick auf die unterschiedlichen Strömungsverhältnisse in der
Transition ist es für ein zufriedenstellendes Betriebsverhalten wichtig, daß das eingebaute Triebwerk ein günstiges Druckgefälle vorfindet.
Wenn der Druck am Düsenende etwas größer als der Gesamtdruck am Einlauf ist, so werden die Arbeitslinien im unteren Drehzahlbereich an-
gehoben (vgl. Bild 6.2.19). Beim Anlassen oder im Leerlauf kann dadurch ebenfalls ein Abreißen der Strömung in den ersten Verdichterstufen auftreten. Ein solches Verhalten ist z.B. bei Beginn der Lande-

transition von besonderer Bedeutung. Dies trifft insbesondere dann zu,
wenn in der betreffenden Phase das Flugzeug einen relativ großen Anstellwinkel aufweist.

Bei der VJ 101 C wurde zur Erzielung eines positiven Druckgefälles die
Klappe, die den Hubtriebwerksaustritt im Reiseflug verschließt, vor
dem Zünden der Hubtriebwerke stark angestellt, Bild 6.2.20. Auch bei
der VAK 191 wurde ein solches Verfahren angewandt.

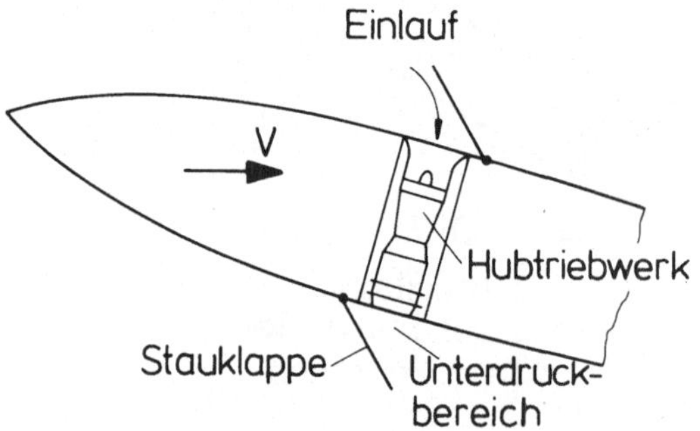

Bild 6.2.20. Hubtriebwerkseinbau mit Stauklappe (VJ 101 C)

Hintereinander angeordnete Triebwerke

Die Probleme bei hintereinander angeordneten Einläufen von senkrecht
eingebauten Triebwerken erfordern besondere Maßnahmen, um möglichst
günstige Strömungsverhältnisse zu erzielen. Dies wird im folgenden für
die VJ 101 C erläutert, deren Hubtriebwerkseinläufe in Bild 6.2.21 gezeigt sind. Eine ähnliche Anordnung findet sich z.B. auch bei dem VTOL-
Flugzeug Forger der UdSSR.

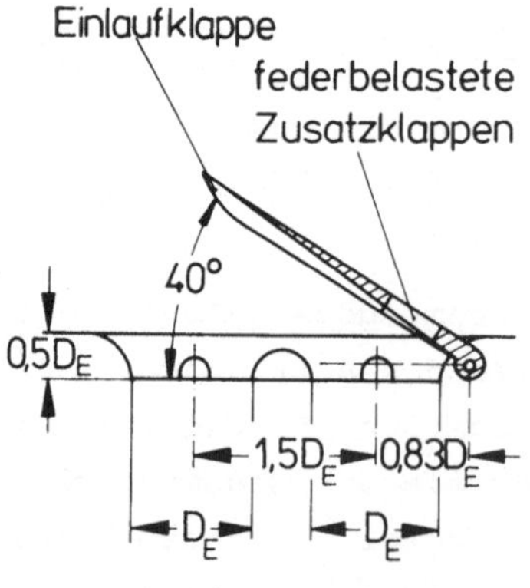

Bild 6.2.21. Einlaufgestaltung für zwei hintereinander angeordnete Hubtriebwerke (VJ 101 C), nach [23]

Wie in Bild 6.2.21 dargestellt, ist bei den im Rumpf eingebauten Hubtriebwerken der VJ 101 C eine Klappe über den Einläufen angebracht. Dadurch ist es möglich, neben guter Luftführung auch genügend Stau beim Landeanflug zu erzielen, um die Triebwerke auf die erforderliche Zünddrehzahl bringen zu können. Durch federbelastete Zusatzklappen, die in der Einlaufklappe eingebaut sind, ergeben sich im Stand nur sehr geringe Druckverluste. Am Transitionsende nehmen die Druckverluste jedoch stark zu, Bild 6.2.22. Die in diesem Bild verwendete Größe λ ist in (6.2.10) definiert. Der Druckrückgewinn berechnet sich aus folgender Beziehung

$$\zeta = \frac{\bar{p}_{0E} - p}{q} \, , \qquad\qquad (6.2.12)$$

aus der bei Anwendung des Energiesatzes $p = p_0 - q$ mit (6.2.10) folgt:

$$\zeta = 1 - \lambda \, \frac{\bar{q}_E}{q} \, . \qquad\qquad (6.2.13)$$

Da bei der VJ 101 C die Hubtriebwerke mit zunehmender Fluggeschwindigkeit im Zusammenhang mit der Gondelschwenkung gedrosselt werden, sind die Verluste im höheren Geschwindigkeitsbereich ohne Belang.

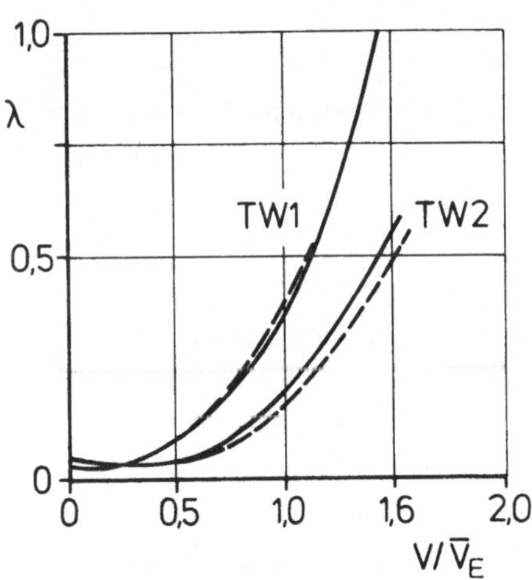

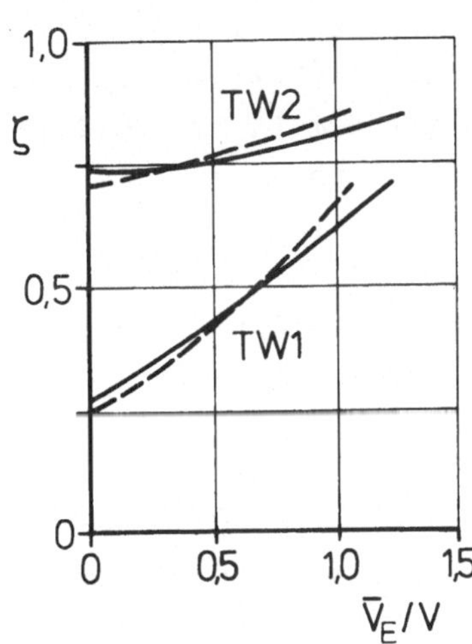

Bild 6.2.22. Gesamtdruckverlust und Druckrückgewinn in den Hubtriebwerkseinläufen der VJ 101 C, nach [23]

TW1: vorderes Hubtriebwerk, TW2: hinteres Hubtriebwerk

—— $\alpha = 0$

---- $\alpha = 10^{\circ}$

Bei Gondeln mit mehreren Hubtriebwerken hintereinander, bei denen voller Hubschub während der gesamten Transition benötigt wird, ist die Frage des Einlaufdruckverlustes von großer Bedeutung. Sehr günstig bezüglich des Druckverlustes ist es, wenn die Triebwerksachse nach vorne geschwenkt werden kann. Dies ist allerdings nur in der Starttransition sinnvoll, während bei der Landetransition eine Drehung der Hubtriebwerke nach hinten zur Erzeugung von Bremsschub wünschenswert wäre.

Schwenkbare Triebwerke

Schwenkbare Triebwerke, bei denen sich im Verlauf der Transition der effektive Anströmwinkel zwischen 90° und 0° ändert, weisen besondere Begrenzungen infolge der Einlaufverhältnisse auf. Dies sei am Beispiel der VJ 101 C dargelegt, bei der die schwenkbaren Marschtriebwerke paarweise in Gondeln hintereinander angeordnet waren. Hierzu sind in Bild 6.2.23 die aus Windkanalversuchen ermittelten Gesamtdruckverluste für das Einlaufverhalten bei unterschiedlichen Anströmwinkeln $\alpha + \sigma$ gezeigt, wobei der Spalt zwischen dem verschiebbaren Überschallteil des Einlaufs und dem stark abgerundeten festen Einlaufteil geschlossen oder offen war. Aus solchen Ergebnissen erhält man die zulässigen Arbeitsbereiche in der Transition. Dies ist in Bild 6.2.24 erläutert, in dem auch der Transitionsbereich schraffiert angegeben ist. Die in diesem Bereich auftretenden, durch die zugehörigen D_{min}-Werte gekennzeichneten Ungleichförmigkeiten sind relativ klein und können auch im Zusammenhang mit dem in Bild 6.2.19 dargestellten Triebwerkskennfeld, das den Einfluß größerer Ungleichförmigkeiten einbezieht, als zulässig angesehen werden.

Da speziell bei der Landetransition möglichst schnell große Schwenkwinkel der Triebwerksgondeln zu erzielen sind, hatte man bei den Gondeltriebwerken der VJ 101 C am Einlauf zunächst die größten Probleme erwartet. Die Versuche im "Feuerkanal" bei Rolls Royce, der eine Untersuchung der beliebig angeströmten Gondel mit den Triebwerken im Betrieb ermöglichte, zeigten, daß auch außerhalb des in Bild 6.2.24 angegebenen schraffierten Bereichs das Triebwerk noch einwandfrei arbeitete. Spätere Flugversuche haben dies voll bestätigt.

Triebwerke mit horizontalem Einlauf

Flugzeuge mit fest eingebauten, horizontalen Triebwerkseinläufen, bei denen die Schubvektorschwenkung nur durch Drehung der Triebwerksdüsen

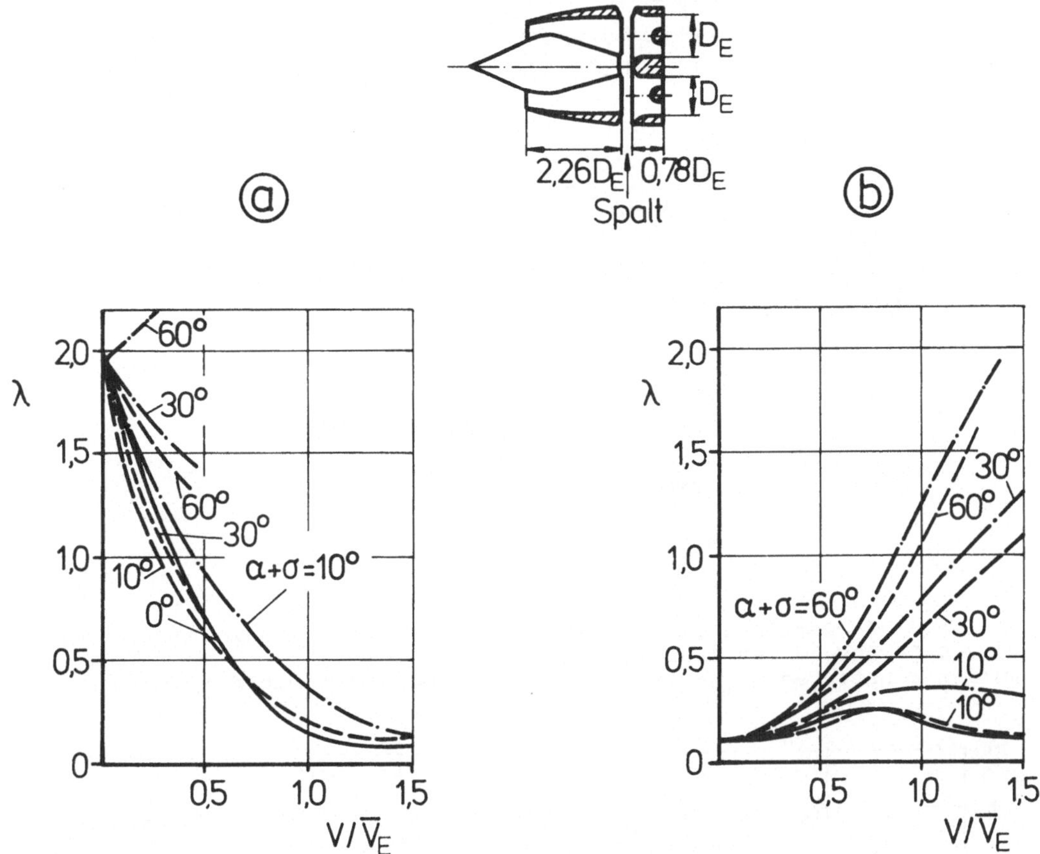

Bild 6.2.23. Gesamtdruckverluste in den Gondeltriebwerkseinläufen der
VJ 101 C, nach [23]

ⓐ Einlaufspalt geschlossen,   ⓑ Einlaufspalt offen
---- hinteres Triebwerk (im Bild: oben)
-·-· vorderes Triebwerk (im Bild: unten)
——— beide Triebwerke bei $\alpha + \sigma = 0$

erfolgt, können die Transition fast ohne Rücksicht auf die Einläufe
durchführen. Bei Flugzeugen mit einer Kombination aus Hubtriebwerken
und Triebwerken mit schwenkbaren Düsen wie der VAK 191 B sind die Ein-
laufbedingungen der Hubtriebwerke zu berücksichtigen. Ein Beispiel
hierzu ist in Bild 6.2.25 dargestellt, das den sehr breiten Transitionskorridor der VAK 191 B zeigt.

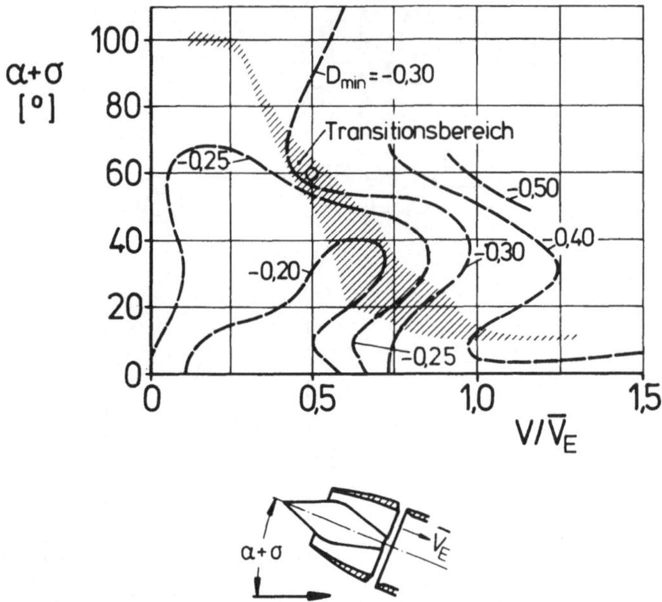

Bild 6.2.24. Betriebsgrenzen des hinteren Schwenkgondeleinlaufs der
VJ 101 C während der Transition, nach [23]
Kurven konstanten D_{min}-Wertes, Transitionsbereich schraffiert

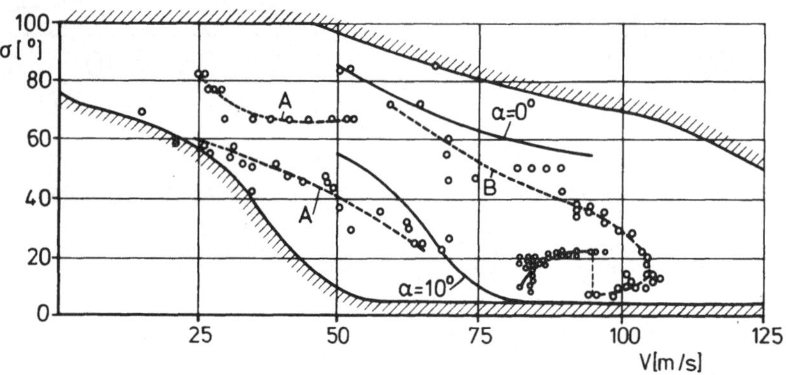

Bild 6.2.25. Transitionskorridor der VAK 191 B, nach [33]
A Starttransition,   B Landetransition

————— Simulationsergebnisse

o--o--o Flugergebnisse

6.2.3 Impulswiderstand und Beschleunigungsfähigkeit

Impulswiderstand

Bei einem schräg angeströmten Triebwerk entsteht eine als Einlaufimpuls
oder Impulswiderstand bezeichnete Kraft, die entgegengesetzt zur Flug-

richtung wirkt. Dieser Effekt ist bei der Transition zu berücksichtigen,
da er die Beschleunigungsfähigkeit des Flugzeugs herabsetzt. Zur Darstellung des Impulswiderstandes werden zunächst in Bild 6.2.26 die Strömungsverhältnisse im Bereich des Einlaufs eines quer angeströmten Hubtriebwerks betrachtet. Legt man in diesem Bereich ein Kontrollvolumen
fest, so muß hier zur Erfüllung der Kontinuitätsbedingung die durch das
Hubtriebwerk abgesaugte Luftmasse $\dot{m}_L \, dt$ durch eine gleichgroße Masse aus
der Parallelströmung entnommen werden. Für die Impulsänderung in Anströmrichtung gilt

$$dI = - \dot{m}_L \, V \, dt \; . \qquad (6.2.14)$$

Die daraus resultierende Reaktionskraft am Flugzeug ergibt einen Widerstand, der als Impulswiderstand W_I bezeichnet wird:

$$W_I = - \, dI/dt = \dot{m}_L \, V \; . \qquad (6.2.15)$$

Der Impulswiderstand ist auch bei einem schräg angeströmten Triebwerk
getrennt vom Bruttoschub als der Austrittsimpulsänderung zu betrachten,
Bild 6.2.27. Für ein konventionell eingebautes Triebwerk, bei dem die
Triebwerksachse angenähert mit der Flugrichtung zusammenfällt, ist eine
separate Betrachtung des Impulswiderstandes und seiner Auswirkungen auf
die Beschleunigungsfähigkeit nicht erforderlich, da er unmittelbar gegen den Bruttoschub aufgerechnet werden kann.

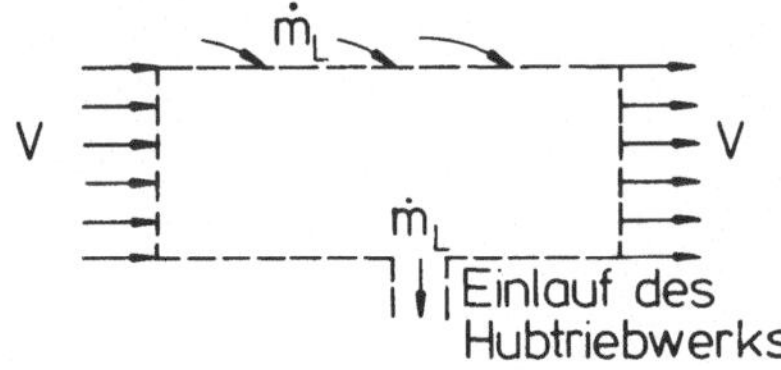

Bild 6.2.26. Kontrollfläche zur Ermittlung des Einlaufimpulses eines
normal zur Eintrittsebene angeströmten Hubtriebwerks

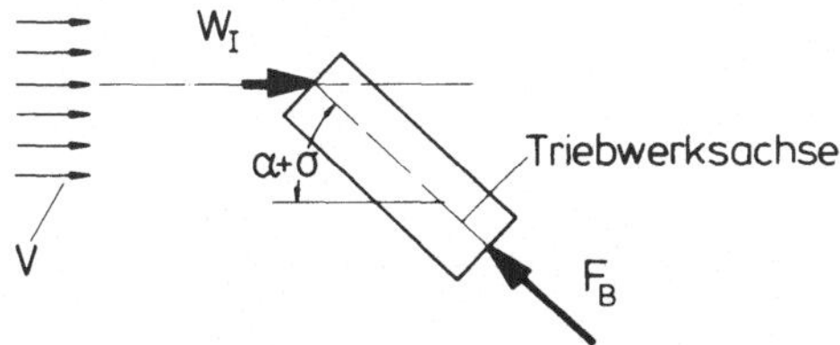

Bild 6.2.27. Bruttoschub und Impulswiderstand eines schräg angeströmten Triebwerks

Für den Bruttoschub F_B gilt

$$F_B = \dot{m}_G \, V_{Str} \,. \qquad\qquad (6.2.16)$$

Darin stellt

$$\dot{m}_G = \dot{m}_L + \dot{m}_B \qquad\qquad (6.2.17)$$

den Gesamtdurchsatz dar. Bezieht man den Impulswiderstand auf den Bruttoschub, so gilt

$$\frac{W_I}{F_B} = \frac{\dot{m}_L \, V}{\dot{m}_G \, V_{Str}} = \frac{V}{(1 + \dot{m}_B/\dot{m}_L)\,V_{Str}} \,. \qquad (6.2.18a)$$

Unter der insbesondere bei Zweikreistriebwerken mit hohem Nebenstromverhältnis zulässigen Annahme, daß der Brennstofffluß $\dot{m}_{Br}$ gegenüber dem Luftdurchsatz $\dot{m}_L$ sehr klein ist, nimmt diese Beziehung die folgende einfache Form an

$$\frac{W_I}{F_B} \approx \frac{V}{V_{Str}} \,. \qquad\qquad (6.2.18b)$$

In Bild 6.2.28 sind die von Herstellern moderner VTOL-Antriebssysteme angegebenen Werte W_I/F_B als Funktion der Flugmachzahl bzw. Geschwindigkeit dargestellt. Der ebenfalls angegebenen Näherung nach (6.2.18b)

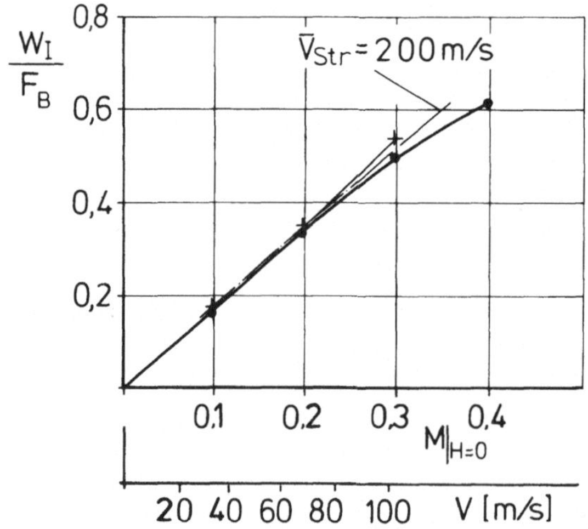

Bild 6.2.28. Impulswiderstand projektierter Triebwerke bei Vollschub, ISA + 20

●—●—● Rolls Royce RB 202, nach [34]

+-+-+ General Electric GE 1/10 J 1, nach [13]

liegt eine mittlere Strahlgeschwindigkeit von $\overline{V}_{Str} = 200$ m/s bei einem
für die Transition interessanten Geschwindigkeitsbereich von etwa
$V < 80$ m/s zugrunde.

Beschleunigungsfähigkeit

Der Impulswiderstand kann wegen seiner Zunahme mit der Anblasgeschwin-
digkeit zu einer erheblichen Verringerung der verfügbaren Beschleunigung
in der Transition führen. Dieser Effekt läßt sich unter der Annahme, daß
die Beschleunigung in der Transition ausschließlich durch die Schwenkung
von Hubtriebwerken oder durch die Strahlablenkung von Bläsern erfolgt,
besonders deutlich machen. Der Anströmwinkel $\alpha + \sigma$, Bild 6.2.27, stellt
die effektive Schwenkung des Hubtriebwerks oder eine entsprechende
Strahlablenkung dar. Sind die Hubtriebwerke in festen Gondeln hintereinander untergebracht, so läßt sich eine Strahlablenkung auf weniger
als 60° konstruktiv kaum realisieren. Bei Bläsern kann man davon ausgehen, daß durch sorgfältig ausgebildeten Kaskaden Ablenkungen auf 30°
erreichbar sind.

Die verfügbare Kraft in Flugrichtung beträgt bei horizontaler Transition unter der obigen Annahme

$$X_{eff} = F_B \cos(\alpha + \sigma) - W_I \; . \qquad (6.2.19)$$

Damit gilt für die Beschleunigung

$$b_{eff} = \frac{X_{eff}}{m} = \frac{F_B \cos(\alpha + \sigma) - W_I}{m} \; . \qquad (6.2.20)$$

Berücksichtigt man das senkrechte Kräftegleichgewicht im Schwebeflug,

$$F_B = mg \; ,$$

und setzt im Rahmen der hier vorzunehmenden Grundsatzbetrachtung voraus,
daß der Bruttoschub bei der Transition konstant bleibt, so erhält man
aus (6.2.20) mit (6.2.18b):

$$\frac{b_{eff}}{g} = \cos(\alpha + \sigma) - \frac{V}{V_{Str}} \; . \qquad (6.2.21)$$

Diese Beziehung ist in Bild 6.2.29 ausgewertet. Geht man von einer Transitionsendgeschwindigkeit $V = 80$ m/s aus, so kennzeichnen die Abszissen-

werte in Bild 6.2.29 bei $V/V_{Str} \approx 0,8$ die Flügelbläsersysteme, bei
$V/V_{Str} \approx 0,4$ die Zweikreis-Hubtriebwerke mit großem Nebenstromverhältnis
und bei $V/V_{Str} \approx 0,13$ die Einkreis-Hubtriebwerke. Für die hier zugrunde
gelegten Zahlenwerte zeigt sich, daß Zweikreis-Hubtriebwerke am Transitionsende bei $\alpha + \sigma = 60^{\circ}$ nur noch eine effektive Beschleunigung von 0,1 g
liefern. Am ungünstigsten sind die Verhältnisse bei Flügelbläsern, die
für Ablenkungen entsprechend $\alpha + \sigma > 35^{\circ}$ keine Beschleunigungsfähigkeit
mehr am Transitionsende besitzen.

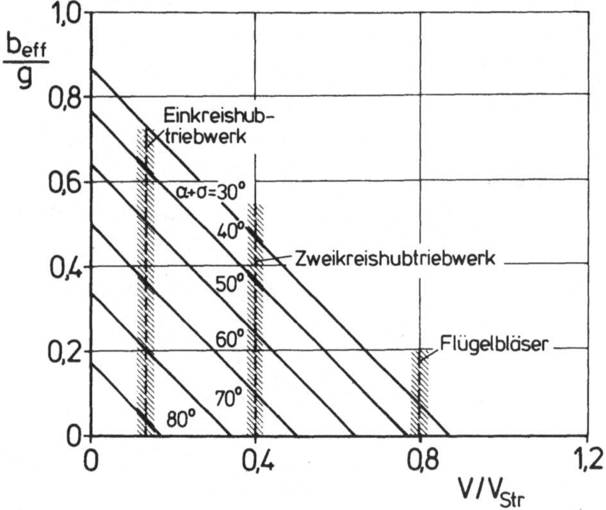

Bild 6.2.29. Abnahme der Beschleunigungsfähigkeit in der Transition infolge des Impulswiderstandes (ohne Berücksichtigung des Luftwiderstandes)

Bei Senkrechtstartern mit einer Kombination aus Hub- und Marschtriebwerken verbessert sich die Beschleunigungsfähigkeit um den Anteil der
Marschtriebwerke gegenüber den Ergebnissen nach Bild 6.2.29. Dies gilt
sinngemäß auch für Flugzeuge, bei denen der Schubvektor eines Triebwerks bzw. einer Triebwerksgruppe während der Transition entweder durch
Drehen der betreffenden Triebwerke oder der Triebwerksdüsen auf $\alpha + \sigma = 0^{\circ}$
geschwenkt werden kann.

6.2.4 Bewegung und Steuerung des Flugzeugs in der Transition

Bewegungsgleichungen

Die Transition stellt ein beschleunigtes Flugmanöver dar, bei dem die
Bewegungsvariablen und Steuergrößen eine vorgegebene Folge im Sinne von
zeitvariablen "Sollwerten" durchlaufen. Für die folgende Betrachtung
sei vorausgesetzt, daß hierbei keine Störungen und Abweichungen auftre-

ten. Die mit solchen Störungen bzw. Abweichungen zusammenhängende Frage
nach der Stabilität dieser Bewegung wird später in einem gesonderten
Teil behandelt.

Wie aus den vorherigen Abschnitten ersichtlich ist, bleiben auch in der
Transition die Triebwerkskräfte aufgrund ihrer zahlenmäßigen Relation
zu den aerodynamischen Kräften und dem Gewicht von maßgeblicher Bedeutung. Darüber hinaus ist zu bedenken, daß infolge der Konfigurationsänderung des Flugzeugs Schwenkwinkel und Wirkungslinie des Schubs bzw.
der einzelnen Teilschübe nicht mehr konstant sind, sondern sich entsprechend dem Transitionsprogramm in weitem Umfang ändern können. Die
flugphysikalische Betrachtung der Transition muß diese Effekte in geeigneter Weise berücksichtigen. Bild 6.2.30 gibt hierzu eine graphische
Erläuterung. Das dort gezeigte Zweivektor-Senkrechtstartflugzeug ist
für eine weitgehend allgemeine Betrachtungsweise geeignet, die den Gesamtschub in zwei Triebwerksgruppen aufteilt, bei denen die Lage des
Einlaufs und die Schubrichtung variabel gehalten werden können. Für eine
übersichtliche Darstellung der Triebwerkskräfte ist es zweckmäßig, die
Bruttoschubkräfte F_{B1} und F_{B2} sowie die Impulswiderstände W_{I1} und W_{I2}
entsprechend der Darstellung von Bild 6.2.27 getrennt zu betrachten.

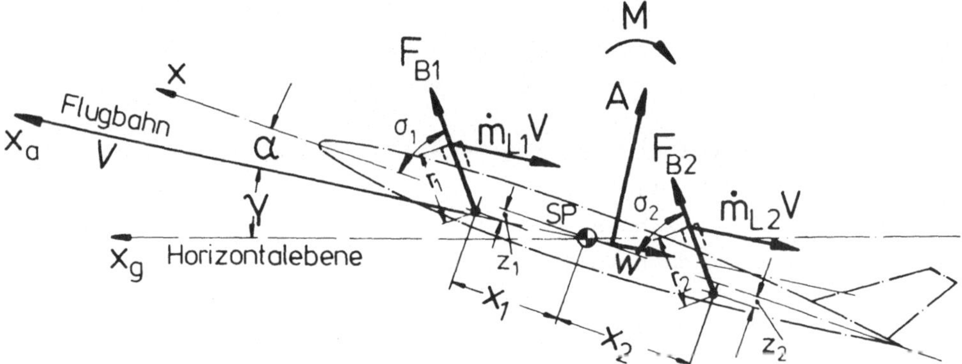

Bild 6.2.30. Bezeichnungen zu einem Senkrechtstartflugzeug in der Transitionsphase; Definition und Angriffspunkte der Kräfte

Wählt man für die Kraftgleichungen das aerodynamische Achsenkreuz als
Bezugssystem (Bild 6.2.30), so erhält man mit $W_{I1} = \dot{m}_{L1}V$ und $W_{I2} = \dot{m}_{L2}V$
nach (6.2.15):

$$-m\dot{V} - W - mg\sin\gamma - (\dot{m}_{L1}+\dot{m}_{L2})V + F_{B1}\cos(\alpha+\sigma_1) + F_{B2}\cos(\alpha+\sigma_2) = 0 \quad , \qquad (6.2.22a)$$

$$-mV\dot{\gamma} + A - mg\cos\gamma + F_{B1}\sin(\alpha+\sigma_1) + F_{B2}\sin(\alpha+\sigma_2) = 0 \quad . \qquad (6.2.22b)$$

Für die Momentengleichung gilt im körperfesten System mit den Koordinaten $x_{1,2}$ und $z_{1,2}$ für die Triebwerksdrehachsen und den Abständen $r_{1,2}$
zwischen den Einläufen und Drehachsen:

$$-I_y \dot{q} + M + \dot{m}_{L1} V \left(r_1 \sin(\alpha+\sigma_1) + x_1 \sin\alpha - z_1 \cos\alpha \right) + F_{B1} (x_1 \sin\sigma_1 + z_1 \cos\sigma_1)$$

$$+\dot{m}_{L2} V \left(r_2 \sin(\alpha+\sigma_2) - (x_2 \sin\alpha + z_2 \cos\alpha) \right) - F_{B2} (x_2 \sin\sigma_2 - z_2 \cos\sigma_2) = 0 \ . \quad (6.2.22c)$$

Die aerodynamischen Kraft- und Momentenanteile sind Funktionen von
mehreren Variablen, zu denen insbesondere die Fluggeschwindigkeit, der
Anstell- und der Schubschwenkwinkel sowie das Schubniveau und die Steuergrößen des Piloten zählen. Mit Kenntnis dieser Abhängigkeiten sowie
auch der Beeinflussung des Schubs durch Bewegungsvariable und Steuergrößen können die obigen Bewegungsgleichungen nach Wahl geeigneter An-
fangs- und Endbedingungen sowie Vorgabe des Steuergrößenverlaufs integriert werden. Als Anfangsbedingungen kann man zum Beispiel einen stationären Schwebeflugzustand mit $V = 0$ und $\sigma_1 = \sigma_2 = 90^\circ$ wählen. Bei den
Endbedingungen ist insbesondere zu berücksichtigen, daß das Flugzeug
bei $V = V_{con}$ in den aerodynamisch getragenen Flug übergeht. Außerdem
kann es für die weitere Fortsetzung des Fluges zweckmäßig sein, bestimmte Werte für Beschleunigung und Steigwinkel zu fordern. Je nach
Konfiguration werden die Hubtriebwerke abgeschaltet, und die Marschtriebwerke arbeiten mit maximalem Schub.

Für die Transition selbst sind Zustands- und Steuergrößen so einzu-
schränken, daß sie die flugphysikalisch möglichen Wertebereiche nicht
verlassen, oder so zu wählen, daß sie unter dem Gesichtspunkt der Steuerbarkeit einen einfachen Verlauf aufweisen. So könnte man z.B. vor-
schreiben: $\gamma = const$, $C_A = const$ (und damit auch $\alpha = const$). Gegebenenfalls ist auch eine Kopplung von Triebwerksschub und Schwenkwinkel zu
berücksichtigen. Eine andere Möglichkeit zur Bestimmung der Steuer- und
Bewegungsgrößen besteht darin, die Transition im Hinblick auf bestimmte
Zielfunktionen zu optimieren. Hierbei interessiert insbesondere die
Frage der verbrauchs- oder der zeitminimalen Transition (vgl. auch [3,
8, 16, 29]). Auch die Erzielung lärmgünstiger Transitionen ist in diesem Zusammenhang von Bedeutung (vgl. dazu auch Abschn. 8.5).

Ein-, Zwei- und Mischvektorsysteme

Die vorherigen Gleichungen eines Zweivektorsystems vereinfachen sich
erheblich, wenn man bestimmte Konfigurationen gesondert betrachtet.

Dies wird im folgenden für ein Einvektorsystem und ein Zweivektorsystem
mit festen Schubrichtungen sowie für ein Mischvektorsystem erläutert.

a) Einvektorsystem

Hier ist zunächst zu setzen:

$$\dot{m}_{L2} = F_{B2} = 0 \ .$$

Der Schubvektor mit

$$F_{B1} = F_{B1}(t)$$

und

$$\sigma_1 = \sigma_1(t)$$

geht durch den Schwerpunkt, so daß gilt

$$x_1 = z_1 = 0 \ .$$

b) Zweivektorsystem mit festen Schubrichtungen

Dieses System ist gekennzeichnet durch die Trennung des Antriebssystem in einen reinen Hubtriebwerksteil mit

$$\sigma_1 = 90^{\circ}$$

und einen reinen Marschtriebwerksteil mit

$$\sigma_2 = 0^{\circ} \ .$$

c) Mischvektorsystem

Bei einem Mischvektorsystem wie bei der VJ 101 C mit feststehenden
Hubtriebwerken (σ_1) und schwenkbaren Marsch-Hub-Triebwerken (σ_2) ist
in den Bewegungsgleichungen folgendes zu berücksichtigen:

$$\sigma_1 = 90^{\circ}$$

$$\sigma_2 = \sigma_2(t) \ .$$

Um beim Schwenken der Marschtriebwerke kein Schubzusatzmoment zu erhalten, muß nach (6.2.22c) unter der vereinfachenden Annahme, daß
die Impulsmomente vernachlässigbar sind und das aerodynamische Moment ausgetrimmt ist, die folgende Beziehung zwischen dem Schub $F_{B1,2}$

und dem Schwenkwinkel σ_2 erfüllt sein:

$$F_{B1} = F_{B2} \; \frac{x_2 \; \sin\sigma_2 - z_2 \; \cos\sigma_2}{x_1} \; . \tag{6.2.23}$$

Berücksichtigt man das Momentengleichgewicht im Schwebeflug ($\sigma_2 = 90^\circ$),

$$F_{B1,\sigma_2=90^\circ} = F_{B2} \; x_2/x_1 \; , \tag{6.2.24}$$

so erhält man bei konstantem F_{B2} während der Transition:

$$\frac{F_{B1}}{F_{B1,\sigma_2=90^\circ}} = \sin\sigma_2 - \frac{z_2}{x_2} \; \cos\sigma_2 \; . \tag{6.2.25}$$

Damit ergibt sich der in Bild 6.2.31 dargestellte Schubverlauf der
Hubtriebwerke als Funktion des Schwenkwinkels σ_2 der Marsch-Hub-
Triebwerke. Um einen solchen Hubschubverlauf zu erreichen, ist eine
Kopplung des Leistungshebels für die Hubtriebwerke mit dem Schwenk-
antrieb erforderlich.

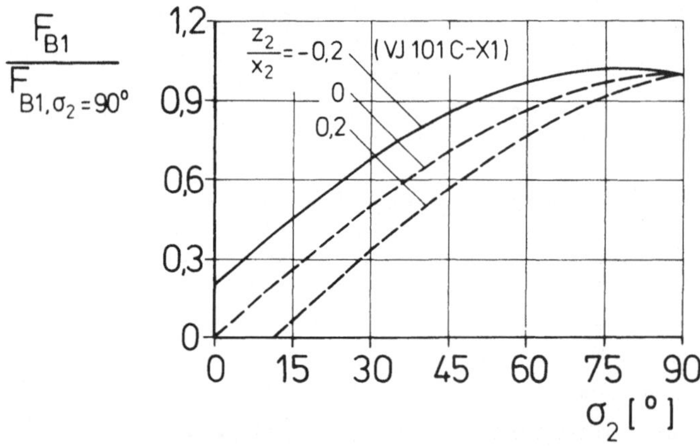

Bild 6.2.31. Kopplung des Schubes der Hubtriebwerke mit dem Schwenkwinkel bei unterschiedlicher Hochlage der Gondeldrehachse

Beispielrechnungen für ein Einvektorsystem (vgl. auch [10])

Im folgenden wird die Transition eines Einvektorsystems näher betrachtet, der die folgenden Annahmen zugrunde liegen:

- Die Transition erfolge horizontal ($\gamma = 0$).

- Die Transition beginne aus dem stationären Schwebezustand heraus. Damit entfällt die Berücksichtigung des Übergangsbogens vom vertikalen Steigflug zur Transitionsbahn.

- Die Momentenbedingung $\Sigma M = 0$ sei stets erfüllt.

- Während der Transition sei der Flügelanstellwinkel und dementsprechend der Auftriebsbeiwert konstant ($C_A = \text{const}$).

Damit vereinfachen sich die Bewegungsgleichungen nach (6.2.22a,b) zu dem folgenden System, das noch die Beziehung $W_I = \dot{m}_L V \approx F_B\, V/V_{Str}$ entsprechend (6.2.18b) berücksichtigt:

$$\frac{\dot{V}}{g} + \frac{W}{mg} + \frac{F_B}{mg}\,\frac{V}{V_{Str}} - \frac{F_B}{mg}\cos(\alpha+\sigma) = 0 \ , \qquad (6.2.26a)$$

$$1 - \frac{A_{res}}{mg} - \frac{F_B}{mg}\sin(\alpha+\sigma) = 0 \ . \qquad (6.2.26b)$$

Der Schubschwenkwinkel bestimmt sich aus (6.2.26b) zu

$$\sin(\alpha+\sigma) = \frac{1 - A_{res}/(mg)}{F_B/(mg)} \ . \qquad (6.2.26c)$$

Mit dieser Beziehung liefert (6.2.26a) die folgende Gleichung für die Bahnbeschleunigung während der Transition:

$$\frac{\dot{V}}{g} = \frac{F_B}{mg}\left[\sqrt{1 - \left[\frac{1 - A_{res}/(mg)}{F/(mg)}\right]^2} - \frac{V}{V_{Str}}\right] - \frac{W}{mg} \ . \qquad (6.2.27)$$

Darin ist der Schub als konstant vorausgesetzt, während Auftrieb und Widerstand noch von der Geschwindigkeit abhängen. Für den Widerstand gelte

$$W = (C_{W0} + kC_A^2)\,(\rho/2)V^2 S \ ,$$

wobei C_A nach den obigen Annahmen konstant bleibt. Der resultierende Auftrieb setzt sich aus dem aerodynamischen Anteil $A = C_A(\rho/2)V^2 S$ und einem strahlinduzierten Anteil ΔA zusammen, der bei dem hier zu betrachtenden Einvektorsystem entsprechend den Ergebnissen nach Bild 6.2.14 durch den Ansatz $\Delta A = - F_B(a_1 + a_2 V/V_{Str})\,\sigma/90$ berücksichtigt werde, wobei der Schubschwenkwinkel σ in Winkelgraden einzusetzen ist.

Damit gilt für den resultierenden Auftrieb

$$A_{res} = C_A (\rho/2) V^2 S - F_B (a_1 + a_2 V/V_{Str}) \sigma/90 \ . \qquad (6.2.28)$$

Mit dieser Beziehung ist unter Berücksichtigung von (6.2.26c) der resultierende Auftrieb wie auch der Schubschwenkwinkel als Funktion der Geschwindigkeit bestimmt. Ergebnisse aus Beispielrechnungen sind in den folgenden Bildern dargestellt. Bild 6.2.32 zeigt im Bildteil a den Auftriebsverlauf, wobei der induzierte Strahleffekt im vorliegenden Fall hoher Strahlgeschwindigkeiten relativ gering ist. Die verfügbare Beschleunigung (Bildteil b) wird im letzten Teil der Transition etwa im gleichen Maße durch den Impulswiderstand und den aerodynamischen Widerstand reduziert. Bild 6.2.33 gibt im Bildteil c den Einfluß verschiedener Werte des Schubüberschusses auf die verfügbare Beschleunigung wieder während im Bildteil d der Schubschwenkwinkel und der zeitliche Verlauf der Transition dargestellt sind.

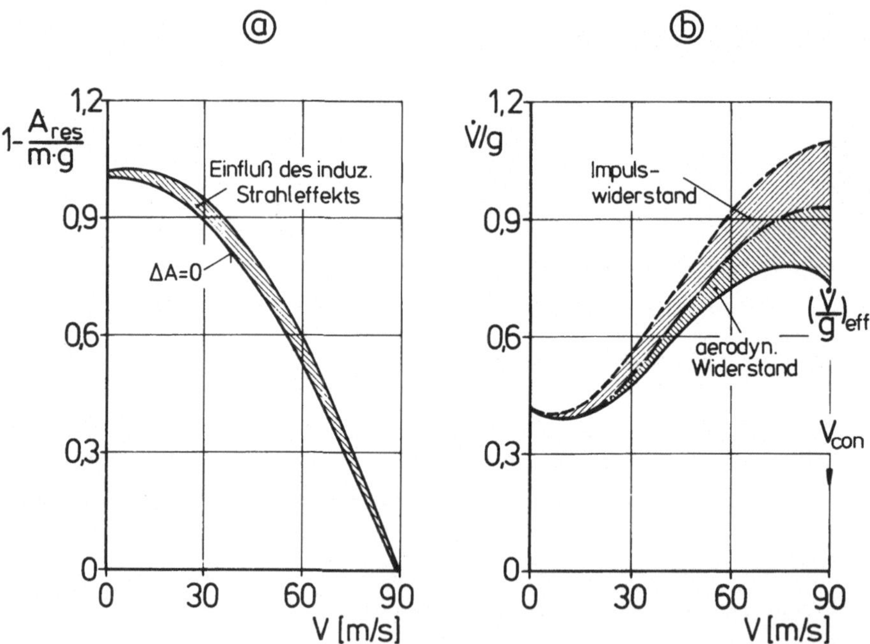

Bild 6.2.32. Transition eines Senkrechtstarters mit Einvektorsystem

ⓐ Auftriebsverlauf mit induziertem Strahleffekt

ⓑ Einfluß von Impuls- und Luftwiderstand auf die verfügbare Beschleunigung

$mg = 60$ kN; $S = 15$ m^2; $F_B/(mg) = 1,1$; $C_A = 0,8$;

$C_{W0} = 0,02$; $k = 0,2$; $V_{Str} = 600$ m/s; $a_1 = 0,02$; $a_2 = 1,26$

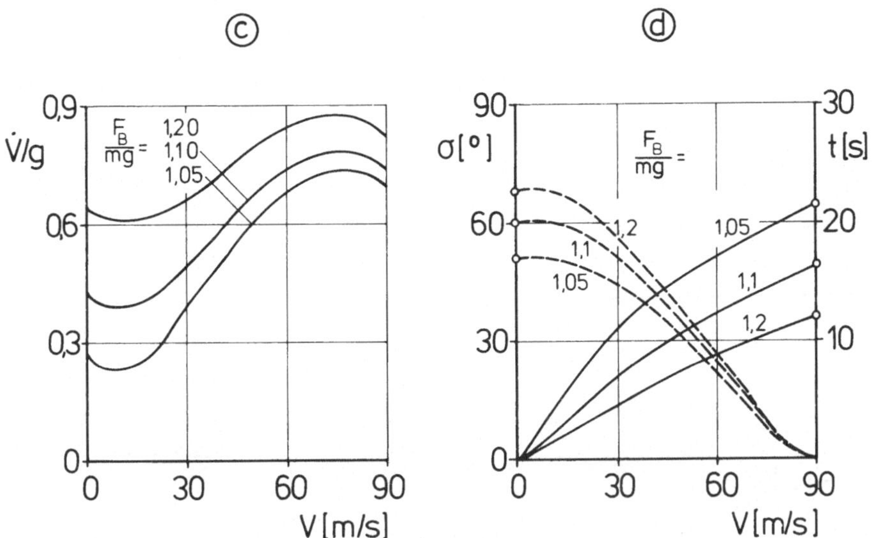

Bild 6.2.33. Transition eines Senkrechtstarters mit Einvektorsystem

© Einfluß des Schubüberschusses auf die verfügbare Beschleunigung
ⓓ Schubschwenkwinkel und Zeitverlauf der Transition (--- σ   ── t)
Daten wie Bild 6.2.32

Transitionen_ausgeführter_Flugzeuge

Die folgenden Bilder 6.2.34 bis 6.2.39 geben einen Überblick zu Tran-
sitionsbahnen und Transitionszeiten ausgeführter Senkrechtstartflugzeuge unterschiedlicher Konfigurationen.

Bild 6.2.34 zeigt zunächst in ausführlicher und anschaulicher Form
Start- und Landetransition am Beispiel der VJ 101 C-X1, wobei der Verlauf flugmechanisch wichtiger Größen als Funktionen der Zeit dargestellt ist. Der für die Starttransition in Bild 6.2.35 angegebene Vergleich zwischen Rechnungs- und Flugversuchsergebnissen macht die gute
Übereinstimmung deutlich.

In Ergänzung dazu zeigen die nachfolgenden Bilder 6.2.36 und 6.2.37
Zeiten und Bahnen für die Starttransition verschiedener Senkrechtstartflugzeuge. Die relativ hohen Transitionszeiten der VJ 101 C-X1 sind
durch das gewählte Schwenkprogramm der Marsch-Hub-Triebwerke bedingt,
das auf Grund der Ergebnisse aus Windkanalversuchen festgelegt wurde.

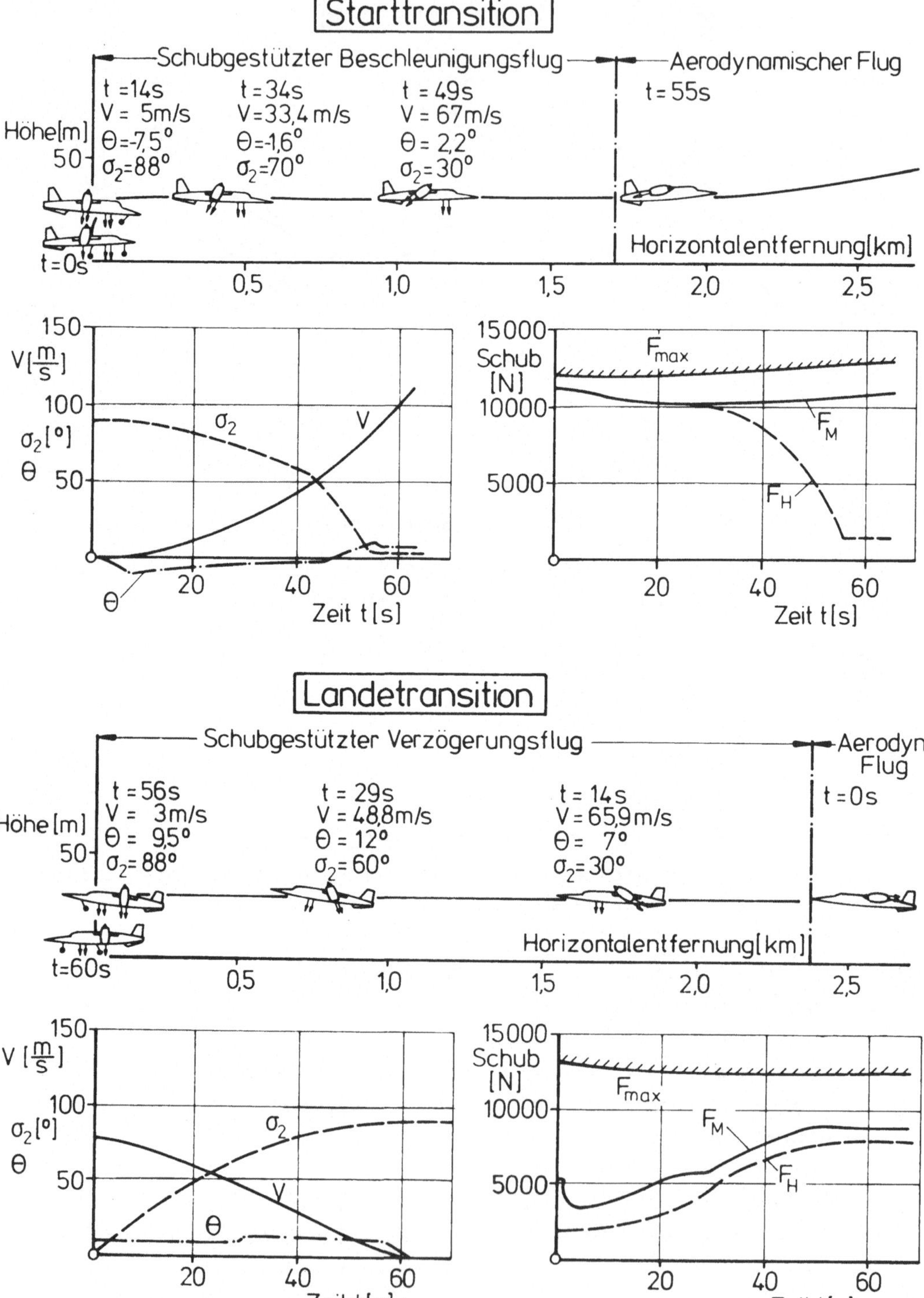

Bild 6.2.34. Gerechnete Start- und Landetransitionen der VJ 101 C-X1, nach [40]

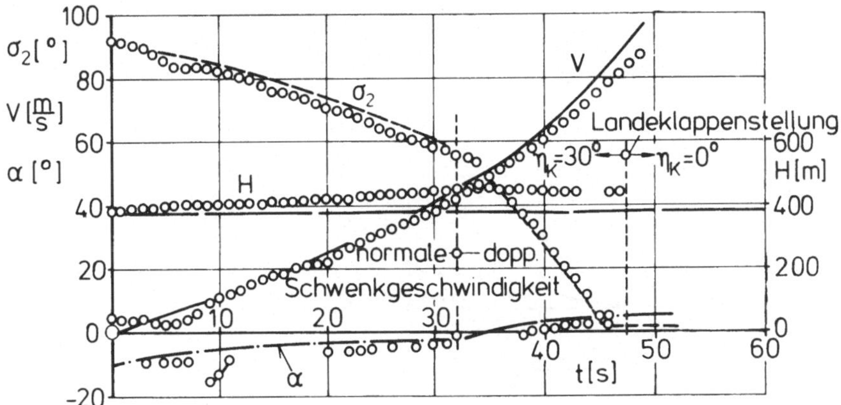

Bild 6.2.35. Starttransition der VJ 101 C-X1, Vergleich von Flugergebnissen und Rechnungswerten

○○○○ Flugergebnisse

───── Rechnung

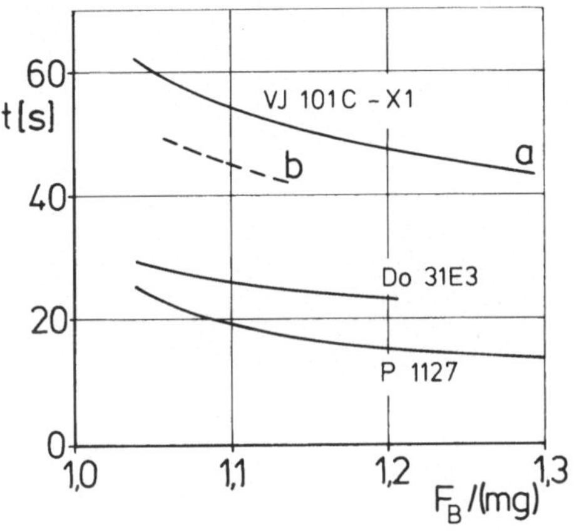

Bild 6.2.36. Starttransitionszeiten ausgeführter Senkrechtstartflugzeuge in Abhängigkeit vom Schub-Gewichts-Verhältnis, nach [14]

a) VJ 101 C mit normaler Schwenkgeschwindigkeit

b) VJ 101 C mit maximaler Schwenkgeschwindigkeit

Die Versuche im Feuerkanal von Rolls Royce und die Flugversuche zeigten
jedoch, daß die Schwenkgeschwindigkeit der Triebwerke ohne Gefahr einer
Strömungsablösung an den ersten Verdichterstufen der Gondeltriebwerke
wesentlich größer gewählt werden könnte, vgl. auch Bild 6.2.24. Die in
Bild 6.2.36 unter b eingetragen, kleineren Transitionszeiten entsprechen der höheren Schwenkgeschwindigkeit.

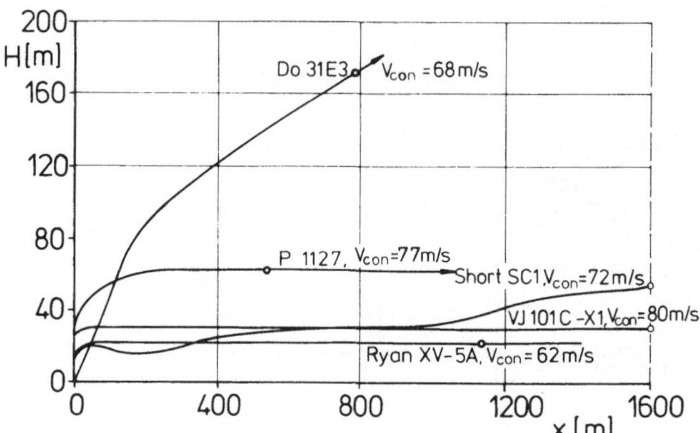

Bild 6.2.37. Beispiele für erflogene Starttransitionsbahnen ausgeführter Senkrechtstartflugzeuge, nach [14]

o   Erreichen von V_{con}

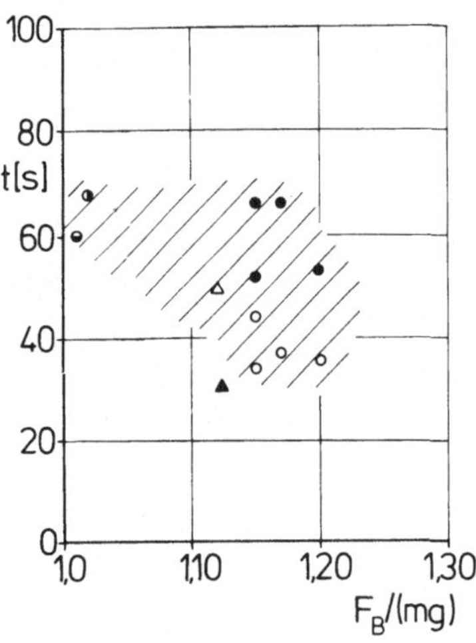

Bild 6.2.38. Beispiele für erflogene Landetranitionszeiten ausgeführter Senkrechtstartflugzeuge, nach [14]

◑ Do 31 E3	o P 1127 (Minimalwerte)
◒ VJ 101 C-X1	Δ Short SC 1 (ohne Regler)
● P 1127 (Mittelwerte)	▲ Short SC 1 (mit Regler)

Bild 6.2.38 gibt einen Überblick über die erflogenen Landetransitionszeiten deutscher und englischer Senkrechtstarter. Bahnverläufe von Landetransitionen sind in Bild 6.2.39 dargestellt, wobei die jeweils eingetragenen Kreise die Bahnpunkte kennzeichnen, an denen die Konversionsgeschwindigkeit erreicht ist. Daraus geht hervor, daß die Konversionsgeschwindigkeiten bei allen betrachteten Senkrechtstartern relativ

nahe beieinander liegen. Während die Mehrzahl der Beispiele einer Horizontaltransition in relativ niedriger Höhe entspricht, wurden in zwei Fällen bewußt steilere Anflugbahnen gewählt, die z.B. aus Lärmgründen sicherlich vorteilhafter sind. Weiterhin gibt diese Darstellung einen Eindruck von der großen Vielfalt an möglichen Anflugbahnen für Senkrechtstarter.

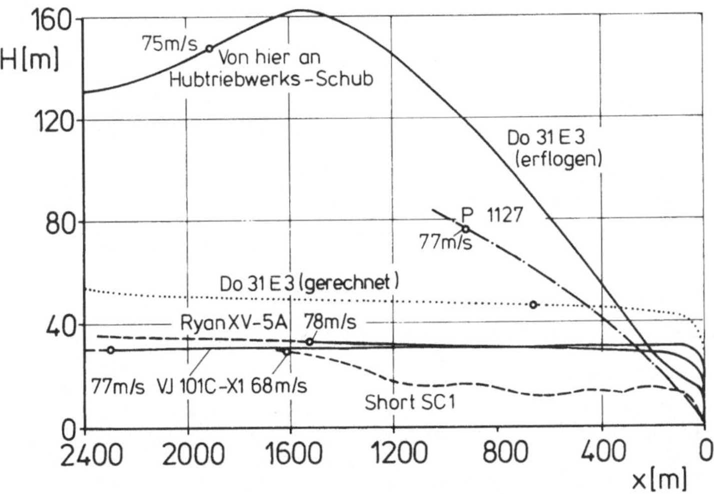

Bild 6.2.39. Beispiele für erflogene Landetransitionsbahnen ausgeführter Senkrechtstartflugzeuge, nach [14]

o Beginn der Transition bei V_{con}

6.3 Transition von Senkrechtstartern mit Propeller- oder Rotorantrieb

6.3.1 Allgemeines

Bei Senkrechtstartern mit Propeller- oder Rotorantrieb unterscheidet man zwischen Kippflüglern, bei denen Flügel und Triebwerk drehbar angeordnet sind, und Kipprotorflugzeugen, bei denen der Flügel relativ zum Rumpf fest ist und nur eine Drehung des Rotors erfolgt. Die Kippflügelflugzeuge können mit relativ hoher Kreisflächenbelastung arbeiten, da die Richtung der Propellerstrahlen parallel zur Flügelebene verläuft. Obwohl der gesamte Flügel im Bereich der Propellerstrahlen liegt, können in gewissen Phasen der Transition Strömungsablösungen am Flügel auftreten, deren Vermeidung durch sorgfältige Ausbildung des Flügelklappensystems möglich ist. Die in der Transition auftretenden besonde-

ren flugmechanischen Probleme, die weitgehend durch das Verhalten der
Strömung am Flügel beeinflußt werden, werden in den wichtigsten Grund-
zügen behandelt.

Bei Kipprotorflugzeugen wird im Schwebeflug und in weiten Bereichen der
Transition der Flügel von oben mit den Rotorstrahlen beaufschlagt, da
die Rotoren hier gegenüber dem Flügel geschwenkt sind. Die dabei auftretende Vertikalschubminderung begrenzt die für diese Systeme zulässige Kreisflächenbelastung.

Die nachfolgend für Kippflügelanordnungen durchgeführten Betrachtungen
zur Strahl-Flügel-Interferenz lassen sich teilweise auch auf Kipprotorflugzeuge übertragen.

6.3.2 Strahl-Flügel-Interferenz (Näherungsbetrachtung)

Für die Betrachtung der Strahl-Flügel-Interferenz seien die folgenden
vereinfachenden Voraussetzungen gültig:

- Die einfache Strahltheorie ist anwendbar.

- Der Strahl ist am Flügel voll kontrahiert.

- Die Normalkraft der Luftschraube kann vernachlässigt werden.

In Abschn. 2.3.3 wird für eine schräg angeströmte Luftschraube durch
Vergleich mit Meßergebnissen gezeigt, daß die einfache Strahltheorie geeignet ist, die wirksamen Geschwindigkeiten in der Blattebene und den
daraus resultierenden Schub mit guter Genauigkeit wiederzugeben. Es erscheint deshalb sinnvoll, diesen Ansatz auch für die Bestimmung der
Strömungsverhältnisse am Flügel einer Propeller-Flügel-Kombination zu
verwenden. Ziel der folgenden Betrachtung ist es, die Strömungsverhältnisse eines Flügels unter dem Einfluß einer schräg angeströmten
Luftschraube zu ermitteln.

Das Geschwindigkeitsdreieck in Bild 6.3.1 zeigt, daß man bei schräg angeströmten Luftschrauben zwischen dem geometrischen Anstellwinkel α_{geo}
und dem aus der Einwirkung der Luftschraube auf die Strömung resultierenden Wert α_{res} unterscheiden muß. Diese Winkelgrößen sind mit der
freien Anströmgeschwindigkeit V sowie mit der resultierenden Geschwindigkeit V_{res} am Flügel in folgender Weise verknüpft:

$$\frac{V_{res}}{V} = \frac{\sin\alpha_{geo}}{\sin\alpha_{res}} = \sqrt{1 + \left(\frac{\Delta V}{V}\right)^2 + \frac{2\Delta V}{V}\cos\alpha_{geo}} \ . \qquad (6.3.1)$$

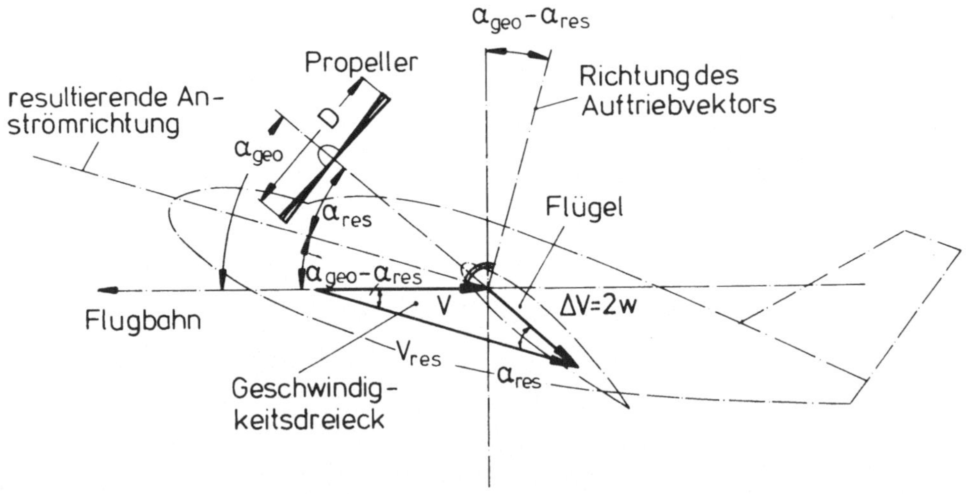

Bild 6.3.1. Anströmrichtungen an einem Kippflügelflugzeug in der Transitionsphase

Vereinfacht man den Schubansatz $F = \rho S_{Pr} V' \Delta V$ nach (2.3.19), indem man statt V' die Näherungsbeziehung $V'_1 = V\cos\alpha_{geo} + \Delta V/2$ einführt, so erhält man für den auf den Staudruck der freien Strömung $q = (\rho/2)V^2$ und auf die Propellerfläche S_{Pr} bezogenen Schubbeiwert:

$$c_F = \frac{2F}{\rho V^2 S_{Pr}} = 2\,\frac{V'_1}{V}\,\frac{\Delta V}{V} = \left(2\cos\alpha_{geo} + \frac{\Delta V}{V}\right)\frac{\Delta V}{V}\,. \qquad (6.3.2)$$

Die Beziehungen (6.3.1) und (6.3.2) liefern den gesuchten Zusammenhang zwischen dem resultierenden Anströmwinkel des Flügels α_{res}, dem Schubbeiwert sowie dem geometrischen Anstellwinkel α_{geo} der Schrauben- bzw. Flügelachse (relativ zur Flugrichtung):

$$\sin\alpha_{res} = \frac{\sin\alpha_{geo}}{V_{res}/V} = \frac{\sin\alpha_{geo}}{\sqrt{1 + c_F}}\,. \qquad (6.3.4)$$

Maßgebend für die aerodynamischen Kräfte und Momente ist der resultierende Staudruck

$$q_{res} = \frac{\rho}{2}\,V^2_{res}\,.$$

Man kann einen Schubbeiwert unterschiedlich definieren, je nachdem, ob man q oder q_{res} verwendet. Es gilt

$$F = c_F q S_{Pr} = c_{Fres} q_{res} S_{Pr} \qquad (6.3.5a)$$

und damit

$$q_{res}/q = (V_{res}/V)^2 = 1 + C_F = C_F/C_{Fres} \qquad (6.3.5b)$$

oder

$$C_{Fres} = \frac{C_F}{1 + C_F} \qquad (6.3.6a)$$

bzw.

$$C_F = \frac{C_{Fres}}{1 - C_{Fres}} \cdot \qquad (6.3.6b)$$

Mit (6.3.6b) kann man (6.3.4) auch folgendermaßen schreiben

$$\sin\alpha_{res} = \sqrt{1 - C_{Fres}}\, \sin\alpha_{geo} \cdot \qquad (6.3.7)$$

Die Auswertung dieser Beziehung in Bild 6.3.2 gibt den Zusammenhang zwischen dem resultierenden und dem geometrischen Anstellwinkel für unterschiedliche Schubbeiwerte an.

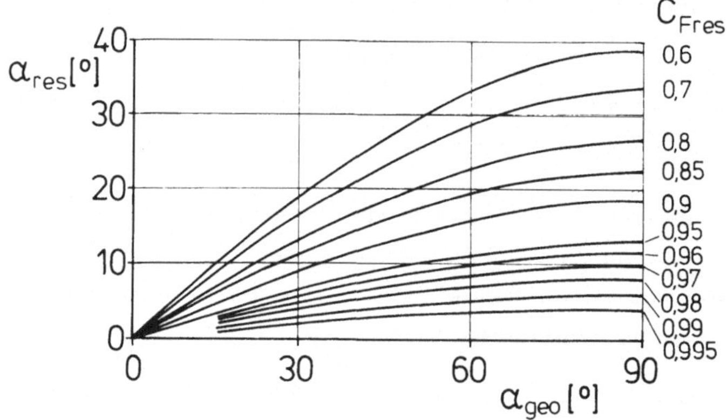

Bild 6.3.2. Resultierender Anströmwinkel des Flügels in Abhängigkeit von α_{geo} und C_{Fres}

6.3.3 Bewegung und Steuerung des Flugzeugs in der Transition

Bewegungsgleichungen

Die an einem Kippflügler in der Transition wirkenden Kräfte und Momente sind unter Vernachlässigung der Propeller-Normalkraft in Bild 6.3.3 dargestellt, vgl. auch [20]. Die aerodynamischen Kräfte A und W sind

hierbei nicht mehr senkrecht bzw. parallel zur ungestörten Anströmrichtung, sondern durch die aus der Luftschraubenwirkung resultierende Strömungsrichtung am Flügel bestimmt und damit um den Winkel $\alpha_{geo} - \alpha_{res}$ geneigt. Der Neigungswinkel des Schubvektors gegenüber der Anströmrichtung
läßt sich unmittelbar durch den geometrischen Flügelanstellwinkel α_{geo}
ausdrücken. Damit gilt für die Kraftgleichungen, bezogen auf das aerodynamische System:

$$-m\dot{V} + F\,\cos\alpha_{geo} - A\,\sin(\alpha_{geo}-\alpha_{res}) - W\,\cos(\alpha_{geo}-\alpha_{res}) - mg\,\sin\gamma = 0, \tag{6.3.8a}$$

$$-mV\dot{\gamma} + F\,\sin\alpha_{geo} + A\,\cos(\alpha_{geo}-\alpha_{res}) - W\,\sin(\alpha_{geo}-\alpha_{res}) - mg\,\cos\gamma = 0. \tag{6.3.8b}$$

Die Momentengleichung im körperfesten System schreibt sich unter Einbeziehung der Anteile aus Auftrieb und Widerstand in das aerodynamische
Gesamtmoment M sowie unter Berücksichtigung des Schubvektors mit dem
Schubwinkel σ relativ zur x-Achse in der folgenden Form (vgl. auch Bild
6.3.3):

$$-I_y\dot{q} + M - F(x_0\,\sin\sigma - z_0\,\cos\sigma) = 0 \ . \tag{6.3.8c}$$

Zur Bestimmung der Transition aus den Bewegungsgleichungen (6.3.8a,b,c)
sind - die Kenntnis der Größen A, W, M und F von den Bewegungs- und
Steuervariablen vorausgesetzt - ähnliche Überlegungen maßgebend wie bei
den Senkrechtstartern mit Strahlantrieb. Dies gilt sowohl für Anfangs-
und Endbedingungen der Transition wie auch für die Frage nach einfacher

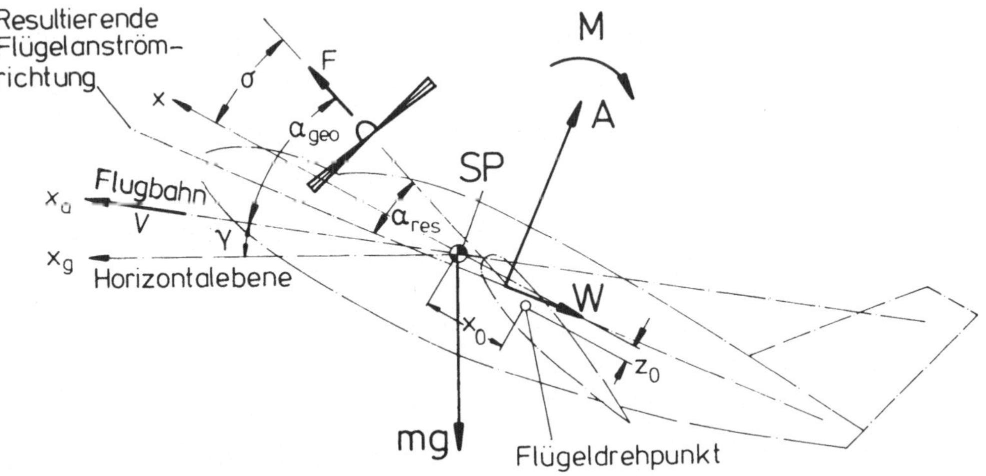

Bild 6.3.3. Kräfte und Momente eines Kippflüglers in der Transitionsphase

Durchführbarkeit oder nach Optimierung des Übergangsflugs. Bei Kippflüglern ist im Hinblick auf die flugphysikalischen Begrenzungen in der
Transition die Vermeidung von Strömungsablösungen von besonderer Bedeutung. Hierfür ist der resultierende Anstellwinkel maßgebend, der
nach (6.3.7) durch den geometrischen Anstellwinkel und den Schubbeiwert
bestimmt wird. Im folgenden wird dieses Problem an einer vereinfachten
Betrachtung der Transition näher erläutert.

<u>Verlauf des resultierenden Anstellwinkels in der Transition</u>

Für die vorzunehmende vereinfachte Betrachtung sei eine horizontale
Transition ($\gamma = 0$) vorausgesetzt, bei der das Momentengleichgewicht durch
geeignete Steuerbetätigungen in jedem Zeitpunkt erfüllt ist und die Momentendynamik außer Betracht bleiben kann. Damit reduziert sich das System (6.3.8a,b,c) auf die beiden Kraftgleichungen in der folgenden Form:

$$-m\dot{V} + F \cos\alpha_{geo} - A \sin(\alpha_{geo} - \alpha_{res}) - W \cos(\alpha_{geo} - \alpha_{res}) = 0 \; ,$$

$$\text{(6.3.9)}$$

$$-mg + F \sin\alpha_{geo} + A \cos(\alpha_{geo} - \alpha_{res}) - W \sin(\alpha_{geo} - \alpha_{res}) = 0 \; .$$

Durch Elimination von F ergibt sich

$$mg = \frac{A \cos\alpha_{res} + W \sin\alpha_{res}}{[1 - (\dot{V}/g)\tan\alpha_{geo}]\cos\alpha_{geo}} \; . \qquad \text{(6.3.10)}$$

Setzt man voraus, daß der Schub während der Transition konstant auf dem
Wert des Schwebeflugs bleibt, so gilt $F = mg$. Damit läßt sich (6.3.10)
unter Berücksichtigung von C_{Fres} nach (6.3.5a) und (6.3.7) sowie mit
$A = C_A q_{res} S$ und $W = C_W q_{res} S$ überführen in

$$\left(\frac{\sin\alpha_{res}}{\sin\alpha_{geo}}\right)^2 + \frac{S}{S_{Pr}} \frac{C_A \cos\alpha_{res} + C_W \sin\alpha_{res}}{[1 - (\dot{V}/g)\tan\alpha_{geo}]\cos\alpha_{geo}} - 1 = 0 \; . \qquad \text{(6.3.11)}$$

Darin sind Auftriebs- und Widerstandsbeiwert Funktionen des resultierenden Anstellwinkels:

$$C_A = C_{A\alpha} \, \alpha_{res} \; ,$$

$$C_W = C_{W0} + k(C_{A\alpha} \, \alpha_{res})^2 \; .$$

Berücksichtigt man dies und faßt $\dot{V}$ als einen vorgegebenen Parameter auf, so ist nach (6.3.11) der resultierende Anstellwinkel α_{res} als Funktion des geometrischen Anstellwinkels α_{geo} bestimmt, der im Sinne einer Steuerungsgröße in der Transition zu behandeln ist. Damit kann geprüft werden, ob die von der Beschleunigung oder der Verzögerung bei der Start- bzw. der Landetransition abhängigen α_{res}-Werte im zulässigen Bereich liegen. Dieses Problem soll mit Hilfe der folgenden Vereinfachung weiter verdeutlicht werden. Nimmt man hierfür an, daß der Widerstandsanteil in (6.3.11) vernachlässigbar ist sowie $\sin\alpha_{res} \approx \alpha_{res}$ und $\cos\alpha_{res} \approx 1$ gesetzt werden kann, so läßt sich α_{res} unter Verwendung von (6.3.11) explizit darstellen:

$$\alpha_{res} = \frac{1}{2}\frac{S}{S_{Pr}}\frac{C_{A\alpha}\sin\alpha_{geo}}{\cot\alpha_{geo}-\dot{V}/g}\left[\sqrt{1+4\frac{S_{Pr}}{S}\frac{\cot\alpha_{geo}-\dot{V}/g}{C_{A\alpha}}}-1\right] \ . \tag{6.3.12}$$

Ein Beispiel zu der beschriebenen Vorgehensweise zeigt Bild 6.3.4, wobei hier auch der Widerstandsanteil berücksichtigt ist. Diese Darstellung gibt die resultierenden Anstellwinkelwerte an, die innerhalb eines vorgegebenen Beschleunigungs- oder Verzögerungsbereichs realisierbar sein müssen. Wie aus dem Kurvenverlauf hervorgeht, ist das Maß der Beschleunigung oder Verzögerung von erheblichem Einfluß. Dies wirkt sich dahingehend aus, daß die Landetransition aus der Sicht der realisierbaren Maximal-Anstellwinkel kritischer ist, da beim Verzögerungsflug die größeren Anstellwinkel auftreten. Die erreichbaren Anstellwinkel können durch Wölbung oder Voreinstellung der Flügelklappen gesteigert werden. Dies drückt sich in einer Verringerung der auftretenden α_{res}-Werte aus, wenn man den Wölbungs- oder Voreinstellungseinfluß auf den Auftriebsbeiwert über den zusätzlichen Term C_{A0} in dem Ansatz $C_A = C_{A0} + C_{A\alpha}\alpha_{res}$ erfaßt und entsprechend in (6.3.11) bzw. (6.3.12) berücksichtigt.

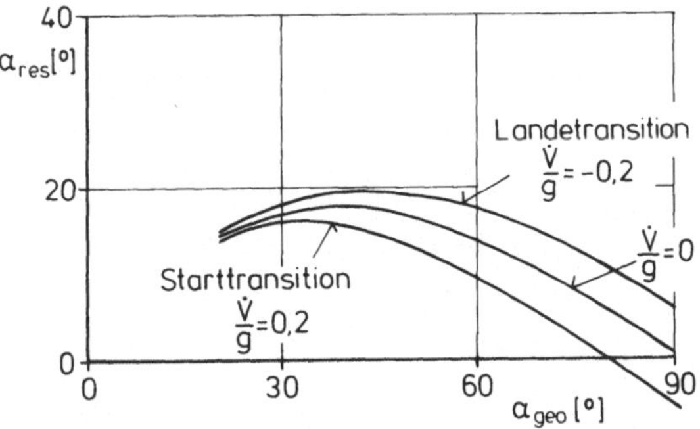

Bild 6.3.4. Flügelanströmwinkel α_{res} in Abhängigkeit vom geometrischen Anstellwinkel bei verschiedenen Beschleunigungswerten in der Transition

$mg/S = 4\,000$ N/m^2; $S/S_{Pr} = 0,4$; $C_{A\alpha} = 5$; $C_{W0} = 0,02$; $k = 0,0625$

In Ergänzung zu den Anstellwinkelverläufen von Bild 6.3.4 gibt Bild
6.3.5 einen anschaulichen Überblick über den Zusammenhang zwischen den
möglichen Geschwindigkeiten und dem geometrischen Anstellwinkel in der
Transition, wobei wiederum $\dot{V}$ als vorgegebener Parameter betrachtet wird
(vgl. hierzu auch (6.3.10)).

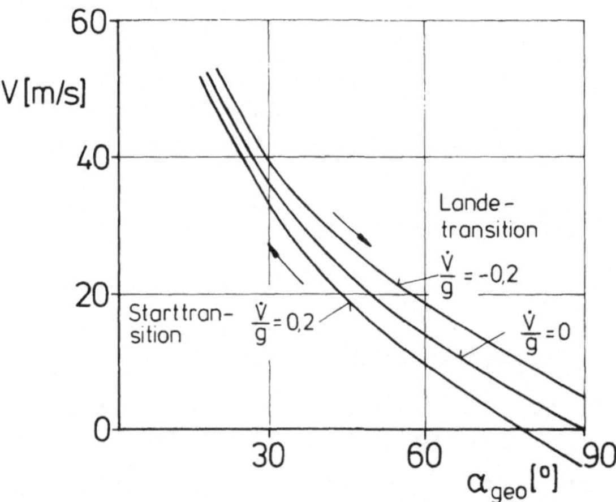

Bild 6.3.5. Zuordnung der Geschwindigkeit zum Schwenkwinkel bei verschiedenen Beschleunigungswerten in der Transition (Daten wie Bild
6.3.4)

Nachdem sichergestellt ist, daß die Anstellwinkel für die möglichen Beschleunigungen und Verzögerungen in der Transition im zulässigen Bereich liegen, können die Bewegungsgleichungen integriert werden, wobei
das System (6.3.8a,b,c) oder bei vereinfachter Betrachtung (6.3.9) zugrunde gelegt werden kann.

Rechnungs-_und_Versuchsergebnisse

Da die zulässigen Maximalwerte von α_{res} nur in begrenztem Umfange zu
steigern sind, können insbesondere für die Landetransition Probleme
auftreten, die eine sorgfältige aerodynamische Auslegung des Flügels
und seines Klappensystems erfordern. Beispiele in Bild 6.3.6 für Möglichkeiten zur Verbesserung des Verzögerungsverhaltens zeigen, daß sich
eine Vergrößerung des Flächenverhältnisses S/S_{Pr} sowie eine Erhöhung
von C_{Wmax} und α_{max} günstig auswirken. Beachtlich ist auch der Einfluß
der Propeller-Normalkraft, die in den obigen Betrachtungen vernachlässigt wurde.

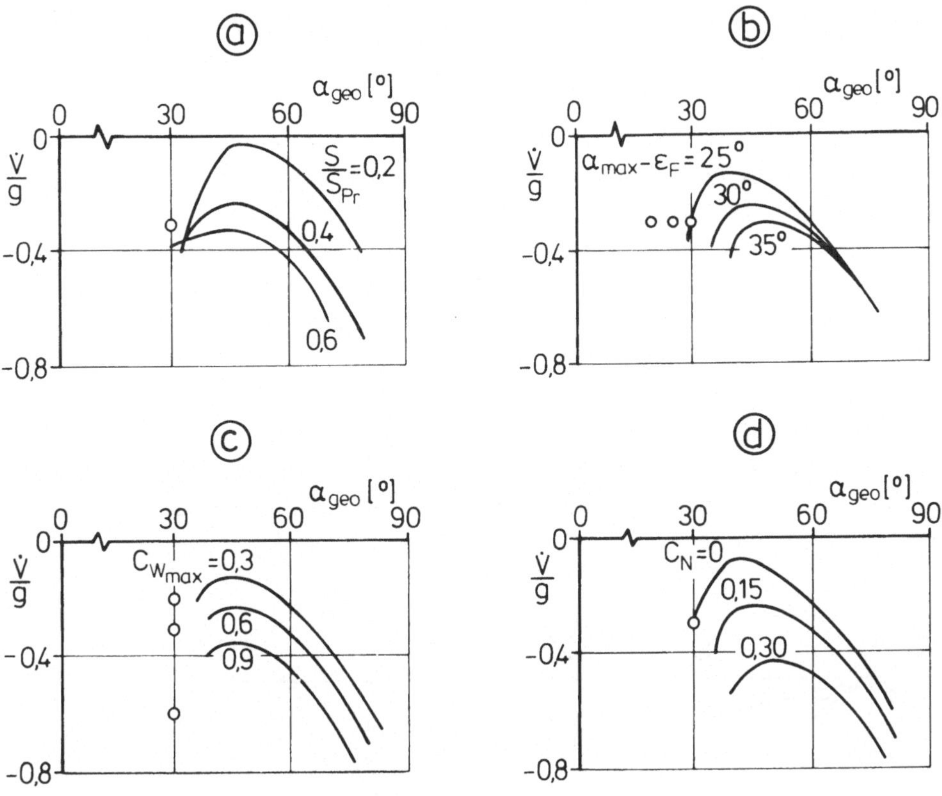

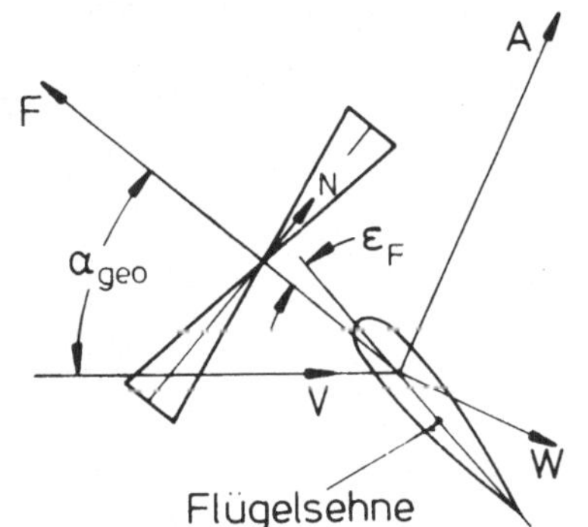

Bild 6.3.6. Ergebnisse zur Verzögerungstransition, nach [25]

o Werte des Flugzeugs ohne Propeller; $C_{Amax}=2,0$; $C_N=N/(qS)$

	S/S_{Pr}	$\alpha_{max}-\varepsilon_F$	C_{Wmax}	C_N
a	var.	30°	0,6	0,15
b	0,4	var.	0,6	0,15
c	0,4	30°	var.	0,15
d	0,4	30°	0,6	var.

Als Ergänzung zu den aerodynamisch bedingten Begrenzungen zeigt Bild
6.3.7 die erreichbare Sinkgeschwindigkeit in Abhängigkeit von der Fluggeschwindigkeit. Diese Darstellung ist der Angabe der erzielbaren Beschleunigung $\dot{V}$ als Funktion der Geschwindigkeit äquivalent, da der negative Bahnwinkel beim Sinkflug ($\gamma < 0$) einer Verzögerung im Horizontalflug ($\gamma = 0$) entspricht. Hierbei kann nämlich der Gewichtsterm mg sinγ
in der Widerstandsgleichung durch den Beschleunigungsterm m$\dot{V}$ ersetzt
werden, d.h. es gilt die Zuordnung $\dot{V}/g \mathrel{\hat{=}} \sin\gamma$. In der Auftriebsgleichung
ergeben sich bei dieser Gegenüberstellung für den Bereich kleiner Sink-
winkel wegen mg cos$\gamma \approx$ mg praktisch keine Änderungen. Die Ergebnisse in
Bild 6.3.7 lassen außerdem erkennen, daß die Ermittlung der Schüttel-
grenzen als Maß der steilsten zulässigen Landetransitionsbahn aus Windkanalversuchen im vorliegenden Fall zu pessimistische Ergebnisse liefert. Der Flugversuch ergab gegenüber den Windkanalvoraussagen etwa um
5° steilere Bahnen.

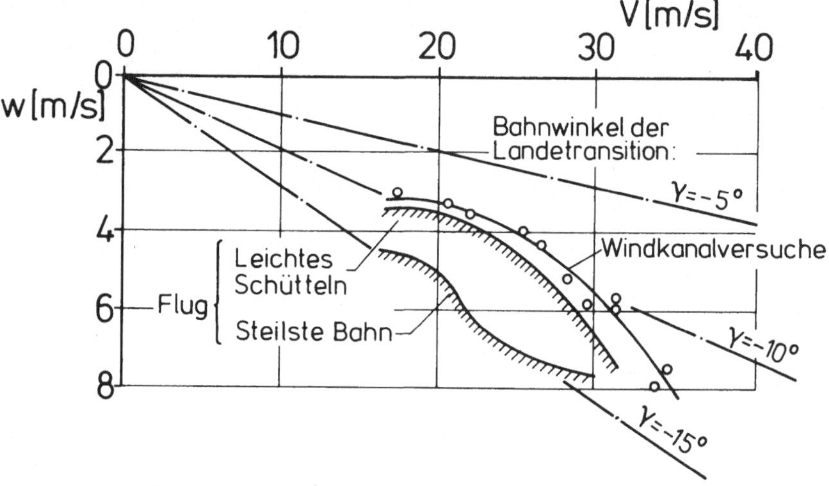

Bild 6.3.7. Aerodynamische Begrenzungen während der Landetransition,
Vergleich von Windkanalgroßversuchen und Flugergebnissen, nach [30]

6.4 Stabilitätsbetrachtung

6.4.1 Allgemeines

Die bisherige Betrachtung über Bewegung und Steuerung der Transition in
den Kap. 6.2.4 und 6.3.3 war mit der Frage befaßt, wie sich Zustands-
und Steuergrößen ändern müssen, damit der Übergang vom hubgestützten

zum aerodynamisch getragenen Flug in definierter Weise abläuft. Für die
sichere Durchführung der Transition ist es wichtig zu wissen, wie sich
das Flugzeug unter der Einwirkung von Störungen verhält, die zu Abweichungen von den vorgegebenen Sollwerten führen. Die damit gestellte
Frage wird durch Untersuchung der Stabilität beantwortet. Bei der Behandlung dieses Problems ist zu berücksichtigen, daß die Transition ein
beschleunigter Vorgang ist, der relativ schnell ablaufen kann und bei
dem sich die aerodynamischen und die vom Antriebssystem herrührenden
Kräfte und Momente gleichzeitig in starkem Maße ändern. Dies führt zu
einem System von nichtlinearen und zeitvariablen Bewegungsgleichungen,
zu deren Behandlung aufwendigere mathematische Methoden erforderlich
sind, die den zeitvariablen Charakter in Rechnung stellen (vgl. hierzu
auch [5, 32]). Besondere Bedeutung für die Behandlung solcher Systeme
kommt auch der Simulation zu.

Um jedoch einen Einblick in das Stabilitätsverhalten bei der Transition
zu erhalten, seien im folgenden Flugzustände zugrunde gelegt, die als
feste Trimm- oder Operationspunkte[*)] aufzufassen sind und die eine Stabilitätsbetrachtung auf der Basis eines linearisierten Systems mit konstanten Koeffizienten ermöglichen. So ist man z.B. bei der Flugerprobung der VJ 101 C-X1 diesen Weg gegangen. Nachdem die Dynamik des Flugzeugs in den einzelnen stationär geflogenen Transitionspunkten befrie-
digende Ergebnisse geliefert hatte, wurden vollständige Transitionen
durchgeführt. Das dynamische Verhalten des Flugzeugs ergab hierbei keinerlei Beanstandungen. Umgekehrt konnte man aufgrund der Vorerprobung
in den einzelnen Operationspunkten sicher sein, daß eine Unterbrechung
der Transition zu jedem Zeitpunkt ohne Gefahr zulässig war. Dies ist
eine aus Sicherheitsgründen auch zu fordernde Voraussetzung.

6.4.2 Längsbewegung

Bewegungsgleichungen

Die Bewegungsgleichungen der Transition, die die Abweichungen von einem
festen Operationspunkt im Sinne eines konstanten Trimm- oder Bezugszustandes beschreiben, ergeben sich aus einer Betrachtung analog zu Abschn.
4.2, in dem die Kraft- und Momentengleichungen eines Senkrechtstart-

---

[*)]Die Benennung "feste Operationspunkte" entspricht der Bezeichnungsweise in den Flugeigenschaftsforderungen MIL-F-83300, wo der Flug um
solche festen Operationspunkte (Fixed Operating Point Flight) im Sinne eines Fluges um konstante Trimmpunkte betrachtet wird [4, 28].

flugzeugs im Schwebeflug hergeleitet wurden. Die dort zusammengestellten
Gleichungen sind auch für die Transition verwendbar, wenn man beachtet,
daß nun die Fluggeschwindigkeit im stationären Zustand nicht mehr verschwindet, d.h. es gilt $V_0 \neq 0$. Daher ist nach (4.2.7) für die Längsbewegung der zusätzliche Term mqu in der Z-Kraftgleichung zu berücksichtigen. Wählt man als körperfestes Bezugssystem für die Bewegungsgleichungen das Stabilitätsachsenkreuz, das im stationären Zustand mit dem
aerodynamischen System zusammenfällt, so gilt für den als stationären
Horizontalflug vorausgesetzten Ausgangszustand:

$$u_0 = V_0 \ ,$$

$$v_0 = w_0 = 0 \ , \qquad\qquad (6.4.1)$$

$$\Theta_0 = \Phi_0 = 0 \ .$$

Damit schreibt sich der zusätzliche Term in der Z-Kraftgleichung in linearisierter Form als

$$mqu_0 = mqV_0 \ .$$

Berücksichtigt man diesen Term in der Z-Kraftgleichung (vgl. hierzu auch
(4.2.7) und (4.2.22) und schreibt zur Vereinfachung die Änderungen der
Variablen ohne Δ, so gilt für die linearisierten Bewegungsgleichungen
zur Beschreibung der Abweichungen von einem festen Operationspunkt unter
Außerachtlassung von Böeneffekten:

$$\begin{bmatrix} s-X_u & 0 & g \\ -Z_u & s-Z_w & -V_0 s \\ -M_u & -M_w & s^2-M_q s \end{bmatrix} \begin{bmatrix} u \\ w \\ \Theta \end{bmatrix} = \begin{bmatrix} X_\delta \\ Z_\delta \\ M_\delta \end{bmatrix} \delta \ . \qquad (6.4.2)$$

Um die grundsätzlichen Zusammenhänge besser darstellen zu können, liegen dem System folgende Annahmen zugrunde:

- Θ-Derivative entfallen, d.h. das Flugzeug habe in der Transition keine Lagesteuerung.

- Der Einfluß des Anstellwinkels auf Kräfte und Momente wird über die
  Derivative M_w und Z_w berücksichtigt. Die Derivative X_w und $M_{\dot w}$ seien
  für das zu betrachtende dynamische Verhalten weiterhin vernachlässigbar. Auch im konventionellen Flugbereich ($V > V_{con}$) sind sie hinsichtlich der Eigenbewegungen üblicherweise von geringerer Bedeutung.

- Die Größe δ sei formal eine allgemeine Steuergröße, die je nach Anwendungsfall unterschiedliche Steuergrößen darstelle.

Dynamische_Stabilität

Zunächst sei der durch $M_u = 0$ definierte Ausgangsfall betrachtet, bei dem keine geschwindigkeitsabhängigen Nickmomente vorhanden sind. Für diesen Fall ergibt sich aus (6.4.2) die charakteristische Gleichung zu

$$s(s - X_u)(s - M_q)(s - Z_w) - V_0 M_w [s^2 - X_u s - Z_u g/V_0] = 0 \ . \qquad (6.4.3a)$$

Auch hier ist wie bei der Schwebeflugbetrachtung die Wurzelortskurvenmethode ein geeignetes Verfahren zur Stabilitätsuntersuchung. Zu diesem Zweck wird (6.4.3a) unter Einführung der fiktiven Übertragungsfunktion

$$F(s) = \frac{s^2 - X_u s - Z_u g/V_0}{s(s - X_u)(s - M_q)(s - Z_w)} \qquad (6.4.3b)$$

umgeformt zu

$$1 + V_0 M_w F(s) = 0 \ . \qquad (6.4.3c)$$

Als Vorteil der Wurzelortskurvenmethode erweist sich hierbei erstens, daß der als fiktive "Verstärkungsfaktor" auftretende Term $V_0 M_w$ tatsächlich eine Wertekombination darstellt, die bei Vergrößerung der Fluggeschwindigkeit V_0 zunehmend an Bedeutung gewinnt. Zweitens stimmen die Beziehungen für die Pole des "offenen Kreises", die mit

$$
\begin{aligned}
s_1^* &= X_u \ , \\
s_2^* &= M_q \ , \\
s_3^* &= 0 \ , \\
s_4^* &= Z_w
\end{aligned}
\qquad (6.4.4)
$$

in expliziter Form angegeben werden können, formal mit den entsprechenden Ausdrücken des Schwebeflugs überein (vgl. hierzu auch (4.3.5a) und (4.3.27)). Somit läßt sich an diesen Beziehungen der Übergang vom Schwebeflug zur Transition unmittelbar nachvollziehen. Drittens zeigt sich, daß die Nullstellen $s_{Z1,2}$ der "fiktiven Übertragungsfunktion" (6.4.3b) ebenfalls in expliziter Form dargestellt werden können. Sie sind wegen

$Z_u < 0$ komplex, so daß gilt

$$s_{Z1,2} = X_u/2 \pm i\sqrt{X_u^2/4 - Z_u g/V_0}\qquad (6.4.5a)$$

oder

$$\sigma_Z = \mathrm{Re}(s_{Z1,2}) = X_u/2 \; ,$$

$$\omega_{nZ} = |s_{Z1,2}| = \sqrt{-Z_u g/V_0} \; . \qquad (6.4.5b)$$

Die damit bekannten Verhältnisse für $M_w = 0$ seien Ausgangspunkt für die
weitere Betrachtung, bei der $V_0 M_w$ als Verstärkungsfaktor aufgefaßt wird.
Die möglichen Wurzellagen sind durch die "Pole" nach (6.4.4) und die
"Nullstellen" nach (6.4.5a,b) festgelegt. Die graphische Auswertung
hierzu zeigt Bild 6.4.1, in dem der Einfluß negativer M_w-Werte betrachtet wird, die einer statisch stabilen Konfiguration entsprechen. Aus
dieser Darstellung geht hervor, daß sich mit Vergrößerung des Rück-
stellmomentes M_w zwei komplexe Wurzelpaare entwickeln, von denen das
eine betragsmäßig erheblich größer ist. Dementsprechend kann man, auf
das Zeitverhalten bezogen, von einer kurz- und einer langperiodischen
Schwingung sprechen. Der Verlauf der Wurzelortskurve in Bild 6.4.1
zeigt, daß die Wurzeln der langperiodischen Schwingung (ζ_l, ω_{nl}) durch
die Nullstellen nach (6.4.5a,b) gebunden sind, während die Frequenz der

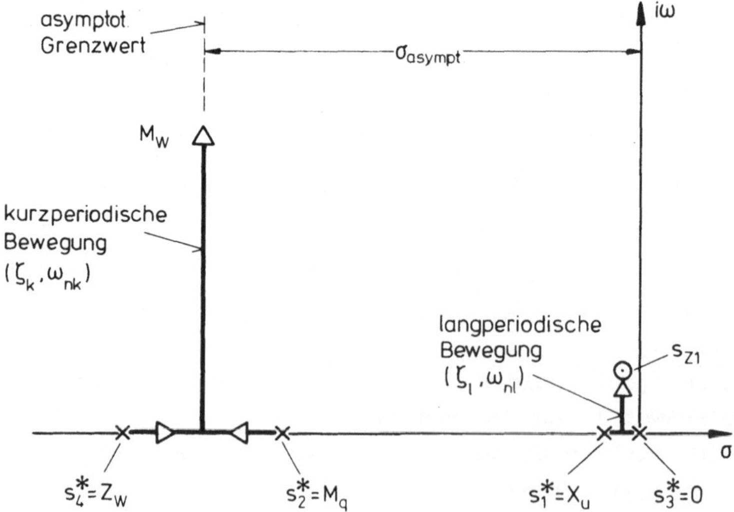

Bild 6.4.1. Einfluß von M_w auf die Eigenwerte der Längsbewegung, nach
[48]

kurzperiodischen Schwingung monoton mit der Vergrößerung von $|M_w|$ anwächst. Charakteristisch ist unter Voraussetzung der Größenrelationen für X_u, M_q und Z_w wie in Bild 6.4.1 außerdem, daß die Dämpfung der kurzperiodischen Schwingung näherungsweise konstant bleibt. Bei der angenommenen Größenordnung von X_u, M_q und Z_w erhält man unter Anwendung des Vieta'schen Wurzelsatzes aus dem s^3- und s^2-Term des Polynoms von (6.4.3a) die folgenden Näherungen für die kurzperiodische Eigenbewegung:

$$s_{k1} + s_{k2} = -2\zeta_k \, \omega_{nk} \approx Z_w + M_q \, , \tag{6.4.6a}$$

$$s_{k1} s_{k2} = \omega_{nk}^2 \approx Z_w M_q - V_0 M_w \, . \tag{6.4.6b}$$

Die obere Beziehung kennzeichnet auch das asymptotische Verhalten. Hierfür ergibt sich aufgrund der Gesetzmäßigkeiten der Wurzelortskurvenmethode (vgl. z.B. [27]) eine Gerade parallel zur imaginären Achse, die – wie auch in Bild 6.4.1 dargestellt – gegeben ist durch:

$$\sigma_{asympt} = \frac{Z_w + M_q}{2} \, . \tag{6.4.6c}$$

Die bisher entwickelten Überlegungen kann man auch dazu benutzen, den Einfluß der Geschwindigkeit V_0 deutlich zu machen, wie er sich beim Übergang vom Schwebeflug zum aerodynamisch getragenen Flug in der Transition ergibt. Hierbei nimmt das Produkt $V_0 M_w$ insofern die Rolle eines Verstärkungsfaktors auch tatsächlich an, als es mit der Geschwindigkeit V_0 erheblich anwächst. Dies macht die folgende Beziehung zwischen dem dimensionsbehafteten und dem dimensionslosen Derivativ (M_w bzw. $C_{m\alpha}$) besonders deutlich:

$$V_0 M_w = \frac{\rho S l_\mu}{2 I_y} \, V_0^2 \, C_{m\alpha} \, . \tag{6.4.7}$$

Unter der Voraussetzung eines konstanten $C_{m\alpha}$-Wertes folgt aus (6.4.7) eine quadratische Zunahme des "Verstärkungsfaktors" $V_0 M_w$ mit V_0. Würden die Pole $s^*_{1,2,3,4}$ und die Nullstellen $s_{z1,2}$ unabhängig von V_0 sein, so entspräche die Wanderung der Wurzeln mit Zunahme von V_0 unmittelbar der Darstellung von Bild 6.4.1. Dies trifft – unter der Annahme unveränderter Schubanteile in den Kraft- und Momentenkomponenten sowie konstanter Werte von C_W, C_A, $C_{A\alpha}$ und C_{mq} – für die relative Zuordnung der Wurzeln zu $s^*_{1,2,3,4}$ und $s_{z1,2}$ qualitativ auch dann zu, wenn man die Änderungen von $s^*_{1,2,3,4}$ und $s_{z1,2}$ mit V_0 berücksichtigt, da das Produkt $V_0 M_w$ stärker anwächst.

Die beschriebene Wanderung der Wurzeln erhält noch einen weiteren Akzent, wenn man sie in Relation zu den Werten des aerodynamisch getragenen Flugs als dem oberen Ende der Transition setzt. Hier existieren normalerweise die beiden als Anstellwinkelbewegung und Phygoide bekannten Eigenbewegungsformen, für die näherungsweise die im folgenden angegebenen Beziehungen gelten (vgl. z.B. [6, 27]).

Anstellwinkelbewegung:

$$2\sigma_\alpha \approx Z_w + M_q \; ,$$

$$\omega_{n\alpha}^2 \approx Z_w M_q - V_0 M_w \; . \tag{6.4.8}$$

Phygoide:

$$2\sigma_P \approx X_u \; ,$$

$$\omega_{nP}^2 \approx - Z_u g/V_0 \; . \tag{6.4.9}$$

Zunächst zeigt der Vergleich von (6.4.9) mit (6.4.5b), daß die beiden Beziehungen in ihrem Aufbau übereinstimmen. Dies bedeutet, daß die durch Nullstellen $s_{Z1,2}$ gebundenen Wurzeln der langperiodischen Schwingung in die Phygoidwurzeln übergehen. Der Ausdruck (6.4.8) stimmt mit der Näherung (6.4.6a,b) überein, die die kurzperiodische Bewegung beschreibt. Dies kann man dahingehend interpretieren, daß hier der Übergang zur Anstellwinkelbewegung des konventionellen Flugbereichs erfolgt.

Einfluß geschwindigkeitsabhängiger Nickmomente M_u

Wie im Schwebeflug hat das Antriebssystem auch in der Transition großen Einfluß auf die Kräfte- und Momentenbilanz. Daher können auch hier erhebliche Nickmomente bei Geschwindigkeitsänderungen auftreten. Der Einfluß solcher Momentenänderungen auf die dynamische Stabilität läßt sich wiederum unter Anwendung der Wurzelortskurvenmethode deutlich machen. Zu diesem Zweck bringt man die charakteristische Gleichung von (6.4.2),

$$s(s-X_u)(s-M_q)(s-Z_w) - V_0 M_w (s^2 - X_u s - Z_u g/V_0) + g M_u (s-Z_w) = 0 \; , \tag{6.4.10a}$$

nach Einführung der fiktiven Übertragungsfunktion des "offenen Kreises" hinsichtlich M_u

$$F(s) = \frac{s - Z_w}{s(s - X_u)(s - M_q)(s - Z_w) - V_0 M_w (s^2 - X_u s - Z_u g/V_0)} \tag{6.4.10b}$$

in die Form

$$1 + gM_u \, F(s) = 0 \; . \tag{6.4.10c}$$

Die Pole von $F(s)$ können nach der vorherigen Betrachtung als bekannt vorausgesetzt werden. Kennzeichnet man sie durch die Schreibweise $s_{1,2,3,4}^*$, so läßt sich $F(s)$ auch in der folgenden Form darstellen

$$F(s) = \frac{s - Z_w}{(s - s_1^*)(s - s_2^*)(s - s_3^*)(s - s_4^*)} \; . \tag{6.4.11a}$$

Bei komplexen Werten gelte entsprechend

$$F(s) = \frac{s - Z_w}{(s^2 + 2\zeta_1^* \omega_{n1}^* s + \omega_{n1}^{*2})(s^2 + 2\zeta_k^* \omega_{nk}^* s + \omega_{nk}^{*2})} \; . \tag{6.4.11b}$$

Auch die Nullstelle von $F(s)$ ist gemäß (6.4.11a,b) bekannt. Mit diesen Werten ist der Verlauf der Wurzeln des "geschlossenen Kreises", d.h. unter der Einwirkung von M_u, festgelegt. Dies ist in Bild 6.4.2 näher erläutert, wobei hier eine deutliche Trennung im Niveau der Frequenzen des Ausgangsfalls $M_u = 0$ vorausgesetzt ist. Hauptergebnis positiver M_u-Werte ist die Anhebung der Frequenz ω_{n1} der langperiodischen Schwingung sowie die dabei mögliche Instabilität. Der gegenteilige Effekt der Frequenzabsenkung tritt bei negativen M_u-Werten ein, die auch eine Änderung der langperiodischen Schwingung in eine aperiodische Bewegungsform herbeiführen können. Für

$$-M_u > (Z_u/Z_w)M_w \tag{6.4.12}$$

ist Instabilität vorhanden. Dieses Ergebnis folgt aus dem Vorzeichenwechsel des absoluten Terms der charakteristischen Gleichung (6.4.10a), der mit dem Vorzeichenwechsel der reellen Wurzel in Bild 6.4.2 verknüpft ist.

Charakteristisch für den M_u-Einfluß bei deutlicher betragsmäßiger Trennung der beiden Wurzelpaare ist außerdem, daß die kurzperiodische Schwingung kleineren Änderungen unterliegt als die langperiodische. Dies ist in Bild 6.4.2 an der unterschiedlichen Beeinflussung kenntlich gemacht, die sich für gleiche ΔM_u-Werte ergibt.

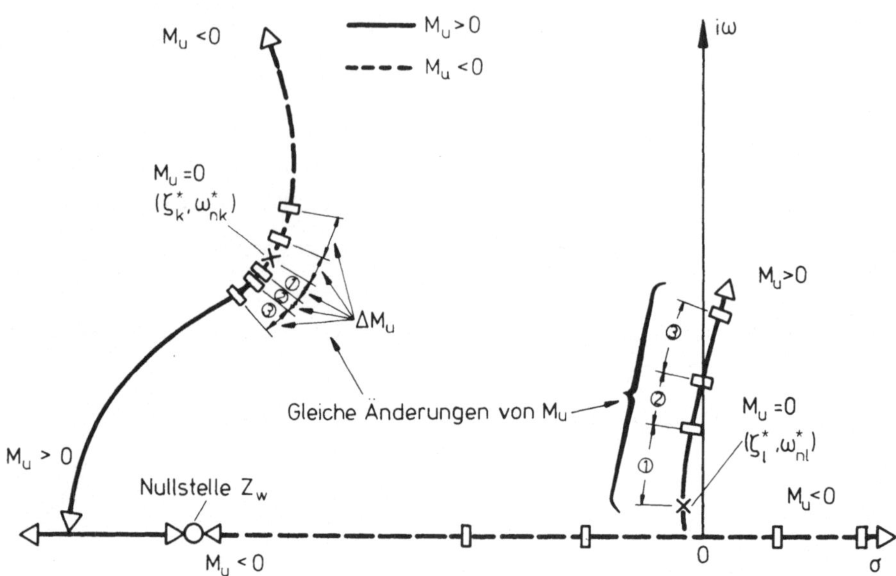

Bild 6.4.2. Einfluß von M_u auf die Eigenwerte der Längsbewegung, nach
[48]

Ausgeführtes Beispielflugzeug

Als Abschluß zur Stabilitätsbetrachtung der Längsbewegung ist in Bild
6.4.3 der Verlauf der Eigenwerte in der Transition für ein ausgeführtes
Flugzeug gezeigt. Bei dem hier dargestellten Beispiel, einem Kipprotorflugzeug vom Typ X-22A, sind die Werte für feste Operationspunkte mit
den angegebenen Geschwindigkeiten und Schwenkwinkeln der Mantelschrauben eingetragen.

Eigen- und Zeitvektoren

Die bisherige Betrachtung der Bewegungsformen und ihrer sich mit zunehmender Geschwindigkeit V_0 immer deutlicher abzeichnenden Trennung findet ihre Ergänzung in der Untersuchung über die Zuordnung, die die einzelnen Bewegungsgrößen sowie die Kraft- bzw. Momentenkomponenten relativ zueinander aufweisen. Eine anschauliche Darstellung ist an Hand der
Eigen- und Zeitvektoren möglich. Für die Eigenvektoren erhält man bei
Vorgabe der Θ-Komponente aus dem homogenen System von (6.4.2) die folgenden Beziehungen:

$$\left(\frac{u}{\Theta}\right)_{s_i} = \frac{g}{s - X_u}\Bigg|_{s=s_i} , \qquad\qquad (6.4.13a)$$

$$\left(\frac{w}{\Theta}\right)_{s_i} = \left.\frac{V_0 s(s - X_u) - gZ_u}{(s - X_u)(s - Z_w)}\right|_{s=s_i} \, .$$

(6.4.13b)

Hierbei ist der für die jeweils betrachtete Eigenbewegung maßgebliche
Eigenwert s_i ($i = 1,2,3,4$) einzusetzen.

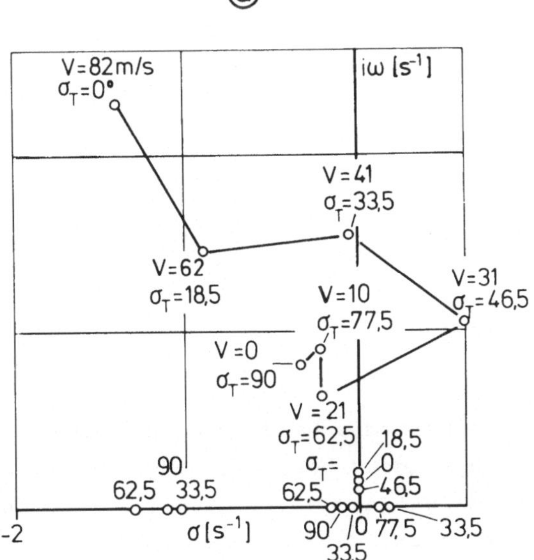

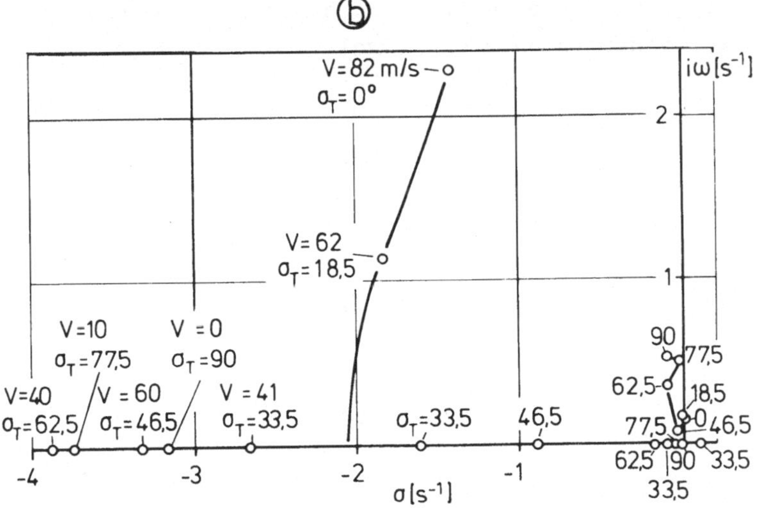

Bild 6.4.3. Änderung der Eigenwerte der X-22A in der Transition bei
festen Operationspunkten (mit V in m/s und σ_T in Grad), nach [4]

ⓐ Basisflugzeug
ⓑ Flugzeug mit Stabilisierungssystem

Aus (6.4.13a,b) folgt, daß die sich mit der Zunahme von $|V_0 M_w|$ verstär-
kende Trennung der beiden Eigenwerte mit Bewegungsformen verbunden ist,
die mehr und mehr den Charakter von Zwei-Freiheitsgrad-Bewegungen aufweisen. Dies äußert sich in der langperiodischen Bewegung darin, daß
hier die w-Komponente gegen Null geht. Setzt man nämlich

$$\sigma_1 + i\omega_1 = s_{Z1}$$

als Grenzwert im Ausgangsfall $M_u = 0$ und berücksichtigt (6.4.5a),

$$s_{Z1} = X_u/2 + i\sqrt{X_u^2/4 - Z_u g/V_0} \; ,$$

so erhält man aus (6.4.13b):

$$\left(\frac{w}{\Theta}\right)_{s=s_{Z1}} = 0 \; . \qquad\qquad (6.4.14a)$$

Dies bedeutet, daß die langperiodische Schwingung aus einer Bewegung in
den beiden Freiheitsgraden u und Θ besteht, während der Anstellwinkel
näherungsweise konstant bleibt ($\Delta\alpha = w/V_0$). Somit wird auch aus der Betrachtung des Eigenvektors deutlich, daß die langperiodische Bewegung
mit zunehmenden Werten von $|V_0 M_w|$ in die Phygoide des aerodynamisch ge-
tragenen Fluges übergeht, die eine Zwei-Freiheitsgrad-Bewegung in u und
Θ mit angenähert konstantem α darstellt, vgl. hierzu auch [6].

Ähnliches gilt auch für die kurzperiodische Schwingung. Hier ergibt
sich mit $|X_u| \ll |Z_w + M_q|$ aus (6.4.13a) unter Verwendung von (6.4.6a,b)
für den Ausgangsfall $M_u = 0$:

$$\left(\frac{u}{\Theta}\right)_{s=s_{k1}} = \frac{2g}{Z_w + M_q + i\sqrt{Z_w^2 + Z_w M_q + M_q^2 - V_0 M_w}} \; . \qquad (6.4.14b)$$

Daraus folgt mit $Z_w < 0$ und $M_q < 0$, daß die u-Komponente mit zunehmenden
Werten von $|V_0 M_w|$ zurückgeht. Demgegenüber bleibt nach (6.4.13b) die Re-
lation zwischen w und Θ größenordnungsmäßig bestehen. Der Rückgang der
u-Komponente läßt sich dahingehend interpretieren, daß sich die kurzperiodische Schwingung zu einer Zwei-Freiheitsgrad-Bewegung in w und Θ
entwickelt und somit in die durch die gleichen Bewegungskomponenten
charakterisierte Anstellwinkelbewegung des aerodynamisch getragenen
Fluges übergeht.

Als Ergänzung sind in den folgenden Bildern 6.4.4 und 6.4.5 Eigen- und
Zeitvektoren eines Beispielflugzeugs dargestellt. Die Zeitvektordia-
gramme machen den Einfluß der einzelnen Derivative auf den Kraft- und
Momentenhaushalt der Eigenbewegungen deutlich und kennzeichnen ihre
jeweilige Bedeutung für die Bewegung. Der Zwei-Freiheitsgrad-Charakter
der beiden Bewegungsformen äußert sich insbesondere darin, daß bei der
kurzperiodischen Schwingung die u-Komponenten in der Auftriebs- und
Momentengleichung unbedeutend sind, während bei der langperiodischen
Schwingung die w-Komponenten eine geringere Rolle spielen als die u-
Komponenten.

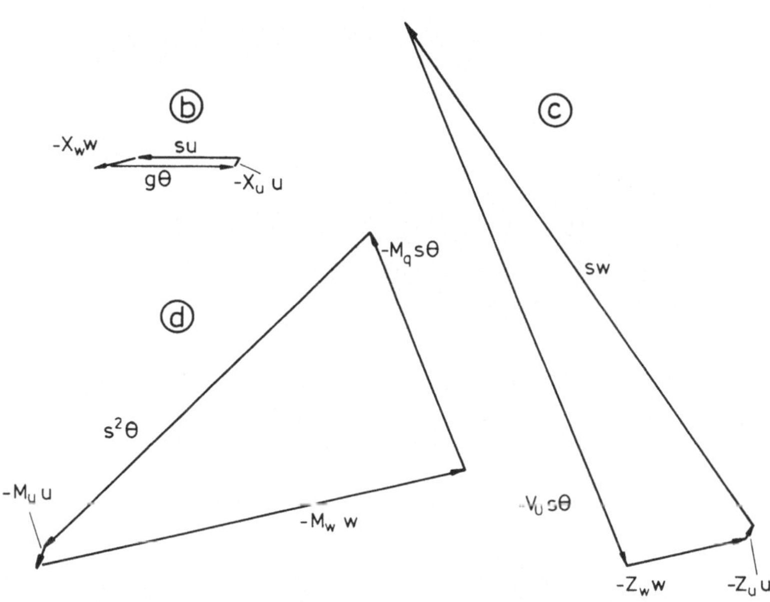

Bild 6.4.4. Eigenvektor und Zeitvektoren der kurzperiodischen Schwingung
eines Senkrechtstarters mit schwenkbaren Mantelschrauben ($V_0 = 22$ m/s),
nach [48]

Eigenwert: $\zeta_k = 0,38$; $\omega_{nk} = 1,9$ s^{-1}

ⓐ Eigenvektor
ⓑ X-Kraftgleichung
ⓒ Z-Kraftgleichung
ⓓ Momentengleichung

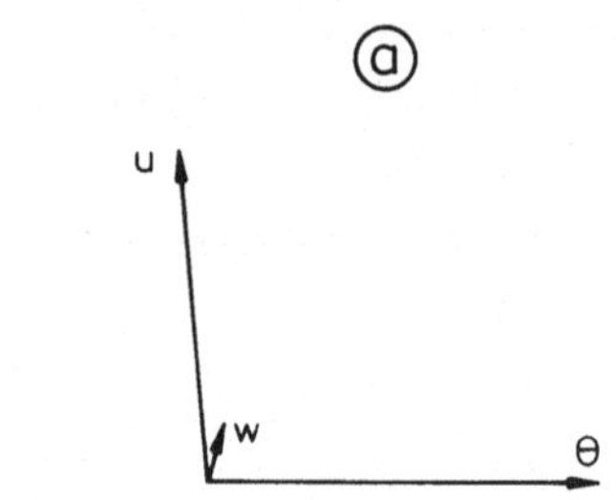

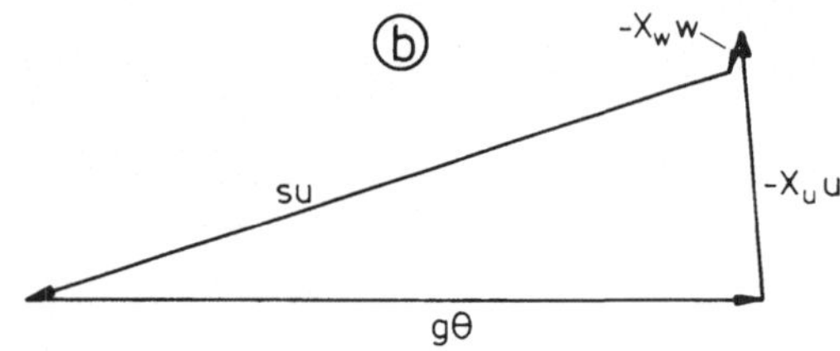

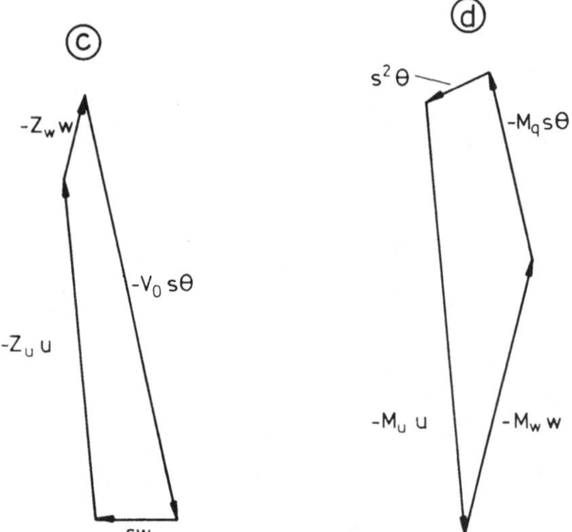

Bild 6.4.5. Eigenvektor und Zeitvektoren der langperiodischen Schwingung eines Senkrechtstarters mit schwenkbaren Mantelschrauben ($V_0 = 22$ m/s), nach [48]

Eigenwert: $\zeta_1 = 0,2$; $\omega_{n1} = 0,4$ s^{-1}

ⓐ   Eigenvektor
ⓑ   X-Kraftgleichung
ⓒ   Z-Kraftgleichung
ⓓ   Momentengleichung

6.4.3 Statische Stabilität

Allgemeines

Die statische Stabilität in der Transition sei in Analogie zum aerodynamisch getragenen Flug durch den absoluten Term der charakteristischen
Gleichung bestimmt. Danach ergibt sich für das in Abschn. 6.4.2 zugrunde gelegte mathematische Modell des Flugzeugs ohne Lagerückführung mit
der charakteristischen Gleichung $s^4 + Bs^3 + Cs^2 + Ds + E = 0$ aus (6.4.10a):

$$E = g(Z_u M_w - Z_w M_u) \ . \tag{6.4.15}$$

Das Flugzeug sei als statisch stabil bezeichnet, falls E positiv ist
(d.h. den allgemeinen Stabilitätsbedingungen für ein System 4. Grades
genügt). Somit gilt für statische Stabilität

$$Z_u M_w - Z_w M_u > 0 \ . \tag{6.4.16}$$

Nach dieser mehr formalen Beschreibung sind im folgenden Aussagen zusammengestellt, die inhaltlich für die Bedeutung der statischen Stabilität maßgebend sind. Dies betrifft den Zusammenhang zwischen statischer
und dynamischer Stabilität sowie die Beziehungen zur Steuerbarkeit.

Zusammenhang von statischer und dynamischer Stabilität

Wie bereits erwähnt, stellt die statische Stabilität auf Grund ihrer
Verknüpfung mit dem absoluten Term der charakteristischen Gleichung
eine notwendige Bedingung für dynamische Stabilität dar. Darüber hinaus
bestehen noch weitergehende Zusammenhänge, die insbesondere die Art der
Bewegungsformen bei statischer Instabilität betreffen. Der Übergang von
statischer Stabilität zur Instabilität äußert sich nämlich darin, daß
dann stets eine aperiodisch instabile Bewegungsform vorhanden ist. Dies
ergibt sich unmittelbar aus dem Zusammenhang zwischen Wurzeln und Koeffizienten der charakteristischen Gleichung (Vieta'scher Wurzelsatz),
wonach der absolute Term E durch das Produkt der Wurzeln bestimmt ist:

$$E = s_1 s_2 s_3 s_4 \ . $$

Demgegenüber ist beim Vorhandensein von statischer Stabilität weitgehend gewährleistet, daß keine aperiodisch instabilen Bewegungsformen
auftreten. Bei der hier vorausgesetzten Vernachlässigbarkeit von X_w ist
statische Stabilität sogar hinreichend für die Vermeidung von aperiodi-

scher Instabilität (vgl. hierzu auch [35]). Dabei wird angenommen, daß
die Derivative X_u, Z_u, Z_w und M_q das übliche negative Vorzeichen besitzen.

Statische Instabilität kann durch positive Werte des Anstellwinkelmo-
mentes M_w oder durch negative Werte des Geschwindigkeitsmomentes M_u
entstehen. Damit ist jeweils eine spezifische Art der Beeinflussung der
Wurzeln und des Übergangs zur Instabilität verbunden. Dies ist in Bild
6.4.6 näher erläutert. Der in Teil a dargestellte Effekt des Anstell-
winkelmomentes äußert sich in einer starken Beeinflussung sowohl der
kurz- als auch der langperiodischen Eigenbewegung, die beide von einer
Schwingung in aperiodische Bewegungsformen geändert werden. Der Übergang zur statischen Instabilität führt - wie bereits oben diskutiert -
zu einer aperiodisch instabilen Bewegungsform. Die weitere Zunahme der
statischen Instabilität ergibt außer den aperiodischen Bewegungsformen
auch wieder eine Schwingung, deren Frequenzniveau niedrig ist und der
langperiodischen Bewegungsform des stabilen Falles entspricht.

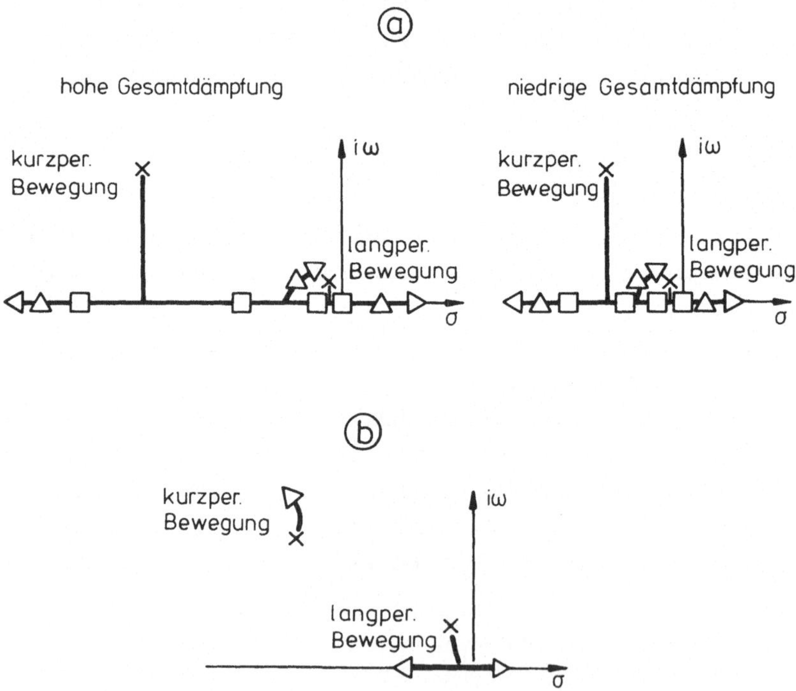

Bild 6.4.6. Einfluß der Anstellwinkelstabilität M_w und des Geschwindigkeitsmomentes M_u auf die Eigenwerte der Längsbewegung, nach [4]

ⓐ positive M_w-Werte ($M_u = 0$)
ⓑ negative M_u-Werte (normale M_w-Werte)

Typisch für den in Teil b dargestellten M_u-Effekt ist bei der vorausgesetzten deutlichen Trennung der beiden Wurzelpaare, daß die langperiodische Eigenbewegung stärker beeinflußt wird als die kurzperiodische, die
stabilitätsmäßig unkritisch bleibt. Aus der langperiodischen Bewegungsform entwickelt sich daher auch die aperiodisch instabile Bewegungsform,
die mit dem Übergang zur statischen Instabilität infolge negativer M_u-
Werte verbunden ist.

Zusammenhang_von_statischer_Stabilität_und_Steuerbarkeit

Zwischen statischer Stabilität und Steuerbarkeit besteht ein unmittelbarer Zusammenhang, der Aussagen über die Stabilitätsverhältnisse an
Hand von Steuerbarkeitsgrößen ermöglicht. Eine hierfür geeignete Größe
ist die Änderung der Geschwindigkeit u mit dem Steuerausschlag δ_Θ. Im
Transitionsflug ist außerdem noch der Nicklagegradient $d\Theta/d\delta_\Theta$ zu betrachten, der flugeigenschaftsmäßig ebenfalls von Bedeutung ist, vgl.
hierzu auch [4, 28]. Die beiden Steuerbarkeitskenngrößen errechnen sich
aus (6.4.2) für den dort zugrunde gelegten Fall ohne Lagerückführung zu
(mit $\delta \rightarrow \delta_\Theta$):

$$\frac{du}{d\delta_\Theta} = \frac{Z_w M_{\delta\Theta} - Z_{\delta\Theta} M_w}{Z_u M_w - M_u Z_w} \, , \qquad (6.4.17a)$$

$$\frac{d\Theta}{d\delta_\Theta} = \frac{X_{\delta\Theta}}{g} + \frac{X_u}{g} \frac{du}{d\delta_\Theta} \, . \qquad (6.4.17b)$$

Den Zähler in (6.4.17a) kann man für alle praktisch interessierenden
Fälle als negativ voraussetzen, da er auch für den Zusammenhang zwischen
Nicksteuerausschlag und Lastfaktoränderung von Bedeutung ist und hierfür ein positiver Wert ungeeignet wäre (vgl. dazu auch [28]). Damit
folgt aus (6.4.17a), daß der Geschwindigkeitsgradient $du/d\delta_\Theta$ unmittelbar
ein Maß für die statische Stabilität darstellt, d.h. es gilt $du/d\delta_\Theta \sim 1/E$.
Dies bedeutet insbesondere, daß der Gradient $du/d\delta_\Theta$ beim Übergang von
statischer Stabilität zu Instabilität sein Vorzeichen wechselt und somit als Indikator dafür dienen kann, ob das Flugzeug stabil ist oder
nicht. Bei statischer Stabilität führt ein hecklastiges Steuermoment
$M_{\delta\Theta} \delta_\Theta > 0$ zu einer Geschwindigkeitsverkleinerung $du < 0$. Setzt man $M_{\delta\Theta} > 0$
(als implizite Definition des Vorzeichens von δ_Θ) voraus, so gilt bei
statisch stabilem Flugzeug: $du/d\delta_\Theta < 0$. Diese Zuordnung wird daher auch
als stabiler Gradient bezeichnet.

Der Nicklagegradient $d\Theta/d\delta_\Theta$ ist nicht in der unmittelbaren Form mit der
statischen Stabilität verknüpft wie der Geschwindigkeitsgradient $du/d\delta_\Theta$,
da noch der zusätzliche Anteil $X_{\delta\Theta}/g$ vorhanden ist, vgl. auch (6.4.17b).
Dies kann zu unterschiedlichen Vorzeichen von $d\Theta/d\delta_\Theta$ führen und bedarf
deshalb besonderer Beachtung bei der flugeigenschaftsmäßigen Bewertung
(vgl. hierzu auch die Beschreibung bestehender Flugeigenschaftsforderungen in Kap. 7). Das in der vorliegenden Betrachtung nicht berücksich-
tigte Derivativ X_w wirkt ebenfalls auf das Vorzeichen von $d\Theta/d\delta_\Theta$ ein.
Bei Flugzeugen, die eine Lagesteuerung aufweisen, wird auch $du/d\delta_\Theta$ von
$X_{\delta\Theta}$ beeinflußt.

Die vorangegangene Betrachtung war mit den Verhältnissen bei festem
Steuerausschlag befaßt. Für die Bestimmung der statischen Stabilität bei
losgelassenem Steuerknüppel sind die Eigenschaften der Steuerung zu berücksichtigen wie zum Beispiel Zusatzgewichte ("bobweights"), Nick-
steuerflächenausschlag infolge von Rudermomenten, Steuersystem- bzw.
Stabilisierungssystemeigenschaften usw.

6.4.4 Seitenbewegung

Bewegungsgleichungen

Wie bei der Längsbewegung können auch bei der Seitenbewegung die Bewegungsgleichungen aus Abschn. 4.2 übernommen werden, wenn man die zusätzlichen, aus der Vorwärtsbewegung resultierenden Terme mit berücksichtigt. Dies ergibt nach (4.2.7) den Anteil mru in der Seitenkraftgleichung. Wählt man als Bezugssystem das Stabilitätsachsenkreuz, so
gilt unter Vorgabe eines symmetrischen, stationären Horizontalflugs
$u_0 = V_0$. Der zusätzliche Seitenkraftanteil schreibt sich damit in linearisierter Form als mrV_0, und man erhält für die linearisierten Bewegungsgleichungen zur Beschreibung der Abweichungen von einem festen
Operationspunkt unter Außerachtlassung von Böeneffekten:

$$
\begin{bmatrix} s - Y_v & -g & V_0 \\ -L_v & s^2 - L_p s & -L_r \\ -N_v & 0 & s - N_r \end{bmatrix}
\begin{bmatrix} v \\ \Phi \\ r \end{bmatrix} =
\begin{bmatrix} Y_\delta \\ L_\delta \\ N_\delta \end{bmatrix} \delta .
\qquad (6.4.15)
$$

Zur besseren Darstellung der grundsätzlichen Zusammenhänge sind auch
hier wieder einige Annahmen zugrunde gelegt, die im folgenden angegeben
sind:

- Φ-Derivative entfallen, d.h. das Flugzeug habe in der Transition keine Lagesteuerung.

- Das Deviationsmoment I_{xz} sowie die Derivative Y_p, Y_r und N_p seien vernachlässigbar.

- Die Größe δ sei formal eine allgemeine Steuergröße, die je nach Anwendungsfall unterschiedliche Steuergrößen darstelle.

Dynamische Stabilität

Die für die dynamische Stabilität maßgebliche charakteristische Gleichung von (6.4.15) bestimmt sich zu

$$\underbrace{(s - N_r)}_{\textstyle s-s_4^*}\underbrace{[s(s - Y_v)(s - L_p) - gL_v]}_{\textstyle (s-s_1^*)(s-s_2^*)(s-s_3^*)} + V_0 N_v[s^2 - L_p s - L_r g/V_0] = 0 \ . \qquad (6.4.16)$$

Die Wurzeln des Teilpolynoms für $N_v = 0$ seien durch die Schreibweise $s_{1,2,3,4}^*$ gekennzeichnet, d.h. es gelte

$$s(s - Y_v)(s - L_p) - gL_v = (s - s_1^*)(s - s_2^*)(s - s_3^*) \ , \qquad (6.4.17a)$$

$$s_4^* = N_r \ . \qquad (6.4.17b)$$

Diese Ausdrücke haben formal den gleichen Aufbau wie die Beziehungen, die die Dynamik im Schwebeflug für $L_\Phi = 0$ beschreiben (vgl. hierzu auch Abschn. 4.4). Sie dienen hier als Ausgangsfall für die Wurzelortskurvenbetrachtung mit $V_0 N_v$ als "Verstärkungsfaktor". Diese Überlegung basiert in Analogie zur Längsbewegung darauf, daß das Produkt $V_0 N_r$ mit wachsender Geschwindigkeit an Bedeutung gewinnt und somit tatsächlich in seiner Wirkung zunehmend verstärkt wird. Mit (6.4.17a,b) schreibt sich unter Einführung der fiktiven Übertragungsfunktion

$$F(s) = \frac{s^2 - L_p s - L_r g/V_0}{(s - s_1^*)(s - s_2^*)(s - s_3^*)(s - s_4^*)} \qquad (6.4.18a)$$

die charakteristische Gleichung (6.4.16) in der folgenden Form:

$$1 + V_0 N_v F(s) = 0 \ . \qquad (6.4.18b)$$

Die Nullstellen $s_{Z1,2}$ des Zählers von $F(s)$ sind unter der Annahme

$$\left| \frac{L_r}{L_p} \frac{g}{V_0} \right| \ll |L_p| \tag{6.4.19}$$

näherungsweise gegeben durch

$$s_{Z1} \approx L_p \; ,$$

$$s_{Z2} \approx - \frac{g}{V_0} \frac{L_r}{L_p} \; . \tag{6.4.20}$$

Für die weitere Betrachtung ist es zweckmäßig, zwischen $L_v = 0$ und $L_v \neq 0$ zu unterscheiden. Setzt man zunächst $L_v = 0$ voraus, so sind die Pole des "offenen Kreises" $s^*_{1,2,3,4}$ explizit darstellbar. Aus (6.4.17a,b) folgt hierfür:

$$s^*_1 = L_p \; ,$$

$$s^*_2 = Y_v \; ,$$

$$s^*_3 = 0 \; , \tag{6.4.21}$$

$$s^*_4 = N_r \; .$$

Die durch (6.4.20) und (6.4.21) bestimmte Pol-Nullstellen-Verteilung führt zu der in Bild 6.4.7 dargestellten Wurzelortskurve. Wie daraus hervorgeht, sind zwei aperiodische Bewegungsformen vorhanden (s^*_1 und s^*_3), die annähernd unverändert bleiben, da sie durch die Nullstellen $s_{Z1,2}$ gebunden sind (vgl. hierzu auch (6.4.20) und (6.4.21)). Bei der vorausgesetzten Größenrelation zwischen L_p und L_r gilt für diese beiden Wurzeln

$$s_1 \approx s^*_1 \approx L_p \; ,$$

$$s_3 \approx s_{Z2} \approx - \frac{g}{V_0} \frac{L_r}{L_p} \; . \tag{6.4.22}$$

Außerdem entsteht - von $s^*_{2,4}$ ausgehend - eine Schwingung infolge Zunahme des Verstärkungsfaktors $V_0 N_v$. Charakteristisches Merkmal dieser Schwingung ist die annähernd konstante Dämpfung sowie die monotone Zunahme der Frequenz mit $V_0 N_v$. Dies machen auch die folgenden Näherungs-

beziehungen deutlich, die sich nach Abspaltung der beiden nach (6.4.22)
bekannten Wurzeln $s_{1,3}$ aus der charakteristischen Gleichung (6.4.16)
ergeben zu

$$2\sigma \approx Y_v + N_r \,,$$

$$(6.4.23)$$

$$\omega_n \approx \sqrt{V_0 N_v} \,.$$

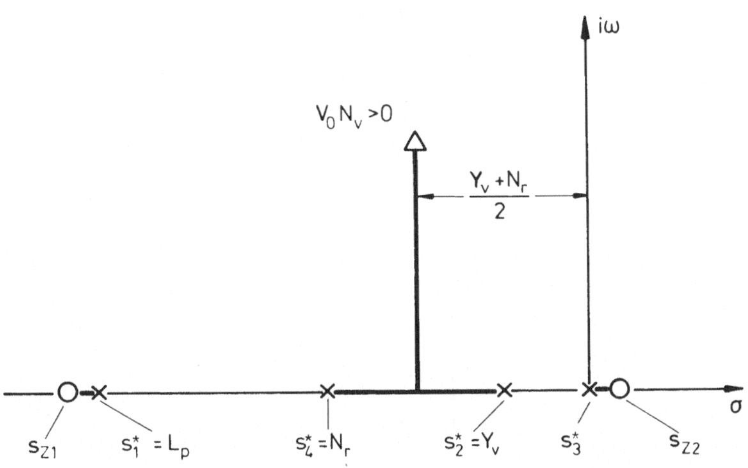

Bild 6.4.7. Einfluß von $V_0 N_v$ auf die Eigenwerte der Seitenbewegung
($L_v = 0$)

Einfluß_von_L_v

Geht man nun zu dem allgemeineren Fall nichtverschwindender L_v-Werte
über, so erhält man Verschiebungen in den Ausgangswerten $s_{1,2,3}^*$, wie
sie in Abschn. 4.4.3 für den Schwebeflug beschrieben werden und der
Wurzelortskurve in Bild 6.4.8 für genügend großes negatives L_v zugrunde
gelegt worden sind. Die Bewegungsformen, die sich daraus unter der Einwirkung von $V_0 N_v$ entwickeln, besitzen eine Reihe von Merkmalen, die dem
einfacheren Fall $L_v = 0$ entsprechen. Auch hier treten zwei aperiodisch
verlaufende Eigenbewegungsformen auf, da die Nullstellen $s_{Z1,2}$ wiederum
zwei reelle Wurzeln binden. Eine dieser beiden Eigenbewegungsformen ist
in ihrem Zeitverhalten schnell, während die andere langsamer verläuft.
Dieser Charakter bleibt auch bei Zunahme von $V_0 N_v$ erhalten. Außerdem
tritt auch hier ein konjugiert komplexes Wurzelpaar auf, dessen Imagi-
närteil mit $V_0 N_v$ zunimmt. Der asymptotische Grenzwert entspricht nach

den Gesetzmäßigkeiten der Wurzelortskurvenmethode [27] einer Geraden
parallel zur imaginären Achse, die gegeben ist durch

$$\sigma_{asympt} = \frac{Y_v + N_r}{2} \, .$$
$$(6.4.24)$$

Bei einer relativen Zuordnung der Wurzeln wie in Bild 6.4.7 und 6.4.8
zeigt sich, daß die Dämpfung der Schwingung durch negative L_v-Werte reduziert wird. Ursache hierfür ist die Verschiebung der Pole des "offenen
Kreises", die dazu führt, daß das konjugiert komplexe Polpaar $s^*_{2,3}$ infolge der Einwirkung von L_v in Richtung Instabilität wandert (vgl. hierzu
auch den analogen Effekt im Schwebeflug in Bild 4.4.1). Daher verschiebt
sich auch der zugehörige Wurzelortskurventeil von $V_0 N_v$ nach rechts.

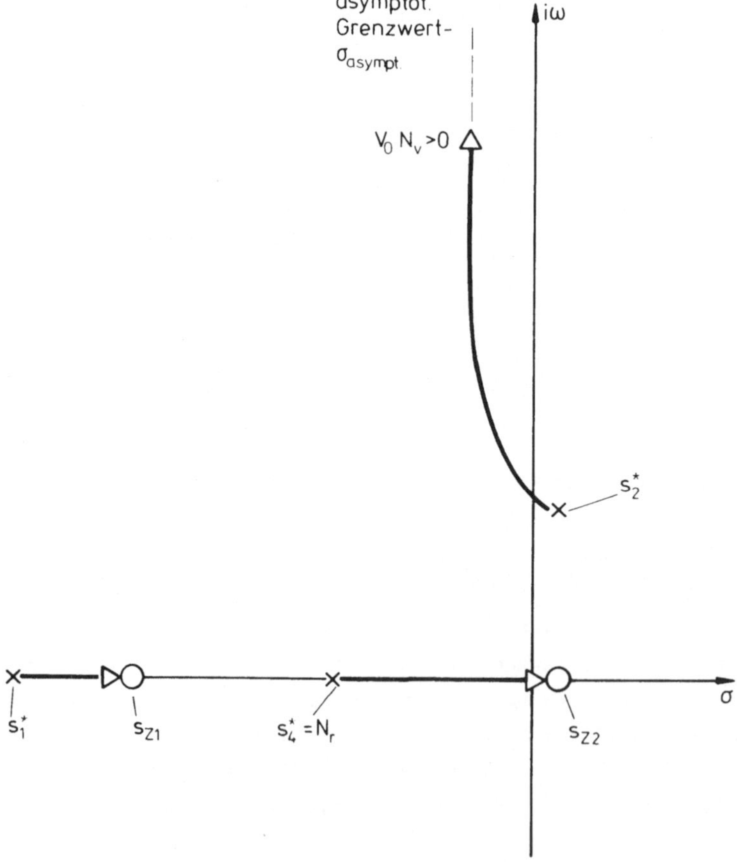

Bild 6.4.8. Einfluß von $V_0 N_v$ auf die Eigenwerte der Seitenbewegung bei
negativen L_v-Werten, nach [48]

Aus Bild 6.4.8 ergibt sich weiter, daß unter Berücksichtigung der Beziehung (6.4.20) für die Nullstelle s_{Z2} die langsam verlaufende aperiodische Bewegung stabil ist, falls

$$L_r \leqq 0 \;.$$

Bei genügend großen Werten von $V_0 N_v$ bedeutet dies gleichzeitig, daß dann auch die Gesamtbewegung stabil ist.

Die bisherige Betrachtung macht außerdem deutlich, wie die Übergang der Eigenbewegungen vom Schwebeflug zum aerodynamisch getragenen Flug erfolgt. Faßt man $V_0 N_v$ als eine Wertekombination auf, die monoton mit der Fluggeschwindigkeit anwächst, so kann sie als ein "Verstärkungsfaktor" interpretiert werden, dem eine Rolle entsprechend der Darstellung von Bild 6.4.7 und 6.4.8 zukommt. Dies wird noch deutlicher, wenn man $V_0 N_v$ unter Verwendung des dimensionslosen Derivatives $C_{n\beta}$ folgendermaßen schreibt

$$V_0 N_v = \frac{\rho Ss}{2 I_z} \, V_0^2 \, C_{n\beta} \;. \tag{6.4.25}$$

Für die Relation zu den übrigen Derivativen und für die qualitative Beeinflussung der Wurzeln gelten hier ähnliche Überlegungen wie bei der Längsbewegung im Zusammenhang mit (6.4.7).

Auch bei der Seitenbewegung läßt sich durch Vergleich mit den bekannten Näherungsbeziehungen für die Eigenwerte im aerodynamisch getragenen Flug die Verbindung zu dem oberen Ende des Transitionsbereichs herstellen. Hierfür kann man von den im folgenden zusammengestellten, weitgehend vereinfachten Näherungsbeziehungen ausgehen (vgl. auch [6, 27]).

Roll-Gier-Schwingung:

$$\omega_{nRG} \approx \sqrt{V_0 N_v} \;,$$
$$2\sigma_{RG} \approx Y_v + N_r \;. \tag{6.4.26}$$

Rollbewegung:

$$s_R \approx L_p \;. \tag{6.4.27}$$

Spiralbewegung:

$$s_{SP} \approx \frac{g}{V_0} \frac{L_v N_r - L_r N_v}{L_p N_v} \; .$$

(6.4.28)

Der Vergleich mit (6.4.22) und (6.4.23), bei denen der Einfluß von L_v nicht berücksichtigt ist, zeigt unmittelbar die Zuordnung zu den Eigenbewegungsformen der Transition.

Eigen-_und_Zeitvektoren

Die Eigenvektoren ergeben sich bei Vorgabe der Seitengeschwindigkeit v aus der Seitenkraft- und Giermomentengleichung zu (mit $s_i = s_{1,2,3,4}$):

$$\left(\frac{\Phi}{v}\right)_{s_i} = \frac{1}{g} \left[s - Y_v + \frac{V_0 N_v}{s - N_r}\right]_{s=s_i} ,$$

(6.4.29)

$$\left(\frac{r}{v}\right)_{s_i} = \frac{N_v}{s - N_r}\bigg|_{s=s_i} \; .$$

Ein Beispiel hierzu ist in den Bildern 6.4.9 und 6.4.10 dargestellt, das Eigen- und Zeitvektoren eines Senkrechtstarters mit Mantelschrauben zeigt.

Bild 6.4.9. Eigen- und Zeitvektoren der aperiodischen Bewegungsformen eines Senkrechtstarters mit schwenkbaren Mantelschrauben ($V_0 = 18$ m/s), nach [48]

ⓐ Eigenvektor
ⓑ Y-Kraftgleichung
ⓒ Rollmomentengleichung
ⓓ Giermomentengleichung

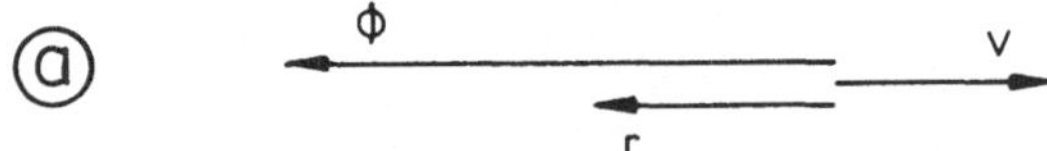

$$\text{Eigenwert} : -1{,}24\ \text{s}^{-1}$$

(a)

(b)

(c)

(d)

$$\text{Eigenwert} : -0{,}017\ \text{s}^{-1}$$

(a)

(b)

(c)

(d)

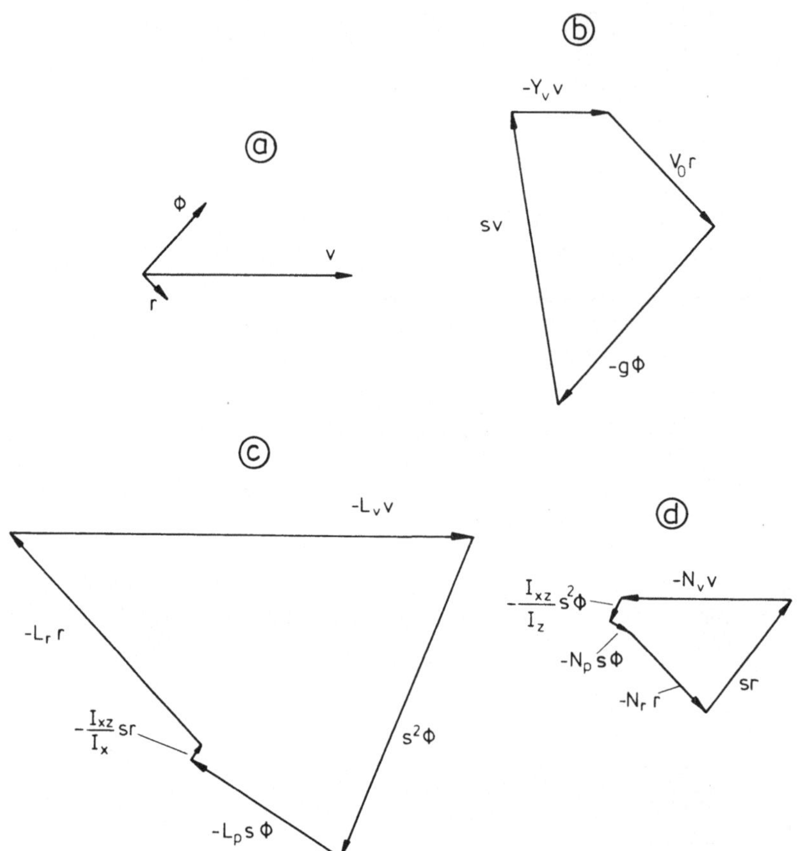

Bild 6.4.10. Eigenvektor und Zeitvektoren der seitlichen Schwingungsform eines Senkrechtstarters mit schwenkbaren Mantelschrauben ($V_0 = 18$ m/s), nach [48]

Eigenwert: $\zeta = 0,16$; $\omega_n = 0,87$ s^{-1}

ⓐ Eigenvektor
ⓑ Y-Kraftgleichung
ⓒ Rollmomentengleichung
ⓓ Giermomentengleichung

6.5 Änderung des Steuersystemverhaltens in der Transition

6.5.1 Allgemeines

Die bisherige Betrachtung war mit der Dynamik des Flugzeugs bei festen Operationspunkten in der Transition befaßt, wobei insbesondere die Bedeutung der aerodynamischen Kräfte und Momente mit Zunahme der Geschwindigkeit behandelt und der Übergang in das konventionelle Flugzeugver-

halten des aerodynamisch getragenen Flugs gezeigt wurde. Das dabei zugrunde gelegte mathematische Modell entspricht einem Flugzeug, das keine Lagerückführung besitzt, sondern nur Momente proportional zu u, w,
und q bzw. zu v, p und r aufweist. Dies kann man zunächst als eine Art
Basismodell auffassen, das das natürliche Verhalten des Flugzeugs ohne
künstliche Stabilisierung wiedergibt. Somit stellt es auch das Flugzeugverhalten dar, das in Form der Strecke von einem Regler zu stabilisieren bzw. zu verbessern ist. Außerdem gibt das verwendete mathematische Modell auch die grundsätzlichen Effekte wieder, die ein Flugzeug
mit einer Geschwindigkeitssteuerung aufweist. In diesem Fall sind die
betreffenden Derivative (M_q, L_p usw.) als Größen aufzufassen, die sowohl die Anteile aus dem natürlichen Verhalten des Flugzeugs als auch
die künstlich durch die Rückführung der Drehgeschwindigkeiten aufgebrachten Anteile enthalten, wobei die Änderung der Rückführverstärkung
in der Transition entsprechend zu berücksichtigen ist.

Die beschriebene Modellvorstellung kann jedoch nicht das Verhalten von
Flugzeugen mit einer Lagesteuerung wiedergeben, so daß hier - ausgehend
von dem genannten Basismodell - noch eine entsprechende Erweiterung
erforderlich ist. In diesem Zusammenhang ist weiter zu berücksichtigen,
daß das Steuersystemverhalten während der Transition geändert werden
muß, damit das Flugzeug beim Erreichen des aerodynamisch getragenen
Flugs die hier typischen Flugeigenschafts- und Bewegungsmerkmale aufweist. Derartige Änderungen der Steuerungseigenschaften müssen kontinuierlich erfolgen, damit keine abrupten Übergänge entstehen, die für
den Piloten nicht tolerierbar sind. Im folgenden wird für ein ausgeführtes Senkrechtstartflugzeug gezeigt, wie die notwendigen Anpassungen
der Steuersysteme an die geänderten Verhältnisse in der Transition und
an den aerodynamisch getragenen Flug realisiert worden sind.

6.5.2 Anpassung der Lagesteuerung an die Transitionsverhältnisse bei einem ausgeführten Flugzeug

Das Senkrechtstartflugzeug VJ 101 C war mit einer Lagesteuerung ausgerüstet, deren Verhalten im Schwebeflug in Abschn. 4.3.8 für die Längsbewegung behandelt worden ist. In der Transition werden die Eigenschaften der Lagesteuerung dahingehend verändert, daß mit Zunahme der Fluggeschwindigkeit die Rückführungen der Winkellage in Nick- und Rollachse
bis auf Null reduziert werden. Dies ist in Bild 6.5.1 erläutert, wo die
Verstärkungsfaktoren K_Θ (Nicklage-Rückführung) und K_Φ (Rollage-Rückführung) dargestellt sind. Als Maß für die Fluggeschwindigkeit in der

Transition wurde hierbei der Schubschwenkwinkel σ gewählt (vgl. hierzu
auch den Zusammenhang zwischen Schwenkwinkel und Geschwindigkeitsverlauf in der Transition nach Bild 6.2.12 oder 6.2.34). Aus der Darstellung von Bild 6.5.1 wird deutlich, daß für σ < 45° die Lagesteuerung
abgeschaltet ist.

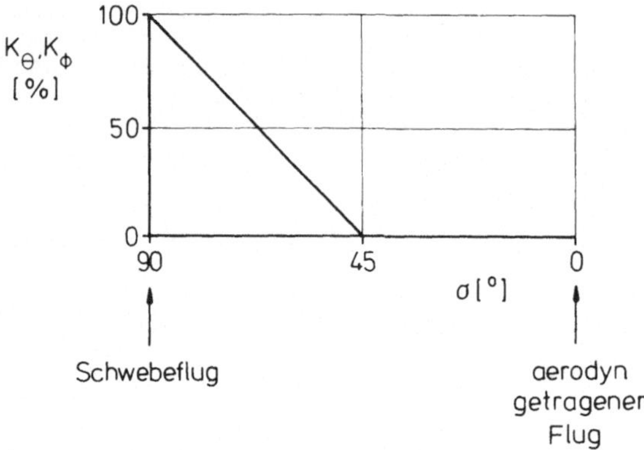

Bild 6.5.1. Änderung der Nicklage- und Rollage-Rückführung in der Transition bei der VJ 101 C, nach [11]

Auch die Rückführung der Drehgeschwindigkeit wird den geänderten Verhältnissen der Transition angepaßt. Wie in Bild 6.5.2 für die Nickachse
gezeigt, wird der Verstärkungsfaktor vergrößert, so daß hier die durch
das Steuersystem aufgebrachte Dämpfung erhöht wird.

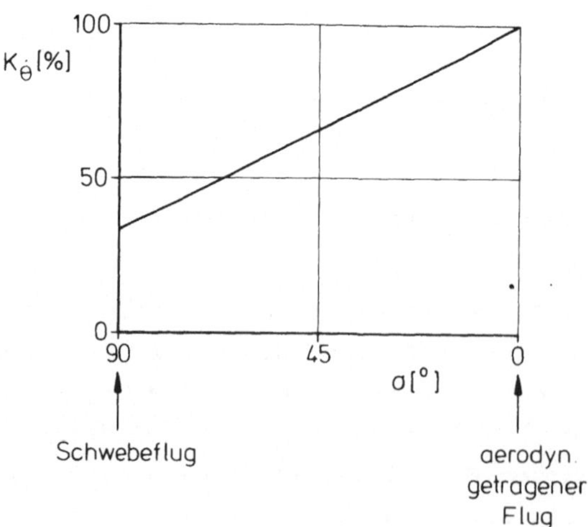

Bild 6.5.2. Änderung der Winkelgeschwindigkeits-Rückführung in der Transition bei der VJ 101 C, nach [11]

In Ergänzung zur bisherigen Betrachtung ist in Bild 6.5.3 das (vereinfachte) Blockschaltbild für das Steuersystem der Längsbewegung in der
Transition dargestellt. Dieses Steuersystem wurde in seiner für den
Schwebeflug zutreffenden Form bereits in Abschn. 4.3.8 behandelt, vgl.
hierzu auch Bild 4.3.19. Davon ausgehend, zeigt Bild 6.5.3 auch die für
die Transition notwendigen Ergänzungen. Die Änderungen der Verstärkungen, mit denen Nicklage und -drehgeschwindigkeit zurückgeführt werden,
entsprechen den Werten von Bild 6.5.1 und 6.5.2. Außerdem wird aus der
Darstellung von Bild 6.5.3 deutlich, daß das Ruder von Beginn der Transition an mit im Eingriff ist. Dies bedeutet, daß die rein aerodynamische Steuerung während der Transition zunehmend an Bedeutung gewinnt,
bis sie beim Erreichen des aerodynamisch getragenen Flugs allein die
gesamten Steuermomente aufbringen kann. Ein Beispiel hierzu zeigt Bild
6.5.4, das die aerodynamisch verfügbaren Nickmomente in Form der Nickbeschleunigungsfähigkeit M/I_y in Abhängigkeit von der auf die Konversionsgeschwindigkeit V_{con} bezogenen Fluggeschwindigkeit wiedergibt.

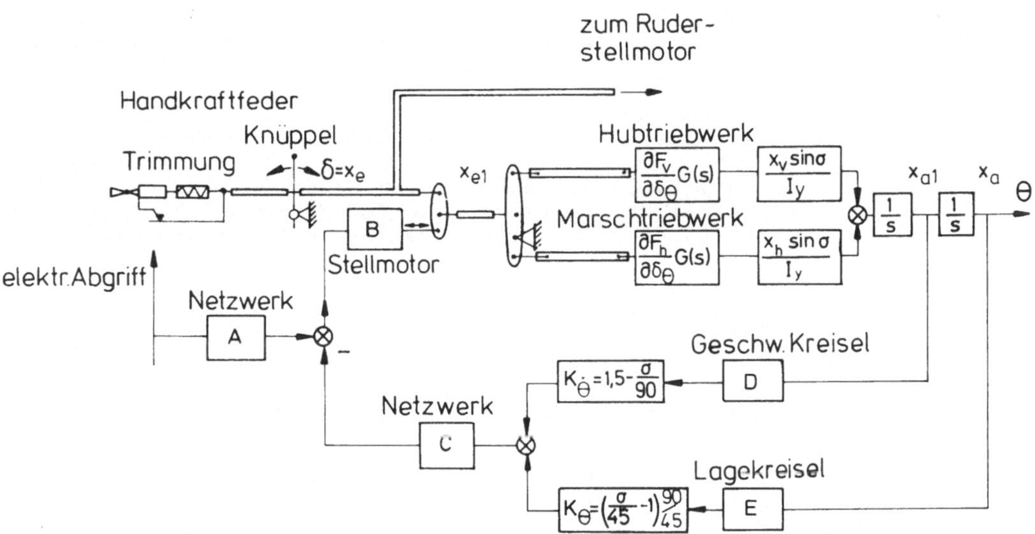

Bild 6.5.3. Nicksteuerung der VJ 101 C in der Transition

Außerdem ist in Bild 6.5.4 auch noch der Anteil aus der Schubsteuerung
angegeben, der mit Zunahme der Fluggeschwindigkeit zurückgeht. Die Überlagerung der Momente aus der Schubsteuerung und der aerodynamischen
Steuerung ergibt dann das insgesamt verfügbare Steuermoment.

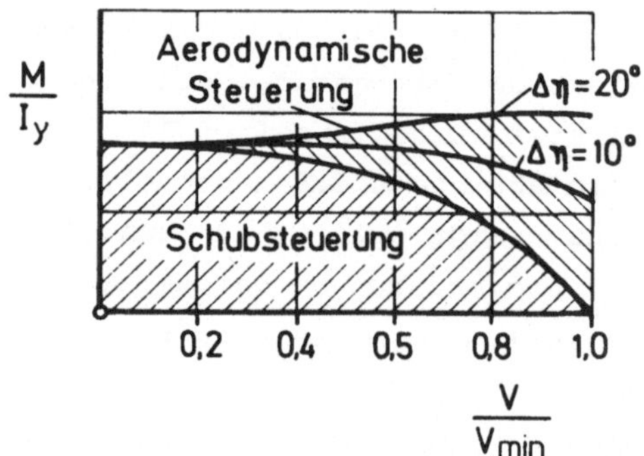

Bild 6.5.4. Steuermomente der VJ 101 C in der Transition ($\Delta\eta$: Höhenruderwinkel), nach [12]

Literatur

1 AGARD: V/STOL Handling, I - Criteria and Discussion, Rep. Nr. 577, Teil I, 1970.

2 Barche, J.: Developing a Prediction Method for Jet Induced Effects of Arbitrary Jet-Lift V/STOL Configuration. VFW-Report Topic 15, Contract Nr. N00140-74C.0113, 1975.

3 Brüning, G.: Zur zeitoptimalen Transition von VTOL-Flugzeugen. Zeitschrift für Flugwissenschaften 14, Heft 11/12, S. 479-490, 1966.

4 Chalk, C.R.; Key, D.L.; Kroll, J., Jr.; Wasserman, R.; Radford, R.C.: Background Information and User Guide for MIL-F-83300. Air Force Flight Dynamics Laboratory, Wright-Patterson Air Force Base, Ohio, AFFDL-TR-70-88, 1971.

5 Curtiss, H.C., Jr.: An Analytical Study of the Dynamics of Aircraft in Unsteady Flight. USAAVLABS Technical Report 65-48, U.S. Army Avistion Material Laboratories, Fort Eustis, Virginia, 1965.

6 Etkin, B.: Dynamics of Atmospheric Flight. New York, London, Sidney, Toronto: John Wiley & Sons 1972.

7 Fricke, L.B., et al.: A Wind Tunnel Investigation of Jets Exhausting into a Crossflow. Air Force Flight Dynamics Laboratory, Wright-Patterson Air Force Base, Ohio, AFFDL-TR-70-154, 1970.

8 Friedel, H.; Stopfkuchen, K.: Ein Verfahren zur Berechnung zeitoptimaler Übergangsflüge von VTOL-Flugzeugen. Jahrbuch 1963 der WGLR, S. 85-96, 1963.

9 Günter, S.: Regelbarer Lufteinlauf insbesondere für Strahltriebwerke. Auslegeschrift 1078375 des Deutschen Patentamtes v. 24. März 1960 (Anmeldetag 8. Aug. 1958).

10 Günter, S.: Studies on the Transition of VTOL Aircraft. AGARDograph 46, S. 579-589, 1960.

11 Hafer, X.; Franke, H.: A Contribution to the Problem of VTOL-Control
    by Thrust Modulation. AIAA Simulation for Aerospace Flight Confer-
    ence, Columbus, Ohio, Conference-Proceedings, S. 70-77, 1963.

12 Hafer, X.: Zur Flugmechanik der Senkrechtstarter. Arbeits- und For-
    schungsgemeinschaft "Graf Zeppelin, 64. Stuttgarter Luftfahrtge-
    spräch, 1963.

13 HFB 600 V/STOL-Kurzstrecken-Transportflugzeug für militärische und
    zivile Verwendung, Projektstudie. Hamburger Flugzeugbau GmbH, Aus-
    gabe 25.9.1969, TEW/P, 1969.

14 Herb, H.: Vergleich von Start- und Landeleistungen strahlgestützter
    Senkrechtstarter. DLR FB 69-61, 1969.

15 Hess, J.L.; Smith, A.O.H.: Calculation of Nonlifting Potential Flow
    about Arbitrary Three Dimensional Bodies. Douglas Aircraft Corp.
    Rep. ES 40622, 1962.

16 Huntley, E.: Landing Transition Paths which Optimise Fuel, Time or
    Distance for Jet-Lift Transport Aircraft in Steep Approaches. ARC
    R&M 3732, 1974.

17 Jordinson, R.: Flow in a Jet Directed Normal to the Wind. ARC R&M
    3074, 1956

18 Keffer, J.F.; Baines, W.D.: The Round Turbulent Jet in a Cross-Wind.
    Journal of Fluid Mechanics, Band 15, S. 481-496, 1963.

19 Körner, H.: Berechnung der potentialtheoretischen Strömung um Flü-
    gel-Rumpf-Kombinationen und Vergleich mit Messungen. Zeitschrift
    für Flugwissenschaften 20, Heft 9, S. 351-368, 1972.

20 Kowalke, F.: Flugphysikalische Aspekte der Entwicklung von Kipp-
    flügel-Tandem-Konfigurationen. DLR Mitteilung 69-06, S. 70-112,
    1969.

21 Kraus, W.; Sacher, B.: Das Panelverfahren zur Berechnung der Druck-
    verteilung von Flugkörpern im Unterschallbereich. Zeitschrift für
    Flugwissenschaften 21, Heft 9, S. 301-311, 1973.

22 Kuhn, R.E.; McKinney, O., Jr.: NASA Research on the Aerodynamics of
    Jet VTOL Engine Installations. AGARDograph 103, Teil 2, S. 695-719,
    1965.

23 Langfelder, H.: Die Probleme der Lufteinläufe bei Senkrechtstart-
    flugzeugen mit TL-Triebwerken. Jahrbuch der WGLR, S. 233-241, 1963.

24 Leistner, R.: Strahleinfluß- und Bodensogversuche am 1:10 Modell des
    Typs 320 in kleinen Windkanal Emmen. EWR-Bericht Nr. 109/63, 1963.

25 Löbert, G.: Experimentelle Untersuchungen zum Problem der Strömungs-
    ablösung bei Kippflügelflugzeugen in der Landetransition. DGLR-
    Mitteilung 69-06, S. 191-236, 1969.

26 Margason, R.J.: The Path of a Jet Directed at Large Angles to a
    Subsonic Free Stream. NASA TN D-4919, 1968.

27 McRuer, D.; Ashkenas, I.; Graham, D.: Aircraft Dynamics and Auto-
    matic Control. Princeton: Princeton University Press 1973.

28   MIL-F-83300 - Military Specification - Flying Qualities of Piloted
     V/STOL Aircraft. 1970.

29   Nishimuar, H.: Fuel Minimum Takeoff Path of Jet Lift VTOL Aircraft.
     Journal of Aircraft, Band 17, S. 290-291, 1980.

30   Poisson-Quinton, Ph.: Introduction to V/STOL Aircraft Concepts and
     Categories. AGARDograph 126, S. 3-49, 1969.

31   Prandtl, L.: Ergebnisse der Aerodynamischen Versuchsanstalt zu
     Göttingen. II. Lieferung, S. 41, 42, 1923.

32   Ramnath, R.V.: Transition Dynamics of VTOL Aircraft. AIAA Journal,
     Band 8, S. 1214-1221, 1970.

33   Riccius, R.; Sobotta, W.: VAK 191 B Experimental Program for a V/STOL
     Strike Recce Aircraft. AGARD-CP-126, S. 6-1 - 6-18, 1973.

34   Rolls Royce: Presentation on V/STOL Powerplants. Rep. TS 1077, Rolls
     Royce Limited, 1970.

35   Sachs, G.: Static Stability and Aperiodic Divergence. Journal of
     Aircraft, Band 12, S. 497-500, 1975.

36   Schaub, O.W.: Experimental Studies of VTOL Fan-In-Wing Inlets.
     AGARDograph 103, S. 715-746, 1965.

37   Schlichting, H.; Truckenbrodt, E.: Aerodynamik des Flugzeugs. Band
     I, 2. Auflage, Berlin, Heidelberg, New York: Springer, 1967.

38   Schulz, G.; Viehweger, G.: Sekundärkräfte an einem Senkrechtstarter
     beim Schwebe- und Transitionsflug mit Berücksichtigung des Boden-
     effekts. Jahrbuch 1967 der WGLR, S. 152-161, 1967.

39   Schulz, G.: Berechnung der Druckverteilung auf einem Flugzeugrumpf
     mit austretenden Hubstrahlen mittels Singularitäten. DLR Mitteilung
     70-28, S. 10.1-10.36, 1970.

40   Schwärzler, K.: Die Entwicklung von Senkrechtstartflugzeugen mit
     Turbinenstrahltriebwerken in Deutschland. Jahrbuch 1963 der WGLR,
     S. 26-50, 1963.

41   Siclari, M.J.; Migdal, D.; Luzzi, T.W., Jr.; Barche, J.; Palcza,
     J.L.: Development of Theoretical Models for Jet-Induced Effects on
     V/STOL Aircraft. Journal of Aircraft, Band 13, S. 938-944, 1976.

42   Snell, H.: A Method for Calculation of the Flow Induced by a Jet
     Exhausting Perpendicularly into a Crossflow. AGARD-CP-143, S. 18-1 -
     18-16, 1974.

43   Struck, H.; Klevenhusen, K.-D.: The Prediction of Jet Interference
     Effects by Means of Panel Methods. Euromech Colloquium 75, Rhode
     St. Genese, 1976.

44   Vogler, R.D.: Ground Effects on a Multiple-Jet VTOL Model at Tran-
     sition Speeds Over Stationary and Moving Ground Planes. NASA Pro-
     posed Technical Note, 1965.

45   Wiles, W.F.: Jet Lift Intakes. AGARDograph 103, S. 565-586, 1965.

46 Williams, J.; Butler, S.F.J.: Further Developments in Low-Speed
    Wind-Tunnel Techniques for V/STOL and High-Lift Model Testing.
    RAE TN Aero 2944, 1964.

47 Williams, J.; Wood, M.N.: Aerodynamic Interference Effect with Jet-
    Lift V/STOL Aircraft under Static and Forward Speed Conditions.
    Zeitschrift für Flugwissenschaften 15, Heft 7, S. 237-256, 1967.

48 Wolkovitch, J.; Walton, R.P.: VTOL and Helicopter Approximate Trans-
    fer Functions and Closed-Loop Handling Qualities. Systems Technology,
    Inc., Hawthorne, California, TR 128-1, 1965.

49 Wooler, P.T.; Burghart, G.H.; Gallagher, J.T.: Pressure Distribution
    on a Rectangular Wing with a Jet Exhausting Normally into an Air-
    stream. Journal of Aircraft, Band 4, S. 537-543, 1967.

7 Flugeigenschaftsrichtlinien und -forderungen

7.1 Allgemeine Betrachtung

7.1.1 Erläuterung des Begriffs Flugeigenschaften und Zweck von Richt-linien und Forderungen

Die Flugeigenschaften kennzeichnen die Verhaltensweise eines Flugzeugs
als Reaktion auf äußere Störungen sowie Steuereingaben des Piloten.
Ihre Beurteilung bleibt dem Piloten vorbehalten, der von einem Flugzeug
Eigenschaften verlangen muß, die ihm die Durchführung seiner Flugaufgaben auf sichere und möglichst einfache Art ermöglichen.

Besonders wichtige Merkmale der Flugeigenschaften sind das Stabilitäts-
und das Steuerbarkeitsverhalten eines Flugzeugs. Unter Stabilität versteht man das selbständige Rückkehren in einen Ausgangszustand nach
einer Störung. Für eine flugeigenschaftsmäßig günstige Bewertung kommt
es darauf an, daß das dynamische Verhalten auf die Fähigkeiten des Piloten zugeschnitten ist und bestimmten Anforderungen im Hinblick auf die
zeitliche Charakteristik (Frequenz, Dämpfung, Zeitkonstante) genügt.
Das Steuerbarkeitsverhalten kennzeichnet die Folgsamkeit eines Flugzeugs auf Steuerbetätigungen des Piloten. Neben der Wirksamkeit der Bedienorgane für die Kraft- und Momentenerzeugung spielt insbesondere die
Steuerkraftcharakteristik eine große Rolle.

Die Beurteilung der Fliegbarkeit eines Flugzeugs durch den Piloten hängt
außerdem in starkem Maße von der Gestaltung des Pilotenraumes (Cockpit)
mit der vorhandenen Instrumentierung, der zu wählenden Anzeigetechnik,
den Sichtverhältnissen und der Sitzposition ab. Auch die Flugaufgabe
selbst ist bei der Bewertung der Flugeigenschaften durch den Piloten von
Bedeutung. So bestehen für die Durchführung eines Schwebeflugs oder
eines Transitionsflugs wesentlich andere Anforderungen als z.B. bei
einem Hochgeschwindigkeitsflug. Schließlich ist zu beachten, daß für die
verschiedenen Flugzeugkategorien sehr unterschiedliche Maßstäbe z.B. für
die Manövrierbarkeit anzusetzen sind.

Die im Laufe der flugtechnischen Entwicklung gewonnene Kenntnis über
die Flugeigenschaften hat zur Aufstellung von Richtlinien oder Spezifikationen geführt, die als Forderungen zur Erzielung ausreichender bzw.
guter Flugeigenschaften dienen. Zweck solcher Richtlinien ist es sicherzustellen, daß keine Beschränkung der Flugsicherheit oder der Fähigkeit zur Durchführung der Flugaufgabe infolge Unzulänglichkeiten in
den Flugeigenschaften entsteht. Richtlinien können als Entwurfsforde-
rungen verwendet werden, die dem Entwurfsingenieur Zahlenwerte über die
einzelnen Flugeigenschaftsgrößen liefern und die bei der Gestaltung des
Gesamtentwurfs zu realisieren sind. Außerdem können sie als Kriterien
dienen, die in Stabilitäts- und Steuerbarkeitsuntersuchungen, bei der
Analyse von Windkanalversuchsergebnissen, bei der Flugzeugsimulation
sowie bei Flugversuchen und ihrer Auswertung benutzt werden.

7.1.2 Geschichtlicher Überblick

AGARD-Empfehlungen

Zu Beginn der Senkrechtstarterentwicklung gab es noch keine Flugeigenschaftsrichtlinien, die auf die spezifischen Belange der Senkrechtstartflugzeuge zugeschnitten waren und die eine Orientierung für Entwurf und Auslegung der Flugzeuge geben konnten. Daher waren die Firmen
zunächst auf eigene einschlägige Studien und Simulationsuntersuchungen
angewiesen. Seit 1960 bemühte sich das Flight Mechanics Panel der AGARD
(Advisory Group for Aerospace Research & Development) um dieses Problem
und brachte 1962 den AGARD Report Nr. 408 heraus [1]. Eine Fassung des
Berichts, die um Kommentare und Empfehlungen der mit Senkrechtstartern
befaßten Industrie und Institutionen erweitert wurde, erschien im Jahre
1964 als AGARD Report Nr. 408A [2].

Die in den AGARD-Berichten Nr. 408 und 408A enthaltenen Angaben basierten zum großen Teil auf Hubschraubererfahrungen und brachten wertvolle
Hinweise. Jedoch ergaben sich auch Probleme bei der Anwendung, und in
einer Reihe von Punkten erwiesen sich die aufgestellten Kriterien als
verbesserungsbedürftig. So tragen etwa die Empfehlungen über eine Ge-
samtsteuerbeschleunigung der Physik des Vorgangs nicht ausreichend Rechnung. Zum Beispiel kann bei Flugzeugen mit kleinen Trägheitsmomenten der
Bedarf an Rollmomenten zum Seitenwindausgleich erheblich größer sein als
zum Manövrieren. Außerdem waren die Empfehlungen nicht geeignet, die
besonderen Eigenschaften der damals relativ neuen Lagesteuersysteme in
angemessener Weise zu berücksichtigen. Auch die Tatsache, daß die Empfehlungen nur auf begrenzter, meist mit Versuchsgeräten gewonnener Fluger-

fahrung basierten, führte zu Problemen bei der Anwendung auf operationelle Entwürfe.

Im Jahre 1966 begann auf Veranlassung des AGARD Flight Mechanics Panel
eine internationale Arbeitsgruppe, die Empfehlungen nach dem AGARD Rep.
Nr. 408A unter Berücksichtigung der neuesten Erkenntnisse zu revidie-
ren. Ziel war hierbei die Erstellung von Empfehlungen im Sinne von
Richtlinien, die Aussagen über typisches Verhalten ermöglichen und als
Grundlage für verbindliche Spezifikationswerte geeignet sind, die die
Vertragspartner bei einem bestimmten Flugzeug anwenden können. Das Ergebnis dieser Arbeiten war der AGARD Rep. Nr. 577, dessen erster Teil
die Richtlinien einschließlich Diskussion enthält und im Jahre 1970
veröffentlicht wurde [3]. Der zweite Teil dient der weitergehenden Diskussion und Dokumentation und ist 1973 erschienen [4].

Steuerbeschleunigungen nach AGARD Rep. Nr. 408/408A

VTOL-Berichte, die vor Veröffentlichung der jetzt bestehenden Eigenschaftsrichtlinien [3] und Forderungen [10] erschienen sind (d.h. vor
1970), nehmen häufig Bezug auf den AGARD Rep. Nr. 408 bzw. 408A [1, 2],
insbesondere zur Festlegung der bei den einzelnen Projekten angesetzten
Steuerbeschleunigungen für Bewegungen um die drei Achsen. Im Hinblick
darauf sind im folgenden Aussagen dieser AGARD-Empfehlungen zur erforderlichen Drehbeschleunigung zusammengestellt.

Zur Bestimmung der Steuerbeschleunigungen sind in [1, 2] Formeln angegeben, die eine Abhängigkeit vom Fluggewicht enthalten. Sie legen die
Lageänderung Δ fest, die nach einer Sekunde infolge einer Steuereingabe
erreicht sein soll. Die Empfehlungen unterscheiden hierbei zwischen
einem Knüppel- bzw. Pedalausschlag von 1 Zoll (1") und einem Vollausschlag (100%).

Die Formeln nach [1, 2] lauten für Vollausschlag

$$\Delta = \frac{a_{100\%}}{\sqrt[3]{W + 1000}} \left(= \frac{a^*_{100\%}}{\sqrt[3]{m + 0,454}} \right) \tag{7.1.1}$$

und für eine Steuereingabe von 1 Zoll

$$\Delta = \frac{a_{1"}}{\sqrt[3]{W + 1000}} \left(= \frac{a^*_{1"}}{\sqrt[3]{m + 0,454}} \right) \tag{7.1.2}$$

mit Δ jeweils in Grad. In [1] bzw. [2] ist das Fluggewicht in lb einzusetzen. Dementsprechend stellt in (7.1.1) und (7.1.2) die Größe W
(weight) das Fluggewicht in lb dar. Die in Klammern beigefügten Gleichungen entsprechen einer Umrechnung auf SI-Normen mit der Flugzeugmasse m in Tonnen.

Die Zahlenwerte von $a_{100\%}$ bzw. $a^*_{100\%}$ für (7.1.1) sowie von $a_{1"}$ bzw. $a^*_{1"}$
für (7.1.2) sind in der folgenden Tabelle 7.1.1 nach den Angaben in
[1, 2] zusammengestellt. Neben den Werten für den normalen Schwebeflug
sind auch reduzierte Werte für die geforderte Steuerbeschleunigung bei
einem Ausfall aufgeführt. Als Beispiel erhält man für ein Senkrecht-

		Nicken		Rollen		Gieren	
Steuerausschlag		100%	1"	100%	1"	100%	1"
Normaler	a	300	75	300	100	180	60
Schwebeflug	a*	23,1	5,8	23,1	7,7	13,8	4,6
Ausfall (Triebwerk, Stabi-	a	180	45	300	100	180	60
lisierungssystem)	a*	13,8	3,5	23,1	7,7	13,8	4,6

Tabelle 7.1.1. Zahlenwerte zur Beschleunigungssteuerung nach [1, 2]

startflugzeug mit einer Abflugmasse von $m = 10t$ unter Zugrundelegung
einer Beschleunigungssteuerung (mit Δ in Grad):

$$\Delta = \frac{a^*}{\sqrt[3]{10,454}} = 57,3 \, \ddot{\Theta} \, \frac{t^2}{2} \, .$$

Mit $t = 1s$ folgt daraus für die zu installierende Beschleunigung (mit $\ddot{\Theta}$
in rad/s^2):

$$\ddot{\Theta} = 0,0159 a^* \, .$$

Tabelle 7.1.2 gibt die entsprechenden Beschleunigungswerte für alle
drei Achsen wieder.

	Winkelbeschleunigung [rad/s^2]					
	Nicken		Rollen		Gieren	
Steuerausschlag	100%	1"	100%	1"	100%	1"
Normaler Schwebeflug	0,368	0,0925	0,368	0,123	0,220	0,073
Ausfall (Triebwerk, Stabilisierungssystem)	0,220	0,0560	0,368	0,123	0,220	0,073

Tabelle 7.1.2. Erforderliche Winkelbeschleunigungen für ein Senkrechtstartflugzeug von m = 10t mit einer Beschleunigungssteuerung

Solche Angaben waren zu Beginn der Senkrechtstartentwicklung eine recht
gute Hilfe, da sie erstmals eine Abhängigkeit vom Fluggewicht enthiel-
ten und die Relation zwischen den drei Steuerungen sowohl für den Normalfall als auch bei einem Ausfall beschrieben. Sie sind als Mindestwerte aufzufassen. Dies ist auch bei einem Vergleich mit den installierten Steuerbeschleunigungen ausgeführter Flugzeuge zu erkennen, der
in Tabelle 7.1.3 angegeben ist.

Flugzeug	Winkelbeschleunigung [rad/s^2]			Masse [kg]
	Nicken	Rollen	Gieren	
Hawker P 1127	0,85 (0,45)	1,95 (0,45)	0,41 (0,27)	5 250
Dassault Balzac	0,65 (0,43)	1,10 (0,43)	0,16 (0,26)	6 125
Short SC 1	1,10 (0,526)	1,35 (0,526)	0,35 (0,315)	3 150
Bell X-14A	0,80 (0,610)	0,80 (0,610)	0,50 (0,365)	1 880
EWR VJ 101 C-X1	0,56 (0,430)	1,20 (0,430)	0,30 (0,260)	6 200
LTV XC-142	0,54 (0,300)	1,00 (0,300)	0,55 (0,178)	20 000
Ryan XV-5A	0,80 (0,443)	0,87 (0,443)	0,35 (0,265)	5 600
Dornier Do 31	0,42 (0,284)	0,725 (0,284)	0,45 (0,170)	22 500

Tabelle 7.1.3. Maximale Winkelbeschleunigungen ausgeführter Flugzeuge
im Schwebeflug (Klammerwerte: Empfehlungen nach [2])

Amerikanische Flugeigenschaftsforderungen

Die auf amerikanischer Seite aufgestellten Flugeigenschaftsforderungen
sind im zweiten Teil der sechziger Jahre entstanden. Das Cornell Aeronautical Laboratory begann im Jahre 1966 im Rahmen des von der US Air

Force durchgeführten Programms "VTOL Integrated Flight Control System"
mit der Entwicklung von Flugeigenschaftskriterien für Senkrechtstartflugzeuge. Die Arbeiten, an denen auch die Industrie, Forschungsinstitutionen sowie amtliche Stellen beteiligt waren, führten 1967 zu einem
ersten Bericht [9] und im weiteren Fortgang 1968 zu einem Vorschlag
für die aufzustellenden Forderungen [5, 6]. Ziel war es, die Forderungen in Form einer verbindlichen Spezifikation festzulegen. Die vorge-
schlagenen Forderungen wurden in mehreren Schritten einer eingehenden
Revision unterzogen, an der wiederum die einschlägige Industrie sowie
Forschungsinstitutionen und amtliche Stellen beteiligt waren. Die endgültige Fassung der Flugeigenschaftsforderungen wurde dann im Jahre
1970 als MIL-F-83300 "Flying Qualities of Piloted V/STOL Aircraft"
veröffentlicht [10]. Der Zusammenstellung der Forderungen ist ein Er-
läuterungsbericht [8] beigefügt, dessen Zweck es ist, das den Forderungen zugrunde gelegte Datenmaterial zu dokumentieren sowie Erklärun-
gen und Anmerkungen als Hilfe für den Benutzer bereitzustellen.

7.2 Bestehende Flugeigenschaftsrichtlinien und -forderungen

7.2.1 Allgemeines

Wie in den vorangegangenen Abschnitten dargelegt, sind im AGARD Rep.
Nr. 577 sowie in der amerikanischen Spezifikation MIL-F-83300 Flugeigenschaftsrichtlinien bzw. -forderungen zusammengestellt. Hierbei ist
zwischen den Begriffen Richtlinien und Forderungen zu unterscheiden. Im
AGARD Rep. Nr. 577 werden Richtlinien (Criteria) angegeben. Diese Bezeichnungsweise soll zum Ausdruck bringen, daß hier Richtwerte definiert werden, die als typisch anzusehen sind und größere Schwankungs-
breiten zulassen. Solche Richtlinien sind als Grundlage für die Entwicklung von Forderungen bzw. Spezifikationen gedacht, die zur Auslegung
und Erprobung eines bestimmten Flugzeugs verwendet werden. Aus diesen
Darlegungen wird deutlich, daß die Begriffe Forderungen oder Spezifikationen eine stärkere Festlegung von Flugeigenschaftsgrößen bedeuten,
die für ein bestimmtes Flugzeug oder eine Klasse von Flugzeugen verbind-
lich ist. Eine solche Bedeutung kommt den in MIL-F-83300 angegebenen
Forderungen zu. Die folgenden Abschnitte geben einen Überblick über
die Richtlinien nach dem AGARD Rep. Nr. 577 und die Forderungen nach
MIL-F-83300.

7.2.2 AGARD-Richtlinien

Aufbau

Die im AGARD Rep. Nr. 577 angegebenen Richtlinien gelten für Senkrecht-
und Kurzstartflugzeuge (V/STOL-Flugzeuge). Sie untergliedern sich in
die folgenden sechs Gebiete:

- Eigenschaften der Steuersysteme

- Stabilität und Steuerung der Längsbewegung

- Stabilität und Steuerung der Seitenbewegung

- Eigenschaften im Schwebe- und Senkrechtflug

- Transitionseigenschaften

- Verschiedenes

Diesen Gebieten geht eine Einleitung voraus, die sich mit dem Hinter-
grund zur Entstehung der Richtlinien und ihrer Revision sowie mit Erläuterungen zur Stufung der Richtlinien, den Windverhältnissen und der
Flugzeugklassifikation befaßt und Beschreibungen von Abkürzungen und
Fachausdrücken gibt.

Zum Aufbau des Berichtes ist weiter zu bemerken, daß der Formulierung
der einzelnen Richtlinien jeweils ein "discussion" genannter Teil an-
geschlossen ist, der Erläuterungen zu den betrachteten Flugeigenschaftsfragen gibt.

Steuersysteme

Die Richtlinien über Eigenschaften der Steuersysteme befassen sich mit
der Steuerkraftcharakteristik sowie mit weiteren Merkmalen von Steuerung und Trimmung. Kernpunkte zur Steuerkraftcharakteristik sind (quan-
titative) Aussagen über Ausbrechkräfte und Kraftgradienten, die jeweils
innerhalb bestimmter Bereiche liegen sollen. Die Richtlinien unterscheiden hierbei zwischen den einzelnen Steuerungsarten, d.h. zwischen
Beschleunigungs-, Geschwindigkeits- und Lagesteuerung. Weitere Einzel-
empfehlungen behandeln das Spiel in den Steuersystemen, die Eigenschaften von Steuersystemen mit Stellmotoren sowie die von Trimmsystemen.
Außerdem finden sich Aussagen über Grenzwerte der Betätigungswege bzw.
-ausschläge.

Die Höhensteuerung sollte u.a. eine konstante Steuerkraft von mindestens der Größe der angegebenen Ausbrechkraft aufweisen und - falls das
Flugzeug mit Leistungshebel sowie mit kollektiver Hubverstellung ausgerüstet ist - einen leichten Übergang von einem zum anderen System ermöglichen. Die Kriterien zur Schubvektorsteuerung befassen sich mit
Betätigung und Anordnung der Bedienorgane, die nicht zur Beeinträchtigung anderer Steuerungsarten oder zufälligen Verstellung der Höhensteuerung führen dürfen, sowie mit der Schubvektor-Schwenkgeschwindig-
keit, auch hinsichtlich der Anpassung an die Schnelligkeit des Transi-
tionsvorgangs.

Zu den Stabilisierungs- und Steuersystemen zur Verbesserung des Flugzeugverhaltens wird ausgesagt, daß dadurch keine negativen Auswirkungen
eintreten dürfen (z.B. im Hinblick auf andere Flugeigenschaften, Begrenzungen und auf die Dynamik des Steuersystems). Ausfälle eines Teils
sollten dem Piloten angezeigt werden und nicht zu Gefährdungen führen.

Stabilität und Steuerung der Längsbewegung

Die Richtlinien zum Nicksteuervermögen liefern Aussagen über die erforderlichen Nickmomente für Flugmanöver, zum Trimmen und zum Ausgleich
von Störungen. Die quantitativen Angaben hierzu, die für die zu installierende Triebwerksleistung (im Hinblick auf die Erzeugung von Hubschub
und Momenten) eine besondere Bedeutung haben, sind in Tabelle 7.2.1
wiedergegeben.

Die Steuerempfindlichkeit ist definiert als das Verhältnis von Steuer-
einwirkung (Beschleunigung, Winkelgeschwindigkeit bzw. Lageänderung) zu
Steuerausschlag. Die betreffenden Werte sind auszugsweise in Tabelle
7.2.2 wiedergegeben (mit den zusätzlich aufgeführten und später zu ver-
wendenden Werten für Rollen und Gieren).

			Minimalwerte für zufriedenstellenden Betrieb	
Zu messende Größe	Steuervermögen für:	Typ des Steuersystems	Schwebeflug	STOL
Nickbeschleunigung $[\text{rad/s}^2]$	Manöver	Lagesteuerung	0,1 - 0,3	0,05 - 0,2
		Geschwindigkeitsst.	0,1 - 0,3	
		Beschleunigungsst.	0,2 - 0,4	
Nickwinkel nach 1 s $[°]$	Manöver	Lagesteuerung		
		Geschwindigkeitsst.	2 - 4	2 - 4
		Beschleunigungsst.	2 - 4	2 - 4
Nicksteuerausschlag bei Nickgeschwindigkeit Null	Trimmung	Alle	Ausreichende Steuerung zusätzlich zu Manöverforderungen, um über festgelegten Geschwindigkeits- und Schwerpunktbereich bei ungünstigstem Triebwerksausfall auszutrimmen	
Zeit zur Rückführung auf Ausgangslage	Störung (durch Böen, Rezirkulation, Bodeneffekt usw.)	Alle	Ausreichende Steuerung zusätzlich zu Manöver- und Trimmforderungen, um Momente infolge einer spezifischen Bö auszugleichen; z.B. eine Bö von 30 ft/s (9 m/s): Aufbau in 1 s	Aufbau über eine Länge von 100 ft (30 m)
Nickbeschleunigung $[\text{rad/s}^2]$	Typischer Wertebereich von V/STOL-Flugzeugen für Manöver, Trimmung und Störung	Alle	0,4 - 0,8	0,4 - 0,6

Tabelle 7.2.1. Richtlinien zum Nicksteuervermögen

Zu messende Größe	Typ des Steuersystems	Nicken	Rollen	Gieren
Lageänderung pro Einheit Steuerausschlag [°/cm]	Lagesteuerung	1,18 - 1,97	1,18 - 1,97	-
Beschleunigung pro Einheit Steuerausschlag [rad/s²/cm]	Geschwindigkeitssteuerung	0,024 - 0,039	0,059 - 0,118	0,031 - 0,079
Beschleunigung pro Einheit Steuerausschlag [rad/s²/cm]	Beschleunigungssteuerung	0,031 - 0,063	0,079 - 0,315	0,02 - 0,079

Tabelle 7.2.2. Richtlinien zur Steuerempfindlichkeit (Schwebeflug)

Weitere Richtlinien behandeln die Nickdämpfungscharakteristik sowie die Verzögerung des Steuersystems.

Zur statischen Stabilität wird ausgeführt, daß die Änderungen des Nicksteuerausschlags und der Steuerkraft mit der Geschwindigkeit stabil sein müssen, d.h. eine Änderung in Richtung "Drücken" ("Ziehen") muß zu einer Zunahme (Abnahme) der Geschwindigkeit bei konstanter Trimmung führen. Außerdem werden auch die Verhältnisse bei veränderlicher Trimmung behandelt. Bei kontinuierlicher Verstellung der Trimmung soll die Änderung des Nicksteuerausschlags mit der Geschwindigkeit nicht negativ sein. Auch für die Schubvektorsteuerung werden Angaben in bezug auf den Zusammenhang mit der Geschwindigkeit gemacht.

Nach den Manöverflugrichtlinien sollen Nicksteuerausschlag und Steuerkraft in Richtung "Ziehen" ("Drücken") zu einer positiven (negativen) Änderung von Lastfaktor, Anstellwinkel oder Nickgeschwindigkeit führen. Außerdem finden sich Angaben über die Steuerkraftcharakteristik.

Zur dynamischen Stabilität wird ausgeführt, daß das Flugzeugverhalten stabil sein soll, wobei das Dämpfungsverhältnis des für die Kurzzeit-Antwort von Anstellwinkel und Nicklage maßgeblichen Wurzelpaars den Wert von 0,3 nicht unterschreiten soll. Für Schwingungsformen, die den normalen Bewegungsformen überlagert sind, werden zusätzliche Angaben gemacht.

Abschließend finden sich Richtlinien zu den Steuerungseigenschaften bei Start und Landung sowie für den Schiebeflug.

Stabilität und Steuerung der Seitenbewegung

Die Richtlinien zur Seitenbewegung haben als zwei Schwerpunkte die Bewegungen um die Roll- und um die Gierachse. Einzelheiten zum Rollsteuervermögen, das ähnlich unterteilt ist wie das Nicksteuervermögen, sind in Tabelle 7.2.3 wiedergegeben. Weitere Angaben über die Bewegung um die Rollachse finden sich zur Rollsteuerempfindlichkeit (Tabelle 7.2.2), zur Rolldämpfung und zu den Zeitverzögerungen bei Rollsteuereingaben sowie zu den maximalen Rollsteuerkräften.

Besondere Empfehlungen befassen sich mit der seitlichen Translationsbewegung und der dafür notwendigen Beschleunigung, falls hier die Steuerung über die direkte Erzeugung einer Seitenkraft erfolgt. Eine Empfehlung zur Kreuzkopplung legt fest, inwieweit die Bewegung in anderen Freiheitsgraden durch eine Rollsteuereingabe höchstens angeregt werden darf.

Bei der Spiralstabilität werden geringfügige Instabilitäten bis zu einer Verdopplungszeit von 20 s zugelassen. Eine zu beanstandende Kopplung zwischen den konventionellen Roll- und Spiralbewegungen wird ausgeschlossen. Des weiteren werden die Schiebe-Rollmomente und die zugeordneten Rollsteuerausschläge behandelt.

Die flugeigenschaftsmäßige Behandlung der Bewegung um die Gierachse erfolgt einmal durch Bewertung des Giersteuervermögens, zu dem eine Zusammenstellung in Tabelle 7.2.4 aufgeführt ist. Weiterhin folgen Angaben zur Giersteuerempfindlichkeit (Tabelle 7.2.2), zur Zeitverzögerung des Steuersystems und zu den Giersteuerkräften sowie Empfehlungen zur Vermeidung unzulässig großer Kopplungen mit anderen Freiheitsgraden bei Giersteuereingaben.

Die den stationären Schiebeflug betreffenden Richtlinien befassen sich mit den Zusammenhängen von Giersteuerausschlag und -kraft sowie von Hängewinkel und Schiebewinkel.

In einem abschließenden Kriterium zur Seitenbewegung finden sich Angaben zur dynamischen Stabilität bzw. zu den Eigenschaften möglicher Schwingungsformen.

ROLLSTEUERVERMÖGEN

Zu messende Größe	Steuervermögen für:	Typ des Steuersystems	Minimalwerte für zufriedenstellenden Betrieb	
			Schwebeflug	STOL
Rollbeschleunigung [rad/s²]	Manöver	Lagesteuerung	0,2 - 0,4	0,1 - 0,6
		Geschwindigkeitsst.	0,2 - 0,4	
		Beschleunigungsst.	0,3 - 0,6	
Rollwinkel nach 1 s [°]	Manöver	Lagesteuerung		
		Geschwindigkeitsst.	2 - 4	2 - 4
		Beschleunigungsst.	2 - 4	2 - 4
Rollsteuerausschlag bei Rollgeschwindigkeit Null	Trimmung	Alle	Ausreichende Steuerung zusätzlich zu Manöverforderungen, um über festgelegten Geschwindigkeits- und Schwerpunktbereich bei ungünstigstem Triebwerksausfall auszutrimmen	
Zeit zur Rückführung auf Ausgangslage	Störung (durch Böen, Rezirkulation, Bodeneffekt usw.)	Alle	Ausreichende Steuerung zusätzlich zu Manöver- und Trimmforderungen, um Momente infolge einer spezifischen Bö auszugleichen; z.B. eine Bö von 30 ft/s (9 m/s): Aufbau in 1 s	Aufbau über eine Länge von 100 ft (30 m)
Rollbeschleunigung [rad/s²]	Typischer Wertebereich von V/STOL-Flugzeugen für Manöver, Trimmung und Störung	Lagesteuerung	0,4 - 1,5	0,2 - 2,0
		Geschwindigkeitsst.	0,8 - 2,0	0,3 - 2,5
		Beschleunigungsst.	0,8 - 2,0	−

Tabelle 7.2.3. Richtlinien zum Rollsteuervermögen

GIERSTEUERVERMÖGEN			
Zu messende Größe	Steuervermögen für:	Minimalwerte für zufriedenstellenden Betrieb	
		Schwebeflug	STOL
Gierbeschleunigung [rad/s²]	Manöver	0,1 - 0,5	0,15 - 0,25
Zeit für 15° Richtungsänderung [s]	Manöver	1,0 - 2,5	< 2,0
Stationärer Schiebewinkel [°]	Trimmung	–	$\beta = \arcsin(V_W/V_A)$
Giersteuerausschlag bei Giergeschwindigkeit Null	Trimmung	Ausreichende Steuerung zusätzlich zu Manöverforderung, um über festgelegten Geschwindigkeits- und Schwerpunktbereich bei ungünstigstem Triebwerksausfall auszutrimmen	
Zeit zur Rückführung auf Ausgangslage	Störung (durch Böen, Rezirkulation, Bodeneffekt usw.)	Ausreichende Steuerung zusätzlich zu Manöver- und Trimmforderungen, um Momente infolge einer spezifischen Bö auszugleichen; z.B. eine Bö von 30 ft/s (9 m/s): Aufbau in 1 s	Aufbau über eine Länge von 100 ft (30 m)
Gierbeschleunigung [rad/s²]	Typischer Wertebereich von V/STOL-Flugzeugen für Manöver, Trimmung und Störung	0,35 - 0,8	

Tabelle 7.2.4. Richtlinien zum Giersteuervermögen (V_W: Seitenwindgeschwindigkeit, V_A: Anfluggeschwindigkeit)

Eigenschaften im Schwebe- und Senkrechtflug

Die Richtlinien für den Schwebeflug befassen sich mit dem Verhalten und
der notwendigen Präzision beim Schweben über einer gegebenen Stelle,
wobei Missionsforderungen mit zu berücksichtigen sind. Der Bodeneffekt
darf nicht zu unbefriedigendem Verhalten führen. Es muß ausreichendes
Steuervermögen für Vertikalbewegungen unter Berücksichtigung des Lei-
stungsbedarfs für die Momentensteuerung vorhanden sein. Auch das Zeitverhalten muß bestimmten Werten genügen. Weiterhin finden sich Angaben
über die erzielbaren Lastfaktoren und Steigleistungen zur Steuerung der
Flugbahn in der Vertikalebene (STOL-Bereich).

Transitionseigenschaften

Zur schnellen Durchführbarkeit der Transition sehen die Richtlinien ein
ausreichend großes Beschleunigungs- und Verzögerungsvermögen vor. Es
sollte möglich sein, die Transition anzuhalten und stationär zu operieren entsprechend einer besonderen Missionsaufgabe sowie auch die Tran-
sitionsrichtung umzukehren. Die Transition sollte im Sinne einer routi-
nemäßigen Durchführung mit genügend Spielraum in bezug auf Zeitbedarf
und Geschwindigkeit möglich sein. Das verbleibende Steuervermögen für
Manöver und zum Ausgleich von Störungen sollte in jeder Phase der Transition nicht kleiner sein als die in den vorherigen Abschnitten angegebenen Werte und für den Piloten erkennbar. Trimmänderungen um jede
Achse sollten klein sein und allmählich erfolgen, wobei Steuerkraft-
grenzen für den Fall des Nichttrimmens zu beachten sind. Während der
Transition bei maximaler Beschleunigung oder Verzögerung sollte es möglich sein, einen geradlinigen Flug mit langsamen Steuerbewegungen auf-
rechtzuerhalten.

Verschiedenes

Die hier aufgeführten Richtlinien beinhalten unterschiedliche Punkte,
die im folgenden stichwortartig zusammengestellt sind:

- Bewegung und Eigenschaften am Boden (Fahrwerk; Steuereffektivität bei
  Start, Landung und Rollen; Prüfung von Triebwerk und Systemen vor dem
  Start)

- Kopplungseffekte (Kreisel- und Inertialkopplung; mechanische Kopplung)

- Minimale Fluggeschwindigkeiten (Auftriebsverlust; Warnung vor dem Erreichen der minimalen Fluggeschwindigkeit)

- Warnung vor dem Erreichen gefährlicher Flugzustände

- Flugzeugverhalten bei Ausfall eines Systems.

Anhang_und_Dokumentationsbericht

Ein Anhang gibt Flugmanöver an, die zur Bewertung der Flugeigenschaften von V/STOL-Flugzeugen vorgeschlagen werden.

Ein zweiter Teil des AGARD Rep. Nr. 577 befaßt sich mit der Dokumentation zu den Richtlinien [4]. Er enthält Überlegungen, Diskussionspunkte und Datenmaterial, die den Richtlinien zugrunde liegen und die zum besseren Verständnis dienen.

7.2.3 Forderungen nach MIL-F-83300

Aufbau_und_allgemeine_Forderungen

Die Spezifikation MIL-F-83300 gilt für Senkrecht- und Kurzstartflugzeuge (V/STOL-Flugzeuge). Sie setzt sich aus den folgenden Hauptteilen zusammen:

1. Umfang und Klassifikationen
2. Anwendbare Dokumente
3. Forderungen
4. Qualitätssicherungsmaßnahmen
5. Vorbereitung zur Auslieferung
6. Bemerkungen

Davon interessiert hier besonders der dritte Hauptteil "Forderungen", der auch umfangsmäßig den größten Raum einnimmt. Die dort aufgestellten Forderungen untergliedern sich im einzelnen in:

- Allgemeine Forderungen
- Schwebe- und Niedriggeschwindigkeitsflug
- Vorwärtsflug
- Transition
- Eigenschaften des Steuersystems
- Start, Landung und Verhalten am Boden
- Atmosphärische Störungen
- Verschiedenes

Zum grundsätzlichen Aufbau der Spezifikation gehört der Rahmen zur Aufstellung der Flugeigenschaftforderungen, der auf der folgenden Unterteilung basiert:

1. Klasse (Art des Flugzeugs)
2. Flugphase (Durchzuführende Flugaufgabe)
3. Flugeigenschaftsstufe (Wie gut müssen die Flugeigenschaften sein, um die Flugaufgabe durchführen zu können?)

Diese Unterteilung gliedert sich im einzelnen in:

- 4 Klassen   : I, II, III, IV,
- 3 Flugphasen: A, B, C,
- 3 Stufen   : 1, 2, 3

Damit ergibt sich der in Tabelle 7.2.5 dargestellte allgemeine Rahmen, in den sich jede einzelne Forderung einfügen läßt. Diese feine Unterteilung wird jedoch nicht in vollem Maß angewandt. So gibt es nur wenige Forderungen, die über die Unterteilung nach Stufen hinausgehen.

Klasse	Flugphase Kategorie	Stufe		
		1	2	3
I	A			
	B			
	C			
II	A			
	B			
	C			
III	A			
	B			
	C			
IV	A			
	B			
	C			

Tabelle 7.2.5. Rahmen zur Aufstellung der Flugeigenschaftsforderungen

Die Aufteilung der Klassen, Flugphasen und Stufen ist in der folgenden Übersicht nach den jeweiligen Hauptmerkmalen angegeben:

Flugzeugklassen

Klasse I : Kleine, leichte Flugzeuge

Klasse II : Mittelschwere Flugzeuge von niedriger bis mittlerer Manövrierbarkeit

Klasse III: Große, schwere Flugzeuge von niedriger bis mittlerer Manö-
              vrierbarkeit

Klasse IV :   Hochmanövrierfähige Flugzeuge

Flugphasen

Kategorie A: Nichtterminale Flugphasen, die schnelles Manövrieren, Prä-
             zisionsverfolgung oder präzise Flugbahnsteuerung erfordern.

Kategorie B: Nichtterminale Flugphasen, die normalerweise mit mäßigem
             Manövrieren und ohne Präzisionsverfolgung durchgeführt
             werden, obwohl genaue Flugbahnsteuerung erforderlich sein
             kann.

Kategorie C: Terminale Flugphasen, die normalerweise mit mäßigem Manö-
             vrieren durchgeführt werden und üblicherweise genaue Flug-
             bahnsteuerung erfordern.

Flugeigenschaftsstufen

Stufe 1   :   Die Flugeigenschaften sind klar ausreichend für die Mis-
              sionsflugphase.

Stufe 2   :   Die Flugeigenschaften sind ausreichend zur Durchführung
              der Missionsflugphase, jedoch tritt eine Zunahme der Pi-
              lotenbelastung oder eine Beeinträchtigung der Missions-
              effektivität ein oder beides zusammen.

Stufe 3   :   Die Flugeigenschaften sind derartig, daß das Flugzeug si-
              cher gesteuert werden kann, jedoch ist die Pilotenbela-
              stung unangemessen hoch oder die Missionseffektivität un-
              zulänglich oder beides zusammen. Flugphasen nach Kategorie
              A können sicher beendet und solche nach Kategorie B und C
              können abgeschlossen werden.

Die Anwendung der Flugeigenschaftsstufen ist an bestimmte Flugenveloppen gebunden sowie davon abhängig, ob sich das Flugzeug im Normalzu-
stand befindet oder ob ein Ausfall vorliegt. Die folgenden drei Flugenveloppen werden definiert:

- Operationelle Flugenveloppe (Grenzen des für die vorgesehenen Missionen erforderlichen Flugbereichs)

- Dienstflugenveloppe (Vom Flugzeug abhängige Begrenzungen des Flugbereichs, mindestens den operationellen Flugenveloppen entsprechend)

- Zulässige Flugenveloppen (Begrenzungen des Bereichs, der als erlaubt
  und möglich angesehen werden kann; Begrenzungen für Flugzustände
  außerhalb der Dienstflugenveloppe, die das Flugzeug sicher beherrschen
  kann)

Für den Flugzeugnormalzustand gilt die folgende Zuordnung:

- Innerhalb der operationellen Flugenveloppe: Flugeigenschaftsstufe 1

- Innerhalb der Dienstflugenveloppe: Flugeigenschaftsstufe 2

Bei Funktionsstörungen bzw. Ausfällen ist eine Verschlechterung in den
Flugeigenschaften unter bestimmten Bedingungen (genügend niedrige Wahrscheinlichkeit) zulässig.

Der beschriebene allgemeine Rahmen und die Unterteilung nach Flugzeugklassen, Flugphasen und Flugeigenschaftsstufen entspricht einer Struktur, die auch den Forderungen MIL-F-8785B für konventionelle Flugzeuge
zugrunde liegt [7, 11]. Hierbei ist zu bedenken, daß die Forderungen
MIL-F-8785B auch für Senkrechtstartflugzeuge gelten, und zwar für den
konventionellen Flugbereich oberhalb der "Konversionsgeschwindigkeit"
(conversion speed) V_{con}, während im Geschwindigkeitsbereich darunter
die hier betrachteten Forderungen MIL-F-83300 zutreffen. Daher muß eine
Anpassungsmöglichkeit bestehen, die einen unmittelbaren Übergang von
der einen zur anderen Spezifikation erlaubt. Eine Festlegung der Konversionsgeschwindigkeit V_{con} (z.B. auf der Basis bestimmter, den Übergang zum aerodynamisch getragenen Flug kennzeichnender Konfigurationsänderungen) erfolgt nicht, sondern die endgültige Wahl bleibt unter
Bezugnahme auf eine eingehende Diskussion in [8] zu diesem Punkt dem
Hersteller und Beschaffer überlassen.

Die folgenden Teile befassen sich auszugsweise mit einzelnen Forderungen zur Stabilität und Steuerung, die aus der Sicht der Flugphysik im
Vordergrund stehen.

Schwebe- und Niedriggeschwindigkeitsflug

Der hier behandelte Flugbereich betrifft den reinen Schwebeflug mit
$V = 0$ (unter Einbeziehung von Windgeschwindigkeit bis 35 kt) sowie Translationsbewegungen bis zu Geschwindigkeiten von $V = 35$ kt (18 m/s).

Der erste Teil behandelt Gleichgewichts- und Steuerungseigenschaften.
Es wird gefordert, daß das Schweben über einer Stelle ohne übermäßige
Winkellagen möglich ist. Die Änderung der Winkellage mit der Geschwindigkeit darf bestimmte Werte ($0,6^{\circ}$/kt bzw, $1,17^{\circ}$/(m/s)) nicht über-
steigen. Dies gilt sowohl für Nicken (in bezug auf Vorwärts- bzw. Rück-
wärtsbewegungen) als auch Rollen (Seitenbewegung). Mit Änderung des
Bezugszustandes können sich Konfiguration und Trimmung ändern. Eine
äquivalente Forderung besteht auch für den Fall konstanter Trimmung und
Konfiguration.

Die Forderung zu den Steuergradienten sagt aus, daß für die Flugeigenschaftsstufe 1 die Änderung von Steuerkraft und Steuerausschlag mit der
Geschwindigkeit stabil sein muß, d.h. Betätigung im Sinne von Ziehen
(Drücken) muß mit einer negativen (positiven) Geschwindigkeitsänderung
verbunden sein. Entsprechendes gilt für die Bewegung in seitlicher
Richtung (Steuerkraft und Steuerausschlag nach rechts (links) für eine
Bewegung nach rechts (links)). Für die Flugeigenschaftsstufen 2 und 3
werden beim Ausschlaggradienten Abschwächungen zugelassen. Diese Forderung ist einer Forderung nach statischer Stabilität äquivalent, wie
sie in Abschn. 4.3.7 behandelt wird.

Kernpunkt der Forderung zum dynamischen Antwortverhalten infolge einer
äußeren Störung oder einer abrupten Nick- bzw. Rollsteuerbetätigung ist
für Flugeigenschaftsstufe 1 die Aussage, daß alle aperiodischen Bewegungsformen stabil sein müssen sowie auch alle Schwingungen mit einer
Frequenz größer als 0,5 rad/s. Bei darunter liegenden Frequenzwerten
darf Instabilität auftreten, sofern das Dämpfungsverhältnis keiner größeren Instabilität als -0,1 entspricht. Auch hier lassen die Stufen 2
und 3 Abschwächungen zu. Bei der Gierbewegung wird ebenfalls Stabilität
mit Mindestwerten für die Zeitkonstante gefordert.

Einen weiteren Hauptpunkt bilden die Steuereigenschaften im Sinne des
Steuervermögens und des Antwortverhaltens, die in den Tabellen 7.2.6
und 7.2.7 wiedergegeben sind. Außerdem wird das Mindeststeuermoment bei
Verwendung von Stabilisierungseinrichtungen zur Beherrschung einer ape-
riodischen Instabilität festgelegt. Auch zulässige Zeitverzögerungen im
Steuersystem werden spezifiziert.

Stufe	Nicken	Rollen	Gieren
1	$\pm 3{,}0$	$\pm 4{,}0$	$\pm 6{,}0$
2	$\pm 2{,}0$	$\pm 2{,}5$	$\pm 3{,}0$
3	$\pm 2{,}0$	$\pm 2{,}0$	$\pm 2{,}0$

Tabelle 7.2.6. Forderungen zum Steuervermögen; Lageänderung nach einer Sekunde oder weniger (Grad)

Stufe	Nicken		Rollen		Gieren	
	Min	Max	Min	Max	Min	Max
1	3,0	20,0	4,0	20,0	6,0	23,0
2	2,0	30,0	2,5	30,0	3,0	45,0
3	1,0	40,0	1,0	40,0	1,0	50,0

Tabelle 7.2.7. Forderungen zum Antwortverhalten auf eine Steuerbetätigung nach einer Sekunde oder weniger (Grad pro Inch)

Die Forderungen zu den Vertikalflugeigenschaften behandeln das Höhensteuervermögen (Tabelle 7.2.8), die Zeitverzögerungen bei der Schubsteuerung sowie das Antwortverhalten bei Schubsteuereingängen (Tabelle 7.2.9). Außerdem wird gefordert, daß die Vertikaldämpfung nicht im instabilen Sinne wirken darf (d.h. $Z_w \leqq 0$).

Stufe	Zunahme der Vertikalbeschleunigung (in g)	$\dfrac{F}{mg}$
1	0,10	1,05
2	0,05	1,02
3		1,01

Tabelle 7.2.8. Forderungen zum Höhensteuervermögen (Mindestwerte; Ausgangsflugzustand: Sinkgeschwindigkeiten nicht größer als 4 ft/s (1,2 m/s); Mindestwerte für F/(mg) im stationären Zustand)

Stufe	Minimum	Maximum
1	100	750
2	50	1200
3		2000

Tabelle 7.2.9. Forderungen zum Antwortverhalten auf eine Schubsteuerbetätigung nach einer Sekunde oder weniger (Steiggeschwindigkeit in ft/min pro Inch Steuerausschlag)

Vorwärtsflug

Die hier aufgeführten Forderungen sind auf diejenigen Flugphasen operationeller Missionen anzuwenden, die einen Gleichgewichtsflug oder Manövrieren im Geschwindigkeitsbereich der Transition von 35 kt bis V_{con} enthalten. Dies betrifft den Flug bei festem Operationspunkt im Sinne von Flugzuständen um einen konstanten Trimmpunkt. Hiervon zu unterscheiden ist die Transition selbst als ein schneller beschleunigter oder verzögerter Bewegungsvorgang ohne konstante Trimmpunkte, die über eine gesonderte Forderung behandelt wird.

Die Forderung zum Längsbewegungsgleichgewicht hat die statische Steuerbarkeit zum Inhalt und legt für die Flugeigenschaftsstufe 1 fest, daß die Steuerkraft- und Steuerausschlaggradienten sowohl in bezug auf Geschwindigkeit als auch Nicklage nicht instabil sein dürfen. Hauptzweck dieser Forderung, die der Bedingung für statische Stabilität entspricht, ist die Vermeidung aperiodisch instabiler Bewegungsformen.

Kernpunkt der Forderung zum dynamischen Antwortverhalten bzw. Stabilität (Stufe 1) ist die Vermeidung von instabilen Bewegungsformen. Darüber hinaus werden für diejenigen Bewegungsformen, die hauptsächlich das Kurzzeitverhalten des Anstellwinkels auf abrupte Nicksteuerausschläge bestimmen, die in Bild 7.2.1 wiedergegebenen Werte gefordert.

Weitere Forderungen zur Längsbewegung betreffen das Niveau von Restschwingungen, Stabilitäts- und Steuerungseigenschaften im Manöverflug (Ausschlag- und Kraftcharakteristik, Steuerwirksamkeit) sowie die Nicksteuerung im Schiebeflug.

Zur dynamischen Seitenstabilität wird gefordert, daß die Schwingungsform der Seitenbewegung (Roll-Gier-Schwingung) den in Bild 7.2.2 dar-

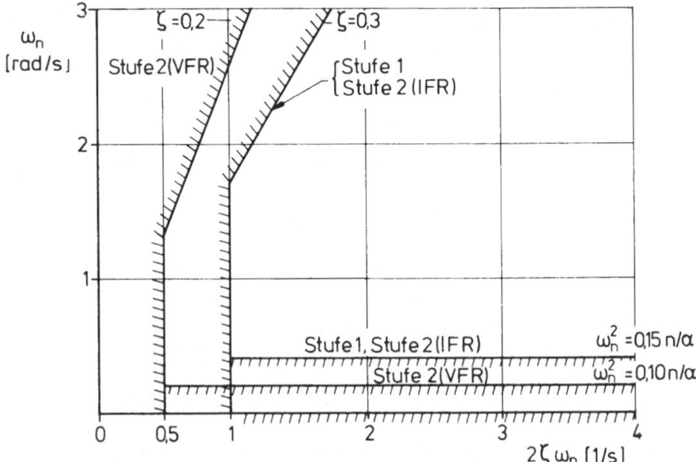

Bild 7.2.1. Forderungen zum Kurzzeitverhalten der Längsbewegung

IFR: Instrumentenflugregeln
VFR: Sichtflugregeln

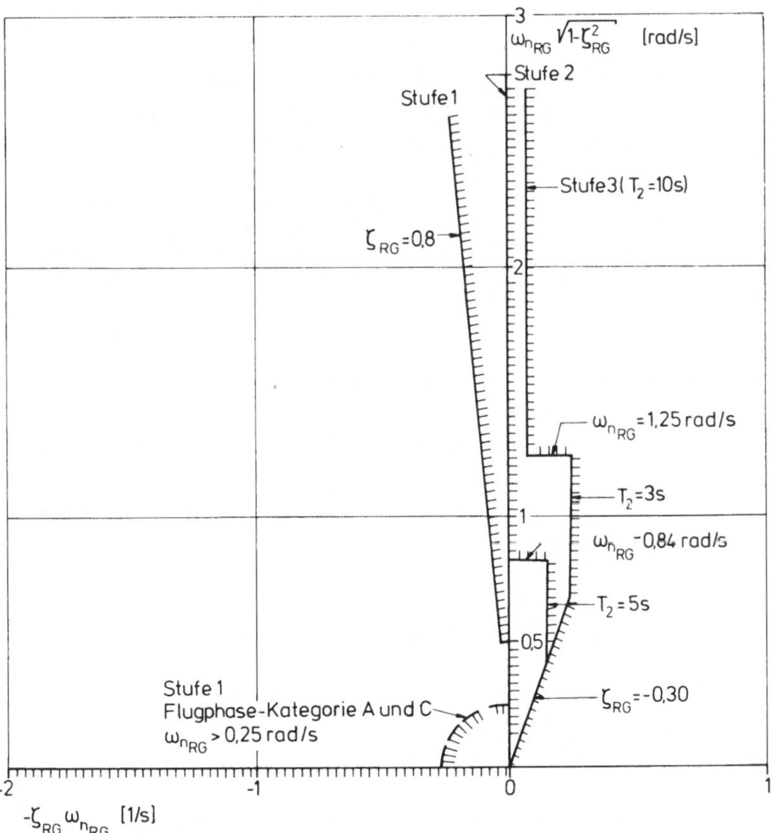

Bild 7.2.2. Forderungen zur Schwingungsform der Seitenbewegung

gestellten Minimalbedingungen genügt. Die Rollbewegung soll stabil sein, wobei die Zeitkonstante die in Tabelle 7.2.10 angegebenen Werte unterschreiten muß. Bei der Spiralbewegung werden Instabilitäten bis zu den ebenfalls in Tabelle 7.2.10 angegebenen Werten zugelassen, die auch den Einfluß der Steuersystemeigenschaften und der Trimmänderung berücksichtigen.

Stufe	Rollbewegung Zeitkonstante [s]	Spiralbewegung Verdopplungszeit [s]
1	1,4	20,0
2	3,0	12,0
3	10,0	4,0

Tabelle 7.2.10. Forderungen zur Roll- und Spiralbewegung

Die Forderungen zur Roll-Schiebe-Kopplung befassen sich mit dem oszillatorischen Rollverhalten und den Schiebewinkeländerungen bzw. den hierbei zulässigen Werten sowie mit den Roll- und Giersteuerkräften bei bestimmten Roll- und Wendemanövern.

Zur Gewährleistung ausreichender Rollsteuerwirksamkeit wird gefordert, daß die Zeit zum Erreichen von 30° Hängewinkel (t_{30}) die in Tabelle 7.2.11 aufgeführten Werte nicht übersteigt. Außerdem finden sich Angaben zu den Rollsteuerkräften, für die zulässige Bereiche spezifiziert werden, sowie zur Linearität in der Rollantwort, zu den Ausschlägen bei Handrädern und der durch die Giersteuerung induzierten Rollbewegung.

Klasse	t_{30} [s]		
	Stufe 1	Stufe 2	Stufe 3
I	1,3	1,8	2,6
II	1,8	2,5	3,6
III	2,5	3,2	4,0
IV	1,0	1,3	2,0

Tabelle 7.2.11. Forderungen zur Rollsteuerwirksamkeit

Die restlichen Forderungen zur Seitenbewegung im Vorwärtsflug befassen
sich mit der Giersteuerwirksamkeit (Gierantwort auf Steuereingaben,
Linearität des Antwortverhaltens, Giersteuerung bei Geschwindigkeitsänderung) sowie mit Seitenbewegungseigenschaften im stationären Schiebeflug (Gier- und Rollmomente sowie Hängewinkel).

Transition

Die unter der Bezeichnung "Transition" aufgeführten Forderungen sind
auf das beschleunigte oder verzögerte Transitionsmanöver selbst anzuwenden und nicht auf die Manövrierfähigkeit um einen festen Operationspunkt, der durch eine Trimmgeschwindigkeit im Bereich zwischen Schweben
und V_{con} definiert ist. Hierbei ist unter "Transition" nicht unbedingt
der gesamte Übergang vom Schweben zum aerodynamisch getragenen Flug zu
verstehen, vielmehr ist der Begriff allgemeiner gefaßt: Er bedeutet den
Übergang von einem festen Operationspunkt zu einem anderen.

Nach den Forderungen müssen es die Beschleunigungs-Verzögerungseigenschaften ermöglichen, von jedem festen Operationspunkt schnell und sicher bis V_{con} in angenähert konstanter Höhe sowie auch bei anderen Bahnen entsprechend den operationellen Missionserfordernissen zu beschleunigen. Gleiches gilt sinngemäß für Verzögerungstransitionen von V_{con}
aus. Der Pilot muß zur flexiblen Handhabung den Transitionsvorgang
schnell und sicher anhalten und seine Richtung umkehren können. Der
Übergang vom Schweben oder von der minimalen Geschwindigkeit zum konventionellen Flug und umgekehrt muß sicher und leicht möglich sein.
Weiter müssen ausreichende Toleranzen im Transitionsprogramm für Triebwerksleistung, Rumpfwinkellagen, Flügel- oder Schubschwenkung usw. in
bezug auf Geschwindigkeit oder Zeit vorhanden sein, damit keine Notwendigkeit zu übermäßiger Fertigkeit und Aufmerksamkeit seitens des Piloten besteht. Weiter werden Forderungen für ausreichende Steuermomente
zum Ausgleich von Störungen und zum Manövrieren sowie für Trimmänderungen (bzw. bei konstanter Trimmung für maximale Steuerkräfte) und für
die Änderungsgeschwindigkeit der Nicksteuerung aufgestellt.

Eigenschaften des Steuersystems

Die hierzu aufgestellten Forderungen betreffen diejenigen Merkmale des
Steuersystems, die unmittelbar mit den Flugeigenschaften zusammenhängen.
Sie sind in der folgenden Zusammenstellung stichwortartig angegeben:

- Mechanische Eigenschaften (Zentrierung und Ausbrechkräfte, Cockpit-
  Steuerkraftgradienten, freies Spiel, Ausschlaggeschwindigkeit, verstellbare Steuerungen, Steuerabstimmung, mechanische Kreuzkopplung)

- Dynamische Eigenschaften (dynamische Zuordnung von Ausschlag und Kraft,
  Dämpfung)

- Grenzen der Cockpit-Steuerkräfte

- Systeme zur Verbesserung von Stabilität und Steuerung (Verhalten, Leistung)

- Ausfälle (Vorkehrungen, Steuerkräfte)

- Übergangsverhalten und Trimmänderungen

- Trimmsystem (Kräfte, Trimmgeschwindigkeit, Irreversibilität)

Start, Landung und Verhalten am Boden

Die hier angegebenen Forderungen für Start und Landung befassen sich
mit der Nicksteuerwirksamkeit und den Nicksteuerkräften sowie mit dem
Verhalten bei Seitenwind unter Einbeziehung des Endanflugs und ungünstiger Witterungsbedingungen. Außerdem finden sich Aussagen zum Hoch-
fahren der Triebwerksleistung sowie zum Verhalten am Boden bzw. zu den
hier durchzuführenden Bewegungen.

Atmosphärische Störungen

Einige Forderungen sind für konstante Windverhältnisse aufgestellt.
Andere Forderungen nehmen Bezug auf den Betrieb unter allen möglichen
atmosphärischen Verhältnissen. In diesen Fällen sind die anzuwendenden
atmosphärischen Störungen wie zum Beispiel diskrete Böen, Scherwind und
Turbulenz von den Vertragspartnern auszuwählen.

Verschiedenes

Hierzu zählen Forderungen unterschiedlicher Art, zu denen einige Stich-
worte im folgenden angegeben sind:

- Annäherung an gefährliche Flugzustände
- Verlust von aerodynamischem Auftrieb
- Vom Piloten angefachte Schwingungen
- Buffeting
- Lastenabwurf

- Auswirkungen von Waffenabschuß bzw. -abwurf und Sonderausrüstung
- Kreuzkopplungseffekte
- Ausfälle
- Steuerung bei Verlust von Schub bzw. schubgestütztem Auftrieb
- Autorotation
- Vibrationseigenschaften

Literatur

1 AGARD: Recommendations for V/STOL Handling Qualities. Rep. Nr. 408, 1962.

2 AGARD: Recommendations for V/STOL Handling Qualities (with an Addendum Containing Comments on the Recommendations). Rep. Nr. 408A, 1964.

3 AGARD: V/STOL Handling, I - Criteria and Discussion, Rep. Nr. 577, Teil I, 1970.

4 AGARD: V/STOL Handling, II - Documentation. Rep. Nr. 577, Teil II, 1973.

5 Chalk, C.R.; Saunders, G.; Kroll, J.; Eckhart, F.; Smith, R.: V/STOL Flying Qualities Criteria Development, Volume I, A Proposed Military Specification for V/STOL Flying Qualities. 1968.

6 Chalk, C.R.; Saunders, G.; Kroll, J.; Eckhart, F.; Smith, R.: V/STOL Flying Qualities Criteria Development, Volume II, Background Information and User's Guide for the Proposed Military Specification for V/STOL Flying Qualities. 1968.

7 Chalk, C.R.; Neal, T.P.; Harris, T.M.; Pritchard, F.E.: Background Information and User Guide for MIL-F-8785B(ASG). Air Force Flight Dynamics Laboratory, Wright-Patterson Air Force Base, Ohio, AFFDL-TR-69-72, 1969.

8 Chalk, C.R.; Key, D.L.; Kroll, J., Jr.; Wasserman, R.; Radford, R.C.: Background Information and User Guide for MIL-F-83300. Air Force Flight Dynamics Laboratory, Wright-Patterson Air Force Base, Ohio, AFFDL-TR-70-88, 1971.

9 Kroll, J., Jr.: Initial VTOL Flight Control Design Criteria Development - Discussion of Selected Handling Qualities Topics. Air Force Flight Dynamics Laboratory, Wright-Patterson Air Force Base, Ohio, AFFDL-TR-67-151, 1967.

10 MIL-F-83300 - Military Specification - Flying Qualities of Piloted V/STOL Aircraft. 1970.

11 MIL-F-8785B(ASG) - Military Specification - Flying Qualities of Piloted Airplanes. 1969.

8 Besondere Auslegungsprobleme und Einsatzbedingungen

8.1 Einführung

In den vorangegangenen Kapiteln wurden die grundlegenden Zusammenhänge
der Flugphysik sowie die besonderen Probleme des Antriebs für Senkrechtstarter behandelt. Für die Entwurfsgestaltung und die Einsatzmöglichkeiten von Senkrechtstartern ist darüber hinaus noch eine Reihe
weiterer Probleme von Bedeutung, die Gegenstand der folgenden Betrachtung sind. Hierzu zählt der Einfluß der Umgebungsbedingungen auf das
maximal zulässige Abfluggewicht beim Senkrechtstart, der größer ist als
bei konventionellen Flugzeugen. Ein weiteres Problem betrifft die Auswirkungen, die sich aus der Senkrechtstartfähigkeit auf die erzielbaren
Flugstrecken und die Wirtschaftlichkeit im Reiseflug ergeben. Von Bedeutung ist außerdem die Frage nach ausreichender Sicherheit bei Triebwerksausfall und nach den hier von der Auslegung her bestehenden Möglichkeiten sowie das Problem der Lärmschutzbereiche bei Senkrechtstart
und -landung in der Umgebung von VTOL-Flugplätzen.

8.2 Hubschubbilanz

8.2.1 Allgemeines

Der maximal für den Start verfügbare Hubschub bestimmt unter Berück-
sichtigung der flugmechanisch zu fordernden Vertikalbeschleunigungsfä-
higkeit das maximale Abfluggewicht. Zur Ermittlung dieses effektiven
Hubschubs müssen bei dem insgesamt im Antriebssystem installierten
Schub die verschiedenen Schubverluste und sonstigen Schubreduktionen in
Rechnung gestellt werden. Als Ursache hierfür kommen in Betracht:

- Ungünstige Umgebungsbedingungen am Startplatz (Temperatur, Höhe)

- Strömungsverluste am Einlauf von Hub- und Marschtriebwerken

- Verluste durch Strahlumlenkung

- Leistungsentnahme für die Schwebeflugsteuerung und Vertrimmung

- Negative Bodeneffekte

- Reserven für Triebwerksausfälle.

8.2.2 Hubschubverluste

Der maximale Startschub wird meist für Meereshöhe und ISA-Normbedingungen angegeben. Die ISA-Normbedingungen (Internationale Standard-Atmo-
sphäre) entsprechen weitgehend der Norm-Atmosphäre nach DIN 5450 [22].
Bei VTOL-Flugzeugen mit Mischvektorsystem (z.B. Do 31) sind die Verluste für die verschiedenen hubschuberzeugenden Anlagen (Hubtriebwerks-
gruppe und schwenkbare oder mit Strahlablenkung versehene Marschtriebwerke) getrennt zu berechnen.

Umgebungsbedingungen

Der verfügbare Startschub hängt von den Umgebungsbedingungen ab, d.h.
von Startplatzhöhe und Lufttemperatur. Bei der Konzeption eines VTOL-
Flugzeugs müssen diese Umgebungsbedingungen festgelegt sein, die wesentliche Auswirkungen auf die Art des späteren Einsatzes haben. Wird z.B.
gefordert, daß das zu projektierende Flugzeug von München aus (Ortshöhe
ca. 600 m) an einem Sommertag ($t = 29^{\circ}$C) Senkrechtstarts mit maximaler
Nutzlast und definierter Reichweite durchführen kann, so bedeutet dies
im Hinblick auf den überwiegenden Teil der anderen, niedriger gelegenen
Startplätze, daß es "übermotorisiert" ist und aus diesem Grunde "un-
wirtschaftlich" operiert. VTOL-Flugzeuge mit Kurzstartfähigkeit können
diesen Nachteil vermeiden, wenn eine entsprechende Startbahn für den
Kurzstart zur Verfügung steht.

Die starke Abhängigkeit des Schwebeschubs von Umgebungstemperatur und
Startplatzhöhe ist in Bild 8.2.1 für ein modernes Zweikreis-Hubtriebwerk dargestellt. Die Temperaturabnahme mit der Höhe entspricht den ISA-
Normbedingungen. Für das obige Beispiel von $H = 600$ m und $t = 29^{\circ}$ als Umgebungsbedingungen ergibt sich eine Minderung des Hubschubs um 14%.

Wie aus der Extrapolation der Kurven in Bild 8.2.1 folgt, ist bei stär-
kerer Absenkung der Umgebungstemperatur eine Schuberhöhung möglich. Dies
kann allerdings nur insoweit genutzt werden, als es die Drehmomentenbegrenzung des Triebwerks zuläßt.

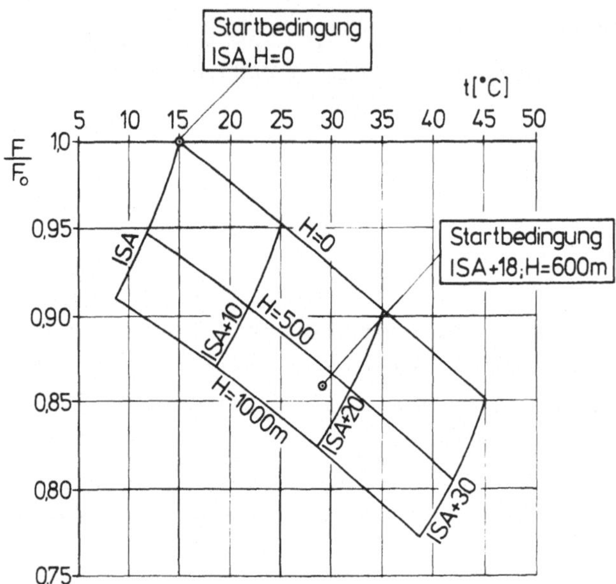

Bild 8.2.1. Änderung des Triebwerksschubes in Abhängigkeit von den Umgebungsbedingungen am Startplatz, nach [24]

Einlaufverluste

Das Verhalten von Triebwerkseinläufen wurde in Abschn. 6.2.2 für den
Übergangsflug ausführlich behandelt, vgl. auch [17, 28]. Die dort angegebenen Werte für den Gesamtdruckverlust entsprechend (6.2.10) und für
den Druckrückgewinn entsprechend (6.2.12) können unmittelbar zur Ermittlung des Hubschubverlustes beim Start verwendet werden. Hierfür gilt
mit (6.2.10)

$$- \frac{\Delta F}{F_0} \sim \frac{p_0 - \bar{p}_{0E}}{p_0} = \frac{\Delta \bar{p}_{0E}}{p_0} = \lambda \frac{\bar{q}_E}{p_0} \, . \tag{8.2.1}$$

Bild 8.2.2 gibt Ergebnisse von Kreisprozeßrechnungen für ein modernes
Nebenstromtriebwerk nach [29] wieder. Bei gut ausgebildeten Einläufen
von Hubtriebwerken mit hohem Nebenstromverhältnis entsprechend dem RB 202
kann mit einem Einlaufverlust von etwa 2% gerechnet werden.

Strahlumlenkung

Um den Schub von Marschtriebwerken zur Vertikalschuberzeugung nutzen zu
können, muß entweder das ganze Triebwerk geschwenkt oder der Triebwerksstrahl durch besondere Einrichtungen umgelenkt werden (vgl. hierzu auch

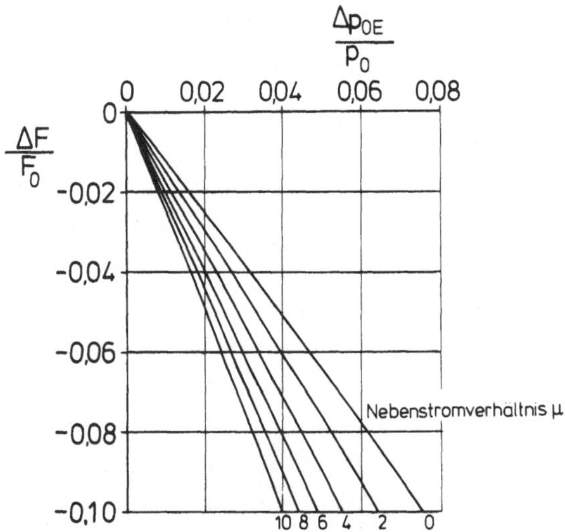

Bild 8.2.2. Schubabnahme bei modernen Nebenstromtriebwerken infolge Gesamtdruckverlust im Einlauf, nach [29]
Verdichterdruckverhältnis: 33; Turbineneintrittstemperatur: 1 700 K

Abschn. 2.2.2). Letzteres ist auf Grund des Umlenkvorgangs mit Verlusten verbunden, während beim Schwenken des gesamten Triebwerks keine derartige Schubminderungen eintreten. Die Verluste bei gut geführten Strahlen (Kaskaden, Rohrkrümmer) betragen nur wenige Prozente. Bei Umlenkungen durch innen oder außen umströmte Klappensysteme, wie z.B. in Bild 2.2.4 dargestellt, sind die Verluste erheblich größer. Umlenkungswirkungsgrade solcher Systeme sind z.B. Bild 2.2.6 zu entnehmen.

Schwebeflugsteuerung und Vertrimmung

Die zum Manövrieren im ungünstigsten Fall erforderlichen Steuerbeschleunigungen für Rollen, Nicken und Gieren ergeben Schubverluste entweder durch Luftentnahme von den Triebwerken zur Versorgung der Steuerdüsen oder aber durch direkten Eingriff in den Schubhaushalt. In Kap. 3 werden die einzelnen Verfahren zur Erzeugung von Steuerbeschleunigungen dargestellt und auch Angaben über die auftretenden Schubverluste im Schwebeflug gemacht.

Vertrimmungen durch maximal mögliche Schwerpunktwanderungen sowie alle anderen Vertrimmungen, wie z.B. durch Seitenwindeinfluß, Strahlinterferenz oder Bodensogkräfte, erfordern die Bereitstellung eines bestimmten Anteils vom Gesamtschub, der bei der Hubschubbilanz zu berücksichtigen ist.

Bodeneffekte

Zusatzkräfte treten infolge induzierter sowie thermischer Strahleffekte als Funktion des Bodenabstands auf. Die Grundlagen hierzu sind in Abschn. 5.2 und 5.3 dargestellt, in denen auch die Einflüsse verschiedener Entwurfsparameter auf die Bodeneffekte angegeben werden. Positive Bodeneffekte können dabei zur Kompensation von negativen Effekten berücksichtigt werden, wobei die jeweilige Abhängigkeit vom Bodenabstand mit in Betracht zu ziehen ist. Die alleinige Berücksichtigung positiver Bodeneffekte ist jedoch nicht möglich, da auf Grund ihrer Abnahme mit dem Bodenabstand das verfügbare Schubniveau außerhalb des Bodeneffektbereichs reduziert würde und somit hier ein vertikaler Steigflug nur vermindert oder gar nicht mehr möglich wäre.

Triebwerksausfall

Bei der Ermittlung des für einen Senkrechtstart benötigten Hubschubes ist stets ein Triebwerksausfall in die Betrachtungen einzubeziehen. Hierbei ist auch eine Schubreduktion anderer Triebwerke in Rechnung zu stellen, damit keine freien Momente entstehen. Diese zusätzliche Schubreduktion läßt sich vermeiden, wenn über mechanische oder pneumatische Verbindungen eine Leistungsübertragung innerhalb des gesamten Antriebssystems möglich ist. In jedem Fall wird man beim Triebwerksausfall eine Schub- bzw. Leistungserhöhung auf den Wert des Notbetriebs vornehmen, um den Schubverlust insgesamt so gering wie möglich zu halten. Die Hubschubbilanz ist daher sowohl für den normalen Senkrechtstart als auch für den Senkrechtstart mit Ausfall eines Triebwerks aufzustellen.

8.2.3 Aufstellung der Hubschubbilanz

Nachdem man die einzelnen Verluste durch sorgfältige Rechnungen in Verbindung mit den Angaben des Triebwerksherstellers und zum Teil durch einschlägige Versuche an Modellen oder Experimentiergeräten ermittelt hat, kann man das maximale Abfluggewicht für den Senkrechtstart bestimmen. Hierbei ist außerdem noch ein Mindestschubüberschuß von 2 - 5% je nach Auslegungskonzeption zu berücksichtigen.

Als Beispiel sei ein Senkrechtstarter mit 12 Hubtriebwerken betrachtet,
der in der Lage sein soll, in einer Höhe von 600 m bei einer Temperatur von 29°C mit einem Schubüberschuß von 5% vertikal zu starten. Der
Übersichtlichkeit halber sei angenommen, daß der Hubschub ausschließlich durch Hubtriebwerke erzeugt wird. Die Zahlenwerte entsprechen nicht
unmittelbar einem ausgeführten Projektentwurf, sie wurden jedoch in Anlehnung an ähnliche Projekte des Projektswettbewerbs [26] gewählt.

Tabelle 8.2.1 zeigt die Schubbilanzen für das Beispielflugzeug, wobei
im oberen Teil der Startfall mit allen Triebwerken in Betrieb und im
unteren Teil der Notbetrieb mit Triebwerksausfall angegeben ist, der
zur Herstellung der Schubsymmetrie das Abschalten eines weiteren Triebwerks erforderlich macht. Wegen der vorausgesetzten Symmetrie der Triebwerksanordnung wird dadurch kein zusätzlicher Trimmschub notwendig, wie
dies bei nicht voll symmetrischen Anordnungen der Fall sein kann. Es
wurde ferner angenommen, daß bei Notbetrieb der Steuer- und Trimmschub-
bedarf auf die Hälfte reduziert werden kann. Im vorliegenden Beispiel
liefert die Schubbilanz für einen Triebwerksausfall das geringere Abfluggewicht, das dann als der für das Projekt maßgebende Wert anzusetzen ist. Bei Projektvorschlägen für Senkrechtstart-Verkehrsflugzeuge
wird angestrebt, für die Fälle mit oder ohne Triebwerksversagen von dem
gleichen Abfluggewicht ausgehen zu können. Dies wurde z.B. bei dem Entwurf der Do 231 dadurch erreicht, daß man im Normalfall den durch Umlenkung erzeugbaren Hubschub der Marschtriebwerke - insbesondere aus
Lärmgründen - nur zu einem Drittel für den Senkrechtstart ausnutzte, so
daß beim Triebwerksausfall eine Schubreserve durch vollständige Inanspruchnahme des Schubes der Marsch-Hub-Triebwerke vorhanden war. Hierbei würden allerdings die zulässigen Lärmwerte beim Start überschritten.

Zu den Zahlenwerten von Tabelle 8.2.1 bleibt noch festzustellen, daß
die Triebwerksanlage für ein um ca. 25% höheres Schubniveau ausgelegt
werden muß, als ohne Schubverluste beim Normalflug in H = 0 unter ISA-
Bedingungen notwendig wäre. Diese starke Überbemessung des Schubs beruht
in großem Maße auf den ungünstigen Startplatzbedingungen.

NORMALBETRIEB			
Max. Startschub [N] (H = 0, ISA: 12 · 65 000 N)			780 000
	Schubverlust	Schubverlust [N]	Restschub [N]
Umgebungsbedingung H = 600 m, t = 29°C (Bild 8.2.1)	14,1%	110 000	670 000
Rezirkulation	3%	20 000	650 000
Bodeneffekt	1,2%	7 800	642 200
Einlaufverluste	2,1%	13 500	628 700
Schwebeflug- steuerung Rollen 10 000 N Nicken 8 000 N Gieren 2 000 N		20 000	
Trimmung		20 000	
Verfügbarer Hubschub F_{eff} [N]			588 700
Max. Abfluggewicht [N] für $F_{eff}/(mg) = 1,05$			560 000

TRIEBWERKSAUSFALL			
Max. Startschub [N] (Notschub für H = 0, ISA: 10 · 70 000 N)			700 000
	Schubverlust	Schubverlust [N]	Restschub [N]
Umgebungsbedingung H = 600 m, t = 29°C (Bild 8.2.1)	14,1%	98 700	601 300
Rezirkulation	3%	18 000	583 300
Bodeneffekt	1,2%	7 000	576 300
Einlaufverluste	2,1%	12 100	564 200
Schwebeflugsteuerung		10 000	
Trimmung		10 000	
Verfügbarer Hubschub F_{eff} [N]			544 200
Max. Abfluggewicht [N] für $F_{eff}/(mg) = 1,044$			520 000

Tabelle 8.2.1. Hubschubbilanz für einen Senkrechtstarter mit 12 Hubtriebwerken

8.3 Auswirkung der Senkrechtstartfähigkeit auf Flugleistungen und Wirtschaftlichkeit im Reiseflug

8.3.1 Änderung der Flugstrecke mit den Startbedingungen

Grundbeziehungen

Die Hubschubbilanz für den Senkrechtstart in Abschn. 8.2 zeigt, daß das Antriebssystem zum Ausgleich der verschiedenen Schubverluste erheblich größer ausgelegt werden muß, als dem effektiv verfügbaren Hubschub entspricht. Das maximale Abfluggewicht ist unmittelbar von dem verfügbaren Hubschub abhängig und dadurch bestimmt, daß der Start mit ausreichender Vertikalbeschleunigung zur sicheren Durchführung des Abhebens und der Transition erfolgen kann. Damit ist der Hubschubüberschuß

$$\varepsilon = \frac{F - gm_A}{gm_A} \qquad (8.3.1a)$$

festgelegt. Verringert sich der verfügbare Hubschub infolge ungünstiger Umgebungsbedingungen (vgl. hierzu auch Bild 8.2.1), so hat dies nach (8.3.1a) bei Konstanthaltung von ε zwangsläufig eine Minderung des Abfluggewichts zur Folge. Eine solche Minderung des Abfluggewichts kann entweder als Nutzlastreduzierung oder Verringerung der Kraftstoffzuladung aufgefaßt werden. Damit ergibt sich eine Bewertungsmöglichkeit der nachteiligen Abhängigkeit des Senkrechtstarts von den Umgebungsbedingungen (vgl. auch [9]).

Setzt man für die weitere Betrachtung die Konstanthaltung der Nutzlast voraus, so führt die Minderung des Abfluggewichts zu einer gleich großen Abnahme der Kraftstoffzuladung, die eine Verringerung der Reiseflugstrecke zur Folge hat. Der Bewertung dieses Effekts kann man als Vergleichsfall die Reiseflugstrecke $s_{ISA,H=0}$ zugrunde legen, die sich für den Start in der Höhe $H = 0$ unter ISA-Bedingungen ergibt. Ausgehend von dem im Vergleichsfall $s_{ISA,H=0}$ vorhandenen Hubschubüberschuß

$$\varepsilon = \frac{F_0 - gm_{A0}}{gm_{A0}} \; , \qquad (8.3.1b)$$

erhält man dann den folgenden Zusammenhang zwischen der umgebungsbedingten Schubabnahme ΔF, der dazu notwendigen Reduzierung der Abflugmasse Δm_A und der Minderung der Kraftstoffzuladung Δm_B:

$$\Delta m_B = \Delta m_A = \frac{\Delta F/g}{1 + \varepsilon} \; . \qquad (8.3.2)$$

Ausschlaggebend für die Verringerung der Reiseflugstrecke ist das Verhältnis der Änderung der Kraftstoffmenge Δm_B zum ursprünglichen Wert
m_{B0}. Hierfür erhält man mit der für die relative Änderung des Start-
schubs gültigen Beziehung (vgl. hierzu auch (8.3.1b) und (8.3.2))

$$\frac{\Delta F}{F_0} = \frac{\Delta m_A}{m_{A0}} = \frac{\Delta m_B}{m_{A0}} = \frac{\Delta m_B}{m_{B0}} \frac{m_{B0}}{m_{A0}} \tag{8.3.3}$$

den folgenden Ausdruck

$$\frac{\Delta m_B}{m_{B0}} = \frac{\Delta F/F_0}{m_{B0}/m_{A0}} \ . \tag{8.3.4}$$

Setzt man voraus, daß eine Verwendung von Senkrechtstartern zu Trans-
portzwecken primär für Kurzstrecken in Frage kommt, so ist die für den
Reiseflug benötigte Kraftstoffmasse m_{BR} relativ klein. Wie sich aus den
Projektentwürfen im Rahmen der Ausschreibung [26] ergab, hat der Kraftstoffbedarf für den Reiseflug (m_{BR}) etwa die gleiche Größe wie für Start
und Steigen (m_{BSt}) sowie für Landung einschließlich Warteflug (m_{BL}).
Hierbei ist der Anteil für Start und Steigen etwa doppelt so groß wie
der für Landung und Warteflug. Da der Kraftstoffbedarf für diese Flugphasen festgelegt ist, wird eine Verringerung der Kraftstoffzuladung
infolge umgebungsbedingter Hubschubabnahme beim Start in erhöhtem Maße
zu Lasten des Reiseflugs gehen. Für die weitere Betrachtung ist es daher
zweckmäßig, die Beziehung (8.3.4) folgendermaßen umzuformen:

$$\frac{\Delta m_B}{m_{BR0}} = \frac{\Delta F/F_0}{m_{BR0}/m_{A0}} \ . \tag{8.3.5}$$

Nach [1] ist die Horizontalflugstrecke s dem Ausdruck $2m_{BR}/(m_a + m_e)$ proportional,

$$s \sim \frac{2m_{BR}}{m_a + m_e} \ , \tag{8.3.6a}$$

wobei m_a und m_e die Flugzeugmassen am Anfang bzw. am Ende des Reiseflugs
darstellen. Hierbei wird vorausgesetzt, daß der spezifische Kraftstoffverbrauch nur geringfügig von den Umgebungsbedingungen abhängig ist und
daher als konstanter Wert betrachtet werden kann. Berücksichtigt man,
daß die Kraftstoffzuladung durch

$$m_B = m_{BSt} + m_{BR} + m_{BL}$$

gegeben ist, so läßt sich die Flugzeugmasse am Anfang des Reiseflugs
folgendermaßen schreiben:

$$m_a = m_A - m_{BSt} \, .$$

Für die Flugzeugmasse am Ende gilt

$$m_e = m_a - m_{BR} \, .$$

Mit (8.3.6a) bestimmt sich dann die Flugstrecke zu

$$s \sim \frac{2m_{BR}}{2(m_A - m_{BSt}) - m_{BR}} = \frac{2m_{BR}/(m_A - m_{BSt})}{2 - m_{BR}/(m_A - m_{BSt})} \, . \qquad (8.3.6b)$$

Im Bezugsfall $s_{ISA,H=0}$ für den Start in $H = 0$ unter ISA-Bedingungen ist
darin $m_{BR} = m_{BR0}$ zu setzen. Verringert sich die verfügbare Reiseflug-
Kraftstoffmasse infolge ungünstiger Startbedingungen, so gilt

$$m_{BR} = m_{BR0} \left(1 + \frac{\Delta m_B}{m_{BR0}} \right) \, . \qquad (8.3.7)$$

Damit erhält man unter Berücksichtigung von (8.3.3) und (8.3.5) den folgenden Ausdruck für die auf $s_{ISA,H=0}$ bezogene Flugstrecke:

$$\frac{s}{s_{ISA,H=0}} = \frac{\left(1 + \dfrac{\Delta F/F_0}{m_{BR0}/m_{A0}} \right) \left(1 - \dfrac{1}{2} \dfrac{m_{BR0}}{m_{A0} - m_{BSt}} \right)}{1 - \dfrac{1}{2} \dfrac{m_{BR0}}{m_{A0} - m_{BSt}} \left(1 - \dfrac{\Delta F/F_0}{m_{BR0}/m_{A0}} \right)} \, . \qquad (8.3.8)$$

<u>Beispielrechnungen</u>

In den folgenden Bildern 8.3.1 bis 8.3.3 sind die Auswirkungen der Umgebungsbedingungen auf die Reiseflugstrecke bei konstant gehaltener Nutzlast entsprechend (8.3.8) für ein Beispielflugzeug dargestellt, das dem
in Tabelle 8.2.1 behandelten Senkrechtstartprojekt entspricht. Den Auswirkungen der Umgebungsbedingungen auf den Schub liegen die Werte nach
Bild 8.2.1 für das projektierte Zweikreistriebwerk Rolls Royce RB 202
zugrunde. Bild 8.3.1 zeigt, daß die für eine Kraftstoffzuladung von
$m_{BR0} = 0{,}2 \, m_A$ erreichbare Flugstrecke mit Start in $H = 0$ unter ISA-Bedingungen bei ungünstigeren Umgebungsbedingungen erheblich reduziert wird.

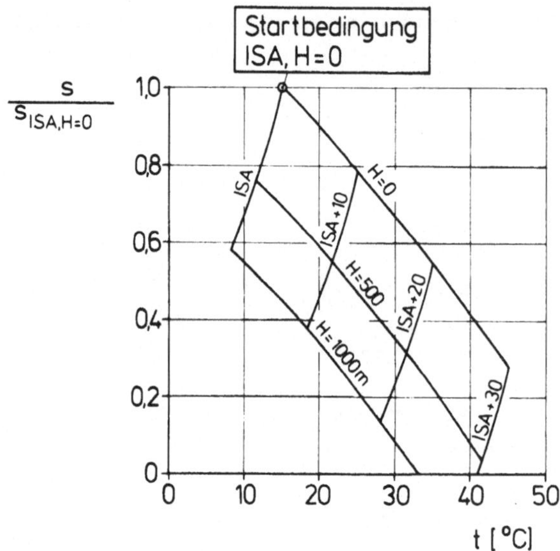

Bild 8.3.1. Einfluß der Umgebungsbedingungen auf die bezogene Reiseflug-strecke

$m_{BR0}/m_{A0} = 0,2$; $m_{BSt}/m_{A0} = 0,043$; Ausgangszustand: ISA, H = 0

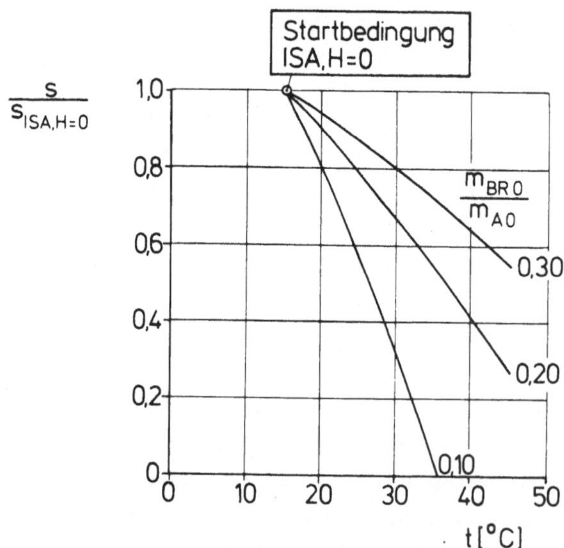

Bild 8.3.2. Einfluß der Umgebungstemperatur beim Start in H = 0 auf die bezogene Reiseflugstrecke bei verschiedenen Werten der relativen Kraft-stoffzuladung m_{BR0}/m_{A0}

$m_{BSt}/m_{A0} = 0,043$; Ausgangszustand: ISA, H = 0

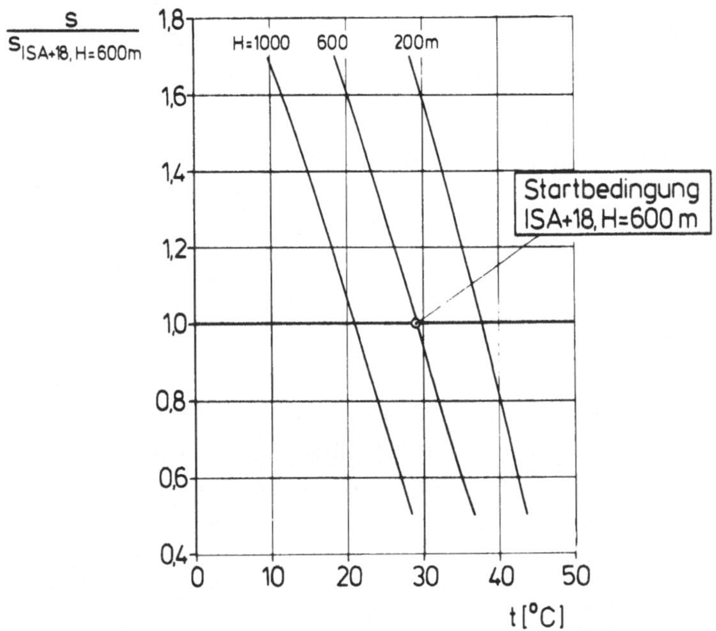

Bild 8.3.3. Einfluß der Umgebungsbedingungen auf die bezogene Reiseflug-strecke

Ausgangszustand: ISA + 18, H = 600 m mit $m_{BR}/m_A = 0,064$ und $m_{BSt}/m_A = 0,043$

Bild 8.3.2 macht deutlich, wie stark die erreichbare Flugstrecke von der Umgebungstemperatur bei verschiedenen relativen Kraftstoffanteilen des Reiseflugs m_{BR0}/m_{A0} abhängt.

Der auf die Abflugmasse bezogene Reiseflugkraftstoff lag für die in der Ausschreibung nach [26] geforderte Reichweite von 800 km etwa bei 6,4%. Geht man von dieser Größenordnung unter Zugrundelegung eines Auslegungs-punktes für den Senkrechtstart von H = 600 m mit t = 29°C aus, so zeigt sich eine außerordentlich starke Empfindlichkeit der Reichweite gegen-über Änderungen der Umgebungsbedingungen, Bild 8.3.3. Der Reichweiten-verringerung bei ungünstigeren Bedingungen steht eine Verbesserung bei kleineren Abflughöhen bzw. niedrigeren Temperaturen gegenüber. Die maxi-mal erzielbare Verbesserung ist dabei durch die Drehmomentenbegrenzung der Triebwerke gegeben. Sie liegt außerhalb des in Bild 8.3.3 darge-stellten Bereichs.

8.3.2 Operationelle Bedingungen

Bei den gezeigten starken Auswirkungen der Umgebungsbedingungen erscheint
es zweckmäßiger, statt einer festen Vorgabe extremer Werte (wie z.B. in
der Projektausschreibung [26] durch Zugrundelegung des Flugplatzes München bei hohen Sommertemperaturen) die Wahrscheinlichkeit in die Betrachtung einzubeziehen, mit der ungünstige Bedingungen für ein bestimmtes VTOL-Luftverkehrsgebiet wie z.B. die Bundesrepublik Deutschland zu
erwarten sind. Hierzu ist in den Bildern 8.3.4 und 8.3.5 die flächenmäßige Verteilung von Höhe und Tagestemperatur für das Gebiet der Bundesrepublik Deutschland nach [12] dargestellt. Man kann dies als Wahrscheinlichkeit interpretieren, mit der die Umgebungsbedingungen bei
gleichmäßig verteilten Starts zu berücksichtigen sind. Aus den Bildern
8.3.4 und 8.3.5 ist ersichtlich, daß Höhen bis zu 600 m in etwa 75% aller Fälle zu erwarten sind und daß eine Tagestemperatur von 29°C bei
$H = 600$ m so gut wie nie erreicht bzw. überschritten wird. Es wäre deshalb empfehlenswert, z.B. die Umgebungsbedingungen für etwa 75% aller
Fälle der Auslegung zugrunde zu legen (im vorliegenden Beispiel etwa
$H = 600$ m, ISA-Bedingungen) und eine Nutzlastreduzierung oder Reichwei-
teneinschränkung für die sehr unwahrscheinlichen Fälle einer Überschrei-
tung in Kauf zu nehmen.

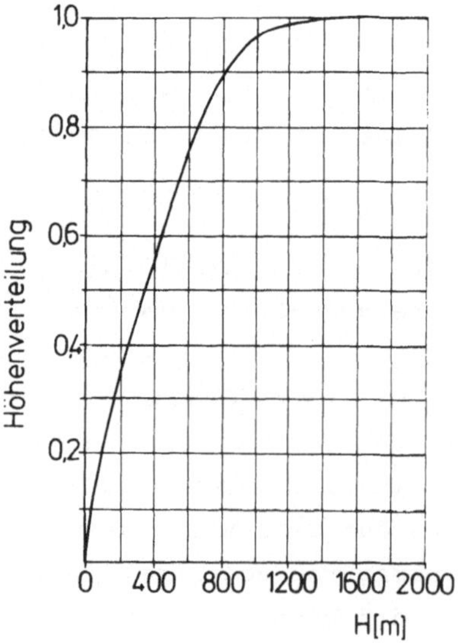

Bild 8.3.4. Flächenmäßige Verteilung der Höhe für das Gebiet der Bundesrepublik Deutschland

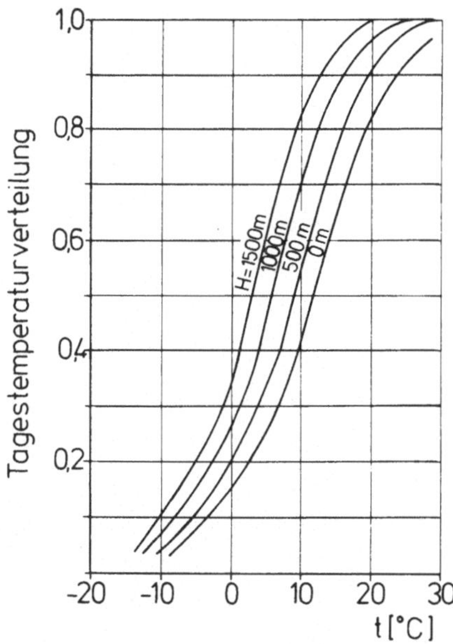

Bild 8.3.5. Flächenmäßige Verteilung der Tagestemperatur für das Gebiet
der Bundesrepublik Deutschland

Die Reduzierung der Reichweite infolge ungünstiger Umgebungsbedingungen
beeinflußt zugleich die Wirtschaftlichkeit eines Fluges und damit den
Flugpreis bzw. die "direkten operationellen Kosten" DOC (Direct Operating
Costs), die die Kosten pro Sitzplatz und zurückgelegte Strecke angeben.
Sie beinhalten als feste Kosten die Aufwendungen für Abschreibung, In-
standhaltung, Versicherung sowie Personalkosten (Besatzung) und die
veränderlichen Kosten für Kraftstoff, Instandhaltung und für Lande-,
Abfertigungs- und Flugsicherungsgebühren, vgl. hierzu z.B. [2 - 4, 19].

Es ist selbstverständlich, daß die direkten Betriebskosten für ein Senkrechtstartflugzeug größer als für ein konventionelles Verkehrsflugzeug
gleicher Nutzlastkapazität, Reichweite und Fluggeschwindigkeit sein
müssen. Allein der erforderliche Hubschub in der Größenordnung des 1,3-
fachen des Abfluggewichts erhöht das Leergewicht direkt durch das größere Gewicht der Triebwerke und indirekt durch das größere Zellenvolumen
für ihren Einbau. In der Ausschreibung [26] wurde z.B. für eine Flugstrecke von 370 km eine Erhöhung der DOC um 50% zugelassen. Die sehr
sorgfältig durchgearbeiteten Entwürfe der an der Ausschreibung beteiligten Firmen (Abschn. 1.4) zeigten, daß dieser Wert bei den vorgeschriebe-
nen ungünstigen Startbedingungen und unter der Annahme einer Serien-

stückzahl von 300 Flugzeugen für alle geforderten Einsatzflugprofile
nicht überschritten wurde. Bei einer Blockstrecke von 930 km ergab sich
eine Erhöhung der DOC um etwa 25%.

8.4 Flugsicherheit

8.4.1 Allgemeines

Senkrechtstartflugzeuge sind in ihrer Flugsicherheit während der Abhebe-
Schwebe-, Übergangsflug- und Landephase in besonderem Maße von der ein-
wandfreien Funktion der Triebwerke abhängig, vor allem in bezug auf die
Hubschuberzeugung. Die Lebensdauer moderner Strahltriebwerke ist außerordentlich hoch, etwa von der Größenordnung 10^4 bis 10^5 Stunden. Im
Luftverkehr mit konventionellen Flugzeugen versucht man mit Erfolg,
durch regelmäßige Wartung und Überholung der Triebwerke und durch Austausch von Komponenten nach bestimmten Laufzeiten die Ausfallmöglichkeit
während des Betriebs weitgehend auszuschließen. Dieses Verfahren wird in
verstärktem Maße auch bei Senkrechtstartflugzeugen anzuwenden sein. Von
besonderem Interesse ist die Frage, wie sich die Zahl der Hubtriebwerke
auf die Ausfallwahrscheinlichkeit auswirkt und welche Vorkehrungen zu
treffen sind, um - ähnlich wie im Luftverkehr mit konventionell startenden Flugzeugen - einem Triebwerksausfall ohne Beeinträchtigung der
Flugsicherheit zulassen zu können.

8.4.2 Ausfallwahrscheinlichkeit

Verwendet man eine Anzahl n gleichartiger Triebwerke zur Hubschuberzeugung, so beträgt die Gesamtwahrscheinlichkeit für den Ausfall von m
Triebwerken bei einer Einzelausfallwahrscheinlichkeit w:

$$w_{ges,m} = \binom{n}{m} w^m (1 - w)^{n-m} . \qquad (8.4.1)$$

Da die Einzelausfallwahrscheinlichkeit, wie in Abschn. 8.4.1 angegeben,
außerordentlich klein ist, kann man im vorliegenden Fall schreiben

$$w_{ges,m} = \binom{n}{m} w^m . \qquad (8.4.2)$$

Beim Ausfall eines Triebwerks, d.h. m = 1, wird daraus

$$w_{ges,1} = n\, w , \qquad (8.4.3)$$

d.h. die Ausfallwahrscheinlichkeit eines Triebwerks nimmt mit wachsender Zahl der Triebwerke zu.

Die Wahrscheinlichkeit für den gleichzeitigen Ausfall von zwei oder mehr Triebwerken ist dagegen sehr viel geringer. Bezieht man die Wahrscheinlichkeit eines Ausfall von m Triebwerken auf diejenige für den Ausfall eines Triebwerks, so liefern (8.4.3) und (8.4.2)

$$\frac{w_{ges,m}}{w_{ges,1}} = \frac{1}{n} \binom{n}{m} w^{m-1} \; . \tag{8.4.4}$$

In Tabelle 8.4.1 ist diese Beziehung ausgewertet. Daraus ist ersichtlich, daß die Wahrscheinlichkeit eines zweiten Ausfalls bei den sehr kleinen Werten von w außerordentlich gering ist. Auch bei einer größeren Anzahl von Triebwerken nimmt die Ausfallwahrscheinlichkeit nur mäßig zu.

Anzahl der ausgefallenen Triebwerke	Anzahl der vorhandenen Triebwerke				
	3	4	8	12	21
2	w	1,5w	3,5w	5,5w	10w
3	-	w^2	$7w^2$	$18,3w^2$	$63,3w^2$

Tabelle 8.4.1. Wahrscheinlichkeit für den Ausfall von Triebwerken

Diese Betrachtung setzt allerdings eine völlige Unabhängigkeit der Triebwerke untereinander voraus. Entsprechendes gilt für alle Versorgungssysteme der Triebwerke, insbesondere für das Kraftstoffsystem. Bei Anordnung der Triebwerke in Gruppen muß durch konstruktive Maßnahmen gewährleistet sein, daß z.B. bei mechanischer Zerstörung umlaufender Triebwerksteile (Schaufeln o.ä.) nicht das Gehäuse des Nebentriebwerks beschädigt wird.

Analog zu den Lufttüchtigkeitsbestimmungen für konventionelle Verkehrsflugzeuge [18] ist auch für senkrecht startende Verkehrsflugzeuge zu fordern, daß bei einem Triebwerksausfall in der kritischen Phase der Senkrechtlandung oder des Senkrechtstarts eine Durchführung des Flugs ohne Beeinträchtigung der Sicherheit, wenn auch mit reduzierten Leistungen, möglich sein muß. Um dies zu erreichen, ist die Anzahl der Hubtriebwerke entsprechend groß zu wählen. Hierbei kann man davon ausgehen, daß bei einem Triebwerksausfall für die verbleibenden Hubtriebwerke eine

Steigerung auf den vom Triebwerkshersteller für kurze Flugzeiten zuge-
lassenen Notschub möglich ist. Von wesentlicher Bedeutung ist außerdem
die Frage, ob die Triebwerke unabhängig voneinander oder pneumatisch bzw.
mechanisch miteinander gekoppelt sind. Die erforderliche Schubreserve
wird in den beiden Fällen unterschiedlich groß sein. Dies wird im folgenden für eine Anordnung mit voneinander unabhängigen Strahltriebwerken sowie für eine Antriebskonfiguration mit Luftschrauben betrachtet,
die durch Wellensysteme gekoppelt sind.

8.4.3 Erforderliche Schubreserve bei voneinander unabhängigen Einzeltriebwerken

Im Normalfall betrage der verfügbare Schubüberschuß für einen Senkrechtstarter mit n voneinander unabhängigen, gleich großen Triebwerken

$$\varepsilon = \frac{nF_0}{m_A g} - 1 \; .$$

Für einen bestimmten Wert des Schubüberschusses und bei festgelegter Abflugmasse m_A gilt dann für den erforderlichen Schub eines Triebwerks

$$F_0 = \frac{(1 + \varepsilon)m_A g}{n} \; . \tag{8.4.5}$$

Fällt ein Triebwerk aus, so muß unter der Voraussetzung einer symmetrischen Anordnung der Hubtriebwerke das Gegentriebwerk abgeschaltet werden, um den Schubmittelpunkt der verbleibenden Triebwerke wieder in den
Schwerpunkt zu bringen. Mit F_0 aus (8.4.5) erhält man dann für den Restschub

$$F_{Rest} = (n - 2)F_0 = \frac{n - 2}{n} (1 + \varepsilon)m_A g \; . \tag{8.4.6}$$

Der Restschub ist nur dann für die Aufrechterhaltung und Fortführung
des Vertikalfluges ausreichend, wenn zuvor im Normalbetrieb ein entsprechend hoher Schubüberschuß vorhanden war und der nach dem Triebwerksausfall noch fehlende Anteil durch Schuberhöhung der restlichen Triebwerke möglich ist.

Wie schon erwähnt, läßt der Triebwerkshersteller meist eine kurzzeitige
Überlastung der Hubtriebwerke um ein bestimmtes Maß zu, das im folgen-

den durch den Faktor k gekennzeichnet wird. Damit erhöht sich der Restschub nach (8.4.6) auf

$$F_{Rest,max} = \frac{n-2}{n}\, k\,(1+\varepsilon)m_A g \; . \tag{8.4.7}$$

Fordert man, daß nach Ausfall des Triebwerks noch ein ausreichender
Schubüberschuß ε_A vorhanden ist, so kann man schreiben

$$F_{Rest,max} = (1+\varepsilon_A)m_A g \; . \tag{8.4.8}$$

Aus (8.4.7) und (8.4.8) folgt für den bei der Triebwerksauswahl zu be-
rücksichtigenden erforderlichen Schubüberschuß $(\varepsilon \rightarrow \varepsilon_{erf})$:

$$\varepsilon_{erf} = (1+\varepsilon_A)\,\frac{n}{k(n-2)} - 1 \; . \tag{8.4.9}$$

Eine Auswertung dieser Beziehung zeigt Bild 8.4.1 für verschiedene, voll
symmetrische Triebwerksanordnungen. Für ausgeführte und projektierte
Hubtriebwerke wird ein Überlastungsfaktor von 1,07 - 1,10 zugelassen.
Setzt man den höheren Wert an, so zeigt Bild 8.4.1, daß selbst bei 12
Triebwerken und unter Verzicht auf einen Schubüberschuß im Flug mit
einem ausgefallenen und einem abgeschalteten Triebwerk ein Schubüberschuß im Normalflug von fast 10% vorzusehen ist.

Anzahl n		4	6	8	10	12	16
Anordnung der Triebwerke							
$\dfrac{F_{Rest}}{m_A \cdot g}$	$\varepsilon=0$ $k=1$	0,500	0,667	0,750	0,800	0,833	0,875
ε_{erf} $(\varepsilon_A=0)$	$k=1$	1,00	0,50	0,33	0,25	0,20	0,143
	$k=1{,}1$	0,818	0,364	0,210	0,136	0,091	0,039
	$k=1{,}2$	0,067	0,250	0,111	0,042	0	—

Bild 8.4.1. Erforderlicher Schubüberschuß im Normalflug zur Gewährleistung der Schwebeflugfähigkeit nach einem Triebwerksausfall bei voneinander unabhängigen Triebwerken

8.4.4 Erforderliche Schubreserve bei gekoppeltem Luftschraubenantrieb

Mit P_0 als der Leistung einer Propellerturbine beträgt die installierte
Gesamtleistung

$$P_{ges} = n\,P_0 \; . \tag{8.4.10}$$

Wegen der Kopplung der Luftschrauben über ein Wellensystem kann die
Symmetrie der Schübe auch bei Triebwerksausfall aufrechterhalten werden,
ohne daß ein zusätzliches Triebwerk abgeschaltet werden muß. Die Restleistung beträgt dann unter Berücksichtigung einer zulässigen Notlei-
stungserhöhung um den Faktor k im Verhältnis zur Normalleistung P_{ges}:

$$\frac{P_{Rest,max}}{P_{ges}} = \frac{n-1}{n}\, k \ . \qquad (8.4.11)$$

Nach der Strahltheorie hat die durch Ausfall eines Triebwerks verminder-
te Strahlflächenbelastung je Schraube zur Folge, daß der Restschub weniger stark als die Restleistung abfällt (vgl. hierzu auch Abschn. 2.1.3).
Für den Restschub $F_{Rest,max}$ bei Notleistung gilt mit $F_{ges} = nF_0$ als dem
Gesamtschub vor Triebwerksausfall:

$$\frac{F_{Rest,max}}{F_{ges}} = \left(\frac{P_{Rest,max}}{P_{ges}}\right)^{2/3} = \left(\frac{n-1}{n}\, k\right)^{2/3} \ . \qquad (8.4.12)$$

Eine Auswertung von (8.4.11) und (8.4.12) gibt Tabelle 8.3.2 wieder.

Triebwerkszahl n	2		4		6		8	
Überlastfaktor k	1,0	1,1	1,0	1,1	1,0	1,1	1,0	1,1
$\dfrac{P_{Rest,max}}{P_{ges}}$	0,500	0,550	0,750	0,825	0,833	0,917	0,875	0,963
$\dfrac{F_{Rest,max}}{F_{ges}}$	0,630	0,671	0,825	0,880	0,886	0,944	0,915	0,975

Tabelle 8.4.2. Restschub und Restleistung bei Flugzeugen mit gekoppelten Luftschrauben

Aus (8.4.12) erhält man mit $F_{ges} = (1+\varepsilon)m_A g$ für den Schub im Überla-
stungsfall

$$F_{Rest,max} = \left(\frac{n-1}{n}\, k\right)^{2/3} (1+\varepsilon)m_A g \ . \qquad (8.4.13)$$

Fordert man auch hier wiederum einen Schubüberschuß von ε_A nach dem
Triebwerksausfall, so gilt

$$F_{Rest,max} = (1+\varepsilon_A)m_A g \ . \qquad (8.4.14)$$

Mit (8.4.13) und (8.4.14) bestimmt sich dann der bei der Triebwerksaus-
wahl zu berücksichtigende erforderliche Schubüberschuß zu $(\varepsilon \rightarrow \varepsilon_{erf})$:

$$\varepsilon_{erf} = (1 + \varepsilon_A)\left(\frac{n}{k(n-1)}\right)^{2/3} - 1 \ . \qquad (8.4.15)$$

In Bild 8.4.2 ist der Zusammenhang zwischen dem Faktor k zur Steigerung
des Notschubs und der erforderlichen Anzahl der Triebwerke für gekoppelte Luftschraubensysteme (Teil a) sowie für Hubtriebwerke dargestellt,
die voneinander unabhängig sind (Teil b). Hierbei zeigt sich, daß bei
gekoppelten Anordnungen eine erhebliche Verringerung der notwendigen
Triebwerksanzahl zur Beherrschung eines Ausfalls möglich ist. So erreicht man z.B. für $\varepsilon_{erf} = 0,10$ und $k = 1,04$ bei gekoppelten Luftschrau-
benanordnungen bereits mit 6 Wellentriebwerken die Schwebeflugfähigkeit

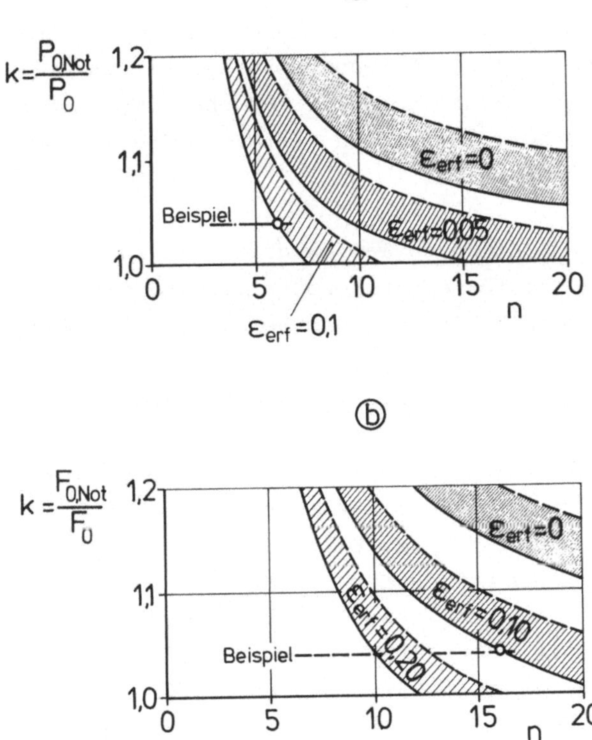

Bild 8.4.2. Benötigter Überlastgrad k zur Beherrschung eines Triebwerksausfalls

ⓐ   gekoppelte Luftschrauben (——— $\varepsilon_A = 0$ ---- $\varepsilon_A = 0,033$)
ⓑ   voneinander unabhängige Hubtriebwerke (——— $\varepsilon_A = 0$ ---- $\varepsilon_A = 0,05$)

nach einem Triebwerksausfall ($\varepsilon_A = 0$), während dies bei voneinander unabhängige Triebwerke erst mit 16 Triebwerken möglich ist. Mit höherer
Überlastbarkeit k der Triebwerke werden die Verhältnisse günstiger. Werte von $k > 1,1$ dürften jedoch kaum realisierbar sein.

8.5 Lärmprobleme

8.5.1 Einführung

Die zum Senkrechtstart erforderlichen hohen Triebwerksschübe und -lei-
stungen werfen die Frage auf, wie groß die damit verbundene Lärmentwick-
lung ist und welche Probleme hierbei auftreten können. Dies gilt in besonderem Maße für strahlgetriebene Senkrechtstarter, die in der ersten
Generation mit Einkreistriebwerken ausgerüstet waren, deren Lärmpegel
bei Startleistung in einer Entfernung von 150 m noch etwa 120 PNdB für
ein Triebwerk betrug. Wesentliche Fortschritte wurden durch die Entwicklung von Hubtriebwerken mit sehr großem Nebenstromverhältnis erwartet.
Für das Hubtriebwerk RB 202 wurde eine Reduktion des oben angegebenen
Lärmpegels um mehr als 20 PNdB berechnet. Auch für die Bläsertriebwerke
wurden ähnliche Verbesserungen erwartet.

Senkrechtstarter mit Luftschraubenantrieb lassen geringere Lärmpegel
erwarten. So ergibt sich nach [8] für ein Kipprotorflugzeug mit einem
Abfluggewicht von 55 kN beim Schwebeflug ein Lärmpegel von 92,5 PNdB in
einer Entfernung von 150 m. Um diese Werte noch weiter zu reduzieren,
sind beträchtliche Anstrengungen erforderlich. Besonders wirksam ist
eine Reduzierung der Blattspitzengeschwindigkeit und der Kreisflächenbelastung. Um eine Verringerung von 10 PNdB zu erreichen, erhöht sich
nach einer detaillierten Studie in [8] das Strukturgewicht beträchtlich,
so daß sich bei gleicher Nutzlast in diesem Fall ein um etwa 25% höheres Abfluggewicht mit nachteiligen Folgen für die Wirtschaftlichkeit
ergibt.

Die Reduzierung des Lärmpegels des VTOL-Antriebssystems ist der entscheidende Weg zur Lärmreduzierung bei Senkrechtstartflugzeugen. Maßgebend für die Lärmbelästigung der Flugplatzanwohner ist jedoch nicht
der Einzellärmpegel in einer bestimmten Entfernung vom Flugzeug, sondern
der während des Starts bzw. der Landung auftretende Gesamtlärm, der in
beträchtlichem Maße von der Gestaltung des Flugbahnprofils in diesen
Flugphasen abhängt. Da sich bei Senkrechtstartern weitaus größere Mög-

lichkeiten für An- und Abflugbahnen ergeben als bei konventionellen
Flugzeugen und insbesondere erheblich steilere Bahnwinkel realisierbar
sind, können trotz höherer Triebwerksleistungen günstige Ergebnisse hinsichtlich der Lärmeinwirkung in der Flugplatzumgebung durch lärmoptimale
Bahnen erwartet werden. Über diese Problemstellung wird z.B. in den
Arbeiten [10, 20, 25] ausführlich berichtet. In enger Anlehnung an die
von Nitsche [20, 21] durchgeführten Untersuchungen zur Bestimmung lärmoptimaler Bahnen für Senkrechtstartflugzeuge soll im folgenden die Lärm-
problematik betrachtet werden, wobei die gesetzlich festgelegten Lärmschutzbereiche [7] den Ausgangspunkt bilden. Hierfür sind zunächst einige Erläuterungen zur Definition verschiedener Lärmschutzbereiche erforderlich.

8.5.2 Lärmschutzbereiche

Ein Lärmschutzbereich stellt ein Gebiet in der Umgebung eines Flugplatzes dar, das von einer Kurve konstanter, in bestimmter Weise zu defi-
nierender Lärmbelastung begrenzt wird. Der Lärmpegel nimmt mit zunehmender Entfernung vom Entstehungsort ab und wird je nach Höhe und zeitlicher Dauer unterschiedlich hinsichtlich einer kritischen Grenze für
die Zumutbarkeit zu bewerten sein.

Nach dem deutschen Gesetz zum Schutz gegen den Fluglärm [7] wird der
Lärmschutzbereich durch eine Grenzkurve $L_{eq} = 67$ dBA festgelegt. Hierbei
stellt L_{eq} den äquivalenten Dauer- oder Langzeit-Mittelungspegel dar.
Zur Bewertung des Lärms wird nach dem deutschen Fluglärmgesetz der so-
genannte A-Filter verwendet, der die Lästigkeit der Störeinwirkungen
verschiedener Frequenzen bewertet und in Bild 8.5.1 zusammen mit der
aus empirischen Untersuchungen [13 - 16, 23] nach Kryter, Pearsons und
Robinson, Bowsher, Copeland gewonnenen "empfundenen Lästigkeit" des
Lärms (meist als "perceived noisiness" bezeichnet) dargestellt ist. Die
hier verwendete Einheit "NOY" gibt an, um welchen Faktor das zu beurtei-
lende Geräusch störender ist als das Vergleichsgeräusch, das einem Rausch-
band (Oktavband) mit einer Mittenfrequenz von 1 000 Hz und einem Schall-
pegel von 40 dB entspricht. Der äquivalente Dauerpegel wird durch Mitte-
lung über einen größeren Zeitraum gewonnen. Seiner Definition liegt die
Annahme zugrunde, daß Geräusche, die in einem bestimmten Zeitraum gleiche
Schallenergie oder "Lärmmenge" auf einen Beobachter übertragen, gleiche
Störwirkung besitzen. Durch Bestimmung von Lärmbewertungszahlen wie z.B.
in Form des äquivalenten Lärmpegels an vielen Stellen in der Flugplatzumgebung lassen sich Kurven konstanter Lärmmaße und damit Lärmzonen ge-

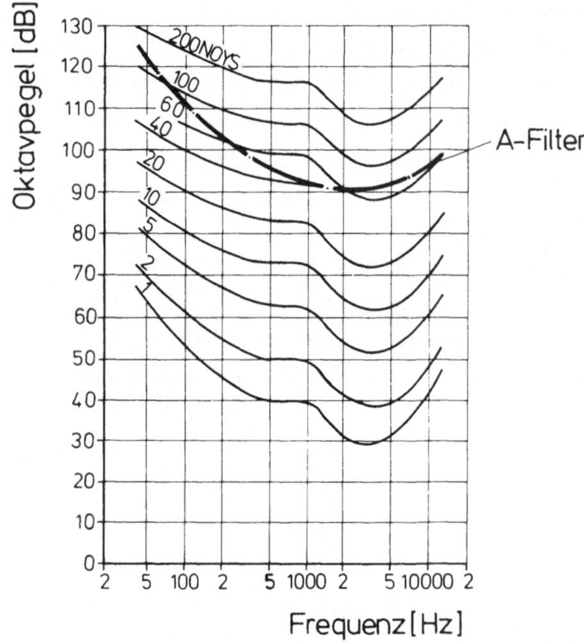

Bild 8.5.1. Lärmbewertungsfilter A und Kurven konstanter Lärmstärke
("perceived noisiness") in Abhängigkeit von der Frequenz, nach [20]

winnen, die ein angenähertes Maß für die Lärmbelastung der Flugplatzumgebung darstellen. Mit dem momentanen Lärmpegel $L_i(t)$ und dem Äquivalenzparameter α läßt sich der äquivalente Dauerpegel in diskreten Schritten ermitteln. Der Teildauerpegel ΔL_{eqi} für ein Zeitelement Δt_i errechnet sich zu

$$\Delta L_{eqi} = \frac{1}{\alpha} \log \left[\frac{1}{\Delta t_i} \int_0^{\Delta t_i} 10^{\alpha L_i(t)} \, dt \right] . \qquad (8.5.1)$$

Durch Aufsummieren der einzelnen Teildauerpegel aller Teilelemente i im
gesamten Beobachtungszeitraum T, der z.B. beim deutschen Fluglärmgesetz
ein halbes Jahr beträgt, erhält man den äquivalenten Dauerpegel:

$$L_{eq} = \frac{1}{\alpha} \log \left[\frac{1}{T} \sum_{i=1}^{i_{max}} 10^{\alpha \Delta L_{eqi}} \Delta t_i \right] . \qquad (8.5.2)$$

Der empirisch ermittelte Äquivalenzparameter α beträgt $\alpha = (\log 2)/4$.
Hierbei liegt die Annahme zugrunde, daß eine Verdopplung der Einwirkungsdauer bzw. Flughäufigkeit einer Pegelerhöhung von 4 dB gleichwertig

ist. Wie in [20] gezeigt wird, kann durch die Festlegung der gesetzlich
definierten Lärmschutzbereiche, die im folgenden als "einfache Lärmschutzbereiche" bezeichnet werden, nicht gewährleistet werden, daß die
Anwohner vor kurzzeitigen Lärmeinwirkungen mit relativ hohem Einzelpe-
gel geschützt werden. Dies gilt insbesondere für Flugplätze mit geringerem Flugaufkommen. Deshalb schlägt Nitsche in [20, 21] einen "erweiterten Lärmschutzbereich" vor, der als dasjenige Gebiet in der Umgebung
eines Flugplatzes definiert ist, in dem unterschiedliche Lärmmaße jeweils einen vorgegebenen Wert überschreiten. Dies ist schematisch in
Bild 8.5.2 dargestellt. Als Lärmmaße kommen dabei außer dem schon er-

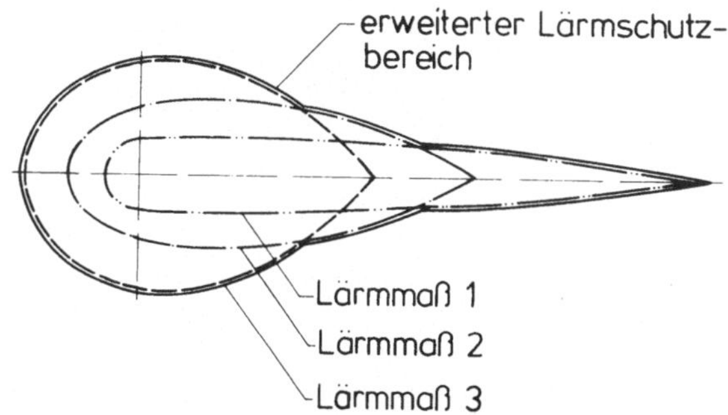

Bild 8.5.2. Definition des erweiterten Lärmschutzbereichs, nach [20]

wähnten äquivalenten Dauerpegel der Maximalpegel L_{max} und der Effektiv-
oder Kurzzeitkonstantpegel L_{eff} in Frage, die in Bild 8.5.3 erläutert
sind.

8.5.3 Ermittlung der Lärmschutzbereiche für Beispielflugzeuge

Allgemeines

Zur Untersuchung des Einflusses verschiedener Bahnparameter während der
vom Lärmstandpunkt her maßgebenden Starttransition wurden in [20, 21]
Beispielrechnungen für zwei Senkrechtstartflugzeuge durchgeführt, die
beide den Ausschreibungsbedingungen nach [26] entsprechen. Da die Flughäufigkeit bei der Ermittlung des Lärmschutzbereichs eine wichtige Rolle
spielt, wurde für die Untersuchungen ein mittelgroßer Flugplatz mit
einem jährlichen Transportaufkommen von 5 Millionen Passagieren und
40 000 Tonnen Fracht zugrunde gelegt, wobei sich das Transportaufkommen
je zur Hälfte auf Start und Landung verteilt. Außerdem wurde angenommen,
daß die Luftflotte aus gleichen Flugzeugen entsprechend den gewählten
Beispielen besteht, für die ein Nutzladefaktor von 0,8 angesetzt wurde.

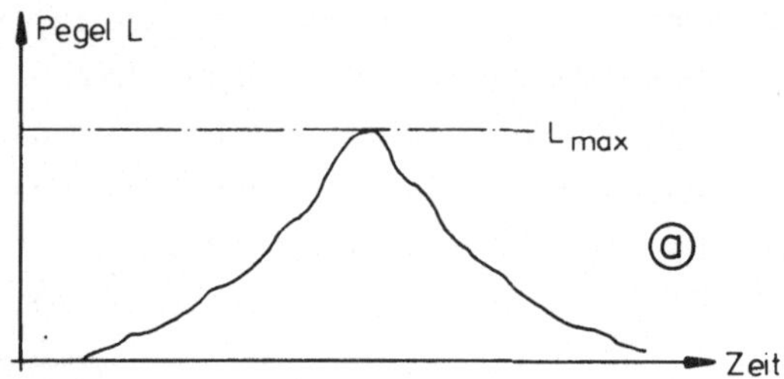

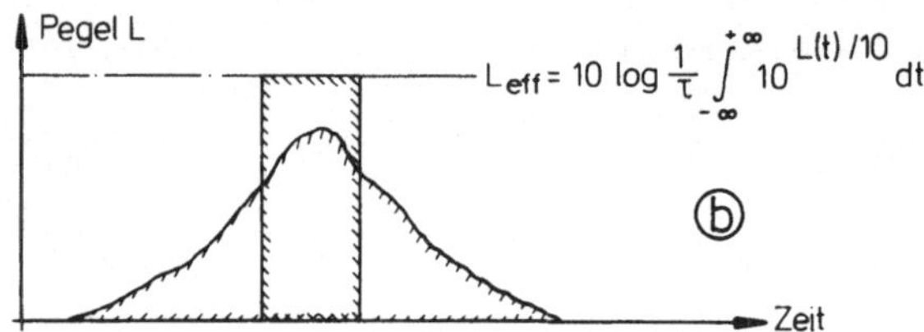

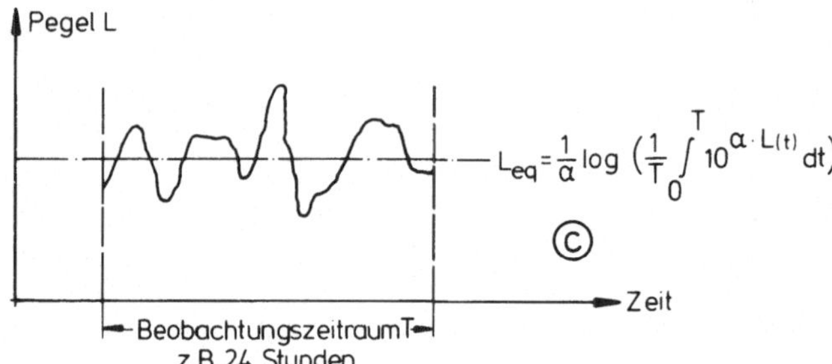

Bild 8.5.3. Definition der verwendeten Lärmmaße, nach [20]

ⓐ   Maximalpegel L_{max}
ⓑ   Effektivpegel L_{eff} (Kurzzeitkonstantpegel)
ⓒ   Äquivalenter Dauerpegel L_{eq} (Langzeitmittelungspegel)

Die den Untersuchungen zugrunde gelegte Flugbahn für beide Beispielflugzeuge ist in Bild 8.5.4 dargestellt. Hierbei wurde nach Erreichen der
Transitionsendgeschwindigkeit ein Steigflug betrachtet, der mit maximaler Dauerleistung (bzw. maximalem Dauerschub) der Marschtriebwerke bei
bestmöglichem Steigwinkel erfolgt. Um eine Aussage über die lärmgünstig-
ste Flugbahn zu erhalten, wurden die vertikale Aufsteighöhe H_V, der
Bahnwinkel γ_T während der anschließenden Transition und der Schubüberschuß beim Start variiert. Neben der Bestimmung der Lärmschutzbereiche
wurde auch der Kraftstoffverbrauch während des Senkrechtstarts bis zum
Erreichen der Transitionsendgeschwindigkeit berechnet, um den zusätzlichen Kraftstoffaufwand zur Erzielung lärmoptimaler Bahnen beurteilen zu

können. Die Methode zur Berechnung der Lärmschutzbereiche ist in [20]
ausführlich beschrieben. Zur Ermittlung der Lärmwerte wurde für jeden
der Beobachtungspunkte der zeitliche Verlauf der momentanen Lärmpegel
beim Vorbeiflug aller Flugzeuge innerhalb eines bestimmten Zeitraums
berechnet, wobei die Flugbahn auf Grund der flugmechanischen Beziehungen unter Verwendung der gegebenen Schub- und Luftkraftwerte vorher
bestimmt worden war. Sind in jedem der festgelegten Beobachtungspunkte
die drei beschriebenen Lärmmaße bekannt, so ergeben sich durch lineare
Interpolation zwischen allen Beobachtungspunkten in Längs- und Seitenrichtung x und y am Boden Kurven konstanten Maximalpegels L_{max}, konstanten Effektivpegels L_{eff} und konstanten äquivalenten Dauerpegels L_{eq}
und daraus die Lärmbereiche mit ihren Begrenzungen.

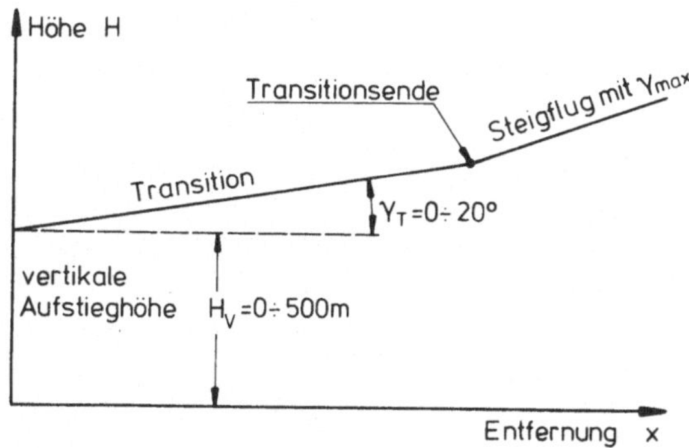

Bild 8.5.4. Betrachteter Startvorgang zur Berechnung der Lärmschutzbereiche, nach [20]

Akustisch werden die Beispielflugzeuge als punktförmige Schallquellen
betrachtet. Der Ermittlung der Geräuschemission der einzelnen Antriebssysteme liegen die Untersuchungen nach [6] zugrunde, die für den Strahlantrieb nach Angaben in [5] und für den Propellerantrieb nach Angaben
in [11] korrigiert wurden. Die wichtigsten Anteile beim Strahlantrieb
waren Breitbandgeräusch und Drehklang im Faneintritt und -austritt sowie das Strahlgeräusch, während beim Propellerantrieb Breitbandgeräusche
und Drehklang der Propeller gegenüber dem Lärmbeitrag der Turbinen über-
wog. In beiden Fällen wurden Richtcharakteristik und Frequenzspektren
der Lärmquellen berücksichtigt. Die Geräuschdämpfung infolge molekularer
Luftabsorption wurde unter Berücksichtigung ihrer Änderung entlang der
Flugbahn bei Zugrundelegung von Temperatur- und Luftfeuchtigkeitsände-
rungen eines meteorologischen Normalsommertags berechnet.

Beispiel 1: Senkrechtstartverkehrsflugzeug mit Strahlantrieb

Das betrachtete Flugzeug mit einem Abfluggewicht von 550 kN [5] (vgl.
auch Bild 1.4.1) verfügt über 12 Zweikreis-Hubtriebwerke RB 202, die
während der Starttransition auf 60° geschwenkt werden, sowie über 2
Marschtriebwerke RB 220, die nur mit 1/3 ihres Maximalschubs während des
Vertikalstarts bis zum Transitionsende arbeiten und die einschließlich
der Verluste durch Umlenkung des Triebwerksstrahls über die Klappen des
Flugzeugs nur mit etwa 7% an der Hubschuberzeugung beteiligt sind.

Die nachfolgend diskutierten Ergebnisse wurden aus [20] bzw. [21] entnommen. Bild 8.5.5 zeigt in Teil a Form und Größe des erweiterten Lärmschutzbereichs in der Bodenebene als Funktion der gewählten vertikalen
Aufstiegshöhe H_V bei horizontaler Transitionsbahn und einem Schub-Gewichts-Verhältnis von 1,1. In Bildteil b ist der Flächeninhalt des erweiterten Lärmschutzbereichs in Abhängigkeit von H_V dargestellt, wobei
auch die Flächeninhalte zu den übrigen, in Abschn. 8.5.2 beschriebenen

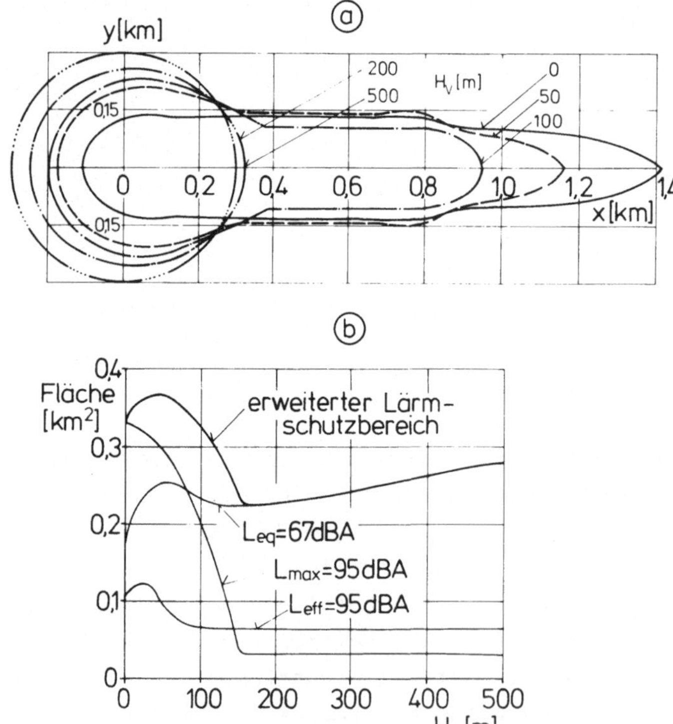

Bild 8.5.5. Form und Größe des erweiterten Lärmschutzbereichs für ein
Senkrechtstart-Strahlverkehrsflugzeug in Abhängigkeit von der vertikalen Aufstiegshöhe H_V ($\gamma_T = 0$; F/(mg) = 1,1), nach [20]

ⓐ   Form des Lärmschutzbereichs in der Bodenebene
ⓑ   Flächeninhalte für verschiedene Lärmmaße in Abhängigkeit von H_V

Lärmmaßen mit eingetragen sind. Daraus ist ersichtlich, daß die Fläche, an deren Grenze ein Wert von $L_{max} = 95$ dBA auftritt, bei $H_V = 0$ erwartungsgemäß am größten ist und mit Vergrößerung der Aufstiegshöhe stark abnimmt. Ab $H_V = 150$ m spielt der Maximallärm während der Transition wie auch der Lärm beim weiteren Aufstieg keine Rolle mehr, und hier bleibt L_{max} konstant. Der Effektivlärm L_{eff} ist in allen Fällen bedeutungslos, während L_{eq} von $H_V = 150$ m an den entscheidenden Anteil liefert.

Wie in [20] gezeigt wird (vgl. auch Bild 8.5.6), bringt die Wahl einer ansteigenden Transitionsbahn bei kleineren vertikalen Aufstiegshöhen

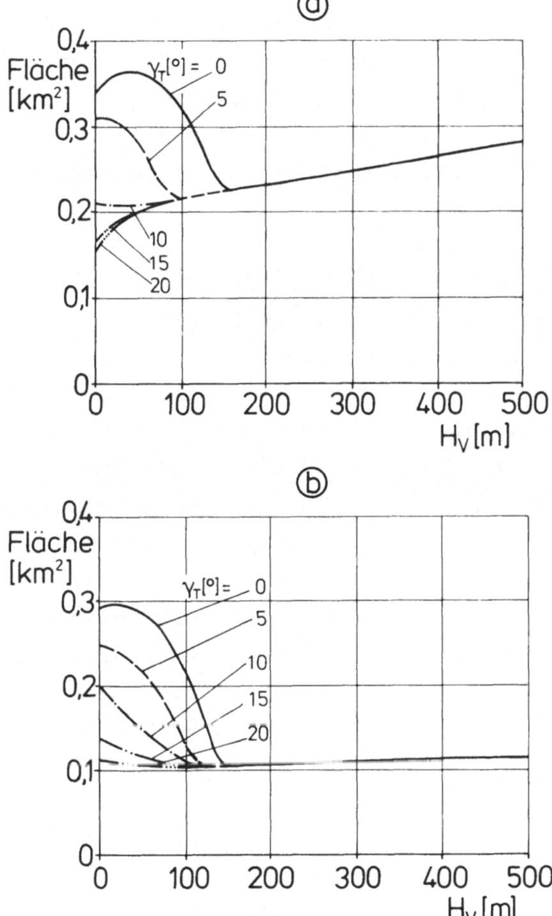

Bild 8.5.6. Einfluß von vertikaler Aufstiegshöhe und Transitionsbahnwinkel auf den Flächeninhalt des erweiterten Lärmschutzbereichs für ein Senkrechtstart-Strahlverkehrsflugzeug

ⓐ   Schubüberschuß: $F/(mg) = 1,1$
ⓑ   Schubüberschuß: $F/(mg) = 1,3$

($H_V < 150$ m) eine beträchtliche Verbesserung des erweiterten Lärmschutzbereichs, während bei höheren Werten ($H_V > 150$ m) kein Einfluß des Transitionsbahnwinkels γ_T mehr feststellbar ist. Der Grund hierfür liegt
darin, daß im Bereich $H_V < 150$ m der Maximalpegel entscheidend ist, der
bei höheren Bahnen infolge der Luftdämpfung abnimmt. Für größere vertikale Aufstiegshöhen ist demgegenüber der äquivalente Dauerpegel maßgebend. Da die steileren Bahnen zugleich wegen der geringeren Beschleunigungsfähigkeit länger werden und damit die Dauer der Lärmeinwirkung
vergrößert wird, hebt sich der Gewinn infolge größerer Bahnhöhen für
L_{eq} auf. Interessante Ergebnisse liefert eine Veränderung des Schubüberschusses bei gleichzeitiger Variation der Vertikalflughöhe H_V und
des Transitionsbahnwinkels. Dies macht die Gegenüberstellung von Teil a
und b in Bild 8.5.6 deutlich. Weiter zeigt sich, daß es für jeden Transitionsbahnwinkel γ_T eine optimale vertikale Aufstiegshöhe gibt, die im
folgenden mit $H_{V,opt}$ bezeichnet wird. Auch hierbei ist vor allem die
starke Verbesserung hinsichtlich des Lärmverhaltens bei einem großen
Schub-Gewichts-Verhältnis beachtlich.

Neben der Lärmreduzierung spielt auch der Kraftstoffverbrauch bei der
Transition eine Rolle. Insbesondere stellt sich die Frage, auf welche
Weise eine geringe Lärmbelastung mit einem möglichst kleinen Kraftstoffverbrauch kombiniert werden kann. Zu diesem Zweck sind in Bild 8.5.7 der
Flächeninhalt des optimalen erweiterten Lärmschutzbereichs sowie die
zugeordnete vertikale Aufstiegshöhe $H_{V,opt}$ und der erforderliche Kraftstoffverbrauch m_B aufgetragen, der sich für jede Parameterkombination
γ_T und $H_{V,opt}$ aus entsprechenden, in [20] durchgeführten Flugleistungs-
berechnungen ergibt. Auch hier werden wieder die beiden Fälle $F/(mg) = 1,1$
(Bildteil a) und $F/(mg) = 1,3$ (Bildteil b) betrachtet. Beim geringeren
Schubüberschußwert ist es zur Reduzierung der Lärmbelastung erforderlich,
den vertikalen Bahnteil möglichst klein zu halten und die Transition
mit einem Bahnwinkel von $\gamma_T \approx 13^{\circ}$ zu fliegen. Dabei beträgt der Mehraufwand an Kraftstoff im Vergleich zu dem geringsten Wert nach [20] etwa
70 kg pro Start (58%). Dem steht eine Verkleinerung des Lärmschutzbereichs von 47% gegenüber. Bei dem größeren Schubüberschuß, Bildteil b,
ist der Flächeninhalt des optimalen Lärmschutzbereichs nahezu unabhängig vom Transitionsbahnwinkel γ_T, der Kraftstoffverbrauch weist dagegen ein - wenn auch flaches - Minimum auf. Beachtlich ist die schon
in Bild 8.5.6 festgestellte erhebliche Verringerung des erweiterten
Lärmschutzbereichs auf etwa den halben Wert gegenüber dem Fall des kleineren Schubüberschusses.

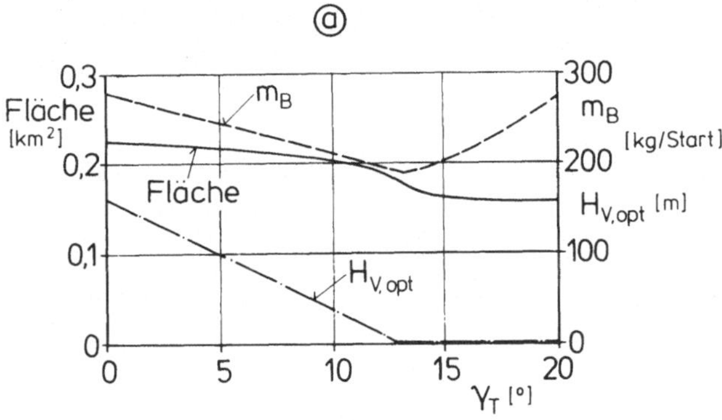

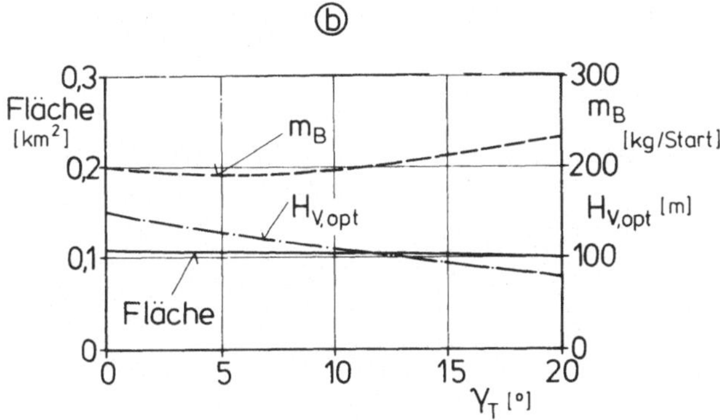

Bild 8.5.7. Flächeninhalt des optimalen erweiterten Lärmschutzbereichs sowie zugeordnete vertikale Aufstiegshöhe und Kraftstoffverbrauch je Start für ein Senkrechtstart-Strahlverkehrsflugzeug

ⓐ   Schubüberschuß: $F/(mg) = 1,1$
ⓑ   Schubüberschuß: $F/(mg) = 1,3$

Beispiel 2: Propeller-Senkrechtstartverkehrsflugzeug nach dem Kippflügelprinzip

Das betrachtete Kippflügelflugzeug [27] (vgl. auch Bild 1.4.4) war für die gleichen Ausschreibungsbedingungen [26] ausgelegt wie das zuvor betrachtete Strahlflugzeug. Das Abfluggewicht dieses Flugzeugs mit Tandemflügeln, vier Luftschrauben und acht Turbinentriebwerken beträgt 420 kN. Das Antriebssystem steht für alle Phasen des Flugs voll zur Verfügung. Diese Tatsache ist zusammen mit dem günstigeren spezifischen Kraftstoffverbrauch der wesentlich Grund für das beträchtlich geringere Abfluggewicht. Allerdings war wegen der Festlegung auf die zum Zeitpunkt der Ausschreibung verfügbaren Triebwerke General Electric GE-T 64 eine Erfüllung der Nutzlastforderung nur bedingt möglich. Aus Gründen der

Vergleichbarkeit wurde für die Berechnung der Lärmschutzbereiche des
Kippflügelflugzeugs ebenfalls ein Senkrechtstart-Abfluggewicht von 550
kN angesetzt.

In Analogie zur vorherigen Darstellung gibt die folgende Betrachtung
Ergebnisse der Lärmberechnung nach [21] wieder. Bild 8.5.8 zeigt in
Teil a Form und Größe des erweiterten Lärmschutzbereichs bei verschie-
denen Aufstiegshöhen H_V sowie in Teil b die Flächeninhalte für die be-

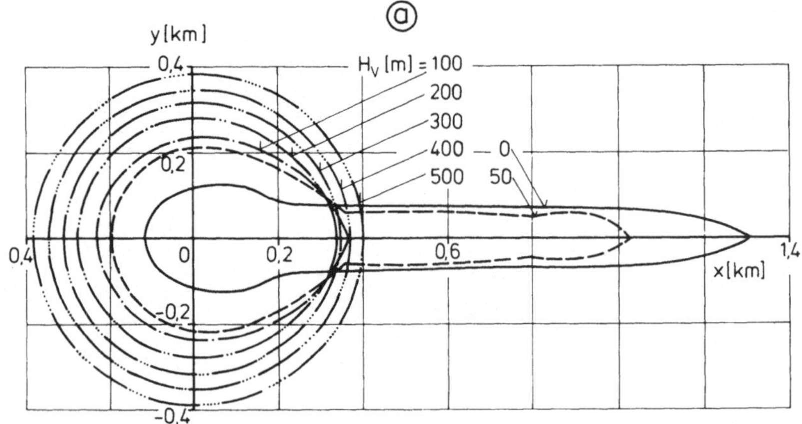

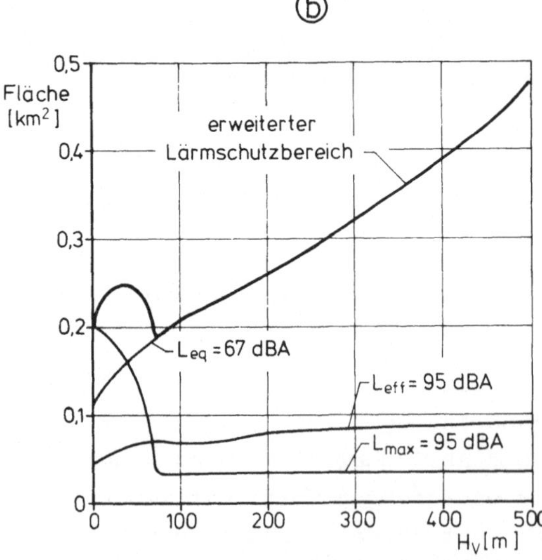

Bild 8.5.8. Form und Größe des erweiterten Lärmschutzbereichs für ein
Senkrechtstart-Propellerflugzeug in Abhängigkeit von der vertikalen Aufstiegshöhe H_V ($\gamma_T = 0$; $F/(mg) = 1,1$), nach [21]

(a) Form des Lärmschutzbereichs in der Bodenebene
(b) Flächeninhalte für verschiedene Lärmmaße in Abhängigkeit von H_V

trachteten Lärmmaße. Da das Propellergeräusch eine relativ hohe Lärm-
energie bei niedrigen Frequenzen aufweist, ergibt sich wegen der ver-
nachlässigbaren Luftdämpfung in diesem Frequenzbereich und der dementsprechend stark vergrößerten Einwirkdauer im Unterschied zu Bild 8.5.5
ein starkes Anwachsen des äquivalenten Lärmpegels mit der Aufstiegshöhe H_V.

Als zusammenfassendes Ergebnis dieser Untersuchung aus [21] zeigt Bild
8.5.9, ähnlich wie Bild 8.5.7, den Flächeninhalt des optimalen erweiterten Lärmschutzbereichs sowie die dafür erforderliche vertikale Aufstiegshöhe und den Kraftstoffbedarf pro Start in Abhängigkeit vom Transitionsbahnwinkel jeweils für die beiden Schubüberschußwerte $F/(mg) = 1,1$
(Bildteil a) und $F/(mg) = 1,3$ (Bildteil b). Bei dem kleineren Schubüber-

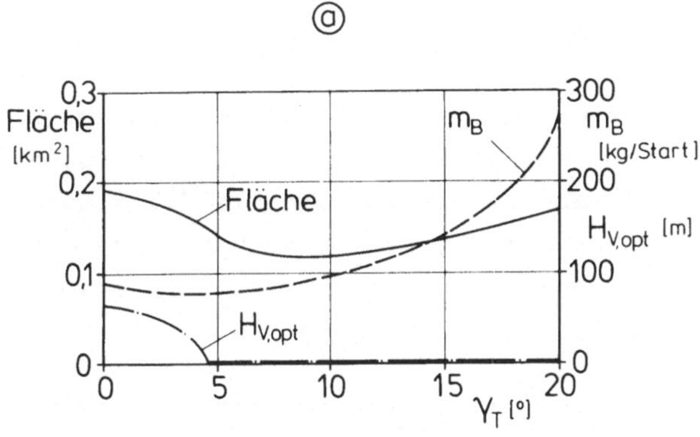

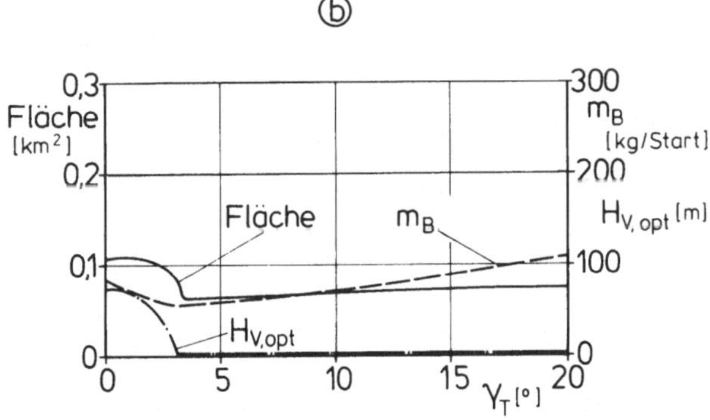

Bild 8.5.9. Flächeninhalt des optimalen erweiterten Lärmschutzbereichs
sowie zugeordnete vertikale Aufstiegshöhe und Kraftstoffbedarf je Start
für ein Senkrechtstart-Propellerflugzeug

ⓐ   Schubüberschuß: $F/(mg) = 1,1$
ⓑ   Schubüberschuß: $F/(mg) = 1,3$

schußwert erfolgt der Senkrechtstart dann lärmoptimal, wenn der vertikale Aufstieg auf Null reduziert ist ($H_V = 0$) und der Bahnwinkel etwa 9° beträgt. Dem hierzu erforderlichen Mehraufwand an Kraftstoff von ca. 20% im Vergleich zum geringsten Verbrauchswert steht eine Verbesserung des Lärmschutzbereichs von ca. 30% gegenüber. Auch bei dem hohen Schubüberschuß liefert der Start mit verschwindender vertikaler Aufstiegshöhe die besten Werte. Bei einem Bahnwinkel von $\gamma_T > 3{,}5^O$ beträgt die Fläche des erweiterten Lärmschutzbereichs nur etwa 50% des Wertes bei $F/(mg) = 1{,}1$.

8.5.4 Kritische Wertung der Lärmuntersuchungen

Als Folge der Tatsache, daß bei den in [21] untersuchten Beispielen die Lärmschutzbereiche für Senkrechtstarts stets wesentlich größer als für Senkrechtlandungen sind, ist für die vorliegende Betrachtung ein Vergleich der Verhältnisse beim Start ausreichend.

Die wichtigsten Ergebnisse der vorherigen Betrachtung sind zum Vergleich der beiden Senkrechtstartprojekte mit unterschiedlichen Konzeptionen, bedingt durch die verwendeten Antriebssysteme, in Tabelle 8.5.1 zusammengestellt. Sie gibt Aufschluß über Kraftstoffverbrauch m_B und Zeit t zur Durchführung der jeweiligen Transition sowie über die Werte von $H_{V,opt}$ und γ_T zur Erzielung optimaler Lärmschutzbereiche.

Flugzeug mit Strahlantrieb					
$\dfrac{F}{mg}$	m_B [kg]	t [s]	$H_{V,opt}$ [m]	γ_T [^{O}]	Flächeninhalt des erweiterten Lärmschutzbereichs [km²]
1,1	190,0	26,0	0	13,0	0,180
1,3	194,0	37,0	120,0	6,0	0,106

Propeller-Kippflügelflugzeug					
$\dfrac{F}{mg}$	m_B [kg]	t [s]	$H_{V,opt}$ [m]	γ_T [^{O}]	Flächeninhalt des erweiterten Lärmschutzbereichs [km²]
1,1	77,0	27,0	0	5,0	0,140
1,3	56,0	17,5	0	3,5	0,065

Tabelle 8.5.1. Ergebnisse von Startlärmberechnungen für zwei Senkrechtstart-Verkehrsflugzeuge

Der Vergleich fällt im vorliegenden Fall zugunsten des Propellerflug-
zeugs aus, wobei der Unterschied etwa 22 bis 39% bei der Fläche des erweiterten Lärmschutzbereichs und etwa 60 bis 70% beim Kraftstoffverbrauch für den Start unter lärmgünstigen Bedingungen beträgt. Dabei
gelten die unteren Werte für den Fall mit kleinerem Schubüberschuß. Bei
diesem Vergleich ist zu beachten, daß das Antriebssystem des betrachteten Kippflügel-Senkrechtstarters mit Triebwerken ausgerüstet werden
sollte, die im Jahre 1970 verfügbar waren, während die Triebwerke des
Strahl-Senkrechtstarters einem etwa 5 bis 10 Jahre späteren Technologiestand entsprachen.

Die Zahlenergebnisse für die berechneten Lärmschutzbereiche hängen stark
von den gewählten Werten für L_{max} und L_{eq} ab. Während L_{eq} durch das
Lärmschutzgesetz mit 67 dBA festgelegt ist, sind für L_{max} keine Werte
vorgegeben. Um einen Eindruck von der Empfindlichkeit gegenüber den
Lärmannahmen zu geben, sei darauf hingewiesen, daß sich nach den Untersuchungen in [20] der einfache Lärmschutzbereich um etwa 20% vergrößert,
wenn L_{max} um 1 dBA größer angesetzt wird.

Von besonderem Interesse ist ein Vergleich der Lärmschutzbereiche zwischen Flugzeugen mit vertikalem und solchen mit konventionellem Start.
Hierzu könnten die Lärmschutzbereiche für den Airbus A 300 B auf Grund
von Berechnungen nach [20] herangezogen werden, die nach der gleichen
Methode und für einen Flugplatz mit gleichem Verkehrsaufkommen ermittelt
wurden. Um objektive Vergleichsaussagen machen zu können, müßten die
Flugzeuge mit ihren Antriebssystemen etwa den gleichen Technologiestand
aufweisen. Dieses ist für die Antriebsanlage des Kippflügel-Senkrechtstarters und des Airbus A 300 B zwar gegeben, jedoch ist hier bezüglich
Reisegeschwindigkeit, Fluggastkomfort u.a. eine Vergleichbarkeit an-
fechtbar. Die Triebwerke des betrachteten Strahl-Senkrechtstarters entsprechen andererseits einem weiter fortgeschrittenen Technologiestand
als diejenigen des Airbus A 300 B. Es sei deshalb auf einen ausführli-
chen Vergleich der Lärmschutzbereiche verzichtet. Trotz solcher Ein-
schränkungen sei dennoch erwähnt, daß der Senkrechtstart nach den genannten Untersuchungen eine beträchtliche Reduktion des erweiterten
Lärmschutzbereichs auf etwa 1:6 ergab. Der durch die Senkrechtstartfähigkeit erzielbare wesentliche Vorteil liegt darin, daß die Lärmschutzbereiche nicht nur kleiner sind, sondern bei Wahl geeigneter vertikaler
Aufstiegshöhen eine etwa kreisförmige Form haben und daß deshalb das
durch Lärmeinwirkung gestörte Gebiet kaum über den Flughafenbereich
hinausgehen wird. Außerdem kann man durch die weitgehend freie Wahlmög-

lichkeit der Startrichtungen, die im Unterschied zum konventionellen
Start unabhängig von der Lage der vorhandenen langen Startbahn sind,
die Lärmbereiche den Gegebenheiten der Besiedlung recht gut anpassen.

Literatur

1   Brüning, G.; Hafer, X.: Flugleistungen. Berlin, Heidelberg, New
    York: Springer 1978.

2   Deutsche Lufthansa: Methode zur Berechnung der Direkten Betriebsko-
    sten von Flugzeugen. Int. Bericht HAM IP, 1964.

3   Deutsche Lufthansa: Gesichtspunkte zur Berechnung der Direkten Be-
    triebskosten von V/STOL Flugzeugen. Mitteilung v. 30.7.1969.

4   Deutsche Lufthansa: Leistungen, Direkte Betriebskosten, Wirtschaft-
    lichkeit für Verkehrsflugzeuge. Int. Bericht HAM IP, Teil I-III,
    1973.

5   Do 231 C und M, V/STOL-Transportflugzeug Dornier, Projektstudie,
    Dornier GmbH, Bericht 69/116, 1969.

6   Dunn, D.G.; Peart, N.A.: Aircraft Noise Source and Contour Estima-
    tion. NASA CR-114 649, 1973.

7   Gesetz zum Schutz gegen den Fluglärm. Bundesgesetzblatt Nr. 28,
    Teil I, S. 282-286, 1971.

8   Gibs, J.; Stepniewski, W.Z.; Spencer, R.: Effects of Noise Reduction
    on Characteristics of a Tilt Rotor Aircraft. Journal of Aircraft,
    Band 13, S. 919-925, 1976.

9   Hafer, X.: Ein Beitrag zur aerodynamischen und flugmechanischen Aus-
    legung von VTOL-Überschallflugzeugen. Jahrbuch 1963 der WGLR, S.
    51-57, 1963.

10 Hamel, P.: Noise-Abatement Flight Profiles for CTOL and V/STOL Air-
    craft. DLR-FB 71-10, 1971.

11 Hamilton Standard: Propeller and Gearbox System for a VFW-Tiltwing-
    Transport-Aircraft. SPO8A69, 1969.

12 Jonischkeit, R.: Vorlesung über "Entwurfsprobleme der Hubschrauber-
    technik" an der TH Darmstadt, Teil 3, Projektierung, 1971.

13 Kryter, K.D.: Scaling human reactions to the sound from aircraft.
    Journal of the Acoustical Society of America 31, S. 1415-1429, 1959.

14 Kryter, K.D.; Pearsons, K.S.: Judgement tests of the sound from pis-
    ton turbojet and turbofan aircraft. Sound 1, Nr. 2, S. 24-31, 1962.

15 Kryter, K.D.; Pearsons, K.S.: Some effects of spectral content and
    duration on perceived noise level. Journal of the Acoustical Society
    of America 35, S. 866-883, 1963.

16 Kryter, K.D.; Pearsons, K.S.: Modification of noy tables. Journal
    of the Acoustical Society of America 36, S. 394-397, 1964.

17 Kuhn, R.E.; Mc Kinney, O., Jr.: NASA Research on the Aerodynamics
    of Jet VTOL Engine Installations. AGARDograph 103, S. 695-713, 1965.

18 Luftfahrtbundesamt: Lufttüchtigkeitsforderungen für Verkehrsflug-
    zeuge. FAR Part 25, 1973.

19 Mentzel, H.: Technisch wirtschaftliche Analyse der Direkten Be-
    triebskosten von Luftfahrtgesellschaften. Dissertation am Fachbe-
    reich Maschinenbau der TH Darmstadt, 1972.

20 Nitsche, V.: Die digitale Simulation von Lärmschutzbereichen in der
    Umgebung von Verkehrsflugplätzen. Dissertation am Fachbereich Ma-
    schinenbau der TH Darmstadt, 1978.

21 Nitsche, V.: Flugmechanische Untersuchungen zum Problem steiler
    Landeanflüge für V/STOL-Flugzeuge. DFG-Abschlußbericht aus dem Inst.
    f. Flugtechnik der TH Darmstadt, 1978.

22 Norm-Atmosphäre DIN 5450, Nov. 1968.

23 Robinson, D.W.; Bowsher, J.M.; Copeland, W.C.: On judging the noise
    from aircraft in flight. Acoustica 13, S. 324-336, 1963.

24 Rolls Royce: Presentation on V/STOL Powerplants, Vol IV, RB 202
    Engine, 1970.

25 Schmitz, F.H.; Stepniewski, W.Z.: The Reduction of VTOL Operational
    Noise through Flight Trajectory Management. AIAA Paper Nr. 71-991,
    1971.

26 Thalau, K.: Vergleichende Beurteilung von Entwürfen der deutschen
    Luftfahrtindustrie für ein V/STOL-Kurzstrecken-Transport- bzw. Ver-
    kehrsflugzeug durch eine Sachverständigenkommission. Abschlußbericht
    Anl. 5, 26.6.1970.

27 VC 500 V/STOL-Transportflugzeug, Vereinigte Flugtechnische Werke,
    Bericht M-7-69, 1969.

28 Wiles, W.F.: Jet Lift Intakes. AGARDograph 103, S. 559-588, 1965.

29 Wörrlein, K.: Berechnungen für Kreisprozesse moderner Strahltrieb-
    werke, Bericht Nr. 10/81 des Inst. f. Flugantriebe der TH Darmstadt,
    1981.

Namenverzeichnis

Abbott, W. 209, 227, 228, 229, 249

Abramovitsch, G.N. 206, 207, 226, 249

Adamson, A.P. 41, 48, 58, 60, 82

Adarkar, D.B. 214, 219, 249

Alscher, H. 174, 203

Armand, C. 240, 251

Ashkenas, I. 149, 202, 307, 308, 322, 323, 331

Baines, W.D. 256, 331

Baker, C.M. 35, 38

Bakke, P. 207, 249

Barche, J. 254, 255, 256, 257, 258, 259, 260, 330, 332

Bedford, A.W. 144, 202

Beeler, E.F. 23, 37, 48, 58, 82

Betz, A. 240, 249

Bishop, R.A. 48, 56, 83

Bonin, v., L. 42, 82

Boorer, N.W. 41, 48, 82

Borchers, J. 70, 82

Bowsher, J.M. 381, 395

Bridenne, A. 11, 37

Brinkmann, H. 238, 249

Brown, D.M. 52, 83

Brüning, G. 284, 330, 368, 394

Burghart, G.H. 254, 333

Butler, S.F.J. 271, 333

Campbell, J.P. 26, 38, 54, 56, 82, 209, 241, 242, 249

Chalk, C.R. 119, 152, 165, 202, 252, 303, 311, 316, 317, 330, 336, 339, 351, 359

Cheyno, E. 11, 38

Cook, W.L. 54, 82

Copeland, W.C. 381, 395

Cox, M. 227, 228, 229, 249

Creasey, R.F. 41, 48, 82

Currie, M.M. 75, 82

Curtiss, H.C., Jr. 303, 330

Davenport, E.E. 54, 56, 82, 205, 249

Denning, R.M. 48, 57, 83

Dent, J.M. 237, 249

Dick, P. 205, 234, 249

Dickson, R. 41, 48, 82

Doepp, v., Ph. 70, 83

Dunn, D.G. 385, 394

Dunsby, I.A. 75, 82

Eckhart, F. 336, 339, 359

Erb, L.H. 36, 38

Etkin, 123, 160, 202, 308, 312, 323, 330

Fink, M.P. 54, 56, 83

Fischer, A. 48, 83

Fischer, I.A. 108, 117

Förthmann, E. 207, 249

Fraga, D.E. 27, 29, 38

Franke, H. 134, 202, 328, 331

Franklin, J.A. 52, 84

Fricke, L.B. 256, 330

Friedel, H. 284, 330

Frost, T.P. 48, 56, 83

Gallagher, J.T. 254, 333

Gentry, G.L. 209, 249

Gibs, J. 380, 394

Gill, J.C. 54, 83

Gilmore, D. 54, 83

Gire, E. 235, 236, 237, 238, 251

Glauert, H. 63, 83

Glauert, M.B. 207, 249

Graham, D. 149, 202, 307, 308,
    322, 323, 331

Günter, S. 20, 30, 96, 117, 175,
    270, 271, 286, 330

Hafer, X. 96, 118, 134, 155, 181,
    182, 199, 201, 202, 328, 330,
    331, 367, 368, 394

Hall, G.R. 214, 219, 249

Hamel, P. 381, 394

Harris, T.M. 351, 359

Hart, J.S. 52, 83

Hartmann, A. 41, 83

Hefner, R.A. 240, 241, 250

Herb, H. 291, 292, 293, 331

Hess, J.L. 257, 331

Hewson, G.T. 52, 83

Hickey, D.H. 54, 82, 83, 114, 118

Hoffert, H. 21, 38, 110, 118, 234,
    236, 237, 238, 249

Holl, H. 63, 83

Huber, H. 37, 38

Huntley, E. 284, 331

Hurd, R. 48, 57, 83

Jenney, D.S. 37, 38

Johnson, L.R. 54, 56, 82, 83

Jonischkeit, R. 372, 394

Jordinson, R. 256, 331

Kahn, J.F. 11, 38

Kappus, P.G. 23, 37, 41, 48, 58,
    60, 82

Keffer, J.F. 256, 331

Key, D.L. 119, 152, 165, 202, 252,
    303, 311, 316, 317, 330, 339,
    351, 359

Klevenhusen, K.-D. 257, 332

Knight, M. 240, 241, 250

Koch, W. 242, 250

Körner, H. 257, 331

Kowalke, F. 296, 331

Krafka, H. 37, 38

Kraus, W. 257, 331

Kroll, J., Jr. 119, 152, 165, 202,
    252, 303, 311, 316, 317, 330,
    336, 339, 351, 359

Kruse, H. 207, 216, 217, 218, 250

Kryter, K.D. 381, 394, 395

Küchemann, D. 77, 83

Kühl, P. 205, 234, 249

Kuhn, R.E. 116, 117, 118, 270,
    331, 362, 395

Laight, P. 19, 38

Langfelder, H. 270, 272, 274, 275,
    277, 278, 331

Lauer, W. 41, 83

Lazareff, M. 77, 83

Leistner, R. 266, 331

Liem, K. 207, 239, 250

Lindenbaum, B. 27, 29, 38

Löbert, G. 301, 331

Louisse, J. 211, 220, 250

Luzzi, T.W., Jr. 254, 332

Mack, K.W. 10, 38, 205, 250

Margason, R.J. 209, 254, 331

Marshall, F.J. 211, 220, 250

Martin, St.M., Jr. 36, 38

Matecki, R. 207, 216, 217, 218,
    250

Mavriplis, F. 54, 83

Max, H. 117, 118

McCormick, B.W., Jr. 71, 84

McKinney, O., Jr. 270, 331, 362,
    395

McRuer, D. 149, 202, 307, 308,
    322, 323, 331

Meier, O.H. 81, 84

Mentzel, H. 373, 395

Merriman, H.A. 35, 38

Messerschmitt, W. 37

Migdal, D. 254, 332

Miller, T.H., Jr. 35, 38

Mühlbauer, G. 70, 82

Münzberg, H.G. 41, 48, 84

Neal, T.P. 351, 359

Nelließen, W. 53, 84

Nishimuar, H. 284, 332

Nitsche, V. 381, 382, 383, 384, 385, 386, 387, 388, 390, 391, 392, 393, 395

North, D.M. 36, 38, 58, 84

Oppelt, W. 149, 202

O'Rourke, G.G. 35, 39

Pabst, O.E. 226, 250

Palcza, J.L. 254, 332

Parlett, L.P. 241, 250

Pearsons, K.S. 381, 394, 395

Peart, N.A. 385, 394

Penrose, C.J. 229, 232, 233, 250

Phillips, F.C. 29, 39

Poisson-Quinton, Ph. 10, 39, 266, 302, 332

Prandtl, L. 262, 332

Prechter, H. 53, 84

Pritchard, F.E. 351, 359

Przedpelski, Z.J. 48, 52, 83

Quigley, H.C. 52, 54, 82, 84

Radford, R.C. 119, 152, 165, 202, 252, 303, 311, 316, 317, 330, 339, 351, 359

Ramnath, R.V. 303, 332

Reichert, G. 116, 118

Riccius, R. 22, 23, 39, 58, 84, 103, 109, 118, 171, 202, 278, 332

Richartz, O. 234, 244, 247, 250

Richemont, de, G. 18, 39

Richter, G. 15, 39

Riemann, 21, 38, 110, 118, 234, 236, 237, 238, 249

Riemerschmid, F. 53, 84

Robinson, D.W. 381, 395

Rothfuß, N.B. 81, 84

Sacher, B. 257, 331

Sachs, G. 158, 202, 316, 332

Sambell, K.W. 36, 38

Saunders, G. 336, 339, 359

Schäffler, J. 30, 39, 174, 203

Schaub, O.W. 270, 332

Schlichtling, H. 207, 208, 250, 261, 332

Schmidtlein, H. 171, 203

Schmitz, F.H. 381, 395

Schott, G.J. 48, 54, 55, 84

Schulz, G. 259, 260, 332

Schulz, R.W. 52, 84

Schwantes, E. 230, 250

Schwärzler, K. 20, 39, 52, 84 100, 118, 216, 222, 234, 250, 290, 332

Schweizer, G. 174

Seelmann, H. 174

Seibold, W. 205, 250

Sherman, J.R. 205, 250

Siclari, M.J. 254, 332

Simpson, R.W. 11, 39

Sinacori, J.B. 174, 203

Smith, A.O.H. 257, 331

Smith, R. 336, 339, 359

Snell, H. 254, 332

Sobotta, W. 22, 23, 39, 58, 84, 103, 109, 118, 171, 202, 278, 332

Spencer, R. 380, 394

Spreeman, K.P. 205, 249, 250

Steinberger, M. 48, 53, 84

Steinmetz, G. 174, 203

Stepniewski, W.Z. 240, 241, 250, 380, 381, 394, 395

Stopfkuchen, K. 284, 330

Sträter, B. 72, 73, 74, 75, 84

Strauber, M. 206, 207, 209, 210,
    211, 226, 227, 228, 230, 231,
    232, 250, 251

Struck, H. 257, 332

Swan, W.C. 48, 54, 55, 84

Thalau, K. 11, 31, 39, 365, 368,
    371, 372, 373, 383, 389, 395

Tollmien, W. 207, 251

Truckenbrodt, E. 261, 332

Vesigot, J.P. 235, 236, 237, 238,
    251

Viehweger, G. 259, 260, 332

Vogler, R.D. 271, 332

Walton, R.P. 306, 310, 313, 314,
    322, 325, 326, 333

Wasserman, R. 119, 152, 165, 202,
    252, 303, 311, 316, 317, 330,
    339, 351, 359

Weber, J. 77, 83

Welte, D. 205, 209, 215, 216, 219,
    220, 246, 251

Werle, H. 240, 251

Wernicke, R. 28, 39

Wiles, W.F. 270, 332, 362, 395

Williams, J. 209, 210, 211, 212,
    213, 214, 215, 221, 251, 254,
    267, 268, 269, 271, 333

Wolkovitch, J. 306, 310, 313, 314,
    322, 325, 326, 333

Wood, D. 11, 39

Wood, M.N. 254, 267, 268, 269,
    333

Wooler, P.T. 254, 333

Wörrlein, K. 362, 363, 395

Wünnenberg, H. 169, 170, 203, 207,
    216, 217, 218, 244, 250, 251

Yaggy, P.F. 48, 84

Zimmer, H.F. 70, 82

Sachverzeichnis

Abflugmasse 367ff

Abbremsmanöver, vertikales 141

Ablenkklappen 114, 115

Abtrieb, induzierter 207ff, 257ff

Abwärtsgeschwindigkeit, strahlinduzierte 262ff

Abzapfluft 111

AGARD-Empfehlungen 335ff

- -Richtlinien 340ff

Allison YT-54-A-14 14

Allison/Rolls Royce XJ-99 49

Amplitudenverhalten 99

Anstellwinkelbewegung 308, 312

Anströmwinkel, resultierender 294ff

Antriebssysteme 40ff

Atar 13, 15

Aufstromfontäne 223ff, 241, 242

Augmentor Wing 35

Ausfallautomatik 201, 202

Ausfallwahrscheinlichkeit 374ff

Auslegungsprobleme 360ff

Avon 13, 15

AV-8A 58

AV-8B 15, 19

Balzac 13, 18, 19, 338

Bell VTO 13, 17, 108

Beschleunigungsfähigkeit 278ff

Beschleunigungssteuerung 144ff, 172, 173, 175ff, 185ff, 337, 338

Bewegung, langperiodische 306ff

- , kurzperiodische 306ff

Bläsertriebwerke 13, 46, 58ff, 112ff

Blatteinstellwinkel 116

Blattspitzenturbine 51, 52

Blattverstellung 115

- , zyklisch 116

Bo 140 14, 34, 80, 115, 116

Bodeneffekt 204ff, 364

- bei Propellerantrieb 239ff

- , Einfluß auf Rollbewegungen 245ff

- , Einfluß auf Vertikallandung 243ff

- , flugmechanische Auswirkungen 243ff

- , induzierter 205ff

- , Reduzierung 220ff

- , Rezirkulationseinfluß auf Flugverhalten 247, 248

- , thermischer 223ff

Bodeneinflüsse 204ff

Bodenerosion 235ff

Bodenstrahl 208, 209, 223, 224, 227ff, 235

Böeneffekte 127ff

Bruttoschub 120ff

charakteristische Gleichung 132, 143, 148, 149, 155, 157, 160, 189, 190, 192, 193, 305, 308, 309, 319

CL-84 14, 29, 30

Coleopter 13, 15, 16

D-188 17

Dämpfungskraft, vertikale 134, 138ff

Deviationsmomente 196, 197

Do 29 117

Do 31 13, 21, 22, 96, 103ff, 110,
   144, 168ff, 174, 216ff, 234,
   291ff, 338

Do 231 14, 31, 32, 55, 103

Drallvektor 123

Druckgefälle 273, 274

Druckluft 107ff

Druckrückgewinn im Einlauf 275

Eigenbewegung 132ff, 189ff, 305ff,
   319ff

Eigendämpfung im Schwebeflug 91ff

- , Einfluß auf Steuermomente
   93ff

Eigenvektor 133, 152, 153, 190,
   195, 310ff, 324ff

Eigenwert 133, 143, 149ff, 189,
   192ff, 305ff, 319ff

Einkreis-Hubtriebwerke 46, 48ff

Einlauftemperatur 223ff

Einlaufverluste 362, 363

Einsatzbedingungen 360ff

Einvektorsystem 42ff

Einzahlstrahl 205ff

Entkopplung von Roll- und Giersteuerung 105, 106

Fairchild J-44 13, 17

Fernfeldrezirkulation 223ff

Fliegender Atar 13, 15

Flugeigenschaftsforderungen 334ff

Flugeigenschaftsrichtlinien 334ff

Flugeigenschaftsstufen 350

Flugenveloppen 350, 351

Fluglärm 380ff

Flugleistungen 367

Flugphasen 350

Flugsicherheit 374ff

Flugzeugklassen 349, 350

Fly-by-wire 22, 170

Freistrahl 205ff

Gaserzeuger 50ff

General Electric

   GE 1 33, 78

   GE-C 14

   J 85 13, 49, 212, 213

   TF 34-GE 100tf 15

   T64 14, 30, 78

   YT 58 14, 78

Gebläse 58ff

Gebläse-Druckverhältnis 59, 60

Gesamtdruckverlust 270, 271, 275ff

Geschwindigkeitsstabilität 160,
   161

Geschwindigkeitssteuerung, Längsbewegung 146ff, 172, 173

- , Seitenbewegung 192, 193

Gierbewegung 189, 190

Gierkopplungsmoment 105

Giersteuerdüse 107ff

Giersteuerung 344, 346, 352, 353,
   357

- durch Schubschwenkung 103ff

- mit Klappen 116, 117

- mit Steuerdüsen 107ff

- mit Steuergebläse 112, 113

Giersteuervermögen 346, 353

Grumman 698-411 15, 36

Harrier 13, 19, 20, 108

Heckstarter 15, 16, 25, 26

HFB 600 14, 33, 60ff, 112ff

Horizontalflugstrecke 368ff

Hubbewegung 132ff

Hubbläser 59ff

Hubpropeller in Bodennähe 240,
   241

Hubschrauber 36, 37, 46, 48

Hubschub 44ff

Hubschubbilanz 360ff

Hubschubüberschuß 367, 376ff

Hubschubverluste 207ff, 257ff,
   361ff

Hubsteuerung 133ff
- ohne Dämpfungskraft 134ff
- mit Dämpfungskraft 138ff
Hubtriebwerke 48ff, 96ff
- , Übertragungsverhalten 99
- , Zeitverhalten 97ff
Hubtriebwerkseinläufe 270ff

Impulskraft 120ff
Impulswiderstand 278ff

Jalousieklappen 114, 115

Kestrel 58
Kippflügelflugzeuge 28ff, 46, 48,
    162
Kipprotorflugzeuge 26ff, 46, 48
Klappensysteme 54ff
Konversionsgeschwindigkeit 252
Koordinatensystem 121, 122
Kopplung von Momenten- und Hub-
    steuerung, vgl. Minussteuerung
Kopplung der Nick- und Vorwärts-
    bewegung 152, 153, 159
Kopplung der Roll- und Lateralbe-
    wegung 195
Kosinusverlust 180ff
Kraftderivative 126, 127
Kraftgleichungen 120ff
Kraftstoffbedarf 368ff
Kraftstoffmasse 367ff
Kraftstoffsystem 97
Kraftstoffverbrauch 47, 368ff,
    388ff
Kreiselmomente der Triebwerke
    197ff
Kreisflächenbelastung 46, 139ff

Lagestabilität 160, 161
Lagesteuerung, Längsbewegung
    153ff, 172, 173, 327ff
- , Seitenbewegung 193ff
Längsbewegung 127ff, 131ff, 303ff,
    341ff, 351ff

Lärmmaße 381ff
Lärmpegel 380ff
Lärmprobleme 380ff
Lärmschutzbereiche 381ff
- für Propeller-Senkrechtstarter
    389ff
- für Strahl-Senkrechtstarter
    386ff
Lateralbewegung 190ff
Leistung, ideale 44ff, 66ff
Leistungsbeiwert 67, 68
Lift fan, vgl. Bläsertriebwerke
Linearisierung 124ff
LTC 1 K-4 78
Luftabzapfung 111
Luftschraubenantrieb 25ff, 62ff
Luftverkehr 11, 31
Lycoming
    LTC 1 B-1 14
    LTC 1 K-4 14, 78
    T 55-L5 14, 27, 78

Manövrieren 86, 88
Mantelschrauben 75ff, 241
Marsch-Hub-Bläser 61, 62
Marsch-Hub-Triebwerke 50ff
MBB Rotorjet 15, 37
Mehrfachstrahlen in Bodennähe
    212ff
Mehrpropelleranordnungen in Bo-
    dennähe 241, 242
MIL-F-83300 348ff
Minussteuerung 174ff
Mirage III V 13, 18, 19
Mischvektorsystem 42ff
Moment, strahlinduziertes 217,
    218, 267ff
Momentenderivative 126, 127
Momentengleichungen 123, 124
Momentensteuerung, vgl. Gier-,
    Roll- und Nicksteuerung sowie
    Minussteuerung

Nahfeldrezirkulation 223ff, 230ff

Nickbewegung 135ff

Nickdämpfungsderivativ 147ff

Nicklagederivativ 154ff

Nickmoment, anstellwinkelabhängiges 305ff, 315, 316

- , geschwindigkeitsabhängiges 149ff, 157ff, 308ff, 315ff

- , strahlinduziertes 217, 218, 267ff

Nick-Roll-Schwingung 198, 199

Nicksteuerdüse 108, 109

Nicksteuerung 166ff, 175ff, 327ff, 342, 343, 352ff

- durch Blattverstellung 115, 116

- durch Schubmodulation 96, 103, 175ff

- mit Heckrotor 115

- mit Steuerdüsen 108ff

- mit Steuergebläse 112, 113

Nicksteuervermögen 342, 353

Niedriggeschwindigkeitsflug 351ff

Normalstarter 17ff

Operationspunkt 303

Orpheus 803 13

P 1127 13, 19, 20, 56, 108, 233, 291ff, 338

Panelmodell 257ff

Pegasus-Triebwerk 13, 15, 56ff

Phasenverhalten 99

Phygoide 308, 312

Plenum Chamber Buring 58

Plus-Minus-Steuerung 174

Pratt & Whitney

  F 401-PW 400tf 15

  J6 15

  JT 12 A-3 13

  R 985 14

  TF-30 13

Propeller 79, 80

- , axial angeströmter 63ff

- , schräg angeströmter 70ff

Propellerantriebssystem 78ff

Propellerblatt 79, 80

Propeller-Flügel-Anordnung 74, 75

Propellergetriebe 79

Propeller-Kippflügler 46, 48

Propellerschub 63ff

Propellerturbinentriebwerke 78, 79

Rakete 46

RB 108 13, 49, 51, 97

RB 145 13, 49, 51, 98, 99

RB 153 53

RB 162 13, 49, 109, 225

RB 193-12 13, 58, 109

RB 202 14, 49, 98, 225

RB 220 14

Reiseflugleistungen 367ff

Reiseflugstrecke 367ff

Restleistung 378

Restschub 376ff

Rezirkulation 223ff, 247, 248

- bei Einzeltriebwerken 226ff

- bei Mehrfachstrahlen 230ff

- Möglichkeiten zur Verringerung 232, 234

- , Windeinfluß 223, 224, 229, 230

Rohrleitung 109, 111, 114

Rollbewegung 190ff, 323

Roll-Gier-Schwingung 323

Rollkopplungsmoment 106

Rollmoment, strahlinduziertes 218ff

Rollsteuerdüse 108, 109

Rollsteuerung 93ff, 344, 345, 352, 353, 356

- durch Blattverstellung 115

- durch Schubmodulation 96, 101ff

- mit Steuerdüsen 108, 109

- mit Steuergebläse 112, 114, 115

Rollsteuervermögen 95, 345, 353

Rotorantrieb 62ff

SC 1 13, 17, 18, 292, 293, 338

Schubänderung mit der Temperatur 225, 361, 362

- mit der Höhe 361, 362

Schubausnutzung, bahnmechanische 42ff

Schubbeiwert 66ff

Schubmodulation 96ff, 175

- bei Schwenktriebwerken 103

Schubreserve, erforderliche 376ff

Schubschwenkung 103ff

Schubüberschuß 367, 376ff

Schubumlenkung 52ff

Schubvektorsteuerung 56ff

Schubverlust bei Steuerdüsen 110, 111

- bei Steuergebläsen 112

- durch Schwenken der Triebwerke 105

Schwebeflugdynamik 119ff

Schwebeflug 119, 120, 347, 351ff

- , kubische Gleichung 143, 148, 149, 155, 157, 160, 190, 192, 193

- , Sonderprobleme 197ff

Schwebeflugleistung 44ff

Schwebeflugsteuerung 86ff, 363, 364

Schwebeflugzeit 47, 48

Schwebeschub 44ff, 66

Schwenktriebwerke 51, 52, 103ff, 276

Seitenbewegung 131ff, 188ff, 318ff, 344ff, 351ff

Senkenströmung 261ff

Senkrechtstartkonzepte 12ff

Sikorsky, ABC-Konzept 15, 37

Sinkflug, vertikaler 136ff

Spiralbewegung 324

Stabilisierung 86, 88, 131, 143, 144, 172

Stabilität, dynamische 132, 148ff, 155ff, 162ff, 189, 192ff, 305ff, 315ff, 319ff

- , Forderungen 352, 354ff

- in der Transition 302ff

- , Richtlinien 341ff

- , statische 160ff, 315ff

Stabilitätsgrenze 150, 151, 157, 158, 192ff

Startbedingungen 367ff

Steigmanöver, vertikales 135, 136, 140, 141, 178ff

Stellglied 88ff

Steuerbarkeit, statische 164, 165, 317, 318

Steuerbeschleunigung 89ff, 101ff, 336ff, 342ff

Steuerdüsen 107ff

Steuerempfindlichkeit 343

Steuergebläse 112ff

Steuerkräfte 86ff

Steuermomente 86ff, 174, 330

Steuersysteme, vgl. Beschleunigungs-, Geschwindigkeits- und Lagesteuerung

- , ausgeführte 165ff, 327ff

- , Forderungen 357, 358

- , Richtlinien 340, 341

Steuersystemverhalten in der Transition 326ff

Steuerung 86ff

- bei Luftschraubenantrieben 115ff

- bei Strahl- und Bläsertriebwerken 96ff

- , Forderungen 352ff

- , Richtlinien 341ff

Steuervermögen 341ff, 352, 353

Steuerwirksamkeit 172, 354ff

Steuerzyklen einer Minussteuerung 177ff

Strahlablenkung 54ff, 116, 117

Strahlachse 205ff

Strahlausbreitung im Vorwärtsflug 254ff

Strahlflächenbelastung 45ff

Strahl-Flügel-Interferenz 294ff

Strahlgeschwindigkeit 44ff

Strahlinterferenz 254ff

Strahlkern 205ff

Strahl-Senkrechtstarter 15ff

Strahltheorie 63ff

Strahltriebwerke 13ff, 46, 48ff,
   96ff

Strahlumlenkung 362, 363

Strahlverformung 254ff

Tailsitter, vgl. Heckstarter

Trägheitsmoment 101

Transition 42ff, 178, 181, 184,
   252ff, 347, 357

- ausgeführter Flugzeuge 289ff

- , Beispielergebnisse 286ff,
   300ff

- , Beschleunigungsfähigkeit 281,
   282

- , Bewegung und Steuerung 282ff,
   296ff

- , Propeller- oder Rotor-Senk-
   rechtstarter 293ff

- , Stabilitätsbetrachtung 302ff

- , Strahl-Senkrechtstarter 254ff

Transitionsmethoden 253

Translationsbewegung 184ff, 197

Triebwerke, schwenkbare 51, 52

- , Seitenabstand 101ff

Triebwerksausfall 199ff, 364,
   374ff

Triebwerksauswahl 40ff

Triebwerkseinläufe 270ff

Triebwerkskreiselmomente 198, 199

Triebwerksmasse 101, 102

Trimmen 86ff

Übergangsflug, vgl. Transition

Überlastungsgrad 376ff

Übertragungsfunktion 127ff, 165ff

Umgebungsbedingungen 361, 362,
   367ff

Ungleichförmigkeit der Einlaufströmung 271ff

United Aircraft PT6T 15

VAK 191 B 13, 22, 23, 96, 103,
   107ff, 144, 170, 171, 258ff,
   277, 278

VC-180 14, 32

VC 400 14, 30, 31, 80, 81, 242

VC 500 14, 33, 34, 79

Versorgungsleitungen 109, 111,
   114

Verstärkungsfaktor 147ff, 153,
   154

Vertikalbeschleunigung 175ff

Vertikalbewegung 132ff

Vertikalflugsteuerung 87, 88,
   132ff

Vertikalkraft 40

- , strahlinduzierte 207ff

Vertrimmung 363, 364

VJ 101 A 20, 200

VJ 101 C 13, 20, 21, 52, 96, 100,
   102ff, 144, 165ff, 176, 215ff,
   222, 223, 234, 247, 248, 263ff,
   268, 269, 274ff, 289ff, 327ff,
   338

VJ 101 D 53

Vorwärtsbewegung 143ff

Vorwärtsflug 354ff

VZ-2 14, 28, 29

Wellensystem 81, 82

Widerstandsverhalten bei Bodenerosion 237

Wippe 100

Wirkungsgrad, idealer 66ff

Wirtschaftlichkeit 367ff

Wurzel der charakteristischen
   Gleichung 133, 149ff, 189,
   192ff, 305ff, 319ff

Wurzelortskurvenmethode 149ff,
   305ff, 319ff

X-13 13, 15, 16

X-14A 13, 17, 18, 212, 213, 338

X-18 242

X-19A 14, 27

X-22A 14, 27, 28, 310, 311

X-100 27

XC-142 14, 28, 29, 338

XFV-1 26

XFV-12A 15, 35, 36

XFY-1 14, 25, 26

XH-59A 15, 37

XL J95-T-1 49

XV-3 14, 26, 27

XV-4A 13, 23, 24

XV-4B 13, 24

XV-5A 13, 23, 59, 60, 112ff, 292, 293, 338

XV-15 14, 28

YAK 36 36

Zeitkonstante 89ff

Zeitvektoren 310, 313, 314, 324ff

Zeitverhalten der Hubtriebwerke 97ff

Zeitverzögerung im Triebwerk 97ff

- im Stellglied 88ff

Zusatzgeschwindigkeit 64ff, 92, 93

Zweikreis-Hubtriebwerk 46, 49ff

- , Zeitverhalten 98, 99

Zweivektorsystem 42ff

X. Hafer, G. Sachs

Flugmechanik

Moderne Flugzeugentwurfs- und Steuerungskonzepte

Hochschultext

1980. 155 Abbildungen. XVIII, 263 Seiten
DM 58,–
ISBN 3-540-10072-5

Inhaltsübersicht: Einführung. – Entwurfsmerkmale von Flugzeugen natürlicher und künstlicher Stabilität: Überblick. Leitwerksauslegung. Getrimmter Widerstand. Getrimmter Maximalauftrieb. Dynamik des ungeregelten, instabilen Flugzeugs. Literatur. – Direkte Kraftsteuerung: Überblick. Direkte Auftriebssteuerung. Direkte Seitenkraftsteuerung. Direkte Widerstandssteuerung. Literatur. – Weitere Anwendungsmöglichkeiten der aktiven Steuerungstechnologie: Überblick. Künstliche Seitenstabilität. Automatische Manöverklappen, Variable Flügelwölbung. Manöverlaststeuerung. Böenabminderung. Aktive Flatterunterdrückung. Literatur. – Anhang: Interferenzwiderstand von Flügel und Höhenleitwerk. Verschiebung der widerstandsoptimalen Schwerpunktlage im Manöverflug. Literatur. – Sachverzeichnis.

Die als „Aktive Steuerungstechnologie" oder „CCV-Technologie" bekannten Entwurfskonzeptionen leisten einen wichtigen Beitrag zur Einsparung von Energie im Luftverkehr. Sie umfassen verschiedene Einzelmöglichkeiten mit unterschiedlichen Aufgabenstellungen, die meist in Kombination miteinander angewandt werden. Die weitestgehende Beeinflußbarkeit des Flugzeugverhaltens durch das aktive Steuerungssystem gestattet es, die flugmechanische Auslegung primär nach Leistungsgesichtspunkten vorzunehmen und dabei Randbedingungen fallen zu lassen, die beim klassischen Entwurf unbedingt eingehalten werden müssen. Das vorliegende Buch liefert die flugmechanischen Grundlagen, die für einen Entwurf mit aktiven Steuerungssystemen maßgebend sind, sowie Aussagen sowohl über die Verbesserungsmöglichkeiten als auch über die Grenzen der aktiven Steuerungstechnologie. Es ist so abgefaßt, daß es sich sowohl als Lehrbuch für Ingenieurstudenten als auch als Nachschlagewerk für praktizierende Ingenieure eignet.

Springer-Verlag
Berlin
Heidelberg
New York

G. Brüning, X. Hafer

Flugleistungen

Grudlagen, Flugzustände, Flugabschnitte

Hochschultext
1978. 157 Abbildungen, 44 Tabellen. X, 293 Seiten
DM 64,–
ISBN 3-540-08469-X

Inhaltsübersicht: Grundlagen: Allgemeine Hilfsmittel. Luftraum. Flugmechanische Achsenkreuze. Aerodynamische Kräfte. Antriebskräfte. Grundgleichungen. – Flugzustände: Die allgemeine Flugzustandsgleichung. Gleiten. Horizontalflug. Steigen. Beschleunigen. Abfahren. Kurven. Höhen-Machzahl-Diagramme. – Flugabschnitte: Definition. Streckenflug. Instationärer Horizontalflug. Steigflug. Kurvenflug. Start. Landung.

Es ist das Ziel dieses Buches, die wichtigsten Zusammenhänge der Flugmechanik zur Berechnung der Flugleistungen von Flugzeugen in einer praxisnahen Form darzustellen. Der erste Teil ist der Erläuterung der Grundlagen gewidmet und enthält ausführliches Datenmaterial sowie Beispiele ausgeführter Flugzeuge. Der zweite Teil liefert Aussagen über die Leistungsfähigkeit eines Flugzeuges in beliebigen Punkten der Höhen-Machzahl-Ebene. Insbesondere werden Flugzustände diskutiert, bei denen das Leistungsvermögen jeweils einen Extremwert erreicht. Im dritten Teil wird untersucht. wie die einzelnen Flugabschnitte unter günstigen Bedingungen zu durchfliegen sind. Die Durchführung ergibt Integralausdrücke über die Zeit, den Weg oder die Masse, für die in den meisten Fällen geschlossene Lösungen angegeben werden.

H.-G. Münzberg

Flugantriebe

Grundlagen, Systematik und Technik der Luft- und Raumfahrtantriebe

1972. 441 Abbildungen. XVI, 583 Seiten
Gebunden DM 240,–
ISBN 3-540-05626-2

Das Buch, das sich an Studierende der Technischen Universitäten, Fachhochschulen und Akademien, an Firmen und Forschungsstätten der Luft- und Raumfahrttechnik und die in ihnen tätigen Ingenieure wendet, behandelt alle Antriebssysteme für Luft- und Raumfahrt sowie deren Komponenten. Gesichtspunkte, die eine gemeinsame Betrachtung der Antriebssysteme erlauben, werden in den Vordergrund gestellt.

Springer-Verlag
Berlin
Heidelberg
New York